# 镁合金生产技术与应用

常毅传　李骏骋　谢伟滨　编著

北　京
冶 金 工 业 出 版 社
2018

## 内 容 提 要


本书共分 14 章，内容包括镁工业的发展历史、镁合金材料的市场与需求，镁合金在航空航天、交通、兵器、电子产品、冶金及电化学保护等领域的应用，镁的基本特性与镁合金分类，铸造镁合金的熔炼与铸造，变形镁合金的熔炼与铸造，镁合金的轧制、挤压、锻造、冲压成型技术，镁合金的半固态加工技术，镁合金材料的连接技术，镁合金的表面处理技术，镁合金材料的安全与防护措施，镁合金材料的回收利用和生命周期。

本书旨在向我国镁工业战线广大工程技术人员、企业管理者和行业领导们提供一本便于携带并方便翻阅的镁及其合金的技术工具书，同时可以作为设计研究单位以及大专院校相关专业师生的参考用书。



**图书在版编目(CIP)数据**

镁合金生产技术与应用/常毅传，李骏骋，谢伟滨编著.
—北京：冶金工业出版社，2018.6
ISBN 978-7-5024-7811-7

Ⅰ.①镁… Ⅱ.①常… ②李… ③谢… Ⅲ.①镁合金—生产工艺 Ⅳ.①TG146.22

中国版本图书馆 CIP 数据核字（2018）第 136262 号

出 版 人 谭学余
地　　址 北京市东城区嵩祝院北巷 39 号 邮编 100009 电话 (010)64027926
网　　址 www.cnmip.com.cn 电子信箱 yjcbs@cnmip.com.cn
责任编辑 张熙莹 王 双 美术编辑 吕欣童 版式设计 孙跃红
责任校对 李 娜 责任印制 李玉山
ISBN 978-7-5024-7811-7
冶金工业出版社出版发行；各地新华书店经销；三河市双峰印刷装订有限公司印刷
2018 年 6 月第 1 版，2018 年 6 月第 1 次印刷
787mm×1092mm 1/16；20.5 印张；493 千字；310 页
**89.00 元**

**冶金工业出版社 投稿电话 (010)64027932 投稿信箱 tougao@cnmip.com.cn**
**冶金工业出版社营销中心 电话 (010)64044283 传真 (010)64027893**
**冶金书店 地址 北京市东四西大街 46 号(100010) 电话 (010)65289081(兼传真)**
**冶金工业出版社天猫旗舰店 yjgycbs.tmall.com**

# 本书编委会

# 前　言

作者参与编写的《简明镁合金材料手册》自2016年出版以来受到了我国镁工业战线广大工程技术人员、企业管理者和行业领导们的欢迎。但由于手册的内容丰富，体量较大，不方便携带，我们在参阅该手册的基础上，查阅、翻译、整理了大量国内外最新的技术文献资料、科研成果和专利等，精心编写了本书，为广大镁工业战线上的从业者，特别是生产一线的技术员、车间干部、班组长提供一本可以随身携带并方便翻阅的技术工具书，同时供广大镁材料领域的生产企业、设计研究单位以及大专院校的相关人员查阅和参考。

镁在地球上储量极为丰富，镁金属质量轻，密度小，纯镁密度仅1.74g/cm³，相同体积的镁金属质量仅为铝的2/3、钛的2/5、钢的1/4。镁金属具有很高的比强度和比刚度，阻尼减振降噪能力强，导热导电性能好，电磁屏蔽性能优异，抗辐射，液态成型性能优越，切削加工和热成型性好，无毒，易回收再利用，与环境兼容性好。

镁于1808年被从实验室中制取，自19世纪后期工业化规模生产以来的100多年间，全球镁金属生产与应用主要集中于发达国家。我国自1954年发展镁工业以来，已有60多年的历史。但是前40年发展缓慢，自20世纪90年代中期，受改革开放政策鼓励和国际镁市场需求旺盛、价格上涨等因素影响，我国镁金属产业得以迅速发展。1999年，中国镁金属产量达到12.07万吨，上升到世界第一位。此后中国镁金属产量持续增长，遥遥领先于发达国家。

我国是原镁生产大国，又是镁出口大国，但我国并不是镁及其合金加工技术的强国。近年来，我国众多科研院所与企业共同研发，在镁合金精深加工技术领域取得了长足的进步，但与世界先进水平还有着相当大的差距。

镁合金精深加工主要有铸造加工与变形加工两大类。镁合金铸件的应用是目前镁合金应用的主流，但增长乏力。变形加工件目前占镁合金应用总量的很少一部分，但由于其优越的性能指标，未来增长潜力巨大。

镁合金产品在汽车、火车、飞机等交通工具上的应用，能够在增加安全性舒适性的同时有效减轻质量、节省能源、减少污染。由于明显的性能优势，镁合金作为一种新型轻金属材料，越来越受到社会的重视。

汽车整体质量减重除了节能减排，还可以提高加速度与制动性能；底盘以上部分减重，可以降低汽车重心，降低离心力，增强稳定性；汽车前端减重，可以使汽车重心后移，改善操纵性能，缩短刹车距离。使用镁合金结构件，还可以减振降噪。

武器装备质量的轻量化提高了武器射程和精度等各项战斗性能，目前发达国家制造的直升机、歼击机、坦克、装甲车、军用吉普车、枪械武器等大量应用了镁合金结构件。

航空材料减重带来的经济效益和性能改善非常明显，商用飞机与汽车减轻相同质量，节省燃油费是汽车的数十倍，军用战斗机的效果更为显著。更重要的是减轻质量能改善战斗机的机动性能，极大地提高战斗力和生存力。为此，航空工业正在加大力度采取各种措施增加镁合金的应用。

目前，中国经济结束了较长时间的高速发展期，接下来可能进入长期的平稳发展阶段。对于镁行业来说，主要问题是低附加值的冶炼产能过剩严重，投资需求不足，结构调整缓慢，上下游产业缺乏衔接，高附加值的镁合金材料制备与精深加工产业生产成本高、规模应用少、发展滞后，结构性矛盾显著。因此大力发展镁合金材料制备与精深加工产业，是实现经济结构转型的必经之路。

此外，在资源日益匮乏的今天，全球各类金属矿产资源形势日趋紧张，与其他金属资源短缺相比，镁金属资源极其丰富，而且性能优异，是钢、铝等金属结构材料极佳的替代材料。大力发展镁合金材料与应用不仅能够实现先进制造业轻量化，推动全社会节能减排，而且还能为国家经济发展所需金属材料提供保障和支撑。

当前从镁及其合金研发与推广应用的速度来看，还是普遍低于人们的市场预期。对于这种情况，业界专家学者普遍认为有三大难题制约着镁产业的快速发展。一是镁合金的绝对强度偏低；二是镁合金塑性加工难度大，成本高；三是镁合金的耐腐蚀性能差。这些问题是阻碍镁合金发展的瓶颈，也是摆在广大镁合金战线科研工作者和一线技术工人面前的正在被逐步攻克的目标。相信在政府部门、生产企业、科研院所等各方面的共同努力下，我国的镁冶炼、镁合金材料制备与深加工成型技术正在快速发展，大规模开发应用镁合金的时机已经向我们走来。

本书由常毅传主持，常毅传、李骏骋与谢伟滨共同编写。其中：第 1 章和第 3~9 章由常毅传编写；第 2 章由常毅传与李骏骋编写；第 10 章由谢水生编写；第 11、14 章，由李骏骋编写；第 12、13 章，由谢伟滨编写；其他编写人员提供了许多编写意见和资料。最后，全书由常毅传定稿。

本书在编写与出版过程中，得到了中国有色金属工业协会镁业分会的高度重视和支持，并得到了国内外不少专家、学者、企业技术人员和工人师傅的指导、关心和帮助，在此表示衷心的感谢。

我们衷心希望本书能够为从事镁合金研究工作的学者和从事镁合金开发、应用研究的广大技术人员提供有用的信息和帮助，同时也能对正在学习相关专业的学生们提供参考。但由于镁合金材料正处在快速发展中，本书目前尚存一些局限性，真诚希望同行专家、读者给予批评指正，提出宝贵意见。

我们相信，只要坚持不懈地努力，在不久的将来，人们一定会攻克镁合金发展应用中的诸多技术难题，一个镁合金获得广泛应用的时代必将到来。

作　者

2017 年 11 月

# 目　录

# 1 绪　论

镁于1774年首次被人们发现，并以希腊古城Magnesia命名，元素符号为Mg，属周期表中ⅡA族碱土金属元素，相对原子质量为24.305。纯镁的密度为1.738g/cm$^3$，是轻金属的一种。

镁是具有银白色金属光泽的金属，化学性活泼，在空气中由于氧化而迅速变暗。镁与铍、钛一样，呈密排六方晶体结构，晶格常数为$a=0.3202$nm，$c=0.5199$nm。在室温下滑移系少，故加工性能比面心立方晶格的铝和体心立方晶格的铁要差得多。

镁的资源十分丰富，是自然界中分布最广的元素之一。在地壳中的含量高达2.77%，仅次于O、Si、Al、Fe、Ca，居第六位。在工业金属中仅次于Al和Fe而居第三位。同时，占地球表面积70%的海洋也是一个天然的镁资源宝库。据估算，每立方米海水中约含有1.3kg镁，而死海处每立方米海水的镁含量高达4kg，仅此一处若能得到充分开发，就可供人类使用上万年，可以说海水是镁金属取之不尽的源泉。由于镁的化学活性很高，在自然界中只能以化合物形式存在，主要存在于白云石、菱镁矿、光卤石矿、橄榄石矿、蛇纹石、盐矿、地下卤水以及盐湖和海水中。我国是世界上镁矿资源最富有的国家之一。目前主要用电解法和热还原法来生产金属镁。

镁合金是目前世界上最轻的可用金属工程结构材料，各种镁合金在不同应用领域中的减重和性能改善中起到的重要作用正在受到人们越来越多的重视。

镁及镁合金既可以用铸造成型的方式制备出各种铸件或压铸件；也可通过各种塑性加工和热处理方式加工出不同品种、规格、性能和用途的管、棒、型、线材、板、带、条、锻件和模锻件等半成品，然后进行切削加工、冷冲成型和表面处理等深加工，制成各种零件或结构部件。与其他结构材料相比，镁及其合金具有一系列的优点，如密度低、比强度和比刚度高、阻尼减振降噪能力强、电磁屏蔽性能优异、抗辐射、摩擦时不起火花、热中子俘获截面小、液态成型性能优越、切削加工和热成型性好、可焊接和胶接、对碱、煤油、汽油和矿物油具有化学稳定性、易于回收利用等，符合“21世纪绿色结构材料”的特征，越来越受到人们的青睐。近年来，镁材在汽车、摩托车等交通工具、计算机、通信、仪器仪表、家电等电子电器工业、轻工、化工、冶金、航空航天、国防军工等部门获得了广泛的应用。随着镁冶炼及加工技术的发展和成本的下降，镁材已成为钢铁和铝之后的第三类金属材料，在全球范围内将得到快速发展，将为国防军工的现代化、国民经济的高速持续发展、人民生活水平的提高以及人类社会的进步作出贡献。特别是在轻量化方面，将为现代化、高速化的交通运输工具、绿色建筑工程及其他零部件的应用提供节能、减排、安全、舒适的绿色轻金属材料，以促进人类与自然的和谐发展。

但是，由于镁元素具有某些特殊性能，以及基础研究和应用开发工作的滞后，镁及镁合金材料的应用潜力仍然没有得到充分发挥。加大力度、加快速度对镁及镁合金材料的研究开发，并努力拓展其应用领域是我国乃至全球主要工艺先进国家的重要任务之一。

# 1.1 镁及镁工业的发展历史

## 1.1.1 世界镁及镁工业的发展历史

自 1808 年英国化学家汉弗莱·戴维（Humphry Davy）确认氧化镁是一种新金属元素的氧化物，到现在经历了 210 年的历史（即 1808~2018 年）。其中，值得关注的是：1852 年德国人罗伯特·威廉·本生（Robert Wilhelm Bunsen）建造了一个小型的实验室用电解槽，来电解熔融状态的氯化镁。1886 年德国格里诗姆·伊利可创公司（Griesheim Elektron）使用经过改进的本生电解槽建起了世界第一家商业化镁厂，开创了镁金属产业化的先河，至今已有 132 年的历史（从 1886~2018 年）。直到 1916 年，美国陶氏（DOW）化学公司建立了自己的第一家电解氯化镁法生产镁的工厂。从此，镁工业走上了快速发展的道路。1910 年全球产镁量约 10t/a，1930 年才增长到 1200t/a。

在第二次世界大战的刺激下，镁工业获得了飞速发展。从 1935 年开始，德国、法国、奥地利、意大利、日本、苏联等国分别新建了镁厂。其中日本人于二战期间在我国辽宁营口建立了我国境内第一个镁冶炼厂。二战期间，美国的镁产能扩大了 10 倍。1939 年世界镁产量上升到 32000t/a，1943 年世界镁年产量达 23.5 万吨。在此期间，镁制品主要用来制造燃烧弹、照明弹、曳光弹以及陆用军车和飞机等军用装备的零部件。

二战结束后，世界镁年产量又大幅回落，1946 年世界镁年产量下降到 2.5 万吨，美国原镁产量降低到 4834t/a。为促进镁工业的发展，各国开始考虑镁在民用工业上的开发与应用。在此之后的 20 年中，美国陶氏化学公司在开发镁合金及其生产技术方面取得了突破性的进展，为镁及其合金在冶金、电子、航空航天、电器、轻工、汽车、交通运输、化学化工、印刷、文体等领域的应用开辟了有利的道路，使镁工业发展出现很好的势头。二战以后，世界镁产量年均增长率一直保持在 7%左右，1998 年平均产销量达 36 万吨，此后以每年 9%左右的速度递增。2000 年世界原镁产能已超过 64 万吨，实际产量已达 48.8 万吨以上。自 2007 年开始，世界受到金融危机和严重经济衰退的影响（除中国以外），世界镁工业也处于衰退之中。

从镁及镁工业的生产方法与技术进步来看，镁工业化生产的 130 多年中，其发展历史可以分为三个阶段：

（1）化学法制备阶段。1808 年英国科学家汉弗莱·戴维从氯化镁中分离出了镁。1829 年法国科学家布西用钾和钠的蒸气还原熔融的氯化镁。到了 19 世纪 60 年代，英国和美国才开始用化学法得到了多一点的金属镁。此阶段没有形成工业规模。

（2）熔盐电解法制备阶段。1830 年英国科学家法拉第首先用电解熔融氯化镁方法制得了纯镁。1852 年本生在实验室范围内对此法进行了较详细的研究，直到 1886 年在德国开始镁的工业生产。1886 年以后，镁的需求量增加。20 世纪 70 年代以来，含水氯化镁在 HCl 气体中脱水—电解法成为当时具有先进水平的工艺方法。

（3）热还原法制备阶段。由于镁的需求量越来越大，光靠电解法生产镁已经不能满足镁的需求，因此许多科学家在化学法的基础上，研究了热还原法炼镁。氯化镁真空热还原法炼镁是 1913 年开始的。第一次用硅作还原剂还原氯化镁是 1924 年由安吉平和阿拉贝舍夫实现的。1932 年安吉平、阿拉贝舍夫用铝硅合金作还原剂还原氯化镁。1941 年加拿大

Toronto 大学教授皮江在渥太华建立了一个以硅铁还原煅烧白云石炼镁的试验工厂，并获得成功。1942 年加拿大政府在哈雷白云石矿建立了一个年产 5000t 金属镁的硅热法炼镁厂。皮江法炼镁成为工业炼镁的第二大方法。

1947 年法国着手研究了半连续生产的硅热法炼镁工艺流程，1950 年建立了扩大试验炉，1959 年建成了第一家日产 2t 镁的半连续热硅法镁厂，1971 年扩产为年产镁 9600t。半连续炼镁（即熔渣导电半连续还原炉）成为当今镁工业生产中具有先进水平的工艺方法之一。

### 1.1.2 我国镁及镁工业的发展历史

#### 1.1.2.1 金属镁制备的发展历史

1949 年前，我国虽然有丰富的炼镁资源，但是在漫长的岁月里，我国的金属镁生产几乎是处于空白状态。1938 年 7 月日本在东北成立满洲镁工业株式会社，1943 年 10 月在营口建成采用电解法生产金属镁的镁工厂，设计能力为 800t/a，到 1945 年 8 月，仅生产出 691t 镁。由于一些生产技术问题没能得到很好的解决，一直没有达到生产能力。1943 年还采用碳化钙还原氧化镁的热还原法，在抚顺铝厂建成年产 300t 的试验厂，试产出少量镁。这些工厂在 1949 年之前都受到严重损坏，设备技术资料散失。

1954 年，国家批准引进苏联菱镁矿氯化电解法炼镁技术，在抚顺铝厂建设年产 3000t 电解镁项目，被列入国家“一五”期间 156 项工程之一。抚顺铝厂的镁生产工艺是以菱镁矿氯化制取无水氯化镁，经电解生产金属镁。1957 年底电解镁项目投产，炼出了中华人民共和国成立后第一块金属镁锭。抚顺铝厂成为中国第一家电解法镁生产厂。

20 世纪 60 年代，我国在镁工业发展方面做了大量工作，曾筹建了多个镁厂，但是，由于种种原因都停产了。直到 1966 年初，在兰州 205 厂建设 650t/a 的皮江法镁车间，这是我国第一个采用硅热法生产金属镁的车间，用内径 1.8m 的竖式炉煅烧白云石，有一台由 40 个还原罐组成的横罐式还原炉。还原、精炼均以煤气为燃料。

20 世纪 60 年代末到 70 年代末，我国曾在抚顺、郑州、兰州、民和等厂家进行过内热硅热法卧式还原炉的炼镁试验和生产工作，取得了一定的进展。

1970 年开始，遍布沿海十个省市迅速发展了 17 个以海水、卤水、白云石为原料的地方小镁厂（车间），其中采用电解法的有 12 家。这些小镁厂从小到大，从土到洋，边试验、边生产、边建设，逐渐配套完善。到 1976 年共生产出 1242t 金属镁，缓解了国内对镁的急需。当时，买不到进口镁，从 1975 年到 1978 年的 4 年间只进口了 662t 镁，这仅是 1974 年进口镁量的 15.5%，是 1973 年的 9.9%。后来，这些小镁厂因工艺方法没有过关，生产规模小，特别是吨镁电解电耗达到 $5.5\times10^4$kW·h，生产处于多产多亏的局面，加之地方电力紧张，不能保证正常生产，相继停产。

进入 20 世纪 90 年代以来，随着改革开放深入发展和市场经济的不断深化，镁工业和其他各行各业一样，也有了突飞猛进的发展。1995～1996 年共建有 400 多家皮江法镁厂，几乎遍布全国各省市。到 2000 年底，据统计 120 多家生产企业生产能力超过 30 万吨，产量近 20 万吨，出口量 16.5 万吨，产量占世界总产量的 1/3 以上，出口量占世界消费量 1/3 以上，已成为世界最大的原镁生产国和最大的镁产品出口国，表 1-1 列出我国从 1995 年到 2000 年的镁产量。

表 1-1 我国 1995~2000 年的金属镁产量 （万吨）

| 年份 | 1995 | 1996 | 1997 | 1998 | 1999 | 2000 |
|---|---|---|---|---|---|---|
| 产量 | 6.35 | 4.3 | 7.6 | 7.05 | 12.07 | 14.21 |

#### 1.1.2.2 镁及镁合金加工的发展

东北轻合金有限责任公司（原 101 厂）是我国的第一个铝镁合金加工企业，也是国家“一五”期间 156 项重点工程项目之一，于 1956 年 11 月正式生产。主要产品有铝、镁及其合金板、带、箔、管、棒、型、线、粉材、锻件等。产品广泛应用于航空航天、兵器舰船、交通运输、包装容器等领域，为我国经济建设和国防军工事业的发展作出了不可磨灭的贡献，被誉为“祖国的银色支柱”和“中国铝镁加工业的摇篮”。后来，东北轻合金有限责任公司将镁板、带、箔产品生产转给洛阳铜加工集团镁板带厂，于 1965 年投产。洛阳铜加工集团镁板带厂成为中国第一家镁板带生产厂。2000 年以后，镁及镁合金的需求呈现较大的增长，促进了许多民营企业的加入，因此，出现了不少镁及镁合金板带、挤压材、压铸件的生产厂家。

## 1.2 镁及镁合金材料的市场与需求

### 1.2.1 世界镁及镁合金的生产量及消费量

2000 年以来，世界镁及镁合金的产量及消费量年平均增长率在 5%以上，详见图 1-1 及表 1-2。2015 年全球的原镁产量达到 97.2 万吨，我国的原镁产量为 85.21 万吨，占全球原镁产量的 87.66%，年平均增长率为 14%。

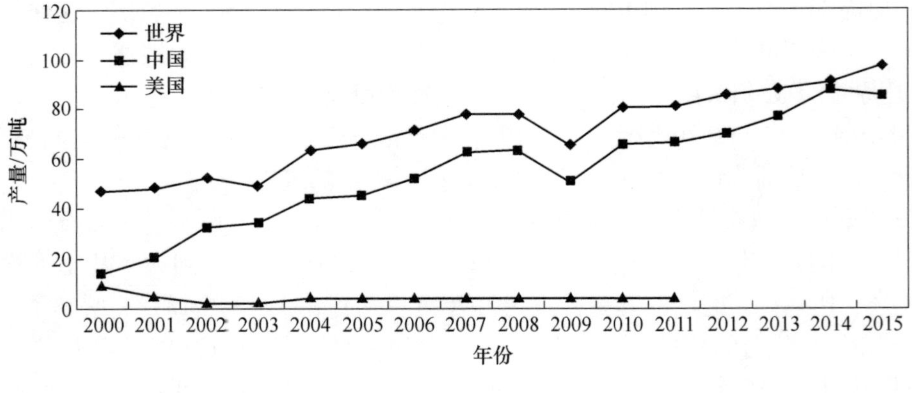


图 1-1 2000~2015 年世界、中国和美国的金属镁产量

表 1-2 2000~2015 年世界、中国和美国的金属镁的产量 （万吨）

| 年份 | 2000 | 2001 | 2002 | 2003 | 2004 | 2005 | 2006 | 2007 | 2008 | 2009 | 2010 | 2011 | 2012 | 2013 | 2014 | 2015 |
|---|---|---|---|---|---|---|---|---|---|---|---|---|---|---|---|---|
| 中国产量 | 14.21 | 19.97 | 32.5 | 34.18 | 44.24 | 45.08 | 51.97 | 62.47 | 63.07 | 50.18 | 65.38 | 66.06 | 69.83 | 76.97 | 87.39 | 85.21 |
| 世界产量 | 47 | 47.86 | 52.41 | 49.08 | 63.34 | 65.78 | 70.87 | 77.67 | 77.77 | 64.98 | 80.48 | 80.66 | 85.13 | 87.8 | 90.7 | 97.2 |
| 美国产量 | 9.40 | 5.00 | 2.50 | 4.30 | 4.30 | 4.30 | 4.30 | 4.30 | 4.50 | 4.50 | 4.50 | 4.50 | — | — | — | — |

2000年以来，随着我国金属镁冶炼技术的进步，我国成为全球的主要金属镁生产国。表1-3列出了2000~2015年世界主要生产金属镁的国家及产量。由表可见，2000年全球生产金属镁的国家有以色列、哈萨克斯坦、挪威、俄罗斯、巴西、加拿大、美国、中国。2000年我国的金属镁产量仅占世界金属镁产量的47%；到2015年，我国金属镁产量已经占到世界产量的87.66%。

**表1-3 2000~2015年世界主要生产金属镁的国家及产量** （万吨）

| 年份 | 中国 | 美国 | 俄罗斯 | 以色列 | 哈萨克斯坦 | 巴西 | 加拿大 | 挪威 | 世界合计 |
|---|---|---|---|---|---|---|---|---|---|
| 2000 | 14.21 | 9.40 | 4.10 | 3.17 | 1.04 | 0.57 | 8.57 | 4.14 | 47.00 |
| 2001 | 19.97 | 5.00 | 4.40 | 3.40 | 1.65 | 0.55 | 8.34 | 4.07 | 47.86 |
| 2002 | 32.50 | 2.50 | 4.00 | 2.80 | 1.80 | 0.50 | 8.00 | 0.31 | 52.41 |
| 2003 | 34.18 | 2.50 | 4.00 | 2.60 | 1.80 | 0.50 | 3.50 | — | 49.08 |
| 2004 | 44.24 | 4.30 | 3.50 | 0.80 | 1.60 | 1.50 | 5.40 | — | 63.34 |
| 2005 | 45.08 | 4.30 | 3.80 | 2.80 | 2.50 | 1.50 | 5.80 | — | 65.78 |
| 2006 | 51.97 | 4.30 | 3.60 | 2.80 | 2.00 | 1.50 | 4.70 | — | 70.87 |
| 2007 | 62.47 | 4.30 | 2.80 | 3.00 | 2.00 | 1.50 | 1.60 | — | 77.67 |
| 2008 | 63.07 | 4.50 | 3.50 | 3.50 | 2.00 | 1.20 | 0.00 | — | 77.77 |
| 2009 | 50.18 | 4.50 | 3.70 | 2.90 | 2.10 | 1.60 | — | — | 64.98 |
| 2010 | 65.38 | 4.50 | 4.00 | 3.00 | 2.00 | 1.60 | — | — | 80.48 |
| 2011 | 66.06 | 4.50 | 3.70 | 2.80 | 2.00 | 1.60 | — | — | 80.66 |
| 2012 | 69.83 | — | 3.7 | 3 | 2.1 | — | — | — | 85.13 |
| 2013 | 76.97 | — | — | — | — | — | — | — | 87.8 |
| 2014 | 87.39 | — | — | — | — | — | — | — | 90.7 |
| 2015 | 85.21 | — | — | — | — | — | — | — | 97.2 |

注：2010年以后，我国的金属镁产量超过全球产量的80%以上，国外的数据报道就越来越少。

2015年，中国镁产品出口到81个国家和地区。其中，出口到荷兰9.93万吨，集中在鹿特丹，是欧洲用镁的集散地。表1-4是2015年我国出口镁锭、镁合金和镁粉前十名的国家和地区及数量。

**表1-4 2015年我国出口镁锭、镁合金和镁粉前十名的国家和地区及数量**

| 序号 | 镁锭 | | 镁合金 | | 镁粉 | |
|---|---|---|---|---|---|---|
| | 国家和地区 | 累计数量/t | 国家和地区 | 累计数量/t | 国家和地区 | 累计数量/t |
| 1 | 荷兰 | 50788 | 荷兰 | 35627 | 加拿大 | 19491 |
| 2 | 日本 | 23996 | 加拿大 | 20806 | 荷兰 | 12796 |
| 3 | 加拿大 | 18728 | 韩国 | 8144 | 土耳其 | 8659 |
| 4 | 印度 | 12819 | 日本 | 6542 | 印度 | 6189 |
| 5 | 韩国 | 12561 | 罗马尼亚 | 6423 | 日本 | 5877 |
| 6 | 阿联酋 | 10121 | 墨西哥 | 6156 | 美国 | 3729 |
| 7 | 斯洛文尼亚 | 7675 | 英国 | 5381 | 英国 | 3624 |

续表 1-4

| 序号 | 镁锭 | | 镁合金 | | 镁粉 | |
|---|---|---|---|---|---|---|
| | 国家和地区 | 累计数量/t | 国家和地区 | 累计数量/t | 国家和地区 | 累计数量/t |
| 8 | 德国 | 4779 | 中国台湾 | 4823 | 墨西哥 | 2936 |
| 9 | 希腊 | 4554 | 意大利 | 3762 | 斯洛文尼亚 | 1734 |
| 10 | 中国台湾 | 4547 | 西班牙 | 3112 | 南非 | 1608 |
| | 合计 | 150368 | 合计 | 100777 | 合计 | 66643 |

## 1.2.2　我国镁及镁合金的生产量及消费量

### 1.2.2.1　生产量及消费量

在我国，2007 年 8 月 24 日前，镁价曾长期低于铝价，这促进了一些下游加工企业以镁件代替部分铝件。由于有价格优势，国内消费市场需求增加，2000~2015 年我国的金属镁的产量、消费量及进出口量见表 1-5 和图 1-2。由表 1-5 可见，2007 年国内消费量增加到 26. 3 万吨，是 2000 年的 12 倍，占世界消费量的 33. 86%。2008 年因镁价大起大落，影响和制约了下游加工企业，不少使用镁合金的企业又改用铝合金。价格因素抑制了镁及其合金的消费，致使国内消费量下降到 15. 8 万吨，同比下降 39. 92%，但仍占世界消费量的 20. 31%。2009~2015 年，镁价回归合理价位，国内消费也有所回升。

表 1-5　2000~2015 年我国的金属镁的产量、消费量及进出口量

| 年份 | 2000 | 2001 | 2002 | 2003 | 2004 | 2005 | 2006 | 2007 | 2008 | 2009 | 2010 | 2011 | 2012 | 2013 | 2014 | 2015 |
|---|---|---|---|---|---|---|---|---|---|---|---|---|---|---|---|---|
| 产量/t | 14. 21 | 19. 97 | 32. 5 | 34. [illegible]8 | 44. 24 | 45. 08 | 51. 97 | 62. 47 | 63. 07 | 50. 18 | 65. 38 | 66. 06 | 69. 83 | 76. 97 | 87. 39 | 85. 21 |
| 消费量/t | 2. 55 | 3. 40 | 4. 01 | 5. 12 | 7. 05 | 10. 55 | 15. 65 | 26. 30 | 15. 80 | 17. 20 | 23. 20 | 27. 68 | 31. 00 | 35. 15 | 37. 07 | 36. 52 |
| 进口量/万吨 | 0. 049 | 0. 075 | 0. 191 | 0. 48[illegible] | 0. 648 | 0. 446 | 0. 333 | 0. 373 | 0. 092 | 0. 072 | 0. 102 | 0. 118 | 0. 069 | 0. 039 | 0. 132 | 0. 161 |
| 出口量/万吨 | 16. 54 | 17. 73 | 20. 83 | 29. 92 | 38. 31 | 35. 28 | 34. 98 | 40. 80 | 39. 64 | 23. 35 | 38. 39 | 40. 02 | 37. 11 | 41. 11 | 43. 50 | 40. 82 |

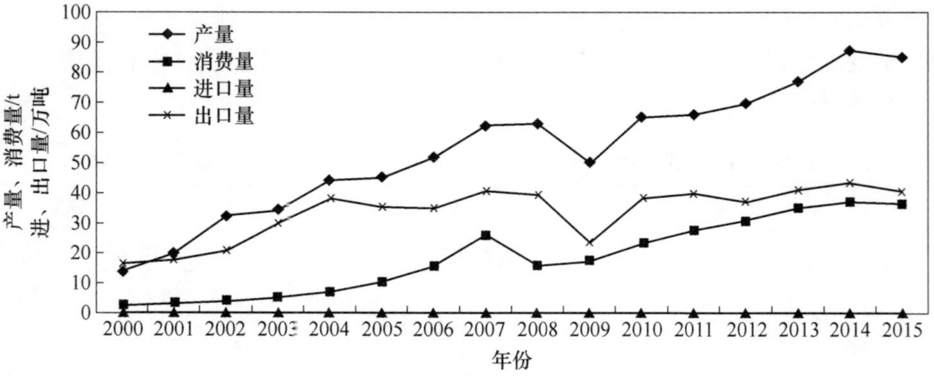


图 1-2　2000~2015 年我国的金属镁的产量、消费量及进出口量

经过十多年的发展，2015 年中国原镁产能是 2000 年产能的 6 倍，年均增长率为 12. 6%以上。消费量也逐年增加，2015 年我国金属镁的消费量达到 36. 52 万吨，其中，铝合金添加用镁 12. 56 万吨，炼钢脱硫用镁 3. 30 万吨，球墨铸铁球化剂用 3. 0 万吨，金属

还原用4.40万吨，制备稀土镁合金用0.80万吨，铸件、压铸件、型材用11.66万吨，其他用金属镁0.80万吨，参见表1-6。

**表1-6 2011~2015年我国金属镁的消费结构** （万吨）

| 年份 | 铝合金添加 | 炼钢脱硫剂 | 球墨铸铁球化剂 | 金属还原 | 稀土镁合金 | 铸件、压铸件、型材 | 其他 | 合计 |
|---|---|---|---|---|---|---|---|---|
| 2011 | 7.80 | 3.00 | 2.70 | 3.80 | 0.60 | 9.18 | 0.60 | 27.68 |
| 2012 | 8.10 | 3.12 | 2.70 | 6.15 | 0.60 | 9.73 | 0.60 | 31.00 |
| 2013 | 8.82 | 3.20 | 2.80 | 8.47 | 0.70 | 10.46 | 0.70 | 35.15 |
| 2014 | 9.75 | 3.30 | 3.00 | 8.15 | 0.80 | 11.27 | 0.80 | 37.07 |
| 2015 | 12.56 | 3.30 | 3.00 | 4.40 | 0.80 | 11.66 | 0.80 | 36.52 |

产业结构也在不断变化和提升，如镁冶炼继续朝规模化、大型化方向转变。2012年，镁冶炼企业年产量在1.0万吨以上的有23家，其产量合计43.28万吨，占全国总产量的61.98%；年产量在3.0万吨以上的有4家，其产量合计17.06万吨，占全国总产量的24.43%。到2015年，产能大于在3.0万吨的企业比比皆是，表1-7为2014年和2015年中国原镁生产前10名企业（镁协会员单位）。

**表1-7 2014年和2015年中国原镁生产前10名企业**

| 序号 | 2014年 | | | 2015年 | | |
|---|---|---|---|---|---|---|
| | 原镁生产企业 | 产能/t | 产量/t | 原镁生产企业 | 产能/t | 产量/t |
| 1 | 宁夏惠冶镁业集团有限公司 | 70000 | 52200 | 南京云海特种金属股份有限公司 | 60000 | 37000 |
| 2 | 山西银光华盛镁业股份有限公司 | 70000 | 43900 | 宁夏太阳镁业有限公司 | 35000 | 35000 |
| 3 | 南京云海特种金属股份有限公司 | 90000 | 40000 | 山西闻喜瑞格镁业有限公司 | 50000 | 34300 |
| 4 | 太原易威镁业有限公司 | 50000 | 37000 | 山西闻喜县八达镁业有限公司 | 30000 | 30000 |
| 5 | 山西闻喜县八达镁业有限公司 | 30000 | 30000 | 府谷县天宇镁合金有限公司 | 50000 | 30000 |
| 6 | 府谷县天宇镁合金有限公司 | 50000 | 26400 | 山西银光华盛镁业股份有限公司 | 70000 | 28400 |
| 7 | 府谷县泰达煤化有限责任公司 | 20000 | 23700 | 青海三工镁业有限公司 | 30000 | 25100 |
| 8 | 府谷县众鑫有限责任公司 | 20000 | 22800 | 府谷县泰达煤化有限责任公司 | 20000 | 24200 |
| 9 | 榆林市万源镁业（集团）有限责任公司 | 20000 | 22700 | 宁夏惠冶镁业集团有限公司 | 70000 | 24000 |
| 10 | 府谷县京府煤化有限责任公司 | 30000 | 20700 | 太原易威镁业有限公司 | 50000 | 24000 |
| | 合计 | 450000 | 319400 | 合计 | 465000 | 292000 |

#### 1.2.2.2 进出口情况

2012年，我国的金属镁产量已经占世界产量的85%以上，因此我国的金属镁及产品的进出口量在一定程度是反映全球的金属镁产量和需求量，见表1-4。

2012年，我国出口镁产品为37.11万吨，同比下降7.26%。2012年我国出口量下降的主要原因是由于全球在经济紧缩政策与部分欧洲国家主权债务危机影响下，欧洲经济形势严峻，以欧盟国家为代表的发达国家面临主权债务、需求疲软以及政策不力等问题，经济处于下行边缘。我国金属镁出口受此影响呈现全面下降态势，2012年出口量为近年来最低。

表 1-8 为 2012~2015 年我国的镁产品进出口量及分类，表 1-9 为 2012 年中国金属镁、镁锭、镁合金、镁粉（粒）、加工材和镁制品出口前 20 名的国家及数量。

**表 1-8 2012~2015 年我国镁产品进出口量及分类**

| 年份 | 2012 | | 2013 | | 2014 | | 2015 | |
|---|---|---|---|---|---|---|---|---|
| 数量 | 进口数量 | 出口数量 | 进口数量 | 出口数量 | 进口数量 | 出口数量 | 进口数量 | 出口数量 |
| 原镁（锭）/t | 141.90 | 174500 | 20.05 | 212100 | 657.08 | 227300 | 224.33 | 206300 |
| 镁合金/t | 22.36 | 92300 | 2.51 | 102000 | 68.62 | 106500 | 263.86 | 114600 |
| 镁废碎料/t | 342.64 | 200 | 269.21 | 1600 | 450.37 | 2900 | 696.17 | 1400 |
| 镁屑、镁粒粉/t | 97.96 | 87700 | 14.48 | 85400 | 13.90 | 88000 | 78.86 | 77700 |
| 镁合金加工材/t | 44.27 | 7200 | 69.66 | 4500 | 120.45 | 3700 | 123.18 | 3200 |
| 镁及镁合金制品/t | 45.39 | 9200 | 18.52 | 5700 | 14.71 | 6600 | 31.20 | 5000 |
| 合计/t | 694.52 | 371100 | 394.43 | 441100 | 1325.11 | 435000 | 1619.60 | 408200 |

**表 1-9 2012 年中国金属镁、镁锭、镁合金、镁粉（粒）、加工材和镁制品出口前 20 名的国家和地区及数量**

| 序号 | 金属镁 | | 镁锭 | | 镁合金 | | 镁粉（粒） | | 加工材 | | 镁制品 | |
|---|---|---|---|---|---|---|---|---|---|---|---|---|
| | 国家和地区 | 数量/t | 国家和地区 | 数量/t | 国家和地区 | 数量/t | 国家和地区 | 数量/t | 国家和地区 | 数量/t | 国家和地区 | 数量/t |
| 1 | 荷兰 | 89308.24 | 荷兰 | 42101.08 | 荷兰 | 34766.29 | 美国 | 21244.99 | 韩国 | 3506.72 | 中国台湾 | 3714.58 |
| 2 | 加拿大 | 44720.49 | 日本 | 22645.05 | 加拿大 | 17990.97 | 荷兰 | 12164.1 | 美国 | 1067.95 | 美国 | 2839.27 |
| 3 | 日本 | 34937.91 | 加拿大 | 16152.26 | 日本 | 7022.05 | 加拿大 | 9355 | 加拿大 | 812.54 | 沙特阿拉伯 | 490.45 |
| 4 | 美国 | 25906.76 | 印度 | 9409.85 | 韩国 | 4339.47 | 土耳其 | 7450.5 | 中国台湾 | 513.72 | 加拿大 | 409.72 |
| 5 | 韩国 | 18122.02 | 韩国 | 8947.81 | 法国 | 3710.94 | 德国 | 6023.3 | 日本 | 260.86 | 澳大利亚 | 327.96 |
| 6 | 印度 | 14168.56 | 斯洛文尼亚 | 7017.94 | 罗马尼亚 | 3610.32 | 日本 | 4805.57 | 荷兰 | 240.3 | 意大利 | 271.15 |
| 7 | 中国台湾 | 11578.84 | 阿联酋 | 6710.16 | 英国 | 3580.63 | 印度 | 4444.43 | 意大利 | 147.62 | 韩国 | 204.82 |
| 8 | 德国 | 10906.58 | 挪威 | 5521.21 | 墨西哥 | 2945.76 | 斯洛伐克 | 3226 | 泰国 | 120.69 | 日本 | 164.39 |
| 9 | 斯洛文尼亚 | 9991.02 | 澳大利亚 | 5401.62 | 瑞典 | 2722.85 | 中国台湾 | 3218.4 | 德国 | 98.23 | 英国 | 109.6 |
| 10 | 英国 | 9066 | 南非 | 4905.2 | 中国台湾 | 1618.31 | 英国 | 3212 | 俄罗斯 | 97.67 | 巴基斯坦 | 89.72 |
| 11 | 土耳其 | 8899.13 | 比利时 | 3732.69 | 德国 | 1326.06 | 墨西哥 | 2555.24 | 马来西亚 | 72.41 | 印度 | 65.86 |
| 12 | 墨西哥 | 6894.19 | 德国 | 3458 | 斯洛文尼亚 | 1293.08 | 乌克兰 | 1802.54 | 瑞典 | 43.75 | 孟加拉国 | 49.9 |
| 13 | 阿联酋 | 6730.82 | 希腊 | 3078.11 | 以色列 | 1245.2 | 斯洛文尼亚 | 1680 | 孟加拉国 | 31.14 | 印度尼西亚 | 48.13 |
| 14 | 南非 | 6522.4 | 巴林 | 2801.46 | 比利时 | 1103.27 | 南非 | 1406 | 印度 | 27.03 | 伊朗 | 38.52 |
| 15 | 澳大利亚 | 5812.38 | 中国台湾 | 2382.07 | 保加利亚 | 1017.41 | 韩国 | 1123.21 | 越南 | 24.14 | 荷兰 | 36.48 |
| 16 | 法国 | 5044.43 | 卡塔尔 | 2187.69 | 意大利 | 858.92 | 法国 | 608.45 | 阿根廷 | 24.13 | 哥伦比亚 | 32.52 |
| 17 | 挪威 | 5521.21 | 英国 | 2157.6 | 泰国 | 849.52 | 智利 | 560 | 柬埔寨 | 24.06 | 新加坡 | 24.7 |
| 18 | 比利时 | 5139 | 意大利 | 2015.57 | 美国 | 668.55 | 西班牙 | 484 | 新加坡 | 23.51 | 西班牙 | 22.63 |
| 19 | 罗马尼亚 | 4607.49 | 埃及 | 1442.29 | 西班牙 | 249.06 | 俄罗斯 | 438 | 埃及 | 11.26 | 埃及 | 21.41 |
| 20 | 意大利 | 3476.26 | 土耳其 | 1430.53 | 印度 | 221.68 | 阿根廷 | 382 | 南非 | 10.61 | 阿联酋 | 20.66 |

由表1-9可见，2012年中国镁产品出口到87个国家和地区，按照总量计算，荷兰、加拿大、日本、美国、韩国是排在前五位的出口目的地，分别占24.61%、12.32%、9.63%、7.14%，4.99%。中国对印度、墨西哥、阿联酋、瑞典、罗马尼亚、挪威、希腊等国的出口量呈现较大增长。

# 2 镁及镁合金的应用

镁及镁合金具有许多优异的性能。当它们用作结构材料时，其质量轻的特点获得航空、航天、交通工具、3C 产品、纺织和印刷等行业的青睐；高减振性能使其在飞机和导弹的电子仓上获得应用。它们的功能性更加突出：其对 X 射线和热中子的低透射阻力使得镁合金特别适用于 X 射线机框和核燃料盒；含铝小于 30%的细小镁铝合金颗粒在燃烧时产生耀眼的白光，过去被广泛用于照相用的闪光灯，而现在则大量应用于烟花爆竹行业。镁还被大量用做铝合金的添加剂、球墨铸铁的球化剂；特别提及的是金属镁电化学保护方面的应用，即金属镁是极好的阴极保护材料。

自 21 世纪以来，人们越来越重视节能和环保，镁合金作为最轻的可用金属结构材料，越来越获得关注。总的来说，镁作为一种新兴的环保材料和最轻的可用金属结构材料具有广阔的应用前景。

## 2.1 镁及镁合金在航空航天工业中的应用

### 2.1.1 航空航天工业对材料性能的要求及镁合金的使用

#### 2.1.1.1 航空航天工业对材料性能的要求

由于航空航天产品工作在极端条件下的特殊性，对材料提出了非常苛刻的性能要求。结构减重和结构承载与功能一体化是飞机机体结构材料发展的重要方向；航空、航天领域要求材料力学性能和高温性能优异，抗蚀性好，有良好的综合性能。镁合金就具有以下的突出特点：

(1) 低密度。由于飞行器的质量直接影响到它的机动性能，而空间站和卫星的质量决定了对运送工具的要求和费用，因此航空航天产业要求材料尽可能的轻质，也就是尽可能的低密度。表 2-1 为航空航天材料每减少 0.45kg 质量所带来的经济效益。商用飞机与汽车减少相同质量带来的燃油费用节省，前者是后者的近 100 倍，而战斗机的燃油费用节省又是商用飞机的近 10 倍。更重要的是其机动性能改善可以极大提高战斗力和生存能力。所以镁合金的低密度在航空航天产业中的应用具有重要的意义。

表 2-1 航空航天材料每减少 0.45kg 质量所带来的经济效益

| 汽车 | 商用飞机 | 战斗机 | 航天器 |
|---|---|---|---|
| 3 美元 | 300 美元 | 3000 美元 | 30000 美元 |

(2) 比刚度和热导率高。材料的比刚度和热导率是非常关键的参数。镁合金具有高的比刚度和热导率，可减轻某些部位的振动（飞机的机翼）以及在低重力、高真空的太空环境中，可避免因太阳照射使得电子设备过热而烧毁。

(3) 减振能力好。镁合金具有良好的减振能力，可以保证航空航天产品承受较大的振动载荷。

(4) 镁合金还具有高比强度、防辐射、良好的尺寸稳定性、电磁屏蔽性，可以抵御短波辐射和高能粒子的“轰击”。

2.1.1.2 航空航天工业常用的几种镁合金

目前，航空航天工业适合的镁合金包括 AZ91E、QE22（MSR）、ZE41（RZ5）、EQ21、EZ33（ZRE1）、WE43 等，其性能比较见图 2-1。从图中可知，飞机的各种机箱体、传送箱和电源装置，直升机主要传送系统的零部件、螺旋桨系统可以采用 ZE41 和 QE22 合金制造；而在高温下服役的零部件可采用 WE43 或 EQ21 合金制造。另外，WE43 合金还具有极好的耐蚀性能，可用作飞机螺旋桨罩壳。MD500 直升飞机采用了 WE43 合金的变速箱壳体。

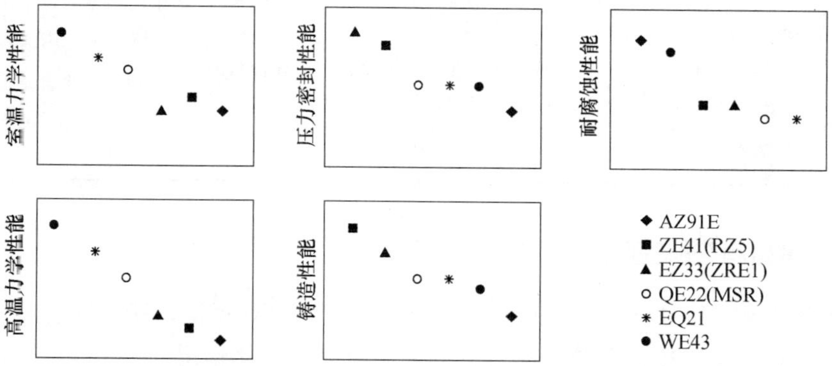


图 2-1 航空航天常用镁合金的主要性能

目前，常用的航空航天铸造镁合金及其性能和用途见表 2-2。

表 2-2 航空航天工业常用铸造镁合金的性能和用途

| 镁合金 | 性能 | 缺点 | 应用 |
|---|---|---|---|
| AZ91<br>AZ91E | 最常用的商业镁合金，属于低成本镁合金，新型高纯度 AZ91E 能提供优良的抗腐蚀能力 | 就收缩和脱模而言，其铸造性能一般；中等力学性能，在厚壁铸件中表现更差；最高工作环境温度不超过 100℃；要求 T6 态热处理 | 用于航空器控制装置，各种支架、传动器壳体以及机轮 |
| AZ92 | 由于更高含量的锌，比 AZ91 具有更高的室温抗拉强度；高纯净度牌号具有高的抗腐蚀性能，但生产较困难 | 与 AZ91 相近的铸造性能；比 AZ91 更好的力学性能，仍然不能用于高温环境；要求 T6 态热处理 | 与 AZ91 的应用相近 |
| ZE41 | 良好的铸造性能，较容易生产；工作温度提高到了 150℃；优异的抗腐蚀能力 | 中等强度、中等抗腐蚀合金，比 AZ 合金更倾向于氧化 | 广泛应用的中等强度，较好的高温性能镁合金；主要用于航空发动机部件、辅助推进装置（APU）、直升机壳体的铸造 |

续表 2-2

| 镁合金 | 性能 | 缺点 | 应用 |
|---|---|---|---|
| QE22 | 优良的铸造性能，生产较容易；极好的振动吸收性能；工作温度可达到250℃；中等成本合金；要求 T5 热处理 | 比 ZE41 更难于铸造；高的综合腐蚀率；由于含有银属于高成本合金；要求 T6 态热处理 | 高强度高温合金；通常用于航空发动机壳体、发动机结构部件、发电机壳体等高温环境中工作的部件 |
| WE43 | 很高的室温强度性能；极好的高温性能，工作温度可高达300℃；优异的抗腐蚀能力 | 最难铸造的镁合金；需要额外的熔化和铸造控制手段；由于含有钇使其成为高成本合金；要求 T6 态热处理 | 高强度的高温抗蠕变合金；用于发动机变速箱和直升机传动箱 |
| EZ33 | 优良的铸造性能，生产较容易；极好的振动吸收性能；工作温度可达到250℃；中等成本合金；要求 T5 热处理 | 低强度合金；中等综合腐蚀率；比 AZ 合金更易氧化 | 适于较高工作温度的低强度应用特别适合既要求铸造质量又要求减振的部件；适用于减振部件、齿轮传动部件 |

### 2.1.2　镁合金材料在航空航天工业中的应用实例

由于航空航天产品对材料的特殊要求，早在 20 世纪 20 年代，镁及镁合金就被用于航空领域。表 2-3 所列为 20 世纪镁合金在航空航天领域的应用情况。

**表 2-3　20 世纪镁合金在航空航天领域的应用**

| 时间 | 应　用 |
|---|---|
| 20 年代 | 飞机螺旋桨 |
| 30 年代 | 发动机曲柄箱、发动机零件、飞球吊篮、客机座椅、起落轮 |
| 40 年代 | JU88 起落架支持框，FW190 遮风屏支架、起落架，He177 和 Ju90 部件，BMW801 动机部件、机枪支架环、无线电设备底座、定向仪、尾轮，B-36 轰炸机部件 |
| 50 年代 | RR Dart 发动机部件，S55 直升机发动机基座，火箭和导弹零部件，直升机齿轮箱、车轮及发动机部件、主起落轮，C-L2L 和 CL24 运输机地板横梁 |
| 60 年代 | B-47 和 B-52 主起落轮、卫星零部件，HC-直升机地板、飞机座舱顶棚框架，Appllo 振动监测设备，S-64B 起落架齿轮箱 |
| 70 年代 | F-20 减速装置及座舱顶棚框、CH53E 直升机传送箱 |
| 80 年代 | 直升机传动系，PW100 涡轮发动机部件，Carrett TPE331 等涡轮发动机部件、恒速传动、辅助动力设备、进气管、喷气发动机传动齿轮箱 |

随着镁合金制备技术的发展，材料的性能，如比强度、比刚度、耐热强度、蠕变等性能不断提高，其应用范围也不断扩大。目前其应用领域包括各民用、军用飞机的发动机零部件、螺旋桨、齿轮箱、支架结构以及火箭、导弹、卫星的一些零部件。如用 ZM2 制造 WP7 各型发动机的前支撑壳体和壳体盖；用 ZM3 镁合金制造 J6 飞机的 WP6 发动机的前舱铸件和 WP11 的离心机匣；用 ZM4 镁合金制造飞机液压恒速装置壳体、战机座舱骨架和镁合金机轮；以稀土金属钕为主要添加元素的 ZM6 铸造镁合金已扩大用于直升机 WZ6 发

动机后减速机匣、歼击机翼肋等重要零件；研制的稀土高强镁合金 MB25、MB26 已代替部分中强铝合金，在歼击机上获得应用。

#### 2.1.2.1 国外航空航天工业中镁合金的应用

过去 RZ5 镁合金通常用于制造直升飞机的变速箱壳体和传动箱壳体，后来由于航空工业对材料的安全使用期限和抗腐蚀性能提出了更高的要求，使得 WE43 镁合金逐渐取代了 RZ5 的位置而成为制造包括主变速箱壳体在内的众多直升机部件的首选镁合金材料，比如欧洲直升机公司 EC120 型民用直升机和北约直升机工业公司的 NH90 军用直升机就采用了 WE43 合金制造的变速箱壳体。

ZRE1、MSR 和 EQ21 镁合金也都被广泛用于飞机的发动机部件，如同 WE43 镁合金由于具有优良的抗腐蚀性能和高温性能而广泛用于变速箱壳体一样，这些合金的应用也将会得到持续增长。许多大型镁合金铸件由于有这些镁合金而得以制造，比如 MSR 镁合金制造的重达 130kg 的劳斯莱斯 Tay 和 BR710 型发动机的空压机壳体。其他的航空应用包括 MSR 或 RZ5 制造的 F16、"欧洲战斗机" EF2000、旋风战斗机的辅助变速箱壳体，MSR 或 EQ21 制造的"空中客车" A320、旋风战斗机和协和超音速飞机的发电机壳体。

镁合金锻造件也用作航空部件，英国西陆公司"海王"反潜直升机上的变速箱部件就是用 ZW3 镁合金锻造的。除此之外，镁合金锻件在航空发动机上以及机轮上都有应用，将来还可能用于高温环境下工作的部件。

在苏联，镁合金曾在 1947 年设计的 AN-2 飞机上使用，并以 ML-5 合金（镁-铝-锰系）铸件的形式用于飞机的飞行控制系统中。从 1960 年起 BM65-1 合金（MA-14）就用于飞机零件所需的小型锻件的生产。

与铸造镁合金相比，变形镁合金在组织上晶粒更细、成分上更均匀、内部更致密，因此变形镁合金比铸造镁合金具有高强度和高伸长率等优点。同时，在满足相同工作条件下，比变形铝合金更轻。因此航空器特别是导弹、卫星以及航天飞机大量应用各种变形镁合金。例如 B-36 重型轰炸机使用 4086kg 的镁合金薄板，喷气式歼击机"洛克希德 F-80"的机翼也是用镁合金制造的，由于采用了镁合金板，使结构零件的数量从 47758 个减少到 16050 个；Talon 超音速教练机有 11%的机身是由镁制造的（160kg 板材、128kg 的铸件和少量挤压件、板材和管材）；B-52 轰炸机用了 165kg 的镁合金（其中 199 件挤压件、19 件锻件、542 件砂型铸件和 180 件的板材）；Falon GAR-1 空对空导弹有 90%的结构采用镁合金制造，其中弹身是由 1mm 的 AZ31B-H24 轧制板加工而成的，纵向焊接，然后拉深成型。"德热米奈"飞船的启动火箭"大力神"中曾使用了 600kg 左右的变形镁合金；"季斯卡维列尔"卫星中使用了 675kg 的变形镁合金；直径 1m 的"维热尔"火箭壳体是用镁合金挤压管材制造的；战术航空导弹的舱段、副翼蒙皮、壁板、加强框、舵面、隔框等厚件，诱饵鱼雷壳体以及雷达、卫星上用的井字梁，也都大量采用变形镁合金。图 2-2 为某型号飞机上使用镁合金零部件的情况。

一般航空航天结构用镁合金主要是板材和挤压型材，也有部分是铸造件。用镁合金板材制造的飞机零部件有：各种壁板、整流罩、发动机罩、门、盖板、口盖框架、内部加强型材组合件、各种连接整流包皮、翼尖、尾面、副翼及襟翼蒙皮、油箱等。由于大量采用了镁合金，质量大大减轻，飞行速度及航程均显著提高。DOW 化学公司采用快速凝固 ZK60 镁合金挤压型材制造了 C133 运输机的地板支撑梁和固定装货滑道，如图 2-3 所示。

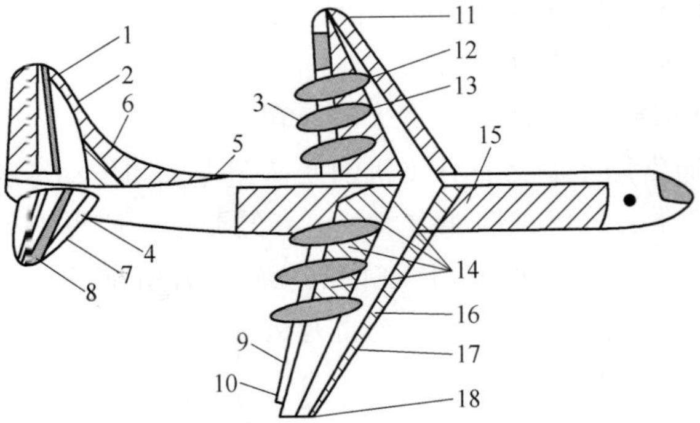


图 2-2　某型号飞机上使用镁合金的情况

1—方向舵上的蒙皮和整流器罩；2—垂直安定面的整流包皮；3—发动机整流罩；
4—水平安定面及升降舵的整流包皮；5—机身与垂直安定面的连接整流包皮；
6—机身与垂直安定面连接部分的蒙皮；7—前缘蒙皮；8—水平安定面的尖端；
9，10—襟翼、副翼的蒙皮；11，18—翼尖；12，13—发动机包皮；
14—机翼的中段蒙皮；15—机身蒙皮；16，17—机翼前缘蒙皮

镁合金铸件在飞行器结构方面应用很多，包括各种民用、军用飞机和航空器，用量随具体结构而异，并在一定程度上取决于镁合金表面涂层技术的发展。在镁合金的应用过程中，要兼顾零部件的腐蚀行为和抗疲劳性能。提高合金的纯度可以改善耐腐蚀性能，而在合金表面涂层则可以提高其耐磨性能。图 2-4 所示为一种飞机框架材料，尺寸为 1500mm×1000mm×200mm。

图 2-3　C133 运输机使用镁合金的情况

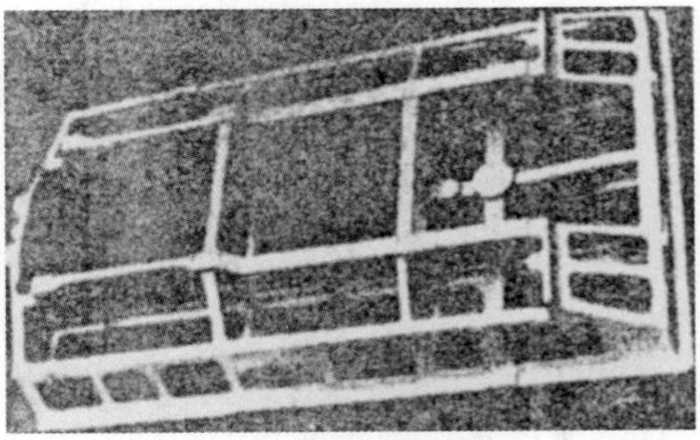

图 2-4　飞机框架材料

Mg-RE 合金的铸造性能及焊接性能均很好，被研制出来后就被用于制造结构复杂的军用飞机驾驶舱舱罩的框架。由于镁合金双座椅结构件使用效果很好，从而直到现在还在应用。图 2-5 所示为座舱罩铸件。西班牙 CASA 在其战斗机上也采用了类似的结构件。镁合金飞行器中的另一个应用是钢丝索移动控制滑轮，然而欧洲生产商认为镁合金滑轮容易磨损，并不合适。但 BAe 公司通过在滑轮上涂上一层塑性涂层，如尼龙，从而使这种应用获得成功，并从 1960 年开始在大多数民用飞机上使用。

一些刚性较好的镁合金铸件还被广泛用于制造驾驶室中的手动控制装置件，如操纵杆及方向盘、中央操纵台及操纵盘等部件，并被应用于 Trident BAe146 等飞机上，此外还有 Fokker 的 F100 飞机。图 2-6 所示为 Breguet Atlantic 飞行员座椅。Kent Aerospace 和 LMI

France 将复杂的镁合金铸件用于 BAe146、BAe125 和 Air Bus 的压缩系统。先后有很多民用飞机使用了镁合金部件，数量达到 250 多种。

图 2-5 座舱罩铸件（小的用于 CASA 飞机）

图 2-6 Breguet Atlantic 飞行员座椅

镁合金在航空发动机中的应用主要是压缩机尾部箱体和装有大量减速齿轮辅助设备的大齿轮箱。Pratt 和 Witney 发动机公司在 BAe146 飞机上采用了镁合金 ACCO Lycoming 双路式涡轮喷气发动机罩。

另外，为了提高发动机热稳定性，允许较小的外壳间隙，同时增加发动机效率，制造商们研制了适用于民用和军用飞机的发动机箱体。民用飞机发动机箱体一般采用镁合金铸件，而军用飞机发动机箱体一般采用铝合金铸件。图 2-7 所示为两种发动机箱体。由此可见，镁合金用作发动机箱体材料优势明显。

(a) (b)

图 2-7 发动机箱体

（a）T117BMW-Rolls Roys 发动机箱体（EQ21）；（b）Eurofighter ES Wedel 发动机箱体（QE22）

齿轮箱是镁合金大型铸件的另一个典型应用实例。Kent 航空铸造公司曾采用镁合金制造巨大的 Rolls Royce RB211 发动机齿轮箱，这类装置在合理的保护条件下可以正常服役很多年。此外，直升机螺旋桨推进器的齿轮箱也可以采用镁合金制造，图 2-8 所示为镁合金齿轮箱实物图。所用材料包括 ZE41、WE43 和 AZ91E 等。连接 BR710 发动机换向系统各零部件的驱动系统也可以采用 WE43 和 AZ91E 合金，见图 2-9，承载应力都处在合金强度和耐腐蚀能力范围内，部分铸件可以在较高温度下使用。图 2-10 所示为英国某型号直升机上使用的采用锻造法生产的齿轮箱及其连接件。

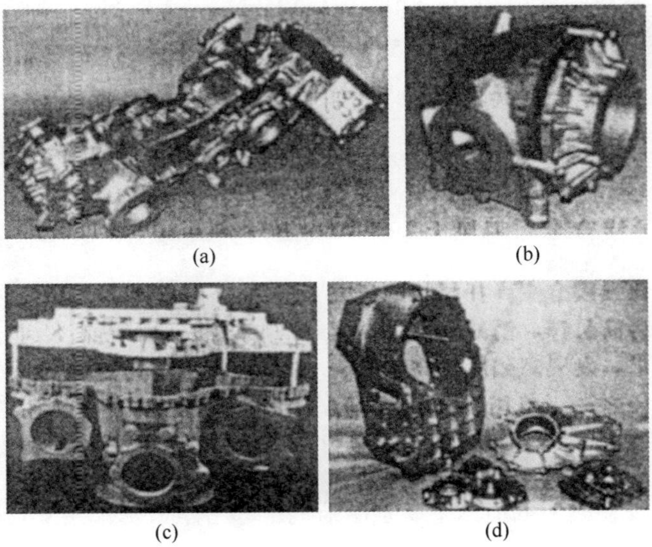


图 2-8 镁合金齿轮箱

（a）Turbine BR710 ZF-Luftfahrttechnik 齿轮箱及箱盖；（b）Tailrotorsystem Tiger ZF-Luftfahrttechnik 齿轮箱；（c）Tiger EC France 直升机主齿轮箱；（d）Strato2 ZF-Luftfahrttechnik 齿轮箱

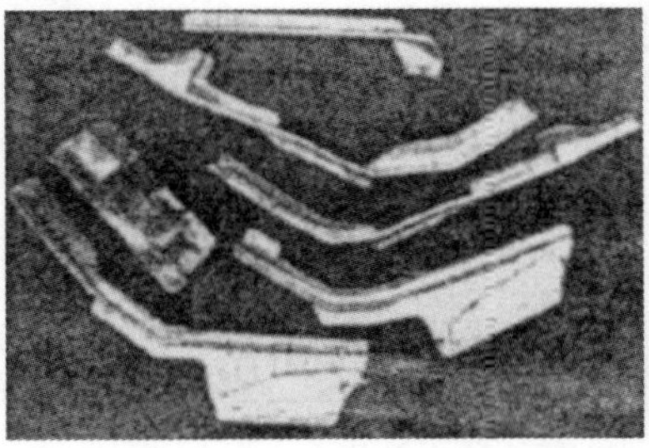

图 2-9 双臂曲轴（AZ91E、WE43）

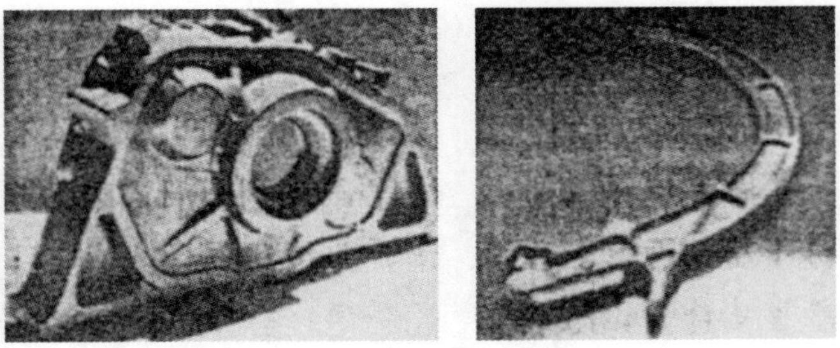

(a) (b)

图 2-10 英国直升机齿轮箱及其连接件

（a）阀盖（ZK60-T6，44kg）；（b）连接件（AZ80-F）

在用于制造以上零部件的材料中，稀土镁合金具有比强度和比刚度高、耐热强度及蠕变性能优异等特点，既可满足航空结构材料减轻自重的需要，也可满足在 200~300℃高温条件下长时间工作的航空发动机零部件的需要。欧美早期曾开发过 EK、EZ、EQ、AE 系列稀土镁合金，EK31、EZ33、QE22 等合金都曾用于航空发动机。20 世纪 80 年代末推出 WE 系列稀土镁合金，McDonnell 公司已经用 WE43 代替 ZE41 作为 MD500 直升机零部件。我国在苏联合金牌号体系基础上，至今已开发出了 ZM3、ZM4、ZM6、ZM9 系列稀土镁合金。

随着航空工业对零部件小型化、高效率的要求，目前已能生产厚度为 3.5mm 的铸造薄壁件，公差可以达到±0.5mm。直径为 2mm 的液压传动管道已实现标准化生产，能够承受 9MPa 的压强。

镁合金航空适用于零部件的种类繁多，应用范围很广，下面仅列举加拿大 Magellan 公司，见表 2-4 和表 2-5。

**表 2-4　加拿大 Magellan 公司的部分航空镁合金产品**

| 航空器系统 | 镁合金部件 |
| --- | --- |
| 镁合金航空发动机部件 | 前框、中间箱体、进气口箱体；螺旋推进器、变速箱壳体；压缩机进气口箱体；润滑泵壳体、传送泵壳体、燃料控制箱盖；发电机壳体、加速器壳体 |
| 机身零部件 | 支架、门壳体、货物装卸装置壳体；战斗机起飞助推系统；直升机主传动箱、附传动箱 |

**表 2-5　加拿大 Magellan 公司部分航空镁合金产品的使用厂商及机型**

| 航空器制造商 | 适用机型 |
| --- | --- |
| 阿古斯塔-西陆（Agusta-Westland）直升机公司 | EH101 |
| 加拿大贝尔直升机公司 | V22、BA609、206、427、430、AH-1T |
| 波音民用 | 747、757、767 |
| 波音军用 | CH47、AH-64 |
| 通用电气 | J85、CF6-80、F404、F110、GE90、T700、LM6000、CFM56-5 |
| 美国汉密尔顿盛特兰（Hamilton Sundstrand）公司 | F-15、F-16、F18-C/D、F-18E/F |
| 美国霍尼韦尔（Honeywell）公司 | TPE331、AS907、331-600、131-9、LV100、RE100 |
| 加拿大普惠（Pratt & Whitney Canada）公司 | PT6、PW100、PW206、PW306、PW307、PW308、PW500、PW600 |
| 美国普惠（Pratt & Whitney）公司 | PW2000、PW4000、PW6000、V2500 |
| 英国劳斯莱斯公司 | T56、Model 250、AE2100、AE3007、T800 |
| 美国西科斯基飞机公司（Sikorsky Aircraft） | CH53、UH-60、SH-60、RAH-66、S92 |

注：以上铸件的直径可从 127mm 到 2000mm，质量可从 0.45kg 到 365kg。

图 2-11 是采用镁合金材料制造的飞机发动机零件，图 2-12 是镁合金材料生产的直升机变速器壳体。镁合金在喷气式发动机齿轮箱、操纵系统部件、教练机的座舱盖骨架中都被使用。

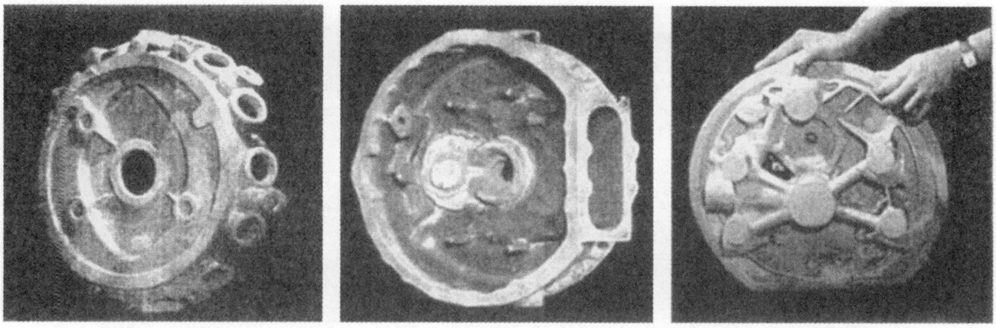

图 2-11　镁合金材料制造的飞机发动机零件

一般在要求耐热性良好的变速箱、外壳等中使用 QE22A（Mg-2.5Ag-2.1RE-0.7Zr）、EZ33A（Mg-3.3RE-2.7Zn-0.6Zr）等镁合金。表 2-6 为 1987 年文献中报道的日本制造镁合金材料应用的例子。近年，耐热性和耐腐蚀性优良的稀土镁合金（添加了钇）WE43A（Mg-4.0Y-3.4RE-0.7Zr）、WE54A（Mg-5.2Y-3.0RE-0.7Zr）被开发，目前已经应用于齿轮箱、变速器壳体等中，该镁合金的进一步广泛应用正在推广中，见表 2-7。镁合金制造的零件，在 MD500、Eurocopter EC120、NH90 和 Sikorsky S-92 等直升机中被采用。此外，WE43 稀土镁合金是以钇（Y）代替了钆（Gd）或镝（Dy）的最新铸造合金，在 AMS4429 中作为 EV31A-T6 被规格化，包含高温强度成为第一次在 MIL（美军式样书：Military Specifications and Standards）规格中被登记的镁合金。该合金耐热温度提高到 200℃，因此，该合金将有进一步推广应用的前景。

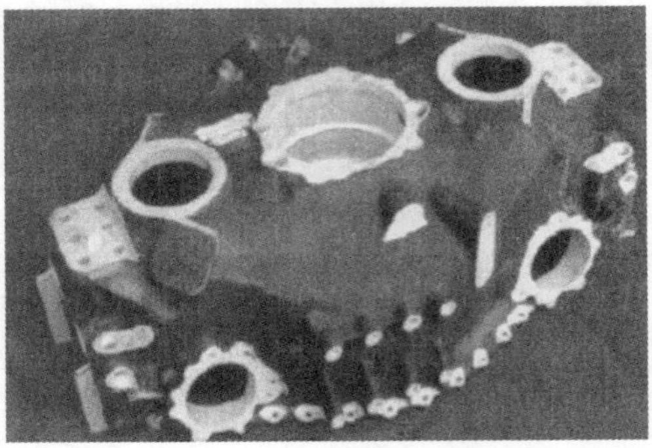

图 2-12　直升机变速器壳体（QE22A 合金）

**表 2-6　镁合金在日本制造的飞机零部件中应用**

| 飞　机 | | 直升机 | |
|---|---|---|---|
| 零件名称 | 合金 | 零件名称 | 合金 |
| 外壳 · 齿轮箱 | QE22A | 变速箱上箱 | QE22A |
| 挡风板 | ZE41A | 变速箱下箱 | QE22A |
| 后部拱形 | ZE41A | 下外壳 | AZ91C |
| 外壳 | ZE41A | 轴承支座 | AZ91C |
| 齿轮箱 | EZ33A | | |
| X 壳体 | EZ33A | | |

**表 2-7　WE43 镁合金的应用实例**

| 单 位 名 称 | 机型 | 应用部位 |
|---|---|---|
| 麦克唐奈道格拉斯（McDonnell Douglas） | MD500 | 齿轮箱 |
| 普拉特 · 惠特尼（Pratt & Whitney） | F-22 | 发动机齿轮箱 |
| 欧洲直升机公司（Eurocopter） | EC120 | 齿轮箱 |
| 欧洲直升机公司（Eurocopter） | NH900 | 齿轮箱 |
| 西科斯基飞机（Sikorsky Aircraft） | S-92 | 变速箱 |
| 贝尔直升机（Bell Helicopter） | 406T | 变速箱 |
| 贝尔直升机（Bell Helicopter） | V22 | 齿轮箱 |
| 波音直升机（Boeing Helicopter） | RAH-66 | 齿轮箱 |

### 2.1.2.2　国内航空航天工业中镁合金的应用

我国的镁合金在航空航天领域被广泛应用于制造飞机、导弹、飞船、卫星等重要机械装备零件，以减轻零件质量、提高飞行器的机动性能、降低航天器的发射成本。早在20世纪50年代中国仿制的飞机和导弹的蒙皮、框架及发动机机匣已采用镁稀土合金。20世纪70年代后，随着中国航空航天技术的迅速发展，镁合金在歼击机、直升机、导弹、卫星等产品上逐步得到推广和应用，如ZM6铸造镁合金已经用于制造直升机后减速机匣、歼击机翼肋及30kW发电机的转子引线压板等重要零件。稀土高强镁合金MB25已代替部分中强铝合金，在歼击机上获得应用。目前，中国航空航天领域对减重的迫切需求，为镁合金新材料的开发与应用提供了机遇，同时也面临着挑战。镁合金材料在航空航天领域应用有两个制约因素：一是材料强度偏低，尤其是高温强度和抗蠕变性能较差；二是铸件易形成缩松和热裂纹，成品率低，塑性加工条件控制困难，导致组织力学性能不稳定。上海交通大学针对以上两个制约因素，系统研究了高强度稀土镁合金的液态成型时的铸造性能，结合铸件结构设计改进，涂层转移精密铸造技术等，成功地突破了高强稀土镁合金的成型难题，目前已经成功制备了多种结构复杂的镁合金机匣，如图2-13所示。这类机匣通常结构复杂，含有油路等冷却通道，而且工作条件温度较高，需要用高强度热镁合金制备，目前国内这类机匣以进口为主，但上海交通大学研制的镁合金机匣，对铸件的力学性能和缺陷探伤的检测结果表明，这类镁合金铸件已经达到甚至超过了进口产品的水平。

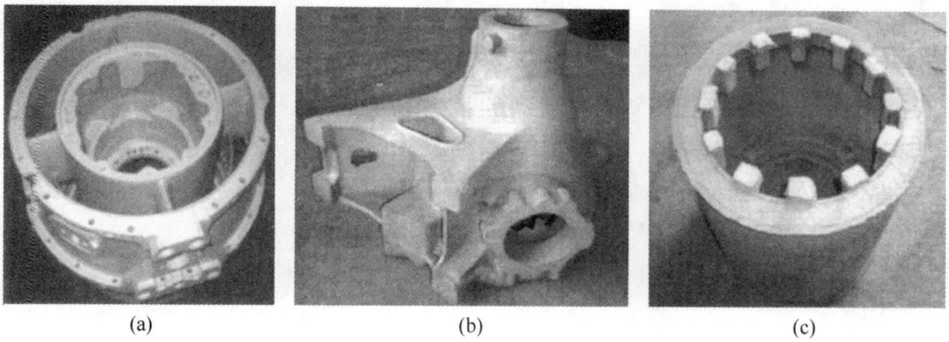

(a)　(b)　(c)

图2-13　我国生产的铸造镁合金发动机机匣

（a）铸造镁合金某型直升机机匣；（b）铸造镁合金某型导弹壳体；（c）$\phi$600mm×400mm轴套

除了镁合金铸件以外，越来越多的镁合金变形件也开始逐步应用于航空航天领域，这些变形件包括挤压型材和锻造零件。上海交通大学对高强度稀土镁金的挤压、锻造和轧制性能进行了系统的研究，目前已经能够生产各种不同截面的挤压型材，如JDM2合金与常规等温热挤压工艺相结合，成功地制备了某型轻型导弹弹翼（见图2-14（a））；JDM1合金与常规等温热挤压工艺相结合，成功地制备了$\phi$145mm的无缝管（见图2-14（b）），该管材用于某型轻型导弹壳体的制备。还通过分步自由锻与最终模锻相结合，成功地解决了多种大型承力构件的锻造难题，将促进镁合金在航空航天领域承力支架等结构件上的应用。

中北大学研制的镁合金零件在某型号火箭和弹体上得到应用，大幅度提高了射程；纵火炬大幅度提高了装备的纵火性能，机加工工时减少60%以上。

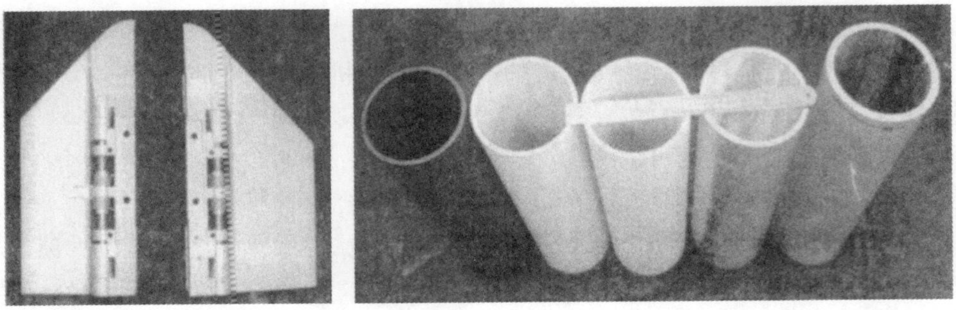

(a)　　(b)

图 2-14　航空航天领域应用的镁合金产品

（a）JDM2 镁合金等温挤压某型轻型导弹尾翼；（b）JDM1 合金等温挤压轻型导弹管材

中科院长春应化所研制稀土中间合金，制备出了高性能的 MB26 稀土镁合金，用于为神舟六号飞船上搭载航天相机制备零件，图 2-15 所示为某新型导弹试制稀土镁合金部件，成功实现减重 13kg，产品已经完成定型试制。MB26 镁合金于 20 世纪 90 年代就曾用于国产飞机的受力构件上。

图 2-15　某新型导弹用稀土镁合金部件

## 2.2　镁合金材料在交通领域的应用

### 2.2.1　镁合金在交通运输节能减排上的应用与开发

随着世界能源危机与社会环境污染问题的日趋严重，汽车和摩托车节能和轻量化成为重要问题。因为世界上用于汽车的耗油量占世界交通运输系统的 70%~80%，占世界石油总消耗的 20%左右。为满足环境保护和节省燃料的要求，采用降低车体质量的材料，以减少能源消耗和污染。镁合金作为一种轻量材料正越来越多地被应用于交通运输工具的生产制造业。

资料显示，汽车所用燃料的 60%消耗于汽车自重。汽车质量每降低 100kg，每百公里油耗可减少 0. 7L，二氧化碳排放可减少约 5g/km，如果每辆汽车能使用 70kg 镁合金，$CO_2$ 的年排放量将减少 30%以上。

车身的轻量化是降低燃料消耗的最有效的手段。如质量为 875kg 的汽车与 1t 重的汽车相比，重的车每 1L 汽油可行驶 8. 4km，轻的则为 8. 69km，即质量减轻 12. 5%，燃料费可降低2.6%。不仅如此，在轻量化以后，可使发动机至轮胎的齿轮传动速比减小，燃料消耗进一步下降。如果质量减轻10%，从齿轮速比和质量的减少两方面使燃料消耗可节约8.5%~10%。如果把10%轻量化普及到全部汽车的50%，其节约的能源换算成石油的话，可达100万吨以上。此外，镁合金材料的应用还能使飞机、导弹、火箭、宇宙飞船以及摩托车、自行车和高速运动部件轻量化，具有重大的经济效益和社会效益。

目前，世界各大汽车公司已经将采用镁合金零件作为重要的发展方向。镁合金用作交通工具的零部件具有以下优点：

（1）减轻质量可以增加车辆的装载能力和有效载荷。同时，可改善刹车和加速性能。

（2）镁合金具有能量吸收能力，采用高性能镁合金可以提高汽车抗振动及耐碰撞能力，大大提高汽车的安全性能。

（3）镁合金压铸件有一次成型的优势，可将原来多种部件组合而成的构件一次成型，提高生产率和零部件的集成度，降低零部件的加工和装配成本，不仅能提高设计灵活性，还能减少制造误差和装配误差。

（4）提高燃油经济性综合标准，降低废气排放和燃油成本。

（5）镁合金对振动的阻尼能力优于铝和钢，汽车上一些做重复运动、断续运动的零部件采用镁合金材料，可吸收振动，延长使用寿命。

（6）镁合金零件非常容易机械加工。镁合金在无冷却液、无润滑剂的情况下能实现高负荷的加工，并可得到光洁的加工面。衡量机械加工性的指标之一是动力消耗量。表2-8是以镁合金为1的情况下，各种合金机械加工时的动力消耗量比较。由表可见镁合金具有良好的加工性。

**表2-8 机加工时动力消耗量比较**

| 合金种类 | 镁合金 | 铝合金 | 黄铜 | 铸铁 | 软钢 | 镍合金 |
|---|---|---|---|---|---|---|
| 动力消耗量之比 | 1.0 | 1.8 | 2.3 | 3.5 | 6.3 | 10 |

（7）镁合金压铸件的经济性好。由于镁合金与铁亲和力极小，铁在镁中的溶解度很低，因此熔炼时可采用钢制坩埚或钢制冷室铸机。当使用相同的金属模时，镁和锌大体以同样速度巨铸成型，而铝却相当慢。即单位体积的热容量比铝小得多，压铸时的实际操作速度比铝要快。由于镁对金属模的热冲击小，故具有延长模子寿命的优点。

（8）镁合金具有很好的回收性。即废旧镁合金零部件的回收，进一步循环使用并不影响材料的使用性能。再生镁的能耗是矿石冶炼能源的百分之几，十分有利于环保和节约资源。

（9）镁合金可满足交通运输业日益严格的节能和尾气排放要求，可生产出质量轻、耗油少、符合环保要求的新一代交通工具。

### 2.2.2 镁合金材料在汽车上的应用与开发

#### 2.2.2.1 国外镁合金在汽车上的应用与开发

汽车生产制造厂商利用镁合金减重已有80多年的历史。1930年德国首次在汽车上用镁合金73.8kg。1936年德国大众汽车公司开始用压铸镁合金生产“甲壳虫”汽车的曲轴箱、传动箱壳体等发动机传动系零件。到1980年，大众公司共生产了1900万辆甲壳虫汽车，用镁合金铸件共达38万吨，创批量生产镁合金的最高纪录。长期以来，尤其是90年代以来，德国在镁合金领域一直处于世界领先地位，奔驰汽车最早用镁合金车座支架，奥迪汽车第一个推出镁合金压铸仪表板，德国是推动镁合金压铸发展的先驱与主力军。大众汽车公司2002年推出的每百公里耗油（柴油）1L（实际为0.189L）的双座微型概念车，该车净重260kg，其中镁合金占35kg。2004年6月，宝马发布了采用镁合金的直列6缸引擎，曲轴箱内部采用铝合金，外部采用镁合金，排量3.0L，全球最轻的直列6缸引擎，净重161kg，使用镁合金减重7%（10kg）。

美国在1948~1962年的十多年间，采用热压铸件生产了数百万件镁铸件用在汽车上。福特、通用和克莱斯勒等公司一直致力于新型镁合金和镁合金离合器壳体、转向柱架、进气管及照明夹持器等汽车零部件的开发和应用，替代效果十分明显，促进了镁合金应用的发展。1992年福特用镁合金压铸件30个、通用45个、克莱斯勒20个，到1993年增加1倍，三大公司镁合金铸件用量占北美镁合金材料总耗量的70%，达14282t。其中福特最多为8258t，通用为3436t，克莱斯勒为2588t。1997年通用汽车公司成功地开发出镁合金汽车轮毂，福特汽车公司也于1997年采用半固态压铸技术生产出镁合金赛车离合器片与汽车传递零件。1998年福特公司推出P2000系列的Diata混合动力轻质概念车使用了103kg镁合金，是目前单车使用镁合金最高纪录。

日本镁合金的开发与应用也十分迅速，1997~1998年汽车用镁合金压铸件增至3300t。20世纪80年代末期，日本开发出镁合金低压铸造装置，为镁合金的开发与应用提供了保证。如丰田汽车公司首先制造出镁合金汽车轮毂、转向轴系统、凸轮罩等零部件，2001年，丰田推出的4座轻量小型概念车ES3，采用镁合金为框架的网状结构。目前日本各家汽车公司都在生产和应用了大量的镁合金壳体类压铸件。2004年，日本还利用阻燃性镁合金挤压材料制作的汽车顶箱，与FRP强化塑料相比，质量大约可减轻25%。

澳大利亚CAST公司于2004年9月成功研制出可在高温下使用并用于制造未来汽车引擎的镁合金AM-SCI，这种合金可减少引擎质量的70%，该合金已在德国大众汽车上进行了5.6万千米运行试验，美国福特汽车制造厂于2004年底率先使用该合金生产福特2.5L的Duratec引擎。

20世纪70年代以来，各国尤其是发达国家对汽车的节能和尾气排放提出了越来越严格的限制，汽车轻量化呼声很强烈。1993年欧洲汽车制造商提出了“3L汽油轿车”的新概念，美国提出了“PNGV”（新一代交通工具）的合作计划。其目标是生产出消费者可承受的每百公里耗油3L的轿车，且整车至少80%以上的部件可以回收。这些要求迫使汽车制造商采用更多高新技术、生产质量轻、耗油少、符合环保要求的新一代汽车。单车用镁合金的质量已经成为衡量汽车性能的标准之一；1999年全球单车平均用镁合金铸件3kg，欧美单车用镁量较高，如“甲壳虫”单车用镁量已经超过20kg，预计20年后平均单车用镁量会超过100kg。

从长期看，汽车行业用镁增长点主要集中在车身、底盘和高温件。图2-16所示为汽车在7个部位采用镁合金后将取得的减重效果。表2-9列出未来几年内汽车工业可能使用镁制品的15种汽车零件的用量。

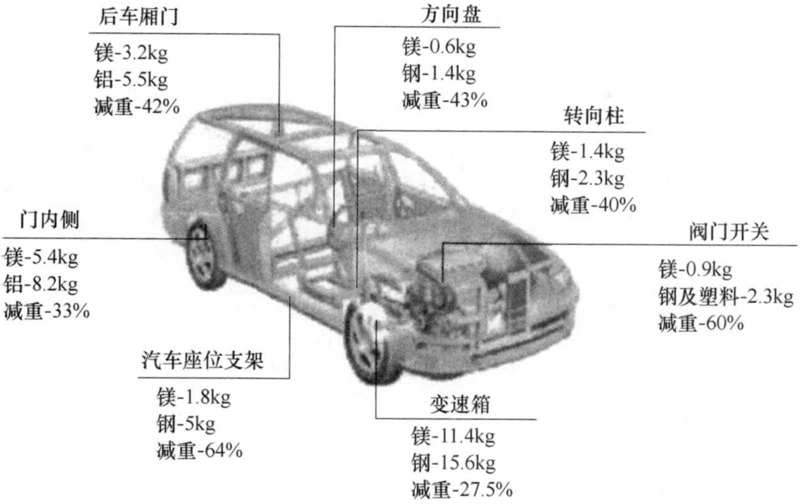


图 2-16　汽车在 7 个部位采用镁合金后将取得的减重效果

**表 2-9　15 种汽车零件的镁合金用量**

| 序 号 | 零件名称 | 每车用量/kg | 序 号 | 零件名称 | 每车用量/kg |
|---|---|---|---|---|---|
| 1 | 变速器壳体 | 4.8 | 9 | 转向支架 | 1.4 |
| 2 | 离合器壳体 | 4.0 | 10 | 仪表板 | 4.0 |
| 3 | 座椅骨架 | 8.0 | 11 | 车门框 | 8.0 |
| 4 | 转向盘芯 | 1.0 | 12 | 车顶架 | 2.7 |
| 5 | 汽缸盖罩盖 | 0.8 | 13 | 防护板 | 3.0 |
| 6 | 进气管 | 1.5 | 14 | 汽缸体 | 7.0 |
| 7 | 车轮毂 | 16 | 15 | 气 门 | 0.5 |
| 8 | 门锁芯壳 | 1.4 | | | |

汽车用镁合金零部件绝大部分是压铸件，在减少汽车质量、提高燃料经济性、保护环境、提高安全性和驾驶性、增强竞争力等方面效果显著，在汽车行业应用潜力大，用镁合金制造壳体类零件，不仅减轻质量，而且由于镁合金的阻尼衰减能力强，因而可以降低汽车运行时的噪声。

用镁合金制作结构件，是由于镁比强度高，在相同质量下可获得较高强度，而且阻尼良好并有很高的抗冲击韧性，尤其适合于制造经常承受冲击的零件。如转向轴经常承受较大的扭矩、座椅架和轮毂长时间承受冲击，采用阻尼良好的镁合金后，既减轻了汽车的自重，又提高了汽车行驶过程中的平稳性和安全性。随着技术的发展，镁合金结构件应用的数量将会增加。奥迪 A6 轿车单车的镁合金压铸件总用量目前已达 14.2kg，未来将增至 50~80kg。美国通用和福特汽车公司预计在今后 20 年内每辆汽车的镁合金用量将从目前的 13kg 提高到 100kg。2004 年 4 月，大众汽车公司首次推出了新研制成功的超级经济型轿车，属于迷你型，其燃油效率达到了每千米耗油少于 1L，时速 120km，整车框架由金属镁制成，外裹有用于加强的塑料表皮。

目前汽车常用镁合金材料的大致成分和一般性能见表 2-10。

表 2-10　汽车常用镁合金的主要成分和性能

| 合金 | 成分（质量分数）/% | 屈服强度/MPa | 抗拉强度/MPa | 伸长率/% | 冲击韧性/J |
|---|---|---|---|---|---|
| AZ91 | 9Al，0.7Zn | 150 | 230 | 3 | 1.5 |
| AM60 | 6Al，0.3Mn | 115 | 205 | 6 | |
| AM50 | 5Al，0.3Mn | 125 | 207 | 6 | |
| ZA102 | 2Al，10Zn | 172 | 221 | 3 | |
| AS41 | 4Al，1Si | 150 | 220 | 4 | 2.8 |
| AS21 | 2Al，1Si | 130 | 240 | 9 | |
| AM1 | 4Al，1RE | 103 | 234 | 15 | 4.3 |
| AM2 | 4Al，2RE | 110 | 244 | 17 | 4.5 |

AZ91D（Mg-9Al-0.7Zn-0.2Mn）和 AM60（Mg-6Al-0.2Mn）是室温应用的压铸镁合金。AZ91D 常用于离合器支架、转向盘轴凸轮盖支架等，AM60B 常用于座位支架和设备仪表板。

汽车上用的镁压铸件对减轻质量和提高性能的影响是十分显著的。大众汽车的变速器用镁合金铸件，质量减轻 4.5kg；奔驰公司用 AM20 和 AM50 的压铸座椅架，质量比用冲压—焊接钢结构件大大减少；通用 EVI 型车用镁制仪表板将 20 个冲压及塑料零件组合成一个压铸件，不但质量减少 3.6kg，而且增加刚性，减少了装备工作量；丰田汽车的方向盘加装安全气囊后质量增加，采用 AM60B 后，质量比过去的钢制品、铝制品分别减少了 45%和 15%，并减少了转向系振动；福特公司用 AM60 生产车座支架，取代钢制支架，使座椅质量从 4kg 减为 1kg；用 AZ91D 制作锁套，比用锌质量减少 75%；其卡车离合器改用 AZ9LD 压铸件，不但无大气腐蚀问题，且耐海水腐蚀性也比铝合金壳体好，延长了使用寿命。

#### 2.2.2.2　国内镁合金在汽车上的应用与开发

中国采用铸造镁合金已有三四十年的历史，但在汽车工业上应用起步较晚，目前约有 20 家企业从事镁合金压铸件的生产和研究。一些科研院所、大学的学者通过在 AZ 系合金中加入钙、硅、锑、锡、铋、稀土等元素，成功研制了一系列新型高温抗蠕变镁合金。通过这些合金元素的微合金化作用，使 AZ91D 合金原来只能用于汽车的结构部件（如阀套、离合器壳体、方向盘轴、凸轮罩、刹车托板支架等）扩大到高温部件（如齿轮箱、曲轴箱、发动机壳体、油盘等）。第一汽车集团公司（一汽）、第二汽车集团公司（二汽，现为东风汽车公司）、上海汽车集团公司（上汽）以及长安汽车公司研究和开发镁合金在汽车工业上的应用方面发挥了重要作用。

上汽是在国内最早将镁合金应用在汽车上的企业，该公司在 20 世纪 90 年代初首次在桑塔纳轿车上采用镁合金变速箱壳体、壳盖和离合器外壳，单车用镁合金为 8.5kg。目前，桑塔纳轿车镁合金变速箱外壳年用镁量达 2000t 以上，镁合金踏板支架压铸件已经开始批量生产供货。电动汽车镁合金电机壳体零件全部通过台架试验，正在进行装车试验。

一汽开发了抗蠕变镁合金，用于制造高温负载条件下汽车动力系统部件，还成功开发出汽缸盖罩盖、脚踏板、方向盘、增压器壳体、传动箱罩盖等镁合金压铸件，并已应用于生产。一汽奥迪生产的 A6 2.8 在控制系统中集中使用镁合金材料，使车体质量减轻了 27kg。

东风汽车开发研究镁合金冷室压铸工艺生产汽车零件的全套技术。研究的镁合金零部件包括载重汽车脚踏板、变速箱上盖、制动阀壳体、真空助力器隔板、发动机汽室罩盖、富康轿车用方向盘芯、缸体罩盖、进气管、门锁芯壳、转向支架等系列产品。目前，东风汽车已有 8 种镁合金脚踏板安装在东风“天龙”系列型卡车上，2003 年底用镁量已达 300t 以上。东风汽车研发和生产的镁合金压铸件与其他材料相比的减重情况见表 2-11。

**表 2-11 东风汽车公司开发和生产的镁合金压铸件**

| 零件名称 | 原用材料 | 质量/kg | 应用车型 | 年产量/万件 | 镁件质量/kg |
|---|---|---|---|---|---|
| 变速箱上盖 | 铝合金 | 2.5 | 中型车 | 15 | 1.6 |
| 中间隔板 | 铝合金 | 2.0 | 轻型车 | 6 | 1.4 |
| 发动机气室罩盖 | 铝合金 | 2.4 | 轻型车 | 5 | 1.6 |
| 方向盘 | 钢结构 | 4.0 | 微型轿车 | 6 | 0.9 |
| 离合器壳 | 铝合金 | 4.0 | 轿车 | 6 | 2.8 |
| 变速箱壳 | 铝合金 | 4.8 | 轿车 | 6 | 3.3 |
| 发动机支架 | 铝合金 | 1.5 | 轿车 | 6 | 0.9 |
| 阀体零件 | 锌合金 | 2.5 | 轻型车 | 10 | 0.7 |
| 脚踏板 | 钢件 | 5.0 | 轻型车 | 10 | 1.1 |

长安汽车集团生产的“长安之星”微型车实现了单车用镁合金 8kg，这一水平刷新了国内领先水平，达到国际先进水平。生产的变速器上、下箱体延伸体和缸罩等 7 种零件已通过台架试验和道路试验。2004 年已大批量装车进入市场销售。

中国汽车产业目前已进入一个高速增长期，2012 年中国全年汽车产销量分别为 1927.18 万辆和 1930.64 万辆，如能达到单车用镁量 15kg，中国汽车用镁量可达 30 万吨。除直接生产汽车的行业外，其他如深圳力劲、浙江岱山、威海万丰等已开始接受国外汽车零部件订单。中国汽车工业特别是汽车零部件产业逐步融入全球采购体系，利用国内镁资源优势所形成的价格优势，有望形成世界有影响力的镁合金零部件生产基地。欧洲汽车生产商正逐步把亚洲尤其是中国作为采购便宜零部件的重要地区。

#### 2.2.2.3 镁合金材料在汽车零部件中的主要应用

目前镁合金材料主要用于的汽车零部件：

（1）车内构件。仪表盘、座椅架、座位升降器、座椅底架、操纵台架、气囊外罩、转向盘、锁合装置罩、转向柱、转向柱支架、收音机壳、小工具箱门、车窗马达罩、刹车与离合器踏板托架、气动踏板托架等。

（2）车体构件。门框、尾板、车顶框、车顶板、IP 横梁等。

（3）发动机及传动系统。阀盖、凸轮盖、四轮驱动变速箱体、手动换挡变速器、离合器外壳与活塞、进气管、机油盘、交流电机支架、变速器壳体、齿轮箱壳体、油过滤器接头、马达罩、前盖、气缸头盖、分配盘支架、油泵壳、油箱、滤油器支架、左侧半曲轴箱、右侧半曲轴箱、空压机罩、左抽气管、右抽气管等。

（4）底盘。轮毂、引擎托架、前后吊杆、尾盘支架。瑞典推出的沃尔沃 CP2000 车型全重 700kg，所用镁合金件达 50kg，包括轮毂、离合器箱、转向齿轮箱、后悬臂、发动机架、进气歧管、气缸体等重要部件。表 2-12～表 2-15 分别列出了欧美几种车型使用镁合金零部件的种类和数量情况。

**表 2-12　欧洲菲亚特 Dino 型汽车使用镁合金零部件数量**

| 零部件名称 | 每车使用件数/件 | 质量/kg | 零部件名称 | 每车使用件数/件 | 质量/kg |
|---|---|---|---|---|---|
| 汽缸头盖 | 2 | 2.7 | 油泵喇叭口 | 1 | 0.354 |
| 汽缸头小盖 | 4 | 0.21 | 车轮 | 5 | 27.78 |
| 分配盘支架 | 1 | 0.227 | 滤油器支架 | 1 | 0.512 |
| 引擎油雾供油箱 | 2 | 0.508 | 总计 | 17 | 32.5 |
| 油泵壳 | 1 | 0.177 | | | |

**表 2-13　波舍尔 911 系列汽车使用镁合金零部件的数量**

| 零部件名称 | 每车使用件数/件 | 质量/kg | 零部件名称 | 每车使用件数/件 | 质量/kg |
|---|---|---|---|---|---|
| 左、右侧半曲轴箱 | 2 | 15.69 | 左、右抽气管 | 2 | 1.26 |
| 左、右链罩 | 2 | 1.29 | 齿轮箱 | 1 | 6.16 |
| 左、右链罩盖 | 2 | 0.82 | 齿轮箱前盖 | 1 | 1.20 |
| 分配轴上、下盖 | 4 | 1.70 | 中隔板 | 1 | 1.03 |
| 空压机罩 | 2 | 1.62 | 侧盖 | 1 | 0.83 |
| 转子 | 1 | 0.65 | 开孔轮盘 | 5 | 24.97 |
| 油原腔Ⅰ、Ⅱ | 2 | 0.54 | 封闭盖 | 1 | 0.05 |
| 通风口盖 | 1 | 0.11 | 总计 | 27 | 57.92 |

**表 2-14　欧美主要车型使用镁合金的状况**

| 公　司 | 车　型 | 每辆车镁合金的用量/kg |
|---|---|---|
| GM | Full Size Van，Sabana 及 Express | ≤26.3 |
| GM | Mini-Van，Safari 及 Astro | ≤16.7 |
| Ford | F.150 卡车 | 14.9 |
| Chrysler | Mini-Van | 5.8 |
| Buick | Pack Avenue | 16.5 |
| VW | Passat，Audi A4 及 A6 | 13.6～14.5 |
| Porche | Boxster Roadster | 16.9 |
| Alfa-Romeo | 156 | 16.3 |
| Benz | SL | 17.0～20.3 |

**表 2-15　欧美汽车使用镁合金的部件**

| 部件位置 | 镁化前材质 | 镁化前质量/lbs | 镁化后质量/lbs | 零部件 | Ford | GM | Chrysler | Fiat | Benz | BMW |
|---|---|---|---|---|---|---|---|---|---|---|
| 内装及车体相关件 | Fe | 3 | 1.5 | 内胎壳体 | | | * | | | |
| | Fe/树脂 | 0.6 | 0.3 | 烟灰缸 | | * | | | | |
| | Fe | 11.5 | 5.9 | 顶框 | | * | | | | |
| | Fe | 23.2 | 8.8 | 椅框 | | * | | | * | * |
| | Fe | 30 | 8 | 座椅支柱 | * | * | * | * | | |
| | Fe | 2 | 1.5 | 座椅卷带盘 | | | * | | | |
| | — | — | 1.6 | 遮阳屏/盖框体 | * | * | | | * | * |
| 底盘相关件 | Fe | 1.25 | 0.9 | ABS 固定架 | | | | | | |
| | Fe | 2.3 | 1 | 叶片托架 | | | * | | | |
| | Al | 1.6 | 1.3 | 能量控制泵 | | | * | | | |
| | Al | 1.1 | 0.8 | 驾驶杆托架 | | * | * | | | |
| | Al | 4.1 | 3.1 | 驾驶杆元件 | * | * | * | | | |
| | Fe | 2.8 | 1.2 | 方向盘 | * | * | * | | | |
| | Al | 58.8 | 30.8 | 轮毂 | * | * | * | * | * | * |
| 动力及传动相关件 | Al | 23 | 15 | 4WD 传送箱 | * | * | | | | |
| | Fe | 5 | 2.5 | 交流发动机/AC 托架 | | * | | | | |
| | Al | 22 | 14 | 离合器箱体和活塞 | | * | | | | |
| | Al | 12 | 8 | 发动机箱体 | | * | | | | |
| | Al | 11 | 7.5 | 集成歧管 | | * | * | | | |
| | Al | 0.5 | 0.26 | 滤油适配器 | | * | | | * | |
| | Al | 1.5 | 1 | AT Internal 零件 | | * | | | | |
| | Al | 6.5 | 2.3 | 汽缸盖 | * | * | | | * | * |

注：1. 1lbs = 0.45kg；2. * 表示有应用。

图 2-17～图 2-20 列举了各国不同车型上所使用的镁合金汽车零部件的外形图。

图 2-17　汽车轮毂

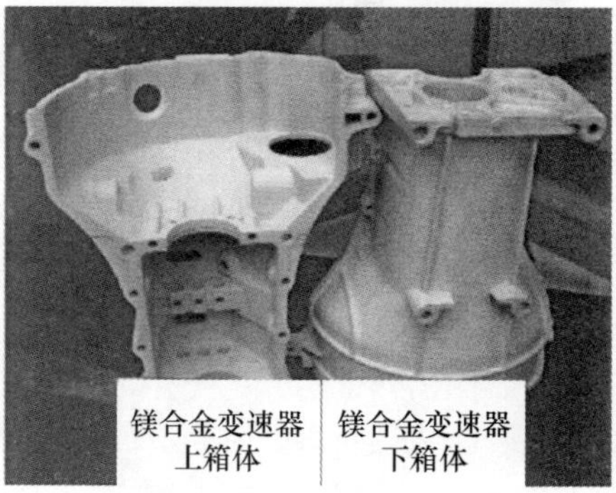


图 2-18　汽车变速器上、下箱体

图 2-21 所示为有关公司设计的一种镁合金概念车示意，许多汽车部件可以采用镁合金制造。表 2-16 列出了几种新型汽车和卡车上的镁合金使用情况。

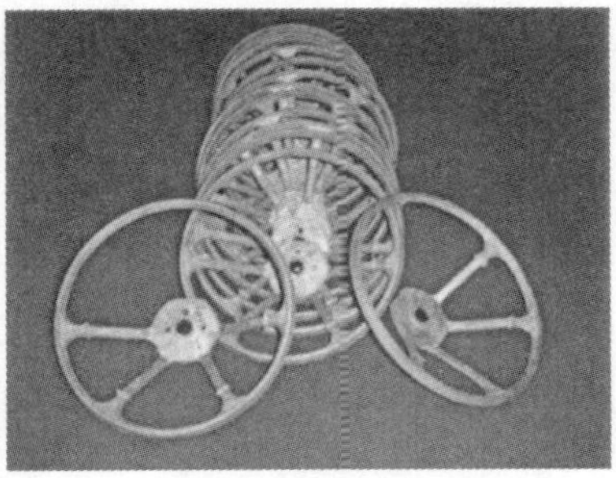

图 2-19　汽车方向盘

图 2-20　汽车齿轮变速箱

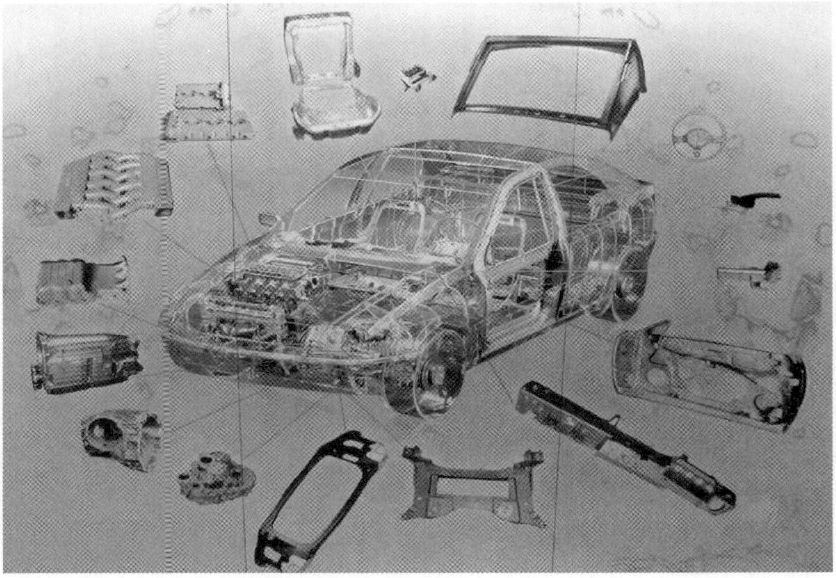

图 2-21　镁合金概念车

**表 2-16　新型汽车和卡车上的镁合金部件**

| 公司 | 零部件 | 车型 | 合金 |
|---|---|---|---|
| Ford | 离合器、油盎、导轴 | Ranger | AZ91HP<br>AZ91B |
| General Motors | 四轮驱动传动箱 | Aerostar 1994 | AZ91D |
| | 手动变速箱 | Bronco | AZ91D |
| | 阀盖、气体净化器、离合器（手动） | Corvette | AZ91HP |
| | 导热套 | North Star V-8 1992 | AZ91D |
| | 离合器底盘、刹车底盘、导向轴支架 | “W” Oldsmobile，Pontiac，Buick | AZ91D |
| Chysler | 传动托架、泄盘 | Jeep 1993 | — |
| | 导向轴托座 | LH midsize 1993 | — |
| | 传动托座、油盘 | Viper | — |
| Daimler-Benz | 座椅框架 | 500SL | AM20/50 |

续表 2-16

| 公司 | 零部件 | 车型 | 合金 |
|---|---|---|---|
| Alfa-Romeo | 各种零部件（45kg） | GTV | AZ91B |
| Porsche AG | 各种零部件（53kg） | 911 | — |
| XX | 车轮（7.4kg） | 944 Turbo | AZ91D |
| Honda | 缸体头罩<br>车轮（5.9kg） | City Turbo<br>Prelude | AZ91D<br>AM60B |
| Toyota | 导向轮 | Lexus | AM60B |
| Fueling Engineering | 气缸体、油槽、凸轮轴外壳、前盖装配件 | 5HQ<br>Quad 4<br>Aerotech | AZ91E<br>ZE41A<br>ZC63 |

#### 2.2.2.4 镁合金在汽车上应用的新进展

A 全镁合金发动机缸体研制成功

在国家“863”重点项目和国际合作重点的支持下，上海交通大学承担了美国通用汽车公司“镁合金发动机缸体研制”项目，开发下一代轻量化汽车发动机的 V6 缸体。经过几年的努力，在全镁发动机缸体上的研究取得了显著成效，通过计算机模拟，采用自主开发的 JDM1 镁合金，结合自主研发的精密砂型低压铸造、复杂铸件的组芯技术、树脂砂芯冷芯盒射芯技术和型砂阻燃剂与阻燃技术等工艺，成功地制备了质量良好的 V6 镁合金发动机缸体，如图 2-22 所示。该全镁合金汽车发动机缸体是世界首次研发成功。

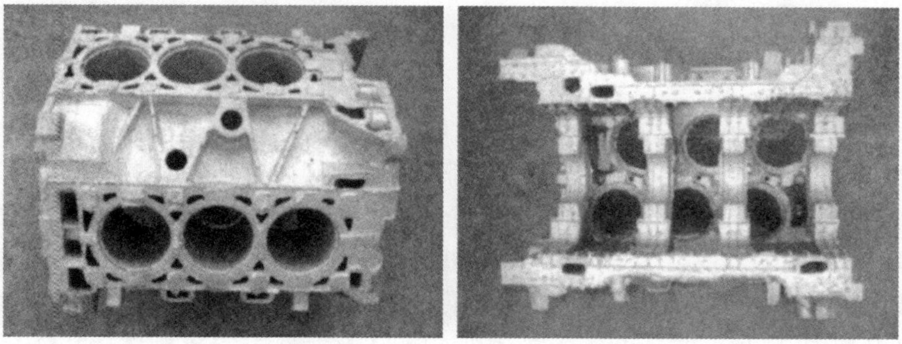

图 2-22 JDM1 镁合金 V6 发动机缸体

B 镁基复合材料发动机缸套的研制

上海交通大学在现有自主开发的 JDM1 和 JDM2 合金的基础上，以 $Al_2O_3$短纤维等为增强相，通过压力浸透、压铸、重力铸造等成型方式，设计并制备新型基复合材料。该镁合金缸套是以 Mg-RE 系耐热镁合金为基体合金，采用 $Al_2O_3$短纤维为增强相，采用层流压铸技术一次成型，缸套如图 2-23 所示。通过压铸工艺制备出的短纤维增强镁基复合缸套，其屈服强度相对基体合金有大幅度提高，抗拉强度也有一定提高，蠕变性能明显高于基体合金，但复合材料的伸长率下降较明显。

C　镁合金发动机活塞的研制

活塞被称为发动机的“心脏”，作为汽车发动机中传递能量的一个非常重要的构件，对材料有特殊的要求：密度小、质量轻、热传导性好、热膨胀系数小；并有足够的高温强度、耐磨和耐蚀性能，尺寸稳定性好。由于其工作环境恶劣，发动机活塞通常采用耐热性良好的铸铁和高硅铝合金制造。但采用这类材料铸造的发动机活塞在与镁基复合材料制备的缸套配合工作时，会产生因材质差异过大而导致发动机运行时活塞与缸套之间的磨损量增大的现象。为了解决这一问题，上海交通大学开发了高稀土含量的JDM3合金，该合金可在300℃下长期使用。JDM3镁合金在300℃、50MPa条件下，稳态蠕变速率仅为6.60×$10^{-8}s^{-1}$，100h的蠕变应变总量仅为1.76%，蠕变性能较好，能满足活塞的性能需求。同时，针对发动机活塞开发了其重力铸造和低压铸造成型工艺。图2-24所示为机加工后的镁合金发动机活塞。

图2-23　一次成型的单缸发动机复合材料缸套

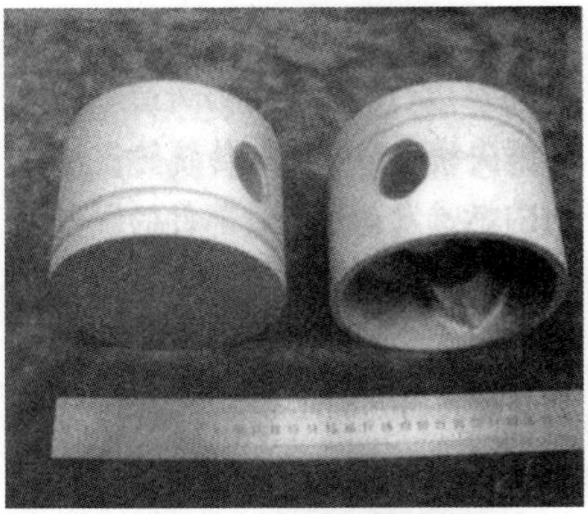

图2-24　机加工后的镁合金发动机活塞

D　低压铸造镁合金发动机支架

由于汽车大多为前轮驱动，大部分部件都集中在前舱，特别是动力系统，使得汽车的前舱质量过大，影响汽车的可操控性能和安全性能。汽车动力系统中，发动机支架占动力系统总重的8%~10%，采用钢梁焊接的发动机支架总重为25~30kg，而采用镁合金制造的发动机支架的质量为8~9kg，有明显减重效果。

由于从结构刚度考虑，镁合金发动机支架属于大型中空薄壁件，其框架尺寸为1400mm×1400mm，大部分壁厚均为3.5mm，仅能采用金属型和砂芯组合铸造而成，有很大的制造难度。上海交通大学针对发动机支架铸件的特点，对镁合金发动机支架铸件的低压铸造成型过程进行计算机模拟，调整铸造模具的结构和铸造成型工艺，采用结构力学分析软件分析镁合金发动机支架铸件在热处理过程中的变形趋势，设计出了合理的热处理工艺及装备。采用该技术已成功试制出质量良好的镁合金发动机支架铸件，图2-25所示是研究开发的通用汽车公司凯迪拉克CTS高档轿车的发动机支架。

E　镁合金在汽车轮毂中的应用

江苏荣镁制造的镁合金轮毂采用整体一次锻压成型，在三向压应力状态下，受力均匀，锻件强度高，AZ80A轮毂抗拉强度为310MPa、屈服强度为230MPa、伸长率为12%。

经锻造的轮毂，材料致密度高，经微弧氧化和表面涂装，经盐雾测试2000h，明显优于铸造和压铸生产的轮毂，与低压铸造比，材料利用率可提高约15%~20%，毛坯精度高，加工余量少，加工效率高，降低了加工成本。

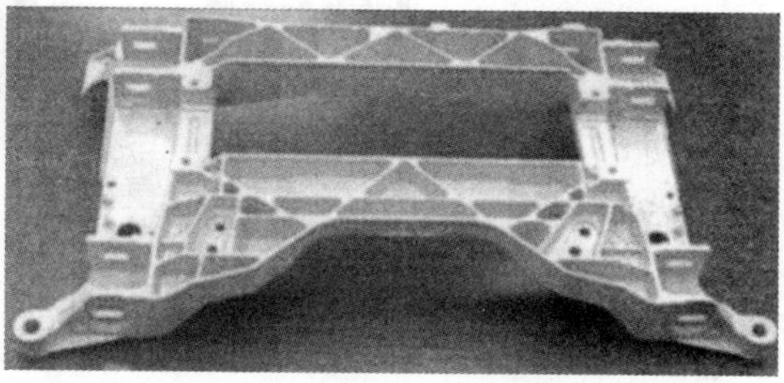

图2-25 镁合金发动机支架

2010年7月，经国家机动车质量监督中心（重庆）部件检验室检验：车轮型号为8×17（仿德国宝马车轮），检验结果为动态弯曲疲劳10万次以上。受载荷正常，无可见裂纹；动态经向疲劳50万次以上，承载正常，无可见裂纹；冲击性能为轮辐轮辋无裂纹、无漏气。在江苏扬州建成了锻造轮毂专业化生产厂，可生产18×8(6.9kg)、17×7.5(5.9kg)、16×7(4.7kg)、15×6(3.9kg)四种规格镁合金轮毂，如图2-26所示。目前正在扩大生产规模和推广应用。

图2-26 锻造的镁合金轮毂

F 镁合金在车体结构中的应用

重庆博奥镁铝金属有限公司与长安汽车公司联合国家镁合金工程中心，共同对长安CVⅡ车型进行了零部件的开发综合应用，共开发12个零部件，总用镁量大约20kg，其零部件全部通过了相关机构的性能检测及路试，已小批量的投入生产，代表了中国镁应用技术已居世界汽车工业用镁的前列。共用镁合金12.99kg，共减重6.605kg，见表2-17。

表 2-17　长安 CVⅡ型用镁合金零部件减重对比

| 零件名称 | 替换前的材料 | 替换后的材料 | 替换前质量/kg | 替换后质量/kg | 共减重/kg | 减轻率/% |
|---|---|---|---|---|---|---|
| CA20 油底壳 | ADC12 | AE44 | 4.5 | 3.366 | 1.134 | 25.2 |
| CA20 汽缸盖罩 | ADC12 | AZ91D | 2.125 | 1.436 | 0.689 | 32.4 |
| CA20 变速器左箱体端盖 | ADC12 | AZ91D | 0.35 | 0.238 | 0.112 | 32 |
| CA20 变速器左箱体 | ADC12 | AZ91D | 6.27 | 3.95 | 2.32 | 37 |
| CA20 变速器右箱体 | ADC12 | AZ91D | 6.35 | 4 | 2.35 | 37 |

G　镁合金变速箱壳的研究开发

当前世界各大汽车公司把高新技术应用于汽车零部件和总成生产上，使安全、节能和环保技术得以广泛应用。山西金水河和天津德盛镁汽车部件有限公司是专门为汽车轻量化生产镁铝合金汽车部件的专业化生产厂，几年来为德国大众等国外知名品牌汽车提供了镁铝合金变速箱壳体、镁铝变速箱离合器壳体以及镁合金复合材料发动机等部件。目前正在努力开发新产品，如镁合金汽车零部件生产，实现规模生产并进入国际汽车零部件采购体系。图 2-27 是研究开发的德国大众 MQ350 变速箱壳；图 2-28 是研发的德国大众 MQ500 变速箱—离合器壳。

图 2-27　德国大众 MQ350 变速箱壳

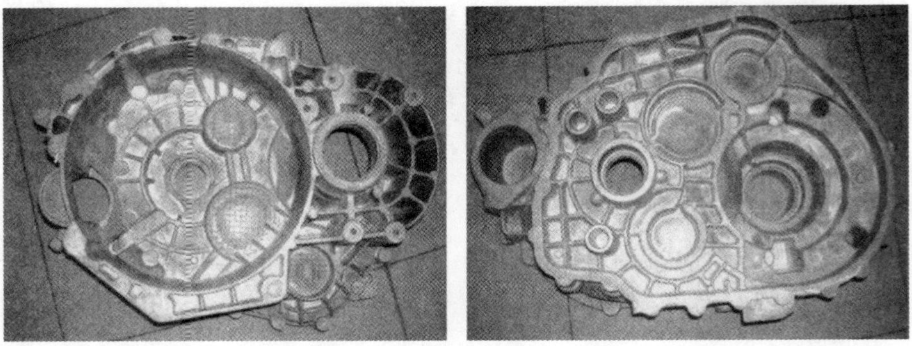

图 2-28　德国大众 MQ500 变速箱—离合器壳

H　镁合金结构件在汽车产业中的应用开发

上海镁合金压铸有限公司是加拿大 Meridian Technologies Inc. 和上海汽车工业（集团）总公司下属上海乾通汽车附件有限公司合资成立的企业。公司主要生产镁合金汽车零部件，图 2-29 是研发的镁合金汽车中控结构，其特点是表面金属感强，坚硬触摸性好，比钢结构质量减轻 40%（无内部结构），是一次切边成型的产品；图 2-30 是上海通用 SGM18 Buick LaCrosse 汽车的仪表板骨架；图 2-31 是 SVW—桑塔纳汽车的镁合金变速箱壳体/壳盖；图 2-32 是合作开发的稀土镁合金座椅骨架。

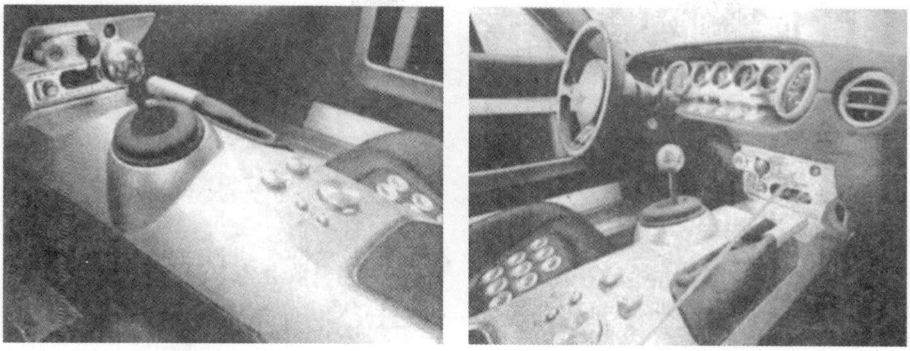

图 2-29　镁合金汽车中控结构

图 2-30　上海通用 SGM18 Buick LaCrosse 仪表板骨架

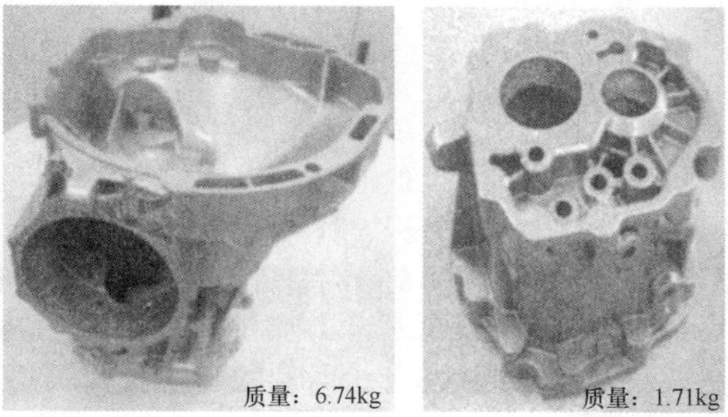


图 2-31　SVW—桑塔纳汽车的镁合金变速箱壳体/壳盖

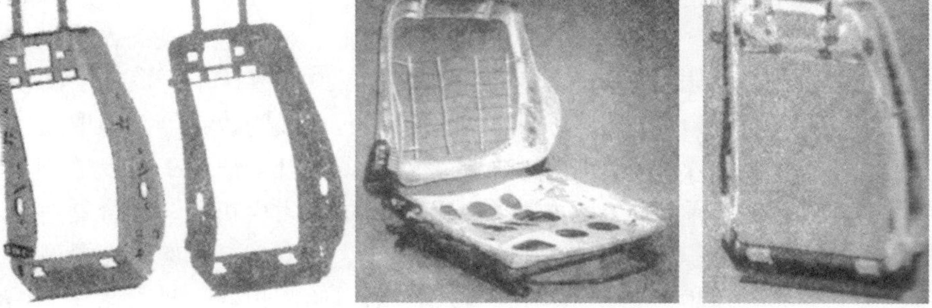

图 2-32　合作开发的稀土镁合金座椅骨架

### 2.2.3　镁合金材料在摩托车上的应用与开发

用镁合金制造摩托车发动机、轮毂、减速器、后扶手及减振系统部件等，不仅能减轻整车质量、提高整车加速和制动性能，还能降低行驶振动、排污量、噪声及油耗。由于镁合金具有极佳的减振性能，在驱动部件和传动部件上应用镁合金，可提高驾乘舒适度，同时便于镁合金回收利用。

#### 2.2.3.1　国外镁合金在摩托车上的应用

镁合金应用于摩托车工业起源于20世纪30年代的欧洲，和汽车工业应用镁合金处于同一个时期。并且镁合金摩托车部件几乎与摩托车同时代诞生。例如，1938年英国伯明翰轻武器工厂生产一款名为“金星”的摩托赛车，其变速箱壳体采用镁合金制造，见图2-33。紧随其后的是1939年英国AJS公司推出的一款用于国际摩托车大奖赛的名为“超级动力”的摩托赛车，如图2-34所示，其曲轴箱体采用镁合金制造。

图2-33　1938年英国的“金星”摩托赛车

图2-34　1939年英国的“超级动力”摩托赛车

除了发动机部件仍然作为应用镁合金的主流之外，20世纪70年代之后出现的其他镁合金部件，包括轮毂、制动盘、离合器外壳、前叉夹等十种部件。这些镁合金零件大多数由厂家根据自己的型号生产，只有轮毂、前叉夹和制动盘实现了专业化生产。其中轮毂的产业化水平最引人注目，镁合金摩托车轮毂的专业制造厂商多达十几家，其中知名的有意大利的马其西尼、马威克，德国的德玛格，意大利的OZ，德国的PVM和镁合金科技公司。其中德国德玛格公司制造的镁合金轮毂应用于全球各种著名品牌的摩托车，车型超过了400种。从20世纪80年代开始，摩托车部件的镁合金化发展迅速，应用部件多达50余种，涵盖了发动机系统、传动系统、悬挂系统、框架以及各种附件。应用厂家几乎囊括了欧洲所有摩托车生产厂商，包括诸如意大利的阿普利亚、杜卡迪、英图古兹、比摩塔、奥古斯塔，英国的凯旋，德国的宝马，奥地利的KTM等顶级摩托车厂商。当然，早期摩托车工业的许多厂商都已销声匿迹，它们的摩托车产品也已成为收藏器，但取而代之的是对镁合金更大规模、更高层次的应用。其中较有代表性的有杜卡迪749~999系列，其采用的镁合金部件包括：轮毂、前叉夹、单侧摇臂、前灯总成、发电机盖、离合器边盖、凸轮箱盖、摇杆箱盖、引擎后盖、调速观察板盖、内汽缸盖、阀门盖、镜架、气帽等。

日本四大著名摩托车生产企业是本田、铃本、雅马哈、川崎。日本摩托车厂商对于镁合金部件的采用完全依照欧美的模式，最开始也是从发动机入手，而后扩展到其他部件。虽然镁合金部件的种类不如欧洲车多，但是其应用的规模丝毫不比欧洲逊色。其中最成功的是川崎 ZX 系列，其部件几乎包括了日本摩托车的所有镁合金部件。仅川崎 ZX-6 摩托车的发动机就采用了镁合金汽缸盖、机油箱面板、离合器盖、油泵盖，整个发动机减重达 4kg，如图 2-35 所示。另一个成功车系是本田 RC51 系列，每种车型的镁合金部件各有侧重点。其中 RC51-S 型侧重于发动机部件，包括镁合金离合器盖、镁合金汽缸盖、镁合金左右曲轴箱盖。RC51-C 型摩托车侧重于运动部件，包括马其西尼牌镁合金前后轮毂、镁合金单侧摇摆臂。当然，其他 RC51 系列中的镁合金部件还包括后轮悬架、机油箱及隔板、离合器盖、油冷器阀门盖等。

美国的摩托公司在全球是最多的，比如日本的本田、铃本、雅马哈、川崎，意大利的阿普利亚、杜卡迪，德国的宝马，奥地利的 KTM 等著名摩托车制造商都在美国设有分公司。这些外国摩托车制造商在美国成功的同时也带动了镁合金部件在美国的推广。相反，美国本土的摩托车追求一种粗犷豪迈的风格，比如著名的哈雷摩托，这种美式摩托车体积庞大，动力十足，其大量采用镀钢件，极少采用镁合金部件。但也有一些代表性作品，比如美国哈雷 · 载维森的姐妹厂贝奥公司 2002 年所产的“霹雳 XB9R”型摩托车，如图 2-36 所示，其双前灯梁、头灯壳、仪表盘以及大量电镀配件和装饰件均由镁合金制成。

图 2-35 川崎 ZX-6 摩托车

图 2-36 贝奥 2002 年“霹雳 XB9R”型摩托车

近些年，真空镁合金压铸技术的应用及开发促进了镁合金的应用。目前，在摩托车发动机中和公路跑车的后车架中被实用化，见图 2-37 和图 2-38。

图 2-37 镁合金应用于摩托车发动机中的几个部件

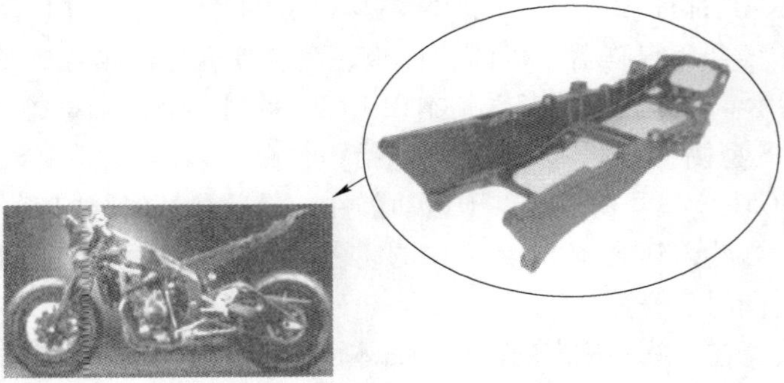

图 2-38　镁合金材料的公路跑车的后车架

镁比铝的杨氏模量低，具有最大的轻量化优势，如图 2-39 所示，满足等刚性设计时，镁合金的优势最大，图 2-39 显示了管截面中的轻量化率。因此，采用镁压铸制的后车架与铝压铸制相比，比疲劳强度（=疲劳强度/密度）约高 20%，见图 2-40。镁合金的应用具有明显的轻量化效果。

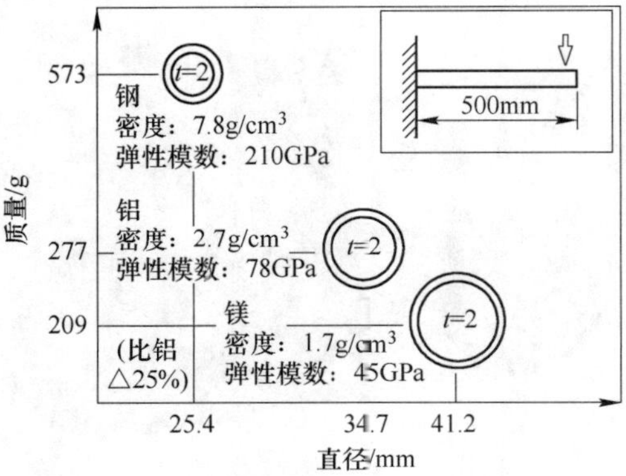


图 2-39　刚性相等时的直径和质量

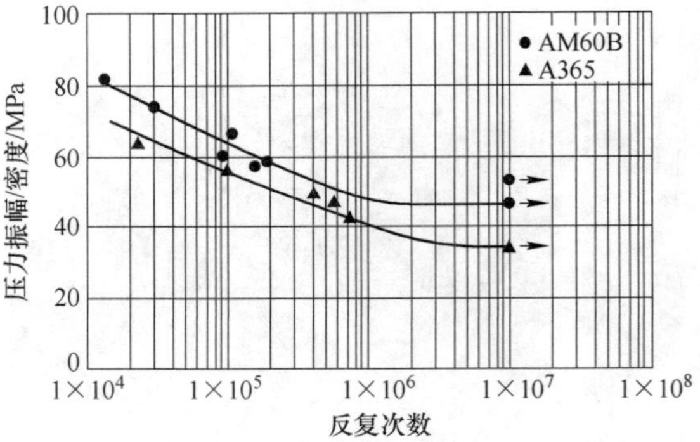


图 2-40　铝压铸材（A365）和镁压铸材（AM60B）的疲劳强度

### 2.2.3.2　国内镁合金在摩托车上的应用与开发

中国摩托车工业发展迅速，自 1997 年起，摩托车产量首次突破 1000 万辆，占世界摩托车总产量的 43.6%。但国产四冲程及二冲程摩托车约有一半不能直接满足欧洲 1 号排放标准，而且振动、噪声不理想。重庆镁业科技股份有限公司承担了镁合金在摩托车上的应用“十五”国家科技攻关专题，以自主知识产权的核心技术体系，于 2001 年 4 月成功试制了 LX150 的“镁合金绿色概念摩托车”。如图 2-41 所示，其中发动机曲轴箱体、箱盖及前后轮毂、尾盖、后扶手等 12 个零部件用镁合金材料，挤压铸造生产的镁合金摩托车发动机如图 2-42 所示。轮毂质量减轻 3kg，整辆摩托车质量减轻 6kg 左右，使摩托车的 CO、$NO_x$ 排放降低约 70%，达到并超过欧洲 1 号排放标准。该车的研制成功引起了世界各国的极大关注，同时也为绿色环保摩托车的发展指明了方向。采用镁合金制造了发动机左右曲轴箱体、箱盖、尾盖、前后轮毂、后制动盖及后扶手等零件，开创了中国摩托车大量采用镁合金的先例，实现了材料的合理替代。

图 2-41 LX150 的“镁合金绿色概念摩托车”

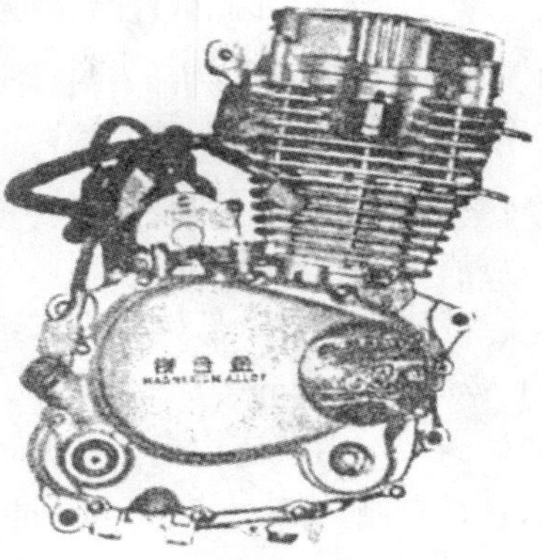

图 2-42 挤压铸造生产的镁合金摩托车发动机

镁合金的开发与应用已成为摩托车材料技术发展的一个重要方向。现阶段镁合金主要用于制造摩托车发动机箱体、箱盖、消声器、车轮及一些覆盖件等。

图 2-43 是威海万丰镁业科技发展有限公司研究开发的镁合金摩托车轮，该公司是专门从事镁合金产品研究开发的企业，他们生产的镁合金汽车车轮、摩托车车轮、卡丁二车轮及其配件、镁合金壳体、汽车发动机配件等大量出口到美国、德国、澳大利亚等国。配套国际知名的 BMW、MV、CAGIVA 等摩托车赛车生产厂。

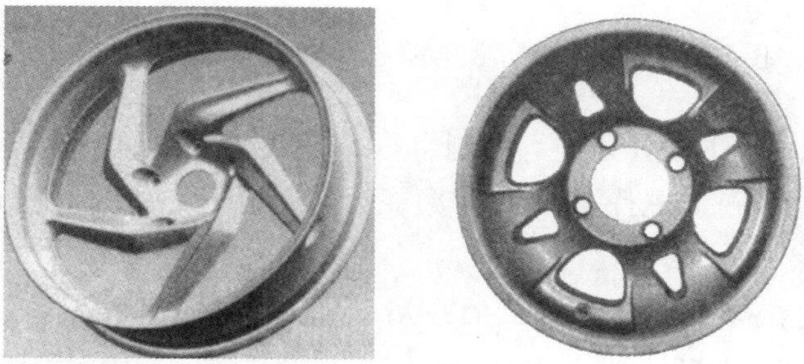

(a) (b)

图 2-43 镁合金车轮

（a）镁合金 ATV 轮；（b）MV 摩托车轮

摩托车行业目前常用的镁合金材料以铸造镁合金为主，如 AM、AZ、AS 系列铸造镁合金，其中以 AZ91D 用量最大。由于人们对镁合金的特性缺乏深入了解，缺乏镁合金性能（特别是工艺性能、使用性能）数据库，目前镁合金在摩托车上的用量暂时还难与铝竞争。但随着一些共性技术难题的解决，镁合金在摩托车上的应用潜力很大，前景广阔。

### 2.2.4 镁合金材料在自行车上的应用与开发

自行车由于是人力驱动的工具，因而质量的减轻带来的效果非常显著，更轻的自行车能获得更好的加速性能、爬坡性能、转弯性能，并且更易操纵，因而在国外自行车行业流传着“产品轻 1g 多卖 1 美元”的说法，镁合金质量轻的特性满足了这一要求，用镁材制造自行车与用铝相比，可减重 33%。用镁材制造的折叠式自行车车架质量仅 1.4kg，总质量仅为 4kg。不仅如此，镁合金应用在自行车上还具有以下独特的优异性能：突出的疲劳无记忆性，更好的动力学性能，更好承力性（相对于塑料件），极佳的减振特性（相对于钢、铝等金属部件）和舒适感。

2.2.4.1　国外镁合金在自行车上的应用

目前，国外自行车使用的镁合金部件包括：轮毂、车把夹、脚踏板、制动器、手把、前叉、框架等十几个部件。提供这些部件的有意大利的 Grimace、ITM、Deda Elementi，美国的 Azonic、Easton、Sun Ringle、Time Impact、Primo、Odyssey，英国的 Avid、Mozo 等众多配件商。应用厂商包括诸如 Cannondale、Pinarello、Padeta、Saracen Kili、Zuruck 等全球著名自行车制造商，其中 Pinarello 公司是世界三大顶级自行车生产商之一。Paketa 公司生产的 38cm（15in）型（车架中轴中心与座管顶端的间距）的镁合金车架质量仅为 1190g，如图 2-44 所示。

图 2-44　Paketa 公司生产的镁合金自行车框架及自行车

20 世纪 90 年代初，Kili 公司进行镁制自行车车架的压力铸造生产，但车架焊缝疲劳强度及可靠性不高。经过研究探索，使焊接件有稳定的高可靠性，该公司目前可以批量生产各种类型的镁合金自行车架。

2.2.4.2　国内镁合金在自行车上的应用

1996 年达建公司率先投入镁合金前叉外管的开发。随后，中国台湾荣轮业、司普等公司也相继投入，主要的开发项目着重于避振前叉外管等结构件。但是相对于在车架、车把、曲柄、座管及轮圈等大量主结构件的开发上，因需利用挤压管件、锻造型材以及配合焊接技术等，在技术上仍有待解决。

1999 年，中国相关研发单位与自行车及其零部件厂商开始进行镁合金自行车的研发工作，目前生产的镁合金自行车整车质量最低可达 8kg 以下。中国台湾地区的自行车厂商已经将镁合金大量应用于跑车、登山车、折叠车等高级车种，折叠式镁合金自行车质量可降低至 6.4kg。作为中国第一家批量生产镁合金自行车的企业，北京首特钢远东镁合金公司引进德国富来公司的大型热室压铸设备，压铸自行车的整体车架、接头及关键零件，所生产的名为“运动美”的自行车多次送到国家自行车检测中心进行检验，并通过了认证。图 2-45 所示为台湾美利达公司的镁合金精英型山地车，图 2-46 所示为北京首特钢镁合金折叠自行车。上海交通大学轻合金精密成型国家工程中心（上海美格力轻合金有限公司）研制的山地自行车，其整车车架和车轮均为镁合金。轻便型车自身质量仅 8kg，最重的前后避振整体车架也只有 15kg，如图 2-47 所示。

图 2-45　美利达公司生产的镁合金自行车

图 2-46　北京首特钢镁合金折叠自行车

图 2-47　上海美格力轻合金有限公司研制的山地自行车

在 2001 年的中国台北国际自行车展会场上，泰亿已展出了新型镁合金车架。至于零部件方面，达建（前叉）、台湾荣轮业（前叉、曲柄大轮盘）、凯特（曲柄）、司普（前叉）、久裕（花鼓）、六哥（锻造零件）、维格（脚踏）、仪铭东（轮圈）、远东（轮圈）、展轮（轮圈）、镒成等也都展出了商品化的镁合金自行车零部件。未来，在镁合金自行车的开发与制造上，将朝着更经济、大众化的方向发展。

图 2-48 所示为保定市东启镁合金型材有限公司研究开发的镁合金后驱动折叠自行车，该自行车轻便、省力，便于较长距离的行驶，能节省推行者的体力。

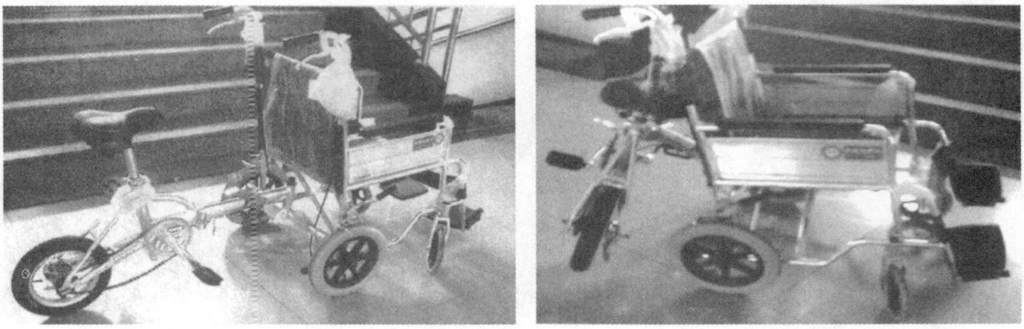

图 2-48　镁合金后驱动折叠自行车

我国是世界自行车生产和消费的第一大国，2011 年我国自行车产量为 8345 万辆，其中电动自行车产量超过 2000 万辆。车架和两个转圈采用镁合金代替铝合金，质量从原来的 3. 12kg 减至 2. 08kg，减重达 1. 04kg。若按每辆自行车平均用镁合金 1. 0kg 计算，新增自行车用镁合金将超过 8 万吨。因此，自行车行业对镁合金的需求也是十分可观的。

## 2. 3　镁合金在现代兵器工业中的应用

镁合金能减轻武器装备质量，实现武器装备轻量化，是提高武器装备各项战术性能的理想结构材料。镁合金军事上的应用过去主要是在航空领域。近年来，镁合金及镁基复合材料已逐步在武器和弹药上得到成功应用，发展十分迅速。

### 2. 3. 1　镁合金材料在兵器工业中的应用发展

镁合金最早应用于军事工业领域是在 1916 年，被用于制造 77mm 导线。在 20 世纪 30 年代的应用有大炮车轮和小雷投掷器（铸造法制造）。20 世纪 40 年代的应用有 60mm 迫击炮炮座（铸造件）、6000-16 型大炮炮架（铸造件）、装填器杆（挤压件）、航空火箭发射器（挤压件）、机枪托架（铸造件）、空降部队用自行车框架部件（铸造件）、光学测距仪部件、探照灯灯壳（铸造件）、地面导弹发射器（挤压件）、T-31 型 20mm 火炮（挤压及铸造件）、SIG33 15cm 枪托架（铸造和锻造件）。到 20 世纪 50 年代，镁合金又被用于制造控制系统雷达（多种方法制造）、M113 运输机机舱（花纹镁合金板）和齿轮箱（砂型铸造件）、M113 用 Mg-Li 合金壳体结构件（板材）、M274 战斗运输机机轮（铸造件）和底板炮手站台（挤压件）、M151 MUTT 车轮（铸造件）、M116 运输机舱顶拱部件和底板（挤压件和板材）、空降牵引机的车轮（铸造件）。在 20 世纪 60 年代，镁合金被用于生产迫击炮底座（锻件）、法国 AMX30 坦克车轮的变速箱（铸造件）、法国 AMX10 坦克枪枪架（铸造件）、XM102 105mm 榴弹炮炮架架尾（板材）、民兵导弹牵引车（板材和挤压件）、野外保养隐蔽所和直升机部件（挤压件）。20 世纪 80 年代以后，为了实现武器轻量化，镁合金在军事领域的应用逐渐扩大。目前，为了减轻各种常规兵器的质量，提高机动性，便于运输，使用镁合金材料的零部件越来越多，发展潜力很大。目前镁合金材料在兵器工业中已经获得如下应用：

（1）法国主力坦克 AMX-30 的 CN105F1 型 105mm 线膛炮的炮身管热护套采用镁合金制造，其车轮变速箱也使用了镁合金铸件，使其质量大大减轻。

（2）法国 MK50 式反坦克枪榴弹部分零件应用了镁合金材料，其全弹质量仅 800g。

（3）俄罗斯生产的 POSP6×12 枪用变焦距观测镜采用镁合金壳体，该观测镜可装在多种枪上。

（4）英国的大口径 120mm 无后坐力反坦克炮采用了镁合金，大大减轻了质量，加上所配的 M8-0.5in 步枪，总重才 308kg。

（5）美、法等国已将镁合金用于次口径脱壳弹软壳，穿甲弹弹托，并用镁合金制造了多种手枪零件。

（6）美军装备的 M274 Al 型军用吉普车采用了镁合金车身及桥壳，大大减轻了质量，具有良好的机动性及越野性能，4 个士兵可以抬起来。有的装上无后坐力炮，成了最袖珍的自行火炮。

（7）美国制造的一种 Racegun（强装药，运用了先进技术的战斗用手枪），其扳机等零件采用镁、钛合金，质量减轻 45%，击发时间减少 66%。

（8）欧美一些国家已将镁合金用于便携式火器支架，单兵用通信器材壳体，德国、以色列采用镁合金制造枪托。

（9）美军正在研制的 21 世纪士兵武器——理想单兵综合作战系统（OICW），计划用镁合金做壳体等构件，使质量从 8.17kg 降到 6.37kg。

（10）美军研制的先进水陆两栖突击车（AAAV）采用镁合金 WE43A 作为动力传送舱、变速箱的壳体，并采用了先进的镁合金表面防护技术，经试验证明，表面性能良好。

### 2.3.2 镁合金材料在兵器工业的应用前景

从兵器零件的使用特点和性能要求分析，枪械武器、装甲车辆、导弹、火炮、弹药、光电仪器、武器用计算机及军用器材中有较大数量的铝合金零件和工程塑性件，根据目前镁合金材料的性能和使用特点，改用镁合金材料制造相关零件，技术上是可行的，并有如下发展趋向：

（1）采用镁合金及镁基复合材料替代武器装备的中、低强度要求的铝合金零件和部分黑色金属零件，实现武器装备轻量化。主要产品有：

1）枪械武器：机匣、弹匣、枪托体、下机匣、提把、前护手、弹托板、瞄具座等。

2）装甲车辆：坦克座椅骨架、机长镜、炮长镜、变速箱箱体、发动机滤座、进出水管、空气分配器座、机油泵壳体、水泵壳体、机油热交换器、机油滤清器壳体、气门室罩、呼吸器等。

3）导弹：导弹舱体、舵机本体、仪表舱体、舵架、飞行翼片等。

4）火炮及弹药：供弹箱、牵引器、脚踏板、炮长镜、轮毂、引信体、风帽、药筒等。

5）光电产品：镜头壳体、红外成像仪壳体、底座等。

6）计算机及通信器材：军用计算机、通信器材箱体、壳体、板类等零件。

（2）替代工程塑料，解决零件老化、变形和变色的问题。目前，轻武器、光电及通信器材产品、战车仪表盘等采用工程塑料制造。工程塑料尤其是纤维增强塑料的比强度最高，但弹性模量小，比刚度远小于镁合金，且难以回收，环境适应性差，易磨损和老化变形、变色，既影响武器战术性能，又影响武器外观。该类零件采用镁合金及镁基复合材料可以从根本上克服工程塑料的这些缺陷。主要产品有：

1）枪械武器：塑料弹匣、护盖体、附件筒、前护手等。

2）光电产品：镜头塑料壳体、瞄具塑料壳体、夜视仪塑料壳体等。

3）军用器材：种类仪表盘、通信器材箱体、壳体零件、军用头盔等。

图 2-49 所示为目前已开发出的部分镁合金武器零件。

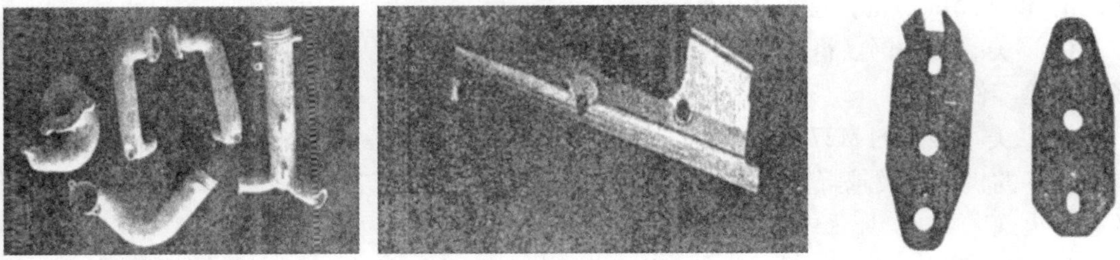

(a)　(b)　(c)

图 2-49　部分镁合金武器零件

（a）战车发动机镁合金水管；（b）枪械镁合金机匣；（c）枪械镁合金枪托

（3）导弹及其他飞行器零部件的镁合金化。过去镁合金在导弹上的应用较少，只在照明弹中使用镁粉。镁合金由于密度小，近年来在导弹、火箭等结构件中应用广泛，主要用于战术防空导弹的支座舱段与副翼蒙皮、壁板、加强框、舵面、隔框等零件，材料为 MB2、MB3、MB8 变形镁合金。卫星上采用了 ZM5 镁合金制作井字梁与相机架，以及各种仪器支架和壳体等。我国 1995～2000 年期间，为了减少脱壳动能穿甲弹质量，开展了高比强度镁合金弹托材料的研究。

为满足弹、箭减重及高精度零件（如导弹控制系统）对材料高尺寸稳定性的需求，发展高强度、高刚度、低膨胀系数的镁基复合材料是兵器材料的重要技术途径之一。美军正在研制碳化硼颗粒增强镁基复合材料弹托来取代 XM829 型 120 穿甲弹的铝合金弹托，目的在于减轻弹托质量，提高穿甲弹威力。所研制出的镁基复合材料的线膨胀系数为 $1.28\times10^{-6}℃^{-1}$，$\sigma_b$为 506MPa，$\sigma_{玉}$为 695MPa，可满足兵器制导控制系统精密件的要求，例如光学系统万向支架、导弹控制元件、反射镜、陀螺仪等。

（4）新型镁合金材料的研发，促进了兵器零部件的镁合金化。新开发的耐热、耐磨、超轻（Mg-Li）等新型镁合金及镁基复合材料，由于具有一系列特殊性能，加速了兵器零部件的镁合金化。美国利用 SiC 镁合金复合材料制造螺旋桨、导弹尾翼等，在海军卫星上已将镁合金复合材料用于支架、轴套、横梁、T 形架、支架、管件、直升飞机螺旋桨、导弹尾翼、内部加强的汽缸，战车和卫星天线结构、航天站镜架等结构件，其综合性能优于铝基复合材料。此外，Mg-Li 超轻合金用于洲际远程导弹和航天飞行器，其减重效果十分明显，对飞行器的速度、航程和载重等方面的提高产生了良好的作用。

## 2.4　镁及镁合金材料在现代电子产品中的应用

### 2.4.1　现代电子产品对材料的要求

现代电子技术的发展，对电子器件用结构材料及部件的性能提出了越来越高的要求。

为了适应电子器件轻、薄、小型化的发展方向，要求作为电子器件壳体的材料具有密度小、强度和刚度高、抗冲击和减振性好、电磁屏蔽能力强、散热性能好、容易成型加工、表面美观、耐用、成本低、易于回收和符合环保要求等特点。传统的塑料和铝材已逐渐难以满足使用要求，镁及其合金是制造电子器件壳体的理想材料，在电子及家用电器产品上具有广阔的应用前景。因此，近年来镁合金在电子器材中的应用得到快速的发展，呈现了良好的发展前景。

采用镁及其合金制备的电子器件壳体具有一系列优点：

（1）结构质量轻。电子器件的壳体一般采用工程塑料制造，如 PC、PC/ABS、PBT/ABS、Nylon/PPE、碳纤维增强塑料等，也有一部分铝合金制件。为了减轻壳体质量，主要是采取减小壳体壁厚的方法。但上述材料在壁厚达到 1mm 以下后，其刚度、耐冲击和抗变形能力就会大幅度降低，难以满足使用要求。镁合金具有密度小、比强度和比刚度高、耐冲击性能好等优点，是制作电子器件壳体的理想材料。表 2-18 列出了各种外壳材料的性能对比，表 2-19 为不同便携式电器产品对镁合金材料提出的性能要求。

**表 2-18 外壳材料性质对比**

| 材 料 | 密度/$g \cdot cm^{-3}$ | 挠度/GPa | 抗拉强度/MPa |
|---|---|---|---|
| ABS | 1.23 | 2.25 | 35 |
| PC/ABS | 1.25 | 2.53 | 60 |
| PC/ABS GF20 | 1.35 | 5.80 | 100 |
| PC CF10 | 1.25 | 6.67 | 104 |
| 镁合金（AZ91D） | 1.80 | 45 | 223 |

注：PC—聚碳酸酯；GF—玻璃纤维；CF—碳纤维。

**表 2-19 不同便携式电器产品对镁合金性能的要求**

| 产 品 | 性 能 | | | | | | |
|---|---|---|---|---|---|---|---|
| | 密度 | 强度 | 耐热 | 散热 | 电磁屏蔽 | 尺寸精度 | 回收 |
| 照相机 | √ | √ | | | | √ | √ |
| 摄影机 | √ | √ | | √ | √ | √ | √ |
| 数码相机 | √ | √ | | | | √ | √ |
| 微型唱片播放器 | √ | √ | | | √ | √ | √ |
| PDAs | √ | √ | | √ | √ | √ | √ |
| 笔记本电脑 | √ | √ | | √ | √ | √ | √ |
| 移动电话 | √ | √ | | √ | √ | √ | √ |
| 硬盘驱动器 | √ | √ | | | √ | √ | √ |
| CD-ROM 驱动器 | √ | √ | | | √ | √ | √ |
| 电视机 | √ | √ | √ | √ | √ | √ | √ |
| 等离子显示器 | √ | √ | | √ | √ | √ | √ |
| LCD 投影仪 | √ | √ | √ | √ | √ | √ | √ |
| 散热器 | √ | | √ | √ | | | √ |

注：√表示产品对该性能要求较高。

个人电脑塑料外壳的典型壁厚为 2. 2mm，用壁厚为 0. 82mm 的镁合金替换，可以减重 46%，抗拉强度提高 1. 4 倍。1995 年 3 月，日本 SONY 公司首次将笔记本电脑的外壳厚度限制在 1. 0mm。日本 Steel Workers 公司采用镁合金半固态注射成型工艺成功地生产出了壁厚 0. 6~0. 7mm 的 MD 和笔记本电脑的外壳。图 2-50 所示为用镁合金制造的手提计算机、相机等 3C 产品机身，图 2-51 所示为镁合金材料生产的单反数码相机。镁合金材料制造的产品精度高、经久耐用，同时，产品（相机）质量变轻、结构变小，易于携带。

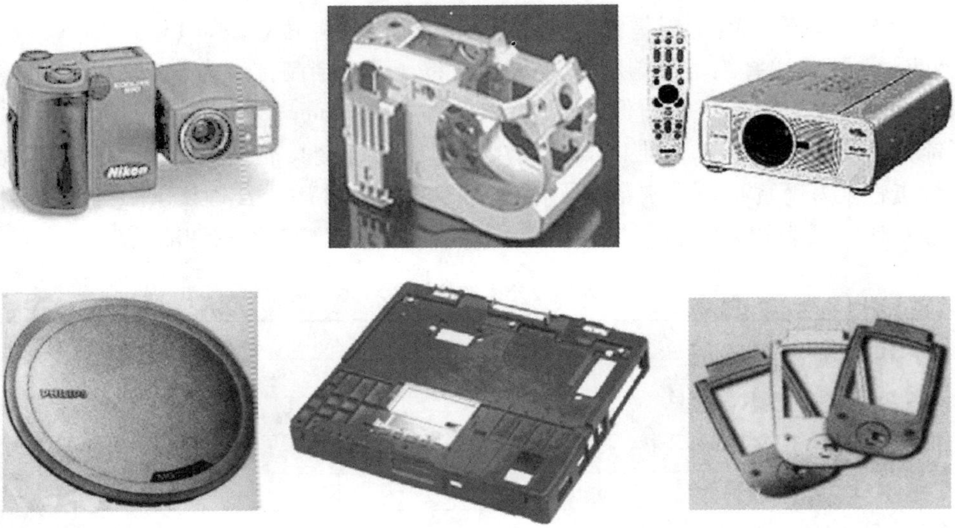

图 2-50　镁合金材料生产的 3C 产品外壳

(a)　(b)　(c)

图 2-51　镁合金材料生产的单反数码相机
（a）EOS 50D；（b）前面；（c）后面

目前，镁合金框体的薄型轻量化研究已能生产厚度 0. 4~0. 45mm 的框体，已经逐渐接近确保手机能承受框体强度的极限了。进一步研究的目标是，在产业化生产中，如何提高成品率和降低生产成本的问题，即现阶段应考虑的是如何稳定量产并且低成本。

（2）散热性好。计算机在运行过程中会产生大量热量，导致机器内部温度升高，因此必须将热量迅速散发，才能使关键元器件的温度维持在可靠范围内，以确保系统的稳定性。

一般金属的热导率比塑料的高 1～2 个数量级。例如，AZ91D 合金的热导率为 79W/(m · K)，是塑料的数百倍。日本 IBM 公司分别采用 ABS 树脂和 AZ91D 镁合金制作了 A4 型笔记本电脑壳体，进行了散热性能对比试验，当电脑的功率为 27W 时，ABS 树脂壳体内的温度为 62.5℃，而镁合金壳体内的温度为 56.5℃，这表明镁合金壳体的散热效果较好。

镁合金的热导率虽然略低于铝合金和铜合金，但远高于钛合金和钢铁材料，并且比热容是常用合金中较低的，因此镁合金外壳具有散热快的显著优点，是制作笔记本电脑外壳的首选材料。

目前，笔记本电脑采用的散热方式所允许的功率极限为 15W，预计不久笔记本电脑的功率将达到 25W，且散热设计可能主要取决于镁合金壳体的散热效果。日本松下公司 1997 年上市的采用镁合金外壳的便携式电脑十分畅销。1998 年以后，日本、中国台湾所有的笔记本电脑厂商均推出了以镁合金作外壳的机型，目前尺寸在 38cm 以下的几种机型已全面使用了镁合金作外壳。美国 White Metal Casting 公司生产的外形尺寸为 610mm×610mm 的计算机外壳是用镁合金压铸而成的。中国的联想、华硕等笔记本电脑从 1999 年开始也部分采用了镁合金外壳，采用该外壳在旅途中可提供抗压保护等优点，其外壳比塑料外壳坚韧 20 倍。

（3）电磁屏蔽能力强。手机、个人电脑在使用过程中会发出高频率的电磁波，当它穿过机体外壳时，不仅会对人体健康造成危害，还会干扰无线电信号。采用塑料制造电器件壳体时，为了提高其电磁屏蔽能力，一般采取表面喷涂导电漆、表面镀层、金属喷涂、在塑料内添加导电材料或辅助金属箔或金属板等方法，但这会增加生产工艺的复杂性、提高产品的生产成本和价格，且电磁屏蔽效果仍然很有限。与塑料相比，镁合金的电磁屏蔽性能非常优异，镁合金电子器件壳体不做上述表面处理就能获得很好的屏蔽效果。

日本 IBM 公司在笔记本电脑上对比了 ABS 树脂和镁合金壳体（AZ91D，壁厚 1.4mm）对 30～200MHz 电磁波的屏蔽能力。后者在整个频率范围内的屏蔽能力可以稳定在 90～100dB，而带电镀层（Cu 2μm + Ni 0.25μm）的 ABS 树脂壳体在 30MHz 时为 35dB，200MHz 时约为 55dB。

镁合金在电子行业中的应用以 3C 产品（手机、笔记本电脑、数码相机）和家电产品为主导，用镁合金制造的壳罩与传统塑胶壳罩相比具有越来越强的竞争力。

（4）成本。注射成型镁合金制品的成本构成为：原材料与成型各占 10%；二次加工与后处理各占 30%、50%。据资料介绍，解决电磁屏蔽所需的费用占一部塑料壳体手机总成本的 10%以上，采用镁合金可节省这一笔费用，并且镁合金具有优异的切削加工性，也有助于降低生产成本。

（5）环境保护。随着对环境保护呼声的日益高涨，各国政府都在制定相应的环境保护法规，如日本 1998 年 6 月公布了《家电回收法》，规定自 2001 年起，电视、洗衣机、冰箱、空调必须强制回收。松下电器公司 1998 年 3 月率先推出铝、镁合金外壳的 53cm 的电视机，因为镁合金与无法回收的加碳铁/金属粉的塑料，或是与含有毒阻燃剂的阻燃性塑料相比，具有很大优势，只要花费相当于新料价钱的 4%，即可将镁合金制品及废料回收使用，确实是环境友好的材料。

（6）其他优点：

1）减振性能良好。镁合金的比强度高于铝合金，比刚度、疲劳强度与铝合金相当，比阻尼容量是铝的10~25倍、锌合金的1.5倍，可大大减少噪声及振动，用在便携式设备上可减少外界振动对内部精密电子、光学元件的干扰。

2）质感极佳。镁合金外观及触摸质感佳，是工业设计师以及消费者的优先选择。

### 2.4.2　镁合金材料在电子工业中的应用与开发

欧美率先使用镁合金汽车零部件以减轻质量，随后向电子、电气行业发展。在亚洲，中国台湾均以镁合金为主体制作笔记本电脑壳体。日本通常在数码相机、电脑零部件等方面逐渐普及，家用换气扇的叶片也用镁合金材料取代塑料，即使普通商品也使用镁，并考虑增加其用量。

我国电子、电气行业市场广阔，发展速度快，在零部件制造方面，从压铸到塑性成型都有一定工作基础，2005年镁合金用量达14520t，见表2-20。

**表2-20　国内家电市场镁合金用量**

| 产品 | 1999年产量/万件 | 2000年产量/万件 | 产品用镁合金比例/% | 单件镁合金用量/kg | 2005年镁合金用量/t | 2010年镁合金用量/t |
|---|---|---|---|---|---|---|
| 笔记本电脑 | 86 | 1800 | 70 | 0.70 | 8820 | |
| 手机 | 1736 | 6000 | 50 | 0.02 | 600 | |
| 相机 | 5037 | 8500 | 30 | 0.10 | 2550 | |
| 摄录机及其他 | 432 | 8500 | 30 | 0.10 | 2550 | |

#### 2.4.2.1　便携式电脑

日本IBM公司在1991~1995年已经采用镁合金压铸7种便携电脑外壳，壁厚1mm的尺寸为226.1mm×65.1mm×10.2mm；壁厚1.3mm的尺寸为289.6mm×223.5mm×22.9mm；壁厚2.0mm的尺寸为387.5mm×304.8mm×43.2mm。索尼公司的VAIO产品风靡全球，外壳壁厚为1mm，质量仅20g。Next型电脑壳上原先的ABC塑料件改为镁合金压铸后，尺寸精度、刚度和散热性都获得了改善。上海交通大学轻合金精密成型国家工程研究中心也制备了便携式电脑的镁合金外壳。但一个钢模生产一定数量后会被磨损，成本又高，无法满足大批量要求。后来中国台湾的Watter科技公司和Catcher科技公司等模具制造商，将每个钢模的铸造产量提高到5万件，提高了规模，节约了成本，使全球笔记本电脑制造商再次考虑用镁合金取代塑料的问题。

#### 2.4.2.2　通信器材

在移动通信方面，采用镁合金制造移动电话外壳后，电磁相容性大大改善，通信过程中的电磁波是通过无线接收和发送，减少了电磁波的散失，提高了移动电话的通信质量，并减少了电磁波对人体的伤害。此外，还提高了外壳的强度和刚度，不易损坏，满足了轻巧、美观、实用的要求。如美国芝加哥White Metal Casting公司用AZ91镁合金生产的雷达定位壳体压铸件的质量与原先的塑料壳体相等，而其刚性、强度和耐冲击性都得到极大改善。日本Kyooera公司也已将原来的PC/ABS塑料改为镁合金，据估计，外壳厚度可望减至0.5mm以内。

2.4.2.3 摄录像器材

1995年索尼公司成功地研制出了世界上第一台外壳采用镁合金压铸的数字摄像集成系统VTR并投放市场，以结构紧凑、质量轻、强度高、手感好、功能多而著称。压铸镁合金薄壁复杂形状铸件已经用于制造索尼便携式数字摄像机DCR-VX1000壳体。该壳体是一种元大梁的结构，有5个压铸件，包括主框架、机械室和磁带室等，这些铸件用AZ91D镁合金压铸后涂上一层丙烯酸树脂仿皮溶层。

2.4.2.4 数码视听产品

索尼公司推出的TCD-D100数码随身听机壳为镁合金压铸件，机身尺寸为72.9mm×7.9mm×11.7mm，带电池质量为377g。松下公司推出的SJ-Mj7微型激光唱机，镁合金机壳壁厚0.4~0.6mm，主机（长×宽）为81.2mm×72.9mm，不含MD碟片质量为125g。索尼的MZ-E50新型微型唱机，其外壳采用镁合金半固态注射成型，壁厚仅为0.6mm，含电池和MD碟片总质量为120g。光学读写头也用镁合金取代了过去的锌合金。镁合金用于制造计算机硬盘底座也已经作了论证。镁合金在数码相机、军事电子通信器材中也在不断得到应用。

2.4.2.5 稀土镁合金在3C产品中的应用新进展

在世界范围内，采用镁合金材料制备零件中，有90%以上的3C电子产品是用压铸方法加工而成的。AZ91D是最常用的一种压铸镁合金，但是AZ91D合金的耐高温性能差，限制了其使用范围。有关学者研究结果表明，AZ91D的抗拉强度随着温度的上升而下降，150℃的抗拉强度与25℃时对比，下降约为30%。因此，为了提高AZ91D高温性能，人们尝试在AZ91D合金中添加铈、镧、钇等稀土元素，使合金的室温及高温力学性能均有明显的提高。稀土在提高高温性能的同时，也会影响合金的流动性能。

嘉瑞集团在研究混合稀土LaCe和Y对AZ91D合金流动性能的改善及其影响机理，并通过对笔记本电脑外壳实际生产验证为实际生产提供理论依据和指导。嘉瑞在AZ91D基础上，添加稀土元素La(0~0.5%)、Ce(0~5%)和Y(0~0.3%)，其加入的方式是以低成本的Mg-LaCe和Mg-Y中间合金的形式加入。试验在600t镁合金热室压铸机上进行，成功的试验和生产出了两款笔记本电脑外壳。

## 2.5 镁在冶金工业上的应用

### 2.5.1 在铝合金中的应用

由于镁能与铝、铜、锌等金属构成高强度合金，因此镁是重要的合金元素。特别是在铝合金应用方面，在铝合金中加入金属镁，使合金更轻、强度更高，抗腐蚀能力更好。

Al-Mg系合金（5000系铝合金）、Al-Zn-Mg系合金（7000系铝合金）、Al-Mg-Si系铝合金（6000系合金）中金属镁是主要的添加元素，被大量添加。其他如Al-Cu系合金(2000系铝合金)，Al-Mn系合金（3000系铝合金）的一部分不使用镁作为主要添加元素的合金中也添加少量镁。

在铝中添加镁的主要原因是铝对镁的固溶度大，能产生固溶硬化而提高铝合金的强度。图2-52表示了退火状态Al-Mg系合金材料的镁添加量和拉伸特性的关系。拉伸强度和屈服强度随镁添加量的增加呈比例增加；伸长率也随着镁添加量增加一开始呈现下降趋势，而添加量大于 2%之后开始增加。

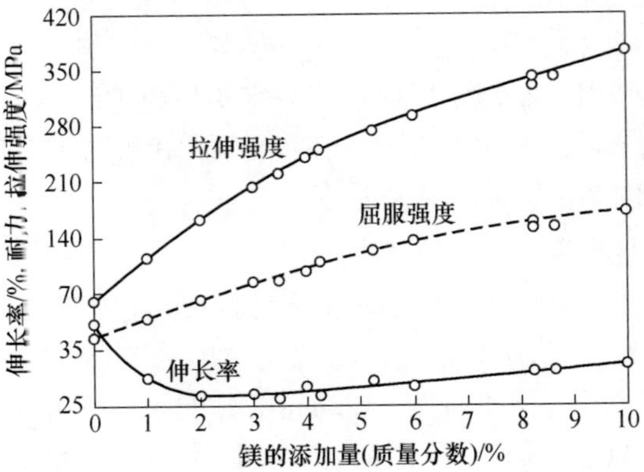


图 2-52　镁的添加量对 Al-Mg 系合金退火材力学性能的影响
（厚度 1.6mm 薄片，退火温度 343~427℃）

表 2-21 列出了部分添加镁元素的铝合金的镁添加量与用途。A5082 铝合金和 A5182 铝合金中，镁元素的添加量为 4%~5%，该铝合金板材的主要用途为生产啤酒及饮料罐盖，A3004 铝合金和 A3104 铝合金用于制造罐体，其镁元素的添加量为 1%左右。

另外，中等强度、耐腐蚀性好、用于车辆和建筑等多种用途的代表性铝合金——A5052 铝合金，镁添加量为 2.5%左右。建筑用门窗框使用的 A6063 合金，高铁车体中使用的 A6N01 合金、A7N01 合金等都添加了金属镁。

**表 2-21　部分铝合金的镁添加量与用途一览表**

| 合金牌号 | 镁添加量/% | 主要用途 |
|---|---|---|
| A2014 | 0.2~0.8 | 航天器、齿轮、油压部件、轮毂 |
| A2024 | 1.2~1.8 | |
| A3004 | 0.8~0.13 | 铝罐、屋檐板、彩色铝 |
| A3104 | | |
| A5052 | 2.2~2.8 | 船舶、车辆、建筑、饮料罐 |
| A5082 | 4.0~5.0 | 饮料罐 |
| A5182 | | |
| A5083 | 4.0~4.9 | 船舶、车辆、液化天然气罐 |
| A6N01 | 0.40~0.8 | 铁道车辆 |
| A6061 | 0.8~1.2 | 船舶、车辆、工业型材、压力容器 |
| A6063 | 0.45~0.9 | 建筑用窗框、护栏、栏杆、车辆、家具 |
| A7003 | 0.50~1.0 | 摩托车轮圈、铁道车辆 |
| A7N01 | 1.0~2.0 | 铁道车辆、汽车保险杆、门护杠 |
| A7075 | 2.1~2.9 | 航天器、体育用品 |

因此，镁与原铝的消费量比率约为 0.4%。2002 年全世界用了 14.56 万吨，占镁总消费量的 39.89%；2003 年，我国产原铝 525 万吨，作为铝合金添加元素，用镁 2.1 吨，占总消费量的 41%。镁还被添加到压铸锌合金中以改善其力学性能和尺寸稳定性。镁还被用作其他锌产品的组分，包括屋面板、光刻板、生产干电池用的锌板和镀锌浴液等。镁添加到其他金属材料中，还可使镍、镍-铜合金和铜-镍-锌合金的性能得到很大改善。

迄今，镁的最大应用领域是作为铝合金提高强度和抗腐蚀能力的合金化元素。铝镁合金既轻又硬、抗蚀性能好、可焊、可表面处理，是制造飞机、火箭、快艇、车辆等的重要材料。

### 2.5.2 在钢铁行业的主要应用

在钢铁冶金行业，镁被用于铸铁熔体的脱硫和石墨的球化，使球墨铸铁强度和韧性得到大幅度改善，下面列出镁在钢铁行业的主要应用。

#### 2.5.2.1 用作钢的脱硫剂

镁主要应用在一些特殊条件下的钢铁材料，如应用在极寒冷地区的构造物、管道用钢材、IF 高强钢、成型性要求高的电气设备用钢、工具钢、汽车用钢板等，需要材料中的含硫量尽可能的低，即含硫量在 0.010%（或 0.005%）以下。

用镁粉作为钢铁脱硫剂不仅工艺简单，而且由于镁具有对硫的亲和力好，这种独特性质使钢铁生产在较低的成本下，能生产出低硫钢，这种低硫钢可用于汽车设备及结构体中。用镁脱硫不仅能够改善钢的可铸性、延展性、焊接性和冲击韧性，而且降低了结构件的质量。

迄今为止，为了降低钢材的含硫量，通常在钢铁厂的溶矿阶段就进行脱硫处理。以石灰、电石及粒状镁或它们的混合物作为脱硫剂来使用了。

但是，钙系脱硫剂的脱硫速度很低，并产生很多钢渣，钢铁损失和温度降低显著。工业生产中，钙系脱硫剂的脱硫效果最多只能使硫量达到 0.015%，使含硫量达到 0.010%是十分困难的。通过使用含镁脱硫剂，工业生产规模中钢的含硫量通常可以降低到 0.005%以下。因此，从 20 世纪 70 年代开始利用镁的还原特性对钢铁进行脱硫就受到关注。镁和硫的反应如下：

$$Mg+S = MgS$$

表 2-22 列出了各种脱硫剂系列中脱硫与脱酸的界限值。

**表 2-22 各种脱硫剂系列中脱硫与脱酸的界限值**

| 系 | 脱硫界限值/% | 脱酸界限值/% |
|---|---|---|
| CaO | $8.22\times10^{-3}\sim2.93\times10^{-3}$ | $5.81\times10^{-3}\sim5.67\times10^{-3}$ |
| $CaC_2$ | $2.97\times10^{-7}\sim75.3\times10^{-7}$ | $2.15\times10^{-9}\sim149.2\times10^{-9}$ |
| Mg | $1.52\times10^{-4}\sim4.28\times10^{-4}$ | $1.01\times10^{-9}\sim19.57\times10^{-9}$ |
| Mg/CaO | $1.42\times10^{-7}\sim10.1\times10^{-7}$ | $1.01\times10^{-9}\sim19.57\times10^{-9}$ |
| $Mg/CaC_2$ | $1.42\times10^{-7}\sim10.1\times10^{-7}$ | $1.01\times10^{-9}\sim19.57\times10^{-9}$ |

#### 2.5.2.2 生产难熔金属的还原剂

镁既可作为生产稀有金属钛、锆、铀、铪等的还原剂，也可作为生产铍、硼的还原剂

（$BeF_2+Mg = Be+MgF_2$，$B_2O_3+3Mg = 2B+3MgO$）。有工艺采用镁还原氯化钛制取海绵钛。

2.5.2.3　脱氧剂

在铜基和镍基合金的生产过程中，镁通常被用作脱氧剂。镁还用作镍基合金、镍-铜合金、镍-铜-锌合金的合金化元素。

2.5.2.4　球墨铸铁的球化剂

随着生产力的增大，人们对高强度、高韧性、高生产性材料的需求不断增强。曾经，有过普通铸铁（片状石墨铸铁）的需求增长缓慢停滞不前的时期。进入21世纪，美国开发出Fe-Si-Mg合金，研究解决了不进行热处理使铸件高强度化的铸铁球化处理技术。该技术是通过加入金属镁处理，成功实现了铸铁中石墨的球状化，铸铁中石墨的球化使铸件强度、延展性更高。

球墨铸铁的强度能与铸钢匹敌，拉伸强度为370～800 MPa，伸长率5%～30%，是具有划时代性质的材料，该技术能使球墨铸铁应用在残酷条件下使用的机械零部件中，其用途还在不断扩大。

在冶金工业中，镁被用于生产球墨铸铁，既能使石墨球化，还能脱除一部分硫，从而使铸铁的韧性和强度都大大提高。

A　产生球状石墨的机制

球墨铸铁组织中的石墨形状变化而让其用途扩大，使铸铁组织中的石墨球状化的东西到底是什么，有诸多说法。其中有“气泡说”，这是在铸铁的熔浆中添加Fe-Si-Mg合金，添加进熔浆中的镁蒸发汽化产生气泡，之后石墨在气泡中结晶而产生球状石墨。镁的沸点比较低（约1100℃）、在铸铁熔浆中（约1400～1550℃）可以稳定汽化产生气泡。气泡的球形框架决定了石墨的外形，其中片状石墨生成堆积，形成了外形为球状、内部为网状、面呈放射状重叠组织的球墨铸铁。

从这个说法来看，熔浆中镁的气泡在重力的作用下，随着时间上升，从熔浆表面流失到外部，所以会产生衰退现象。衰退现象就是用镁合金来球状化处理，如果进行球状化处理到浇铸结束的时间太长，则石墨球状化必要的镁气泡会消失，这是石墨生成的反应特性随时间变化（减少）的现象。

于是，Fe-Si-Mg合金里一般还含有稀土元素，稀土元素中的铈（Ce）能使衰退现象缓和。铈和镁不同，沸点高、在低温中贮氢量极多，高温的熔浆中添加Ce元素，放出吸收的氢，在熔浆中释放气泡而促进石墨球状化。

但是，所有的现象很难都用“气泡说”来说明，也有关于“界面能量说”成立的报道。因此，石墨球状化的原理还没有完全确立。

B　球墨铸铁的制造法

球墨铸铁的基本成分是代表性石墨化元素的碳（C）和硅（Si），同时含有率越高对石墨化越有利，但太高的话会产生碳损失和碎块状石墨，因此需要根据产品的厚度和材质的差异来考虑熔体的化学成分，调整基层组织。

（1）熔炼方法。熔炼方法大致分为化铁炉熔炼和电炉熔炼。近年来，排放气体少、环保设备设置费用便宜，熔体成分调整容易等原因大多使用电炉熔炼；此外，熔炼速度快、耗电量少的高频感应电炉在不断增加。在这种熔炼炉中成分调整后，在处理炉（坩埚）中球状化处理。但是因镁的沸点低，采用这种处理方法，在处理过程中有许多需要注意的地方。

（2）熔体处理方法。该处理方法也是被广泛应用的三明治法（放置注入法）。在处理锅的底部设置口袋，其中放置 Fe-Si-Mg 合金，为了让熔浆的量到处理锅的规定位置之前反应被抑制，使用冲头销和钢板，Fe-Si 合金等作为覆盖材料盖住，进行球状化处理。

（3）新的球状化处理方法。被广泛采用的球状化处理的三明治方法，与金属丝的球状化处理方法联合应用。即 Fe-Si-Mg 合金被薄钢板包住并加工成线状插入处理锅中进行球状化处理的方法，可能实现局部处理，处理自动化、工作环境改善和处理成本降低。金属丝法的技术是 20 世纪 70 年代中后期制钢厂的钢包精炼作业而开发的方法，合金添加、化学成分的管理能在处理锅中自动迅速进行，实现省力化。中空金属丝的制造技术进步，以及内部 Fe-Si-Mg 合金的种类和组成的新的开发，使得在球状化处理法上的应用能够实现。

随着世界上汽车生产的增大和其他产业的发展，能够预计今后球状石墨铸铁的需求还会继续增长。因此，使用镁的球化处理技术也会得到进一步改进和完善。

#### 2.5.2.5 其他应用

在生产黄铜和青铜等铜合金以及生产镍合金时，镁是十分有用的脱氧剂或除气剂。在 Betterton-Kroll 制铅法中，必须将钙与镁结合使用，以便除去铅中的铋。

镁和钙的联合使用是不可或缺的铅液脱铋手段。特别是在 Betterton-Kroll 工艺中，镁和钙的联合使用是不可或缺的铅液脱铋工序。另外，镁被加入锌的压铸合金中，提高其强度和改善尺寸稳定性。

### 2.5.3 在钛冶炼中的应用

#### 2.5.3.1 海绵钛的制备方法

一般海绵钛的工业制备方法是热还原法。热还原法使用镁（Mg）和钠（Na）作为还原剂。镁热还原法是：钛铁矿石（主要成分是氧化钛）氯化后得到的四氯化钛（$TiCl_4$），再用镁还原，去除掉未反应的镁和副生的氯化镁（$MgCl_2$）得到海绵钛，因为其发明者的名字也被称为克罗尔法（Kroll Process）。图 2-53 是海绵钛生产的工艺流程图。

该流程的副产物 $MgCl_2$ 可进行电解，电解生成 Mg 和 $Cl_2$（再生）。真空分离后冷却的海绵钛块，用切割机分割后，在剪断机和破碎机上细粒化和整粒，存放在充满惰性气体（Ar）的铁桶中密封包装。

克罗尔法以外被实用化了的热还原法的例子还有钠热还原法。因其发明者的名字也被称为 Hunter 法。这方法使用钠来代替镁作为还原剂。这种方法也被工业化采用，但相比克罗尔法并没有更加合理化，所以现在几乎所有的生产中都不采用。

#### 2.5.3.2 镁在制备海绵钛中的作用

海绵钛制造方法中，广泛应用的是采用金属镁还原四氯化钛（$TiCl_4$）的克罗尔法，其主要原因有：

（1）用镁还原 $TiCl_4$ 所得到的海绵钛中含有未反应镁和副生的 $MgCl_2$，可以采用真空分离法将镁和 $MgCl_2$ 分离，可以很容易地管理残留镁和 $MgCl_2$ 的浓度。Hunter 法的反应生成物的 NaCl 蒸气压低，NaCl 的去除不能使用真空分离法。

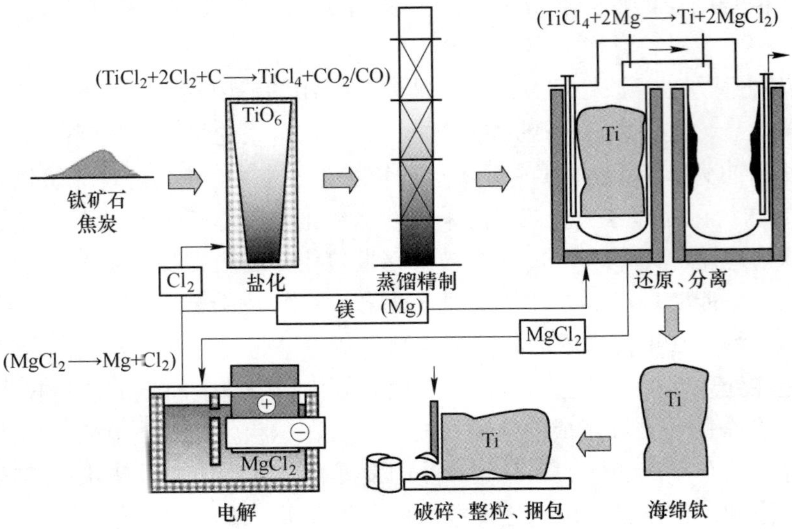


图 2-53　海绵钛生产的工艺流程图

（2）使用的镁在惰性气体（Ar）的环境下，熔体比较容易操作。副产物 $MgCl_2$ 的熔体也同样处理很方便。另外，生成的海绵钛中残留的镁和 $MgCl_2$ 使之蒸发，在空的容器内壁固化、析出，并被回收的镁可以在下次的还原反应中再利用。

## 2.6　镁在电化学保护方面的应用

金属镁具有比其他金属低的电位差，因此金属镁是十分理想的电化学保护材料。镁在电化学方面的应用包括阴极保护、制造电池和光刻等。镁牺牲阳极用于延长各种金属装置的寿命，包括家用和工业用热水器（槽）；各种地下构建物，如土壤里的石油管道、地下电缆、管线、井体、储槽和塔基等；以及海水冷凝器、轮船船体、压载箱和海洋环境中使用的钢桩。

### 2.6.1　金属的电化学特性

金属浸泡在电解液里容易发生化学反应，根据电化学原理可知，金属周围电解液成分、黏附杂质、应力和透气性等的不同都有可能发生电化学腐蚀。在电化学腐蚀过程中，金属本身形成了许多原电池，某些部位充当阴极，另一些部位充当阳极，在阳极区域金属离子进入溶液当中，电子通过溶液流向阴极，而进入溶液中的正离子通过电解液从阳极流向阴极区域，因此形成了电流回路，导致了阳极的腐蚀，钢结构的阴极保护就是使被保护的钢结构成为阴极，电负性更高的其他金属，如镁作为阳极并形成回路，电子就从阳极流向作为阴极的钢结构，使钢不能变成正离子进入溶液，这样钢就得到了保护。

镁阳极主要用来保护浸泡在海水中的钢结构件，如轮船船体，或者保护埋在土壤里的石油管道，镁阳极大量用于热水槽的保护。目前，大多数家用热水器内的胆都采用镁阳极保护。

镁阳极的有效阴极电热差远大于锌阳极。此外，镁与钢之间的电热差与电解液的 pH 值无关，这是镁阳极相对铝阳极和锌阳极的又一大优点。

纯镁是活泼金属，它可以直接用作牺牲阳极，添加元素是为了改善性能，阳极材料的合金组分对阳极有效电位及电流效率有着十分重要的影响，即使是微量的杂质元素也会影响其主要性能。

## 2.6.2 阳极的种类与性能

1930 年，陶氏化学公司开始工业生产镁合金牺牲阳极，其研发生产的 MGAZ63 用于生产普通电位（H-1）阳极，为了提高电势差，陶氏化学公司研制了一种高电位镁合金牺牲阳极（MGM1），从 H-1 阳极电位-1.5V 提高到-1.7V，更有效地提高防腐作用。这种高电位阳极不断用于陆地石油、天然气的设施上，并远远超过 H-1 阳极，成为镁牺牲阳极中的主导产品。而在海洋应用中因高电位阳极并没有优越性，所以大多数仍为 H-1 阳极。上述这些阳极是用永久性钢模具铸造而成的。铸造镁合金牺牲阳极的化学成分和电化学性能分别见表 2-23 和表 2-24。

**表 2-23 镁牺牲阳极的化学成分**

| 牌号 | 化学成分/% | | | | | | | | | | |
|---|---|---|---|---|---|---|---|---|---|---|---|
| | 合金元素 | | | | 杂质元素 | | | | | | |
| | Mg | Al | Zn | Mn | Fe | Cu | Ni | Si | Ca | 其他元素 | |
| | | | | | | | | | | 单个 | 总计 |
| MGAZ63 | 余量 | 5.3~6.7 | 2.5~3.5 | 0.15~0.6 | ≤0.003 | ≤0.01 | ≤0.001 | ≤0.08 | — | — | ≤0.30 |
| MGAZ31 | 余量 | 2.5~3.5 | 0.6~1.4 | 0.2~1.0 | ≤0.003 | ≤0.01 | ≤0.001 | ≤0.08 | ≤0.04 | ≤0.05 | ≤0.30 |
| MGM1 | 余量 | ≤0.01 | — | 0.5~1.3 | ≤0.01 | ≤0.01 | ≤0.001 | ≤0.05 | — | ≤0.05 | ≤0.30 |

注：其他元素指在本表表头中未列出的元素。

**表 2-24 镁牺牲阳极的电化学性能**

| 牌　号 | 开路电位/V | 实际电容量/A · h · $kg^{-1}$ | 电流效率/% |
|---|---|---|---|
| MGAZ63 | -1.50~-1.60 | ≥1210 | ≥55 |
| MGAZ31 | -1.50~-1.60 | ≥1210 | ≥55 |
| MGM1M | -1.70~-1.80 | ≥1100 | ≥50 |

用于热水器中使用的镁合金牺牲阳极是棒状的，铸造起来效率很低，除个别厂家以外，大多数用陶氏化学公司研制的 MGAZ31 合金，通过挤压制造棒状或带状镁合金牺牲阳极，MGAZ31 合金的电位在-1.5V，与 H-1 的相似。有些挤压产品，特别是条状镁合金牺牲阳极是用高电位合金制造的。

普通电位镁合金牺牲阳极（MGAZ63 和 MGAZ31 合金阳极）的生产工艺比较简单，有能力生产这些产品的厂家很多。但是，生产高电位镁合金牺牲阳极则有较高的难度，不但化学组分要达标，而且其电位至少要-1.7V 或更负，其效率要达到或超过 50%。世界上只有个别厂家有生产高电位镁合金牺牲阳极的能力。要使每根阳极都稳定达到规定的电化学指标是一个很大的挑战。所以，企业会不断开发新合金、改良工艺、缩短流程、改进装备和强化品质控制，希望能用较低的成本稳定地生产出名副其实的高电位镁合金牺牲阳极。

### 2.6.3 镁牺牲阳极的应用

镁牺牲阳极是作为有效地防止金属腐蚀的方法之一，可广泛用于石油管道、天然气、煤气管道和储罐；港口、船舶、海底管线、钻进平台；机场、停车场、桥梁、发电厂、市政建设、水处理厂、石化工厂、冶炼厂、加油站的腐蚀防护，以及热水器、换热器、蒸发器、锅炉等设备。

镁阳极可以制成各种形状，如在土壤及水中常用的为D形和梯形截面的棒状阳极，在热交换器中多用挤压的圆柱形阳极，在高电阻率土壤中或套管内多用带状阳极，在水下常用半球形阳极。

在土壤中使用镁阳极的情况如下，为了降低阳极的接地电阻，让电流更容易通过，阳极用回填材料包住后再埋设。回填材料使用膨润土、石膏、硫酸钠等混合物，与阳极一起装在布袋中被使用。图2-54所示为回填材料包住的镁阳极。

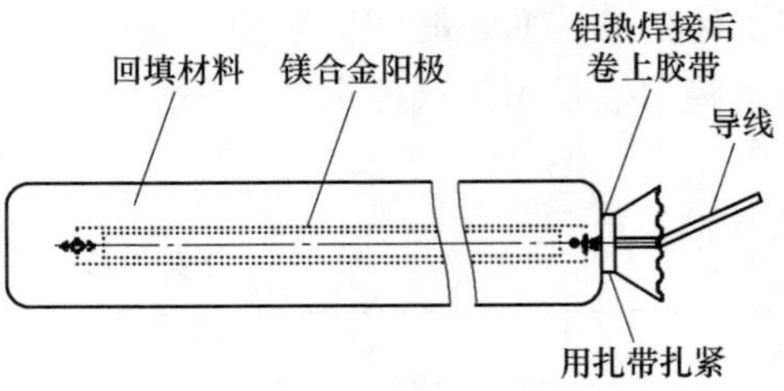


图2-54　用回填材料包住的镁阳极

我国是产镁大国，过去由于对镁阳极的认识不够，因此牺牲阳极应用和消耗量不大，因此我国生产的镁合金阳极绝大部分出口。

目前，我国生产镁牺牲阳极的企业很多，多家企业都具有相当规模的镁牺牲阳极生产能力，也都是世界有名的镁业公司。我国能生产各种铸造牺牲阳极，如高电位镁合金牺牲阳极、H-1镁合金牺牲阳极、大吨位镁合金牺牲阳极、半球形等各种形状的牺牲阳极。

镁阳极主要用于石油、天然气、煤气、热水器和海水钢结构件的防腐保护。随着石油、天然气、煤气、热水器及船舶工业等的发展，镁阳极的需要量会大幅度增加。

## 2.7 镁合金在其他领域的应用

### 2.7.1 镁在照明器及烟火领域的应用

镁在早期用来制作炬火，现在仍然被广泛应用于这一领域，含铝量超过30%的镁铝合金粉末燃烧时会产生耀眼的白光，该白光比自然光更适合于摄影，从而被用作摄影闪光灯，镁粉还广泛用于焰火、礼花、军用信号弹、照明弹、燃烧弹等方面。

### 2.7.2 在护理器械领域中的应用

人口老龄化对护理器械和护理设备的需求增加。护理器械的种类千差万别，其质量优劣直接影响到医疗、福利、看护的好坏。镁合金质轻，应用于护理器械具有很强的优势。

护理器械的关键是质量轻，惯性小。作为代表性的护理器械设备有：轮椅、老年车、步行器、拐杖等。图2-55所示为代表性产品的外观。这些是为了辅助人移动的器械，轻量正是必需的属性。但是同时关系到人命的问题，强度方面的要求也高。

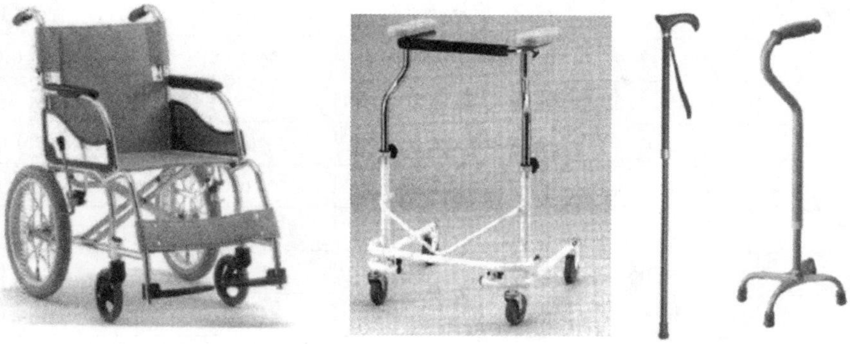

(a) (b) (c)

图 2-55 几种步（助）行器械
（a）轮椅；（b）步行器；（c）拐杖

目前，这些设备的轻量材料的主要是铝。但是，近年来镁合金的研究开发取得进步，轻量化需求的镁制器械也渐渐出现在市场上。镁的质量是铝的 2/3，而且比强度比铝高，是最适合的材料。这些器械的构成基本上是以管状材料为基础。通常，使用 AZ31 合金挤压成型为镁合金管，通过弯曲加工和焊接来制造。近十年，镁的挤压成型技术、弯曲加工技术、焊接技术都有很大进步。在弯曲加工方面，能实现镁合金管材的小圆角半径冷弯；在焊接方面，一般采用 TIG 焊接，获得高质量的焊接效果。

镁合金在护理器械领域中的应用中，进一步值得重视的问题，即需要研究开发的内容：

（1）随着高龄化的进行需求增加，镁应用的扩大也受到进一步关注，有加强研究开发的必要。

（2）镁合金制造的器械，价格高是一个最大的障碍。这与看护保险制度的补助率和高龄者的收入密切相关，也与提高生产效率、降低制造成本密切相关。

（3）进一步提高镁合金的性能，采用高性能的 AZ61 合金和 AZ80 合金，代替目前采用的 AZ31 镁合金。同时，设计和生产刚性更强的异型断面型材，进一步提升产品的性能和可靠性。

### 2.7.3 金属镁在核工业上的应用

镁的热中子吸收截面非常小，大约只有铝的 1/4。英国将镁合金作为天然铀燃料的包壳材料，在 $CO_2$ 气体冷却的反应堆中使用。由于纯镁在高温 $CO_2$ 气体中发生氧化并有质量迁移问题，在镁中添加少量的 Ca 和 Be（质量分数为 0.005%~0.01%）后，在高温 $CO_2$ 气体中具有良好的耐腐蚀性能，称为 Magnox 合金。后来发现该合金焊接后易出现裂纹与含 Ca 有关，因此用添加少量 Al（质量分数为 0.8%~1.0%）替代 Ca。现在把作为结构材料的 Mg-Zr 和 Mg-Mn（Zr 和 Mn 的质量分数分别为 0.55%和 0.7%）也称为 Magnox。表 2-25 列出了几种常用 Magnox 合金的化学成分。Mg-Al-Be 和 Mg-Zr 合金在 500℃ 空气中暴露 1000h 的氧化可忽略不计，在 500℃ 的 $CO_2$ 气体中腐蚀速率只有 20~30μm/a。

表 2-25　几种常用 Magnox 合金的化学成分

| 合金元素 | AL80 | MN80 | MN150 | ZR55 |
|---|---|---|---|---|
| Al | 0.7~0.9 | 0.05 | 0.05 | 0.02 |
| Be | 0.002~0.030 | — | — | — |
| Ca | 0.008 | 0.008 | 0.008 | 0.008 |
| Cu | 0.01 | 0.01 | 0.01 | 0.01 |
| Fe | 0.006 | 0.03 | 0.03 | 0.006 |
| Mn | 0.015 | 0.7~0.9 | 1.3~1.7 | 0.015 |
| Ni | 0.005 | 0.005 | 0.005 | 0.005 |
| Si | 0.01 | 0.02 | 0.02 | 0.01 |
| Tr | 0.0001 | 0.0004 | 0.0004 | 0.0004 |
| Zn | 0.01 | 0.03 | 0.03 | 0.015 |
| Zr | 0.025 | 0.025 | 0.025 | 0.45~0.65 |

注：表中数据均为质量分数。

核反应中核用包覆套管要能承受反应堆的恶劣条件：高热、表面热流、强烈的 γ 射线辐射以及套管内表面所受到的某些破碎片的轰击等。大量的试验证明，镁合金套管在出口气体最高温度为 400~500℃下工作的反应堆中充当包覆材料使用是完全胜任的。尤其在改善 200~300℃的延性和 400~500℃下的蠕变强度方面仍存在着可能。而对 $CO_2$ 的相容性的极限温度可达 500℃，保证了反应堆工作时的安全要求，不致引起燃烧。

核能发电是一种清洁能源，工业发达国家已把核电作为一种主要能源，一般占整个发电量的 15%以上。我国也正在大量开发核电。因此，核反应堆用的包覆套管会不断增加。镁合金在核工业上的应用潜力很大。

### 2.7.4　金属镁在化工工业上的应用

在著名的 Gribnard 工艺中，镁被大量使用来制备复杂的和特殊的有机化合物及金属有机复合物。镁也被用于生产烷基（或烃基）镁和芳基镁，用于润滑油中充当中和剂，用于氩气和氢气的纯化，在真空管制备过程中充当吸气剂，用于氢化硼、氢化锂和氢化钙的制备，用于沸水中除氧和除氯，如用于锅炉用水的脱氧脱氯剂。镁及其合金产品的电化学应用包括阴极保护、电池和光刻等。牺牲阳极镁已用于延长家庭或工业热水器、地下结构（如电缆、管道、罐、塔基等）、海水蒸馏器、轮船壳体和海洋环境中的钢桩等的寿命。

镁合金可用于储氢，具有储氢量大、质量轻、资源丰富、价格便宜的优点，尤其是向 Mg 或 $Mg_2Ni$ 中加入一定质量分数的其他系列储氢合金（如 Ti-Fe、Ti-Ni 等）可以明显催化镁的吸、放氢性能。因此，它有望用于储氢介质和燃料电池。用镁制造的电池有干电池和蓄电池，如海水驱动电池。最近在制造半导体和太阳能电池用的高纯 Si 的工艺中，制取 $SiH_4$ 时使用了 Mg-Si 合金。此外，因为镁良好的蚀刻特性、优良的力学性能和抗磨损能力而可用于光刻板。镁粉还可用于制备香料、农药等化学树脂的化学反应中。

### 2.7.5　在民用领域中的应用

镁及其合金还被应用于电力工业、家庭消费品、家具、车床设备、办公室设备、光学设备、运动器械和医疗器械等众多领域，应用非常广泛。

#### 2.7.5.1 在电力工业的领域

镁被用于制造广播元件和盒体（压铸件）、开关盒、变压器箱体和盖板、电动马达机盒、扩音器框架、多频道手提式无线电话机机盒、散热片等。

#### 2.7.5.2 在家庭消费品方面

镁被用于制造手提箱（板材和挤压件）、公文袋（挤压件）、割草机机盒（压铸件）、轮椅车轮（压铸件）、安全帽（压铸件）、真空吸尘器叶轮（压铸件）、缝纫机零件（铸件）、梯子（挤压件）、折叠椅（挤压件）、书架托架（压铸件）、电动刀刀柄（压铸件），镁合金材料的手提箱见图2-56。玩具汽车和火车（AZ91镁合金压铸件），该模型质量为21g，仅为Zn产品的1/4。

图2-56 采用镁合金板材和挤压件制造的手提箱

#### 2.7.5.3 镁在车床设备上的应用

在车床设备上的应用有钻机手柄、电动马达机盒（铸件）、筑路用夯槌（铸件）、气锤（压铸件）、手动工具（压铸件）、脚手架（挤压件）、振动检测设备零件（压铸件）、射钉枪（压铸件）、投币式电话机盒（压铸件）、振动台（砂型铸造件）、铸造芯盒式（砂型铸造件）。手动工具壳体（压铸件）。图2-57是几种手动工具壳体。

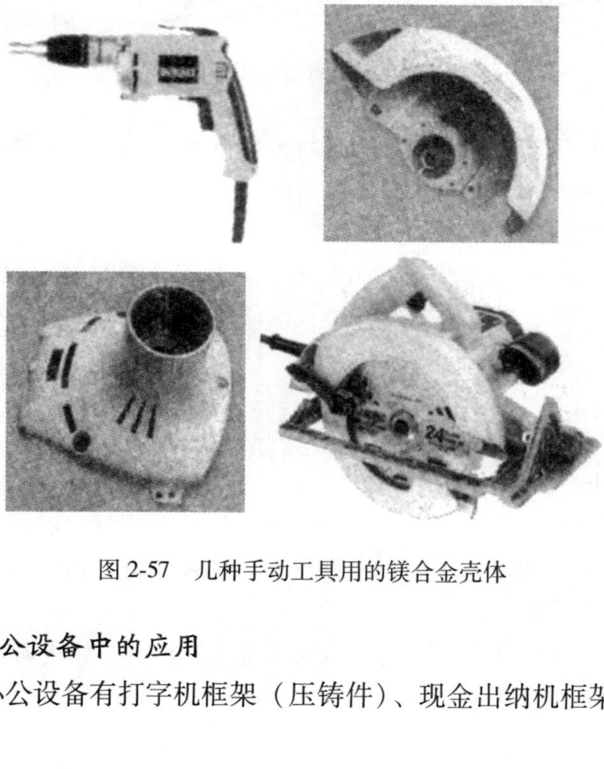

图2-57 几种手动工具用的镁合金壳体

#### 2.7.5.4 在办公设备中的应用

采用镁制备的办公设备有打字机框架（压铸件）、现金出纳机框架和机盒（压铸件）、铅笔刀（挤压件）、姓名住址印写机（压铸件）、打印机卷轴（挤压件）、仓库磅秤零件（压铸件）、口述记录机结构件（声刻件和口述录音机部件，压铸件）、磁带卷轴（板材及挤压件）、记录磁盘（板材）、打印机台架（挤压件、压铸件）、照相机盒式（3M，压铸件）等。

### 2.7.5.5　在光学器件领域的应用

有野外用双筒望远镜和观剧镜结构（压铸件）、箱体、显微镜及经纬仪（压铸件）、三脚架（铸件、挤压件）、照相机盒式（压铸件）、电影放映机壳体（压铸件）、胶片盒（板材）、电视摄像机机盒（压铸件）。

### 2.7.5.6　在运动器械方面的应用

采用镁材的零部件有淡水用独木舟和船体（板材和挤压件）、弓箭把手（压铸件）、垒球球棒（压铸件）、背包架（挤压件）、钓鱼竿绕线轮（压铸件）、乒乓球拍（压铸件）、滑雪橇捆绑件（压铸件）。由高强镁合金材料制成的网球拍、弓箭手柄与一般铝合金相比，具有更好的抗拉、抗扭强度及耐疲劳限度，如图 2-58 所示。

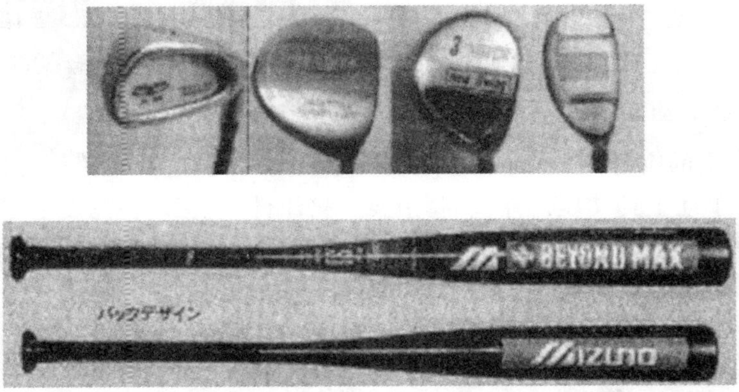


图 2-58　体育器械用镁合金

目前，体育竞技用的溜溜球中使用的材料多种多样，如树脂或铝。评价溜溜球性能的因素很多：转动惯量大小（旋转力）、旋转精度（平衡性）、质量、外观（颜色）等。其中，转动惯量大小是重要因素。

目前树脂制的溜溜球旋转力和旋转精度不足，旋转持续时间很短；采用铝合金制造，即使薄型化质量也会增加。因此，只有在牺牲操作性和减小溜溜球的大小（直径）中选择一项。

采用镁合金来制造溜溜球，即可以把中心周边薄型化（最薄处 0.6mm），将重心设置在外部。因此，可以在竞技者所熟悉的树脂制的溜溜球同样的尺寸和质量的情况下，获得高旋转力、高精度的竞技用溜溜球。

制造工艺：为了高强度，采用 $\phi$48mm 的 AZ70 镁合金棒材热锻成型，再经机械加工和表面处理。镁合金溜溜球表面处理后，再进行涂装各种颜色（红、青）和无镍电镀（黑，银），生产的产品如图 2-59 所示。

采用无镍处理，是为了防锈的同时，也为了实现旋转溜溜球所需要的摩擦系数小（与手接触实现滑动技巧）的表面。

图 2-59 镁合金制造的溜溜球

#### 2.7.5.7 在制造纺织机械制造方面的应用

在制造纺织机械零部件方面，如纺锤、纺织线卷轴、经纬杆、针杆、编织机部件、通丝框架等都可用镁合金制造。

#### 2.7.5.8 在建筑方面的应用

防锈性能好的铝镁合金丝编织成窗纱，具有质量轻、刚性好、耐锈蚀、光反射率高、通风好、编织牢固、易清洁等优点，是宾馆、公用建筑、民用住宅理想的新型窗纱。

#### 2.7.5.9 在医疗器械及医药方面的应用

在医药卫生领域，用镁合金制造假肢等。

镁是人体不可缺少的元素之一。研究表明：镁是人体蛋白质、核酸、脂类、糖类等代谢以及神经肌肉传导收缩不可缺少的元素，人体中 300 多种酶的代谢由镁离子调节。缺少镁元素会使人产生疲乏感，易激动、抑郁、心跳加快和易抽搐等。人体的许多疾病，如动脉硬化、心脑血管病、高血压、糖尿病、白内障、骨质疏松、抑郁症等均与缺镁有关。镁长期摄入量不足，将导致心血管疾病和肿瘤的发生率显著增加。

# 3　镁的基本特性及镁合金的分类

## 3.1　金属镁的基本特性与用途

### 3.1.1　镁的物理性质

#### 3.1.1.1　结晶构造

纯镁是位于元素周期表ⅡA族，原子序数为12，相对原子质量为24.3050的具有光泽的银白色的碱土金属。与轻金属的铝相比有显著的活性，所以无法在大气中熔炼。因此，熔炼时需使用$SF_6$（六氟化硫）等防燃气体保护。

纯镁的晶体结构如图3-1所示，为密排六方结构。因此，镁与面心立方结构的铝和体心立方结构的铁相比，在室温中通过塑性加工产生变形的困难比较大，加工过程中容易破裂。

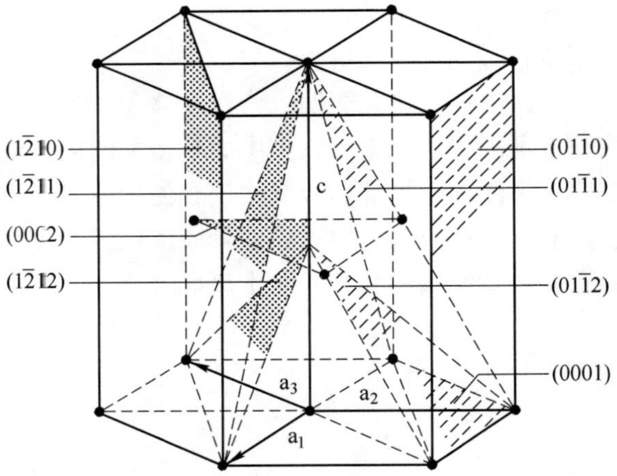


图3-1　纯镁的晶体结构

但是，金属镁加热到570K左右后，进行轧制和挤出等的塑性加工就变得容易了，金属镁表现出与铝同等或更好的加工性能。这是因为，镁在室温下的滑移系只有底面滑移；在高温下时，会产生如图3-2所示的底面滑移以外的非底面滑移（柱面滑移，锥面滑移Ⅰ，锥面滑移Ⅱ）。这些现象如图3-3所示，室温时，在底面滑移的临界剪应力非常小，并基本上与其温度变化无关。但是，室温时非底面滑移的临界剪应力是40MPa以上，并显示出临界剪应力与温度高低有显著的依存关系，伴随着温度上升，临界剪应力急剧下降，容易发生非底面滑移。

#### 3.1.1.2　密度

纯镁和其他主要纯金属物理性质比较见表3-1。镁在293K下的密度为1.738g/cm$^3$，

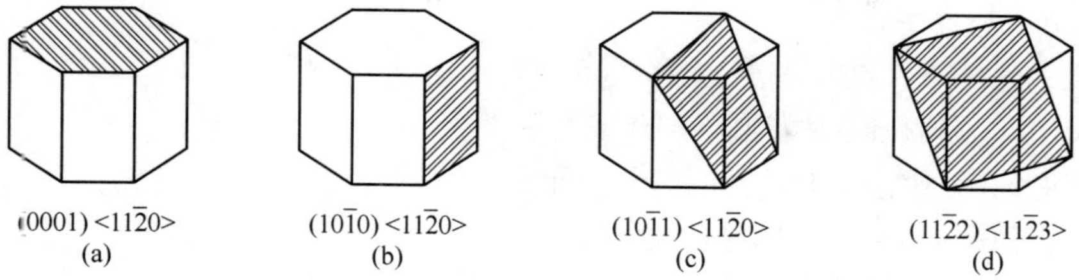


图 3-2 金属镁的滑移面

（a）底面滑移；（b）柱面滑移；（c）锥面滑移Ⅰ；（d）锥面滑移Ⅱ

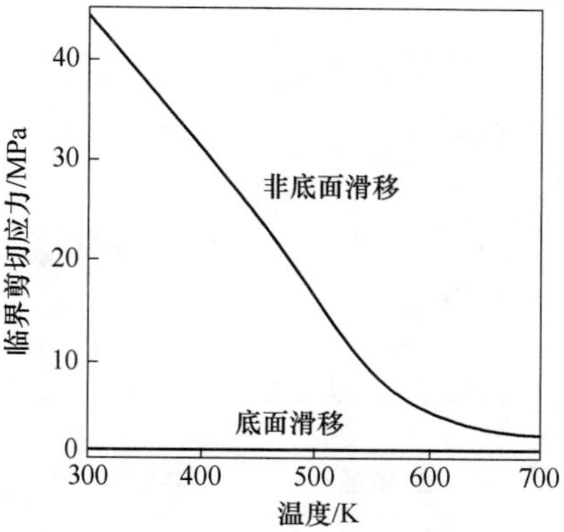


图 3-3 金属镁底面和非底面滑移的临界剪应力与温度的关系

是铝的密度为 2. 699g/cm³ 的 2/3 以下，铁的密度为 7. 874g/cm³ 的 1/4 以下，与其他的纯金属比较，明显更小。因此，镁可以说是实用金属结构材料中最轻的金属材料。另外，纯镁随温度升高膨胀，密度变小。

**表 3-1 纯镁和主要纯金属的物理性质**

| 金属 | 元素符号 | 原子序数 | 相对原子质量 | 晶体结构 | 密度①/g · cm⁻³ | 电阻率①/μΩ · cm |
|---|---|---|---|---|---|---|
| 锂 | Li | 3 | 6. 941 | 体心立方 | 0. 534 | 20. 6 |
| 铝 | Al | 12 | 24. 305 | 密排六方 | 1. 738 | 4. 2 |
| 镁 | Mg | 13 | 26. 9815 | 面心立方 | 2. 6989 | 2. 67 |
| 钛 | Ti | 22 | 47. 867 | 密排六方 | 4. 54 | 54 |
| 铬 | Cr | 24 | 51. 9961 | 体心立方 | 7. 20 | 13. 2 |
| 铁 | Fe | 26 | 55. 845 | 体心立方 | 7. 874 | 10. 1 |
| 镍 | Ni | 28 | 58. 6934 | 面心立方 | 8. 902 | 6. 9 |
| 铜 | Cu | 29 | 83. 546 | 面心立方 | 8. 96 | 1. 694 |
| 锌 | Zn | 30 | 65. 38 | 密排六方 | 7. 13 | 5. 96 |
| 钼 | Mo | 42 | 95. 96 | 体心立方 | 10. 22 | 5. 7 |
| 银 | Ag | 47 | 107. 8682 | 面心立方 | 10. 50 | 1. 63 |
| 金 | Au | 79 | 169. 9666 | 面心立方 | 19. 32 | 2. 2 |

① 是 293K 下的测量值。

#### 3.1.1.3　热力学性能

在标准大气压下，纯镁的熔点为（652±1）℃，沸点为 1107℃。随着压力增加，镁的熔点逐渐升高，见图 3-4。在镁中添加 Pb、Al 和 Sb 等元素将提高镁的沸点，而添加 Zn、Cd 则降低镁的沸点。

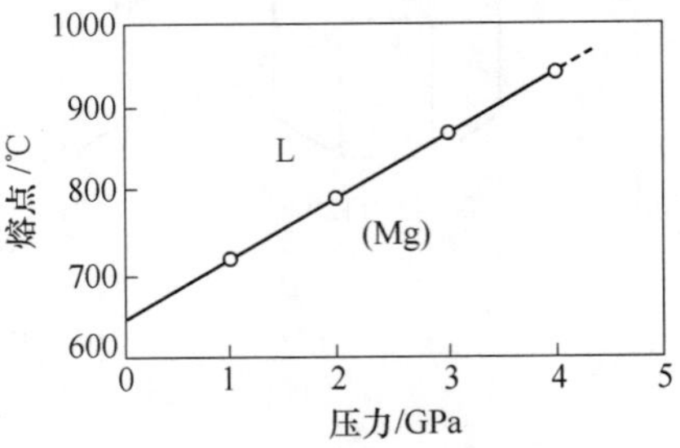

图 3-4　纯镁熔点与气压的关系

低温下多晶镁的线膨胀系数见表 3-2。根据实验数据，多晶镁在 0～550℃范围内的线膨胀系数可表示为：

$$a_1=(25.0+0.0188t)\times10^{-6} \tag{3-1}$$

式中，$a_1$为线膨胀系数，℃$^{-1}$；$t$ 为摄氏温度。

由式（3-1）推导出来的不同温度下，多晶镁平均线膨胀系数列于表 3-3。添加元素对镁线膨胀系数的影响情况如图 3-5 所示。

**表 3-2　低温下多晶镁的线膨胀系数**

| 温度/℃ | −250 | −225 | −200 | −150 | −100 | −50 |
|---|---|---|---|---|---|---|
| 线膨胀系数/℃$^{-1}$ | $0.63\times10^{-6}$ | $5.4\times10^{-6}$ | $11.0\times10^{-6}$ | $17.9\times10^{-6}$ | $21.8\times10^{-6}$ | $23.8\times10^{-6}$ |

**表 3-3　多晶镁的平均线膨胀系数**

| 温度区间/℃ | 20～100 | 20～200 | 20～300 | 20～400 | 20～500 |
|---|---|---|---|---|---|
| 线膨胀系数/℃$^{-1}$ | $26.1\times10^{-6}$ | $27.1\times10^{-6}$ | $28.1\times10^{-6}$ | $29.0\times10^{-6}$ | $29.9\times10^{-6}$ |

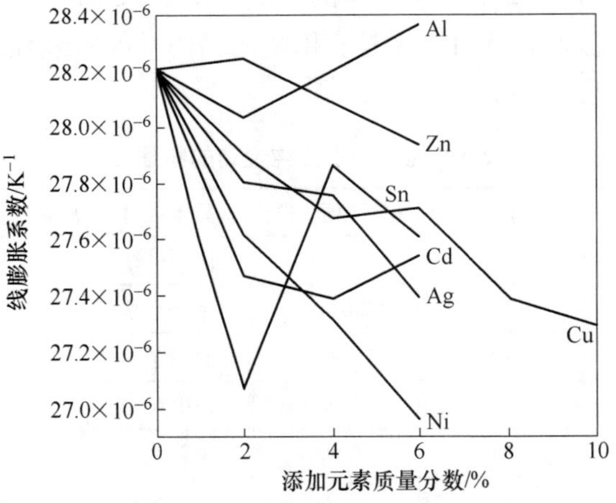

图 3-5　添加元素对镁线膨胀系数（0～300℃）的影响

表 3-4 列出了纯镁的低温和高温热导率测量值。镁中添加合金元素后，热导率一般下降，几种常见合金元素对镁热导率的影响如图 3-6 所示。根据 Bungardt 和 Kallenbach 公式：

$$\kappa=22.6T/\rho+0.0167T \tag{3-2}$$

式中，$\kappa$ 为热导率；$\rho$ 为电阻率；$T$ 为绝对温度。

可以计算出镁的室温和高温热导率，其结果见表 3-5。

**表 3-4 镁热导率测量值**

| 温度 K | 温度 ℃ | 热导率 /W·m$^{-1}$·K$^{-1}$ | 温度 K | 温度 ℃ | 热导率 /W·m$^{-1}$·K$^{-1}$ | 温度 K | 温度 ℃ | 热导率 /W·m$^{-1}$·K$^{-1}$ |
|---|---|---|---|---|---|---|---|---|
| 1 | −272 | 986 | 15 | −258 | 4110 | 150 | −123 | 161 |
| 2 | −271 | 1960 | 20 | −253 | 2720 | 200 | −73 | 159 |
| 3 | −270 | 2900 | 30 | −243 | 1290 | 250 | −23 | 157 |
| 4 | −269 | 3760 | 40 | −233 | 719 | 300 | −27 | 156 |
| 5 | −268 | 4500 | 50 | −223 | 465 | 350 | 77 | 155 |
| 6 | −267 | 5080 | 60 | −213 | 327 | 400 | 127 | 153 |
| 7 | −266 | 5470 | 70 | −203 | 249 | 500 | 227 | 151 |
| 8 | −265 | 5670 | 80 | −193 | 202 | 600 | 327 | 149 |
| 9 | −264 | 5700 | 90 | −183 | 178 | | | |
| 10 | −263 | 5580 | 100 | −173 | 179 | | | |

**表 3-5 镁热导率的计算值**

| 温度/℃ | 热导率 /W·m$^{-1}$·K$^{-1}$ | 温度/℃ | 热导率 /W·m$^{-1}$·K$^{-1}$ | 温度/℃ | 热导率 /W·m$^{-1}$·K$^{-1}$ | 温度/℃ | 热导率 /W·m$^{-1}$·K$^{-1}$ |
|---|---|---|---|---|---|---|---|
| −18 | 155.7 | 38 | 154.1 | 204 | 152.8 | 371 | 153.7 |
| 0 | 155.3 | 93 | 153.7 | 260 | 152.8 | 427 | 154.1 |
| 20 | 154.5 | 149 | 153.2 | 316 | 153.2 | 482 | 154.9 |

20℃下镁的比热容 $c_p$ 为 1.025kJ/(kg·K)，比热容与温度的关系如图 3-7 所示。镁在−243℃以上的德拜特征温度 $\theta$ 为 326K(53℃)。熔化潜热 $\Delta H$ 为 360～377kJ/kg。20℃下的升华潜热 $\Delta H$ 为 6113～6238kJ/kg。汽化潜热 $\Delta H$ 为 5150～5400kJ/kg。镁的蒸气压与温度的关系如图 3-8 所示。

镁在空气中加热至 632～635℃时会燃烧，燃烧热为 24900～25200kJ/kg。

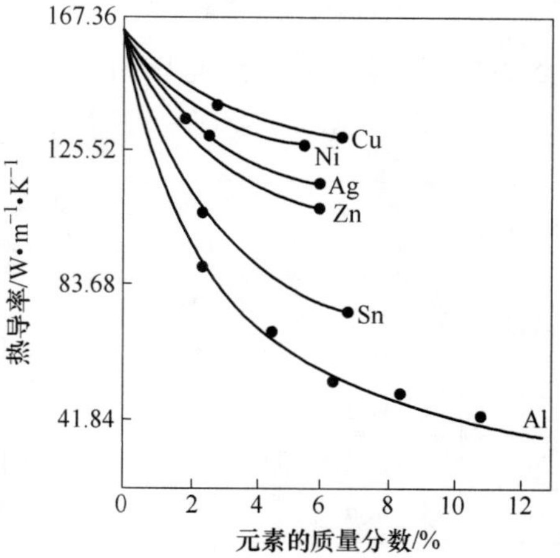


图 3-6 几种常见合金元素对镁热导率的影响

### 3.1.1.4 电学性能

纯镁的电导率为 38.6% IACS。室温下添加合金元素对镁电导率的影响如图 3-9 所示。20℃下镁单晶 $a$ 轴向电阻率 $\rho$ 为 45.3μΩ·m，$c$ 轴向电阻率为 37.8μΩ·m。镁的电阻率随温度的升高而增加，其关系曲线如图 3-10 所示。20℃下镁单晶 $a$ 轴向电阻温度系数为 0.165μΩ·m/K，$c$ 轴向电阻温度系数为 0.143μΩ·m/K。多晶固态镁和液态镁的电阻率见表 3-6。

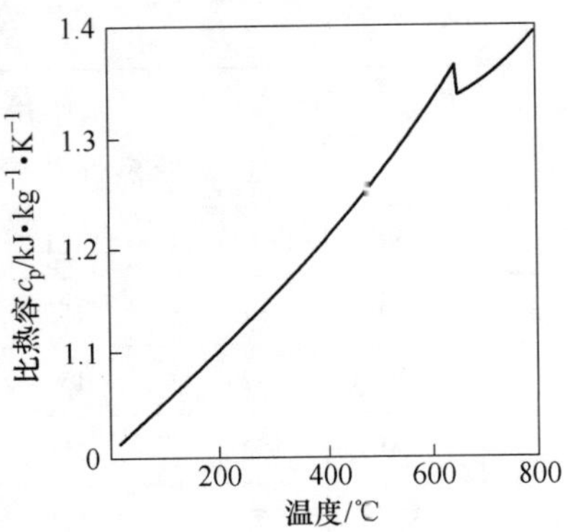


图 3-7　镁比热容与温度的关系

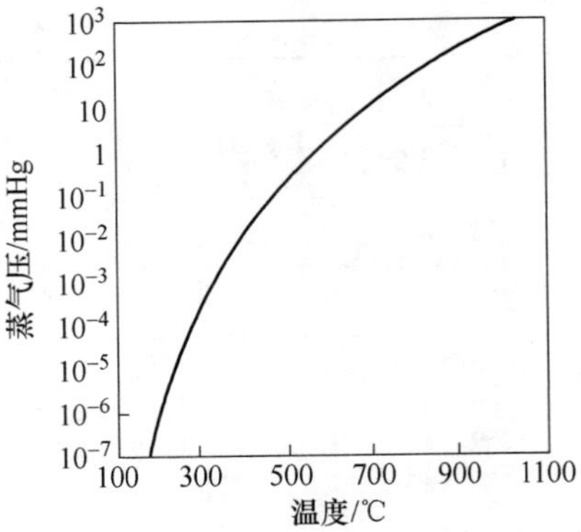


图 3-8　镁的蒸气压与温度的关系（1mmHg = 133.322Pa）

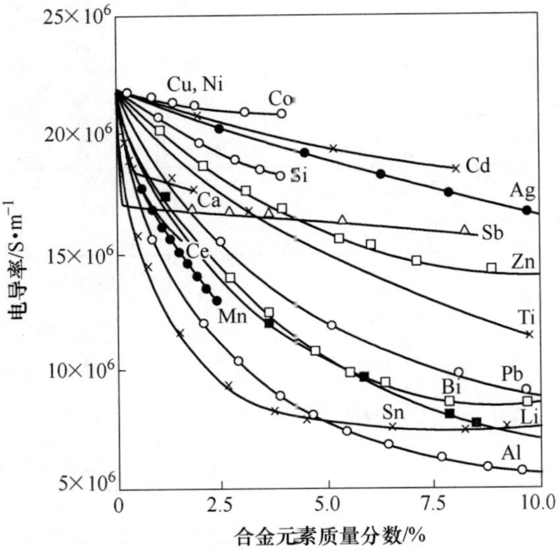


图 3-9　添加合金元素对镁电导率的影响

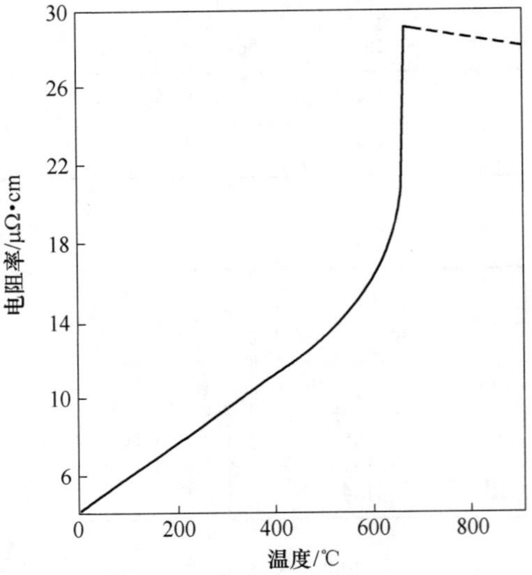


图 3-10　温度对镁电阻率的影响

**表 3-6　镁的电阻率**

| 温度/℃ | 电阻率 /nΩ · m | 温度 /℃ | 电阻率 /nΩ · m | 温度 /℃ | 电阻率 /nΩ · m | 温度 /℃ | 电阻率 /nΩ · m |
|---|---|---|---|---|---|---|---|
| 固态 | | 204 | 74.5 | 538 | 129.8 | 760 | 280.1 |
| 0 | 41.0 | 260 | 83.6 | 593 | 139.5 | 816 | 282.9 |
| 20 | 44.5 | 316 | 92.8 | 650 | 153.5 | 871 | 285.6 |
| 38 | 47.2 | 371 | 101.9 | 液态 | | 921 | 288.5 |
| 93 | 56.3 | 427 | 111.1 | 650 | 274.0 | | |
| 149 | 65.4 | 482 | 120.3 | 704 | 277.4 | | |

25℃下以饱和甘汞电极为参比电极，镁的接触电极电位为 44mV；27℃下以铜电极为参比电极，镁的接触电极电位为 -0.222mV。电化学当量为 126mg/C。相对标准氢电极，镁的标准电极电位为 -2.37V；$Mg^{+}$ 的离子电位为 7.65eV；$Mg^{2+}$ 的离子电位为 15.05eV。已报道的镁的功函数有 3.61eV 和 3.66eV 两种数值。

3.1.1.5 磁学性质

纯镁的磁化率为（6.27～6.32）$\times10^{-3}$MKS，磁导率为1.000012，霍尔系数为$-1.06\times10^{-16}\Omega\cdot m/(A\cdot m)$。

3.1.1.6 光学性质

镁具有金属光泽，呈亮白色。入射光波长为0.50μm时，镁的反射率为0.72；波长为1.00μm时，反射率为0.74；波长为3.0μm时，反射率为0.8；波长为9.0μm时，反射率为0.93。日光吸收率为0.31。22℃下辐射系数为0.07。波长为0.589μm时，吸收率为4.42，折射率为0.37。

3.1.1.7 声学性质

声波在拉拔并退火的镁材中，传播速度为5.77km/s；横波传播速度为3.05km/s；纵波传播速度为4.94km/s。

3.1.1.8 原子核特性

在热中子发射中，天然镁及同位素的中子吸收截面值（单位：barn，$1barn=10^{-24}cm^2$）如下：天然镁为0.063±0.004，$^{24}Mg$为0.03，$^{25}Mg$为0.27，$^{26}Mg$为0.03。

镁的放射性同位素有关数据列于表3-7中，X射线吸收系数为$32.9m^2/kg$。

**表3-7 镁的放射性同位素**

| 放射性同位素 | 半衰期 | 衰变能/MeV | 射线 | 放射能①/MeV |
|---|---|---|---|---|
| $^{21}Mg$ | 0.21s | — | β（+）质子 | （3.44，4.03，4.81，6.45） |
| | | | γ | 0.074，0.59 |
| $^{22}Mg$ | 3.9s | 5.04 | β（+） | 3.0 |
| $^{23}Mg$ | 12s | 4.06 | γ | 0.44 |
| | | | β（-） | 1.75，1.59 |
| $^{27}Mg$ | 9.5min | 2.61 | γ | 0.84，1.01 |
| | | | β（-） | 0.45，2.87 |
| $^{28}Mg$ | 21.3h | 1.84 | γ | 0.032，1.35，0.95，0.40，（1.78） |

①括号中数据为短周期裂变元素产生的射线。

## 3.1.2 力学性能

室温下镁的拉伸性能和压缩性能见表3-8。高温下镁的力学性能见表3-9，温度和应变速率对镁拉伸性能的影响如图3-11和图3-12所示。

**表3-8 20℃时镁的典型力学性能**

| 试样规格 | $\sigma_b$/MPa | $\sigma_{0.2}$/MPa | $\sigma_{0.2}$（压缩）/MPa | $\delta$/% | 硬度 | |
|---|---|---|---|---|---|---|
| | | | | | HRE | HB① |
| 砂型铸件φ13 | 90 | 21 | 21 | 2～6 | 16 | 30 |
| 挤压件φ13 | 165～205 | 69～105 | 34～55 | 5～8 | 26 | 35 |
| 冷轧薄板 | 180～220 | 115～140 | 105～115 | 2～10 | 48～54 | 45～47 |
| 退火薄板 | 160～195 | 90～105 | 69～83 | 3～15 | 37～39 | 40～41 |

①载荷500kg，球面直径10mm。

**表 3-9　高温下镁的力学性能**

| 温度/℃ | 镁铸件 | | 加工镁材 | | | |
|---|---|---|---|---|---|---|
| | $\sigma_b$/MPa | $\delta$/% | $\sigma_b$/MPa | $\sigma_{0.2}$/MPa | $\delta_1$/% | $\psi$/% |
| 100 | 0. 92 | 10 | 100 | 75 | 30 | 30. 5 |
| 200 | 0. 56 | 28 | 70 | 25 | 42. 5 | 38. 5 |
| 300 | 0. 25 | 58 | 20 | 16 | 68. 5 | 95. 5 |
| 400 | 0. 085 | 80 | 10 | 5 | 60. 0 | 93. 5 |

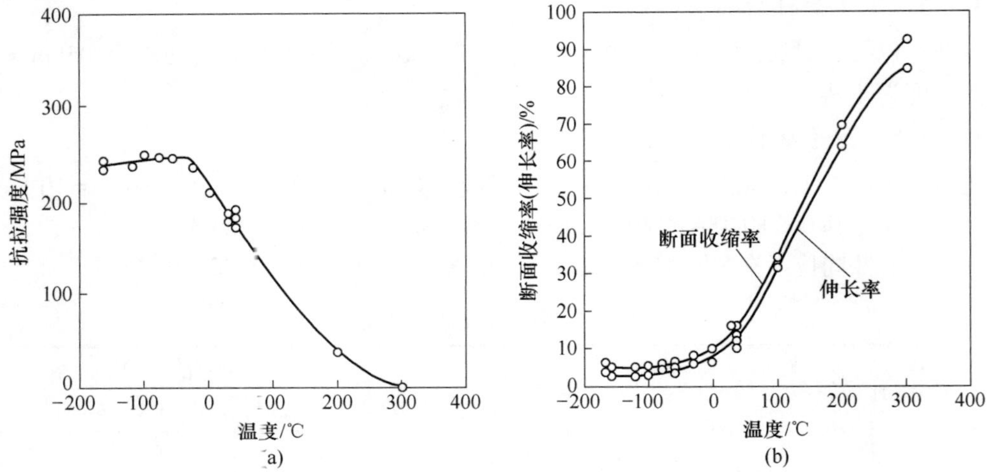


图 3-11　试验温度对镁拉伸性能的影响

（试验材料：$\phi$15. 875mm 挤压棒材；应变速率为：1. 27mm/min）

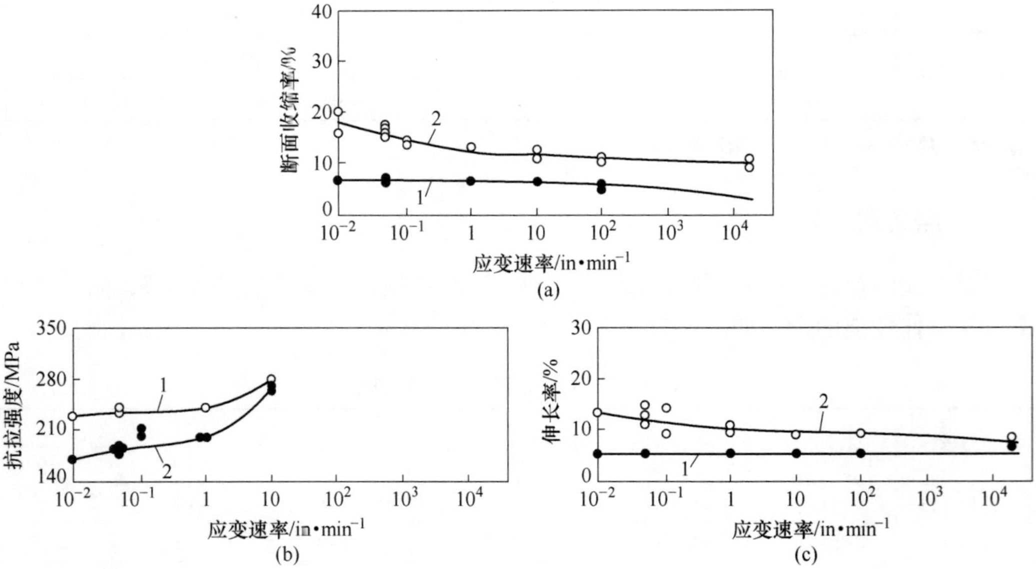


图 3-12　应变速率对镁拉伸性能的影响（1in = 2. 54cm）

1—室温；2—-80℃

20℃下，镁的最高纯度为99.98%时，动态弹性模量为44GPa，静态弹性模量为40GPa；镁的纯度为99.80%时，动态弹性模量为45GPa，静态弹性模量为43GPa。随着温度的增加，镁的弹性模量下降，弹性模量与温度的关系如图3-13所示。纯镁的泊松比$\nu$为0.33。阻尼性能如图3-14所示，纯镁的蠕变断裂数据如图3-15和图3-16所示。20℃下，镁-镁的摩擦系数为0.36。液态镁的动力学黏度在650℃下为1.23m·Pa·s，在700℃下为1.13m·Pa·s。当温度为660~852℃时，镁熔体的表面张力为0.545~0.563N/m；当温度为894~1120℃时，镁熔体的表面张力为0.502~0.504N/m。

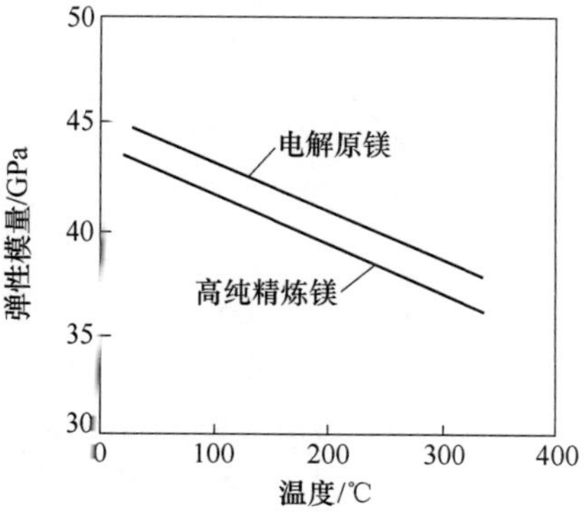

图3-13　镁的弹性模量与温度的关系

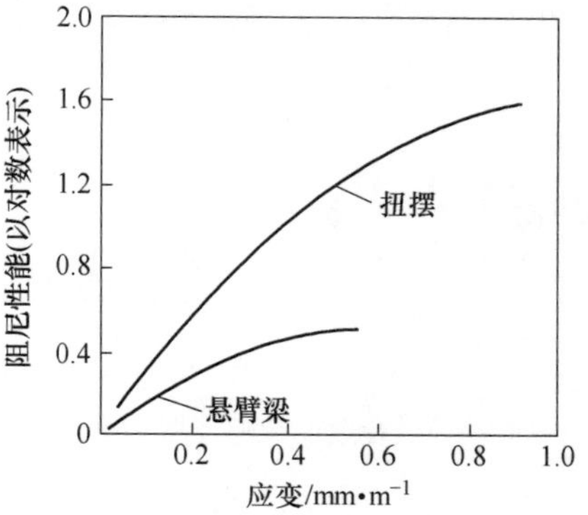

图3-14　镁的阻尼性能与应变的关系图

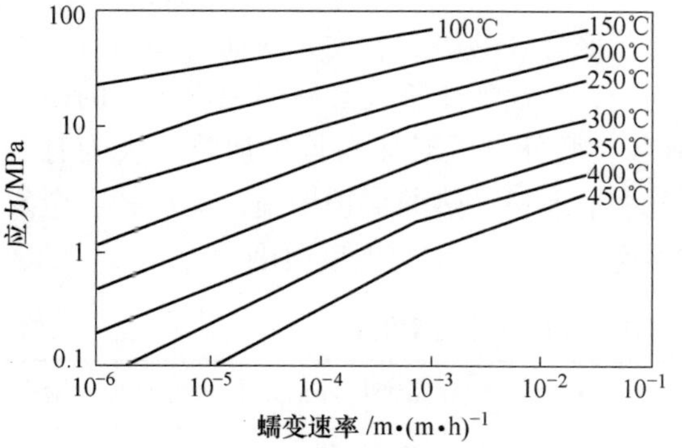

图3-15　镁的蠕变速率与应力和温度的关系

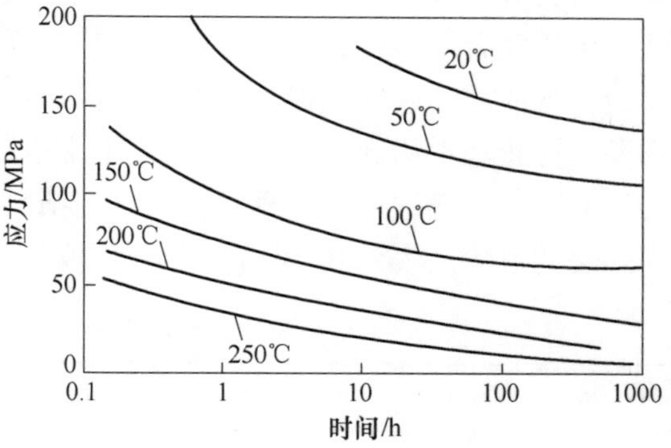

图3-16　镁的蠕变断裂寿命与应力和温度的关系

## 3.1.3　镁及镁合金的塑性变形特性

### 3.1.3.1　镁及镁合金的塑性变形

变形镁合金经过锻造、挤压或轧制等塑性加工变形后的产品具有更高的强度和更好的延展性，具有铸造镁合金产品无法取代的优良性能。三类镁合金材料的性能对比如图3-17所示。国际镁协会（IMA）制定的镁合金研究开发与应用的三个阶段，中、长期的目标主要是研究开发新型变形镁合金和镁合金加工新工艺。

由于镁具有密排六方晶体结构，在室温条件下变形只有基面｛0001｝产生滑移，滑移系数仅为3个。因此，晶面产生滑移的可能性相当有限，因而导致镁合金的塑性很低。当变形温度升高到180~240℃之间时，随着孪晶的形成而有更多的附加滑移面产生，即仅次

于基面的 $\{10\bar{1}1\}$ $\{10\bar{1}2\}$ 晶面先后产生滑移，使镁合金的塑性得到很大提高；而温度进一步升高达到 300℃以上，即可出现再结晶过程，使镁合金具有更好的塑性变形能力，即成型性能。因此，镁合会的塑性变形加工一般均是在热态条件下完成。图 3-18 所示为镁在静镦粗条件下的极限镦粗比与温度的关系曲线。

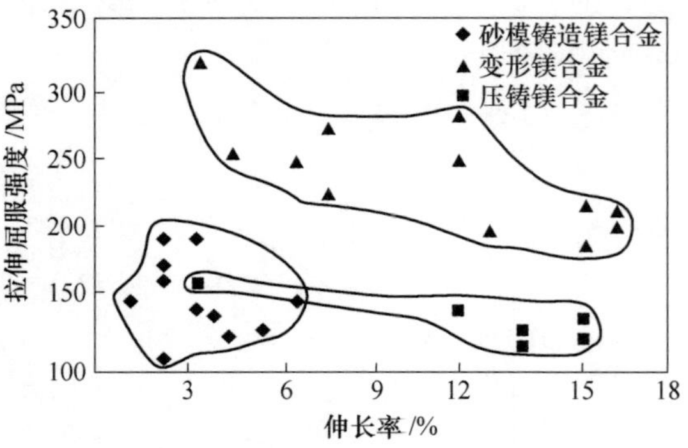


图 3-17　各种镁合金的拉伸屈服强度与伸长率

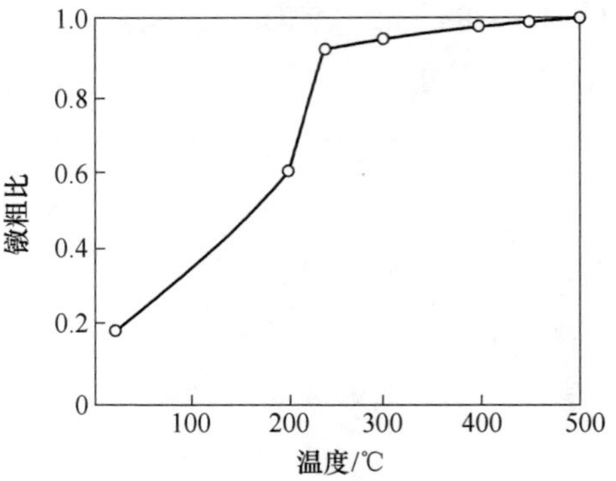


图 3-18　镁在静镦粗条件下的极限镦粗比与温度的关系曲线

镁合金可采用与铝合金相似的加热方式进行加热，即一般可在箱式电阻炉中加热。镁合金有良好的导热性，任何形状和尺寸的毛坯（铸锭）均可不经预热而直接放入炉膛加热。由于镁合金塑性加工所需要的加热温度远低于该合金的熔点温度，因此，加热时不需要惰性气体或还原气氛保护，但必须保证炉温均匀，在预加热阶段必须避免出现大的温度梯度，防止坯料局部过热。装有鼓风机等强制空气循环装置对坯料均匀加热是极为有利的。同时，加热炉应能可靠地控制温度精度，并采取坯料加热的保护措施，避免镁合金发生燃烧的危险。表 3-10 列出了常用变形镁合金塑性成型时的加热温度范围。

**表 3-10　常用变形镁合金塑性成型时的加热温度范围**

| 合金牌号 | M2M | AZ40M | AZ41M | AZ61M | AZ62M | AZ80M | ME20M | ZK61M | MB22 | MB25 |
|---|---|---|---|---|---|---|---|---|---|---|
| 成型温度 /℃ | 260~450 | 275~400 | 250~450 | 250~340 | 280~350 | 350~380 | 280~350 | 250~400 | 350~450 | 280~400 |

### 3.1.3.2　镁合金的冷变形特点

室温下镁合金的塑性较低，其冷变形仅局限于应用于弯曲半径大、变形程度适中的成型操作。例如，在冷变形条件下，MA1 和 MA8 合金的拉延系数分别不得超过 1.10~1.20 和 1.20~1.25。通常，考核塑性较低材料塑性变形能力的一种简单方法是考核材料弯曲能力，即弯曲半径大小。

一般来说，使用标准轧辊可以在室温下成型出镁合金圆柱和圆锥形零件。表 3-11 列出镁合金快速成型时推荐的最小弯曲半径。使用液压机且变形速度较低的情况下，可以选用表 3-11 中所列数据稍小的弯曲半径。最小半径随着成型角度的变化而变化，大于 90°时，弯曲半径几乎不发生变化，小于 90°时，弯曲半径显著减小。

**表 3-11 镁合金快速成型时推荐的最小弯曲半径** (mm)

| 合金及状态 | 根据工件厚度而确定的最小弯曲半径 $r$ | | | | | | | |
|---|---|---|---|---|---|---|---|---|
| | 20℃ | 100℃ | 150℃ | 200℃ | 230℃ | 260℃ | 290℃ | 315℃ |
| 0.51~6.3mm 板材① | | | | | | | | |
| AZ31B-O | 5.5 | 5.5 | 4.0 | 3.0 | | 2.0 | | |
| AZ31B-H24 | 8.0 | 8.0 | 6.0 | | | | | |
| 22.2mm×2.3mm 厚挤压平带 | | | | | | | | |
| AZ31C-F | 2.4 | | | | | | 1.5 | |
| AZ31B-F | 2.4 | | | | | | 1.5 | |
| AZ61A-F | 1.9 | | | | | | 1.0 | |
| AZ80A-F | 2.4 | | | | | | 0.7 | |
| AZ80A-T5 | 8.3 | | | | 1.7 | | | |
| ZK21A-F | 15.0 | | | | | | | 5.0 |
| ZK60A-F | 12.0 | | | | | 2.0 | | |
| ZK60A-T5 | 12.0 | | | | | 6.6 | | |

① 1152mm 宽试样弯曲 90°时获得的数值（99%的成功率）。

小批量生产冷变形产品时，可以采用绳带将工件的重要区域包缠起来以防止表面破坏。模具必须保持清洁，避免外来金属颗粒的污染，否则外来金属颗粒会在成型过程中嵌入金属表面，降低镁合金工件的抗蚀性。某些情况下，在模具中间塞入硬橡胶有助于成型大弯曲半径的工件，并且防止工件损坏。大批量生产时硬橡胶会快速磨损，导致工件尺寸和形状不一致，因此不宜采用。

镁合金工件冷变形时容易发生断裂，故不允许对弯曲件的同一部位进行矫直和二次弯曲等再加工。在镁合金冷变形过程中，进行 90°弯曲时，因弹性恢复而产生的回弹甚至可以达到 30°。影响回弹的因素很多，包括被弯曲材料材质、使用工具、弯曲速度和保压时间等。室温以下 AZ31B 薄板进行直角弯曲成型（厚度为 0.4~1.6mm 的薄板）推荐用回弹容许量见表 3-12。

**表 3-12 直角弯曲 AZ31B 薄板（厚度为 0.4~1.6mm 的薄板）时推荐选用回弹容许量**

| 温度/℃ | 弯曲 $R/t$ | AZ31B-O 的角度/（°） | AZ31B-H24 的角度/（°） |
|---|---|---|---|
| 20 | 4 | 8 | 10 |
| | 5 | 11 | 13 |
| | 10 | 17 | 21 |
| | 15 | 25 | 29 |
| 100 | 3 | 4 | 5 |
| | 5 | 5 | 7 |
| | 10 | 8 | 12 |
| | 15 | 13 | 17 |
| 150 | 2 | 1 | 2 |
| | 5 | 3 | 4 |
| | 10 | 5 | 7 |
| | 15 | 8 | 11 |

续表 3-12

| 温度/℃ | 弯曲 $R/t$ | AZ31B-O 的角度/（°） | AZ31B-H24 的角度/（°） |
|---|---|---|---|
| 230 | 2<br>5<br>10<br>15 | 0<br>1<br>2<br>4 | 0<br>1<br>2<br>4 |
| 290 | 最大至 15 | 0 | 0 |

铝合金和钢弯曲变形时会拉长，而镁合金不同。镁合金弯曲变形时，中线轴朝着受拉边轻微移动，从而会缩短。对于镁合金薄板，由于轴线移动了 5%～10%，因此缩短程度很小。随着厚度增加，镁合金的收缩量显著增大，因此厚板经过几次弯曲后显著缩短。准备坯料时需要对此有所考虑。

为防止应力腐蚀，Mg-Al-Zn（AZ 系列）合金经冷变形后应该进行去应力退火处理。镁合金经过普通冷变形操作后，建议采用表 3-13 中列出的工艺参数进行去应力退火处理。

**表 3-13　镁合金经冷变形后的去应力退火处理工艺参数**

| 合金及状态 | 薄板 | | 挤压平带 | | |
|---|---|---|---|---|---|
| | AZ31B-O | AZ31B-H24 | AZ31B-F | AZ61A-F，AZ80A-F | AZ80A-T5 |
| 温度/℃ | 260 | 150 | 260 | 260 | 205 |
| 时间/min | 15 | 60 | 15 | 15 | 60 |

#### 3.1.3.3　镁合金的热变形特点

高温下，镁合金中的滑移系增多，塑性变形变得更加容易，因此镁合金通常在高温下成型，冷变形仅仅用于大弯曲半径轻微变形。镁合金成型采用的方法和设备与其他金属的相同，只是镁合金高温成型时对工模具和工艺有特殊要求。

常规镁合金铸锭经热加工后晶粒尺寸可达 10μm 以下。AZ91 合金经过热挤压变形后，其晶粒尺寸随挤压温度的降低而减小。ZK60 合金经 150℃ 挤压后，抗拉强度可上升到 500MPa 以上，其高强度是晶粒细化的结果。AM60、AZ91、ZK60 和 ZK61 等镁合金热挤压件的性能优于铸锭，伸长率高达 10%以上。显然，热挤压具有细化晶粒作用，同时可以提高镁合金的强度和塑性。采用热轧工艺可制备出具有超塑性的 AZ61 合金薄板，由于热轧使晶粒细化，其超塑性大大提高。

镁合金高温成型有如下优点：工件通常可在高温下一次成型，不必重复退火，从而缩短了加工时间，并省去了额外工序所需的模具；对于大多数高温成型而言，不需要淬火硬化模具；工件回弹量更小，从而尺寸公差比冷变形的小。表 3-14 列出了多种变形镁合金的最低成型温度和保温时间，其中保温时间是指不影响镁合金力学性能的最长保温时间。

**表 3-14 变形镁合金的最低成型温度和保温时间**

| 合金及状态 | | 镁合金加工允许的最低温度[①]/℃ | 在该保温时间下的温度/℃ | | | | |
|---|---|---|---|---|---|---|---|
| | | | 1min | 3min | 10min | 30min | 60min |
| 薄板 | AZ31B-O | 120 | — | — | — | — | 290 |
| | AZ31B-H24 | 120 | 225 | 200 | 180 | 175 | 150 |
| | AZ31B-H26 | 120 | 225 | 200 | 180 | 175 | 150 |
| 挤压平带 | AZ31B-F | 120 | — | — | — | — | 290 |
| | AZ61A-F | 200 | — | — | — | — | 290 |
| | AZ80A-F | 140 | — | — | — | 290 | — |
| | AZ80A-T5 | 140 | — | — | — | — | 195 |
| | ZK60A-F | 150 | — | — | — | — | 290 |
| | ZK60A-T5 | 150 | — | — | — | 200 | — |

① 如果合金在所示最低温度下成型，则可能需要进行去应力处理。

镁合金进行热变形加工需要注意的几点事项：

（1）对铸锭的要求。用于锻造、挤压或轧制的镁合金铸锭可以在单个的厚壁铁制或钢制永久模、铜或铝制的中空圆柱模中铸造。通过快速冷却模具外表面，可以获得具有细小晶粒组织的镁合金锭。通常，先机加工去除镁合金铸锭的表层，然后进行预挤压。预挤压可以破碎粗大的铸态组织，提高其在后续加工过程中的可成型性。在预挤压过程中，应确定足够大的挤压比，以彻底将铸锭中的铸态组织转变成变形组织。预挤压后的锭坯在后续压力加工前不需再次机加工去除表层。

（2）对坯料与工件的加热要求。进行锻造、挤压或轧制前，通常在电炉或燃料炉中将镁合金锭坯加热到所要求的温度。在共晶温度以下加热镁合金铸锭时，不需要采用保护气氛；但是在加热镁合金粉末挤压坯时，通常使用保护气氛。由于镁合金的锻造、挤压或轧制温度比熔点低得多，因而只要精确控制加热温度，预热时就不会发生火灾。加热镁合金铸锭时，需要在加热炉中安装风扇以充分循环炉内空气，从而最大限度地保证炉温的均匀性，避免加热初级阶段出现热点或大的温度梯度。

装料时，必须保证热量可以在所有炉料中快速、充分循环，避免紧密堆叠或“积木式”的装炉方式，否则可能导致炉料入口处温度偏低，部分炉料外表面过热。如果预热温度过高，加工时坯料容易产生热脆性裂纹；如果温度过低，加工时易出现剪切开裂。由于 Mg 和 Al 在 435℃时能形成低熔点化合物 $Mg_4Al_3$，因此不能将铝合金坯料与镁合金坯料装入同一个炉膛中，以防止局部过烧。此外，加热镁合金锭坯的炉膛中，不允许残留任何铝合金的碎屑或沉积物。

另外，轧制用镁合金坯料需要清除毛刺和飞边，以免过热燃烧。加热过程中万一出现镁合金燃烧现象，应先将毛坯拉出炉外，用干镁砂或石棉布覆盖明火，即可扑灭火焰。

（3）热膨胀和模具尺寸设计。镁合金的热胀系数很大，如 260℃下镁及镁合金的热胀系数是钢的两倍以上，故镁合金工件在工具钢或铸铁模具中进行热变形时必须考虑工模具材料与工件之间的热膨胀差异。室温和205℃下，镁合金工件尺寸与钢制模具尺寸之间的关系如图3-19所示。锌合金或铝合金模具的热膨胀系数与镁合金的相近，从而不需要考虑尺寸因素。

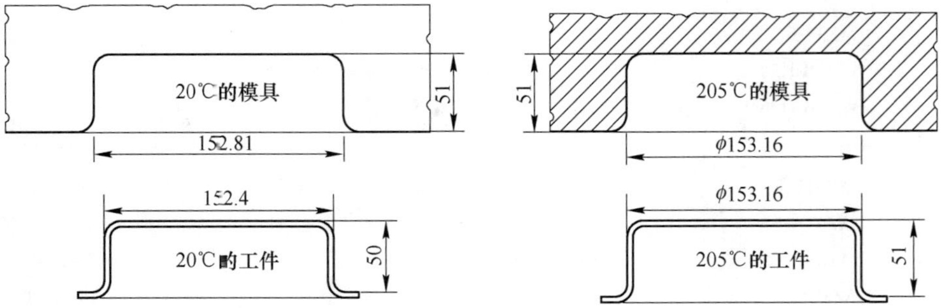


图3-19　室温和205℃时镁合金工件与钢制模具间的尺寸关系
（钢模室温尺寸是镁合金工件设计尺寸的1.00270倍）

（4）对摩擦与润滑要求。镁合金工件表面状态随着成型温度的升高而恶化，因此热成型过程中需要使用润滑剂。与冷变形相比，热变形过程中使用润滑剂更为重要。镁合金成型用润滑剂有矿物油、润滑脂、动物脂、肥皂、石蜡、二硫化钼，以挥发性介质或动物脂为载体的胶态石墨以及薄纸片或玻璃纤维薄板等。

（5）选择润滑剂的种类时，首先要考虑成型温度。120℃以下成型时，通过选择矿物油、润滑脂、动物脂、肥皂或石蜡作润滑剂。在旋压成型过程中，润滑剂必须黏附在镁合金工件表面上，否则润滑剂将在离心力作用下脱离工件而起不到润滑作用。但是，镁合金工件在模具中深拉或在弯板机上弯曲成型时，可以不考虑润滑问题。一般来说，工厂中用于其他成型操作的润滑剂可以在120℃以下成型时使用，这些润滑剂通常容易涂覆并在成型后容易清理。一般可以利用轧辊将润滑剂涂覆或擦抹在工件表面。另外，在某些特殊情况下，镁合金工件和工模具表面需要同时使用润滑剂。120℃以上成型时，不宜选用普通矿物油、润滑脂和石蜡作为润滑剂。虽然胶态石墨可以在任何温度下使用，但是成型后难于清理并且妨碍后续表面处理，因此通常不予采用。

230℃以下成型时可以使用肥皂润滑剂。肥皂润滑剂是一种水溶液，可以通过浸涂、刷涂或者轧辊擦涂将其涂覆在镁合金工件表面，接着将涂覆后的工件毛坯放置在普通大气或者压缩空气中干燥。干燥后，由于润滑剂的稳定性很高，镁合金毛坯可以较长期存放。成型结束后，用热水将镁合金工件表面残留的润滑剂清洗干净。

230℃以上成型时，一般选用胶态石墨或者二硫化钼作为润滑剂，如广泛选用添加2%石墨的酒精。由于石墨与动物脂混合后可以提高润滑剂的黏附性，因此在旋压成型时可以选用石墨和动物脂的混合物作为润滑剂。值得注意的是，当润滑剂中含有挥发性载体（如水或酒精）时，应该在工件加热前使用润滑剂。否则，载体的挥发将导致镁合金工件的关键部位冷却到热加工温度以下，从而引起开裂。某些特殊的成型操作在任何温度下都不能使用润滑剂，这时可以根据具体的成型温度，在工件和工模具之间放置薄纸片或玻璃纤维。

工件成型完毕后，应该尽快清理镁合金工件表面的润滑剂，防止其腐蚀工件及增加清理难度，如胶态石墨在工件表面残留一段时间后特别难以清理。准备热成型的镁合金坯料要进行清理，以确保表面没有油污、灰尘、水或者其他污染物。同样，模具、冲头和成型块也应该保持清洁，并且没有划痕。也可以采用溶剂清洗工模具，用细砂布轻微抛光打磨表面，清除灰尘、刮痕和一些小缺陷，但是抛光时不能改变工模具的尺寸。

### 3.1.4 镁的化学与腐蚀性能

#### 3.1.4.1 镁的化学性能

镁的化学性质很活泼，固体镁在常温、干燥空气中，一般是比较稳定的，不易燃烧。但是，在熔融状态时，容易燃烧，并且生成氧化镁 MgO。在 300℃时，镁与空气中的 $N_2$作用生成 $Mg_3N_2$，使镁的表面成为棕色，当温度达到 600℃，反应迅速。镁在沸水中可以与 $H_2O$ 作用，使水释放出 $H_2$。

镁能溶解在无机酸（HCl、$H_2SO_4$、$HNO_3$、$H_3PO_4$）中，但能耐氢氟酸和铬酸的腐蚀。盐卤、硫化物、氮化物、碳酸氢钠溶液对镁有侵蚀作用，镁在 NaOH 和 $NaCO_3$溶液中是稳定的，但有机酸能破坏镁。

镁能将许多氧化物（$TiO_2$、$VO_2$、$Li_2O$）和氯化物（$TiCl_4$、$ZrCl_4$）还原。

#### 3.1.4.2 镁的腐蚀性能

镁的标准电极电位为-2.37V，比铝（-1.71V）低，是电负性很强的金属，其耐蚀性很差。镁在潮湿大气、海水、无机酸及其盐类、有机酸甲醇等介质中均会发生剧烈的腐蚀；只有在干燥的大气、碳酸盐、氟化物、铬酸盐、氢氧化钠的溶液、苯、四氯化碳、汽油、煤油及不含水和酸的润滑油中才稳定存在。镁在室温下很容易被空气氧化，生成一层很薄的氧化膜。这种薄膜多孔疏松，脆性较大，远不如铝及铝合金的氧化膜坚实致密，耐蚀性很差。在储存和使用过程中，必须采取适当的措施防止镁的腐蚀，如表面氧化和涂油、涂装等。

## 3.2 镁及镁合金分类及表示方法

### 3.2.1 镁合金的分类

镁合金的分类方法很多，各国不尽统一。但总的来说，不外乎根据镁中所含的主要元素（化学成分）、成型工艺（或产品形式）和是否含锆等三种原则来分类。

#### 3.2.1.1 按照合金成分分类

镁合金可分为含铝的镁合金和不含铝的镁合金两大类。因多数不含铝的镁合金都添加锆以细化晶粒组织（Mg-Mn 合金除外）。因此，工业镁合金系列又可分为含锆的镁合金和不含锆的镁合金两大类。以五个主要合金元素 Mn、Al、Zn、Zr 和稀土为基础，组成基本镁合金系：Mg-Mn、Mg-Al-Mn、Mg-Al-Zn-Mn、Mg-Zr、Mg-Zn-Zr、Mg-RE-Zr、Mg-Ag-RE-Zr、Mg-Y-RE-Zr。Th 也是镁合金中的一种主要合金元素，也可组成镁合金系：Mg-Th-Zr、Mg-Th-Zn-Zr、Mg-Ag-Th-RE-Zr。但因 Th 具有放射性，除个别情况外，已很少使用。

### 3.2.1.2　根据加工工艺或产品形成分类

工业镁合金可分为铸造镁合金和变形镁合金两大类，见图 3-20。两者没有严格的区分，铸造镁合金 AZ91、AM20、AM50、AM60、AE42 等，也可以作为变形镁合金。

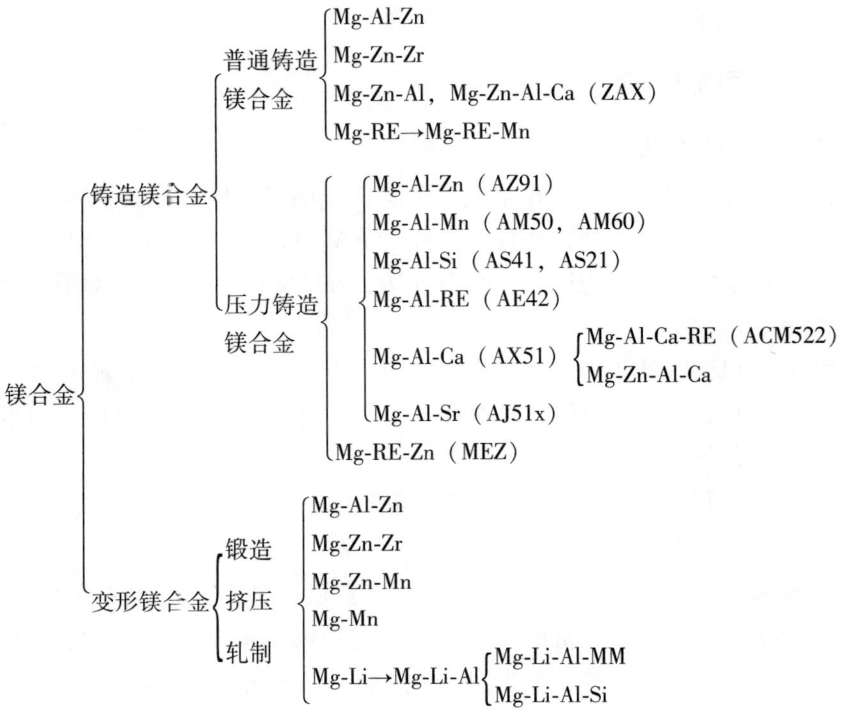


图 3-20　镁合金的分类

### 3.2.1.3　两类镁合金的基本特性及用途

镁合金主要分为铸造镁合金和变形镁合金。铸造镁合金和变形镁合金在成分、组织性能与用途上存在很大差异。

铸造镁合金主要应用于汽车零件、机件壳罩和电气构件等。铸造镁合金多用压铸工艺生产，其主要工艺特点为生产效率高、精度高、铸件表面质量好、铸态组织优良、可生产薄壁及复杂形状的构件等。合金元素 Al 可使镁合金强化，并具有优异的铸造性能。为了易于压铸，镁合金中的含 Al 量需大于 3%。稀土元素能够改善镁合金的铸造性能。

变形镁合金中主要含有 Al、Mn、RE、Y、Zr 和 Zn 等合金元素。这些元素一方面能提高镁合金的强度，另一方面能提高热变形性，以利于锻造和挤压成型。AZ31B 和 AZ31C 是最重要的工业用变形镁合金，具有良好的强度和延展性，两者区别在于所容许的杂质含量。AZ 系列合金随 Al 含量提高而轧制开裂倾向增大，因此 AZ61 合金很少应用于板材形式的产品。目前开发成功的 ZK60 也是一种很有前途的新型变形镁合金。表 3-15 列出了按 ASTM 系列的常规工业镁合金的基本特性。

**表 3-15 主要工业镁合金的基本特性（按 ASTM 系列）**

| 产品品种 | 合金及状态 | 特性 |
|---|---|---|
| 砂型铸件和永久型铸件 | AM100A-T61 | 气密性好，强度和伸长率匹配良好 |
| | AZ63A-T6 | 室温强度、延展性和韧性良好 |
| | AZ81A-T4 | 铸造性能、韧性和气密性良好 |
| | AZ91C 和 E-T6 | 普通合金，强度适中 |
| | AZ92A-T6 | 气密性和强度适中 |
| | EQ21A-T6 | 气密性和短时间高温力学性能优良 |
| | EZ33A-T5 | 铸造性能、阻尼性、气密性和 245℃抗蠕变性能优良 |
| | HK31A-T6① | 铸造性能、气密性和 350℃抗蠕变性能优良 |
| | HZ32A-T5① | 铸造性能、气密性良好 |
| | K1A-F | 抗蠕变性能比 HK31A-T6 优良，阻尼性良好 |
| | QE22A-T6 | 铸造性能、气密性良好和 200℃屈服强度较高 |
| | QH21A-T6① | 铸造性能、气密性、抗蠕变性和 250℃屈服强度较高 |
| | WE43A-T6 | 室温和高温强度较高，抗腐蚀性良好 |
| | WE54A-T6 | 类似于 WE43A-T6，150℃下会缓慢失去延展性 |
| | ZC63A-T6 | 气密性良好，强度和铸造性能比 AZ91C 优良 |
| | ZE41A-T5 | 气密性好，中等强度高温合金，铸造性能比 ZK51A 优良 |
| | ZE63A-T6 | 特别适合于强度高、薄壁和无气孔铸件合适 |
| | ZH62A-T5① | 室温屈服强度高 |
| | ZK51A-T5 | 室温强度和延展性良好 |
| | ZK61A-T5 | 类似于 ZK51A-T5，屈服强度较高 |
| | ZK61A-T6 | 类似于 ZK61A-T5，屈服强度较高 |
| 压铸件 | AE42-F | 强度高和 150℃抗蠕变性能优良 |
| | AM20-F | 延展性和冲击强度较高 |
| | AM50A-F | 延展性和能量吸收特性优异 |
| | AM60A 和 B-F② | 类似于 AM50A-F，强度稍高 |
| | AS21-F | 类似于 AE42-F |
| | AS41A-F③ | 类似于 AS21-F，延展性和抗蠕变性能降低，强度和铸造性能提高 |
| | AZ91A、B 和 D-F④ | 铸造性能优良、强度较高 |
| 锻件 | AZ31B-F | 锻造性能优良，强度适中，可锤锻，但很少应用 |
| | AZ61A-F | 强度比 AZ31B-F 高 |
| | AZ80A-T5 | 强度比 AZ61A-F 高 |
| | AZ80A-T6 | 抗蠕变性能比 AZ80A-T5 高 |
| | M1A-F | 抗腐蚀性高，中等强度，可锤锻，但很少应用 |
| | ZK31-T5 | 强度高，焊接性能适中 |
| | ZK60A-T5 | 强度接近 AZ80A-T5，但延展性更高 |
| | ZK61A-T5 | 类似于 AZ60A-T5 |
| | ZM21-F | 锻造性能和阻尼性良好，中等强度 |
| 挤压件 | AZ10A-F | 成本低，强度适中 |
| | AZ31B 和 C-F | 中等强度 |
| | AZ61A-F | 成本适中，强度高 |
| | AZ80A-T5 | 强度比 AZ61A-F 高 |
| | M1A-F | 抗腐蚀性高，强度低，可锤锻，但是很少应用 |
| | ZC71-T6 | 成本适中，强度和延展性高 |
| | ZK21A-F | 强度适中，焊接性能良好 |
| | ZK31-T5 | 强度高，焊接性能适中 |
| | ZK40A-T5 | 强度高，比 ZK60A 的挤压性能好，但不适合焊接 |
| | ZK60A-T5 | 强度高，不适合焊接 |
| | ZM21-F | 成型性和阻尼性能良好，中等强度 |
| 片材与板材 | AZ31B-H24 | 中等强度 |
| | ZM21-0 | 成形性和阻尼性能良好 |
| | ZM21-H24 | 中等强度 |

① 已废弃不用的合金。
② A 和 B 性能差不多，但 AM60B 铸件杂质含量为：Fe≤0.005%、Ni≤0.002%和 Cu≤0.010%。
③ A 和 B 性能差不多，但 AS41B 铸件的杂质含量为：Fe≤0.0035%、Ni≤0.002%和 Cu≤0.020%。
④ A、B 和 D 性能相同，在 AZ91B 中 Cu 含量不大于 0.30%，AZ91D 铸件中杂质含量为：Fe≤0.005%，Ni≤0.002%和 Cu≤0.030%。

## 3.2.2　镁合金的牌号和状态表示方法及化学成分

### 3.2.2.1　ASTM 命名法及镁合金的化学成分

目前，国际上习惯于采用美国 ASTM 镁合金命名法来表示镁合金牌号。

A　镁合金牌号表示方法

ASTM 命名法规定镁合金名称由字母-数字-字母三部分组成。第一部分由两种主要合金元素的代码组成，按含量高低顺序排列，元素代码见表 3-16。第二部分由这两种元素的质量分数组成，按元素代码顺序排列。第三部分由指定的字母如 A、B 和 C 等组成，表示合金发展的不同阶段。大多数情况下，该字母表征合金的纯度，区分具有相同名称、不同化学组成的合金。“X”表示该合金仍是实验性的。例如：AZ91D 是一种含铝约 9%（质量分数），锌约 1%（质量分数）的镁合金，是第四种登记的具有这种标准组成的镁合金。ASTM 规定该合金的化学组成（质量分数）为：Al 8.3%~9.7%，Zn 0.35%~1.0%，Si≤0.10%，Mn≤0.15%，Cu≤0.30%，Fe≤0.005%，Ni≤0.002%，其他不大于 0.02%。Fe、Cu 和 Ni 降低镁合金的抗蚀性，因而需要严格控制其含量。

**表 3-16　镁合金牌号中的元素代码**

| 英文字母 | 元素符号 | 中文名称 | 英文字母 | 元素符号 | 中文名称 | 英文字母 | 元素符号 | 中文名称 |
|---|---|---|---|---|---|---|---|---|
| A | Al | 铝 | H | Th | 钍 | R | Cr | 铬 |
| B | Bi | 铋 | K | Zr | 锆 | S | Si | 硅 |
| C | Cu | 铜 | L | Li | 锂 | T | Sn | 锡 |
| D | Cd | 镉 | M | Mn | 锰 | W | Y | 钇 |
| E | RE | 混合稀土 | N | Ni | 镍 | Y | Sb | 锑 |
| F | Fe | 铁 | P | Pb | 铅 | Z | Zn | 锌 |
| G | Ca | 钙 | Q | Ag | 银 | | | |

B　镁合金状态代号表示方法

ASTM 镁合金命名法中还包括表示镁合金状态的代码系统，由字母外加一位或多位数字组成，参见表 3-17。合金代码后为状态代码，以连字符分开，如 AZ91C-F 表示铸态 Mg-9Al-Zn 合金。

**表 3-17　镁合金牌号中的状态代码**

| 代码 | | 状　态 |
|---|---|---|
| 一般分类 | F | 铸态 |
| | O | 退火、再结晶（对锻制产品而言） |
| | H | 应变硬化状态 |
| | T | 热处理获得不同于 F、O 和 H 的稳定状态 |
| | W | 固溶处理（不稳定状态） |
| H 细分 | H1 或 H1××× | 仅应变硬化状态 |
| | H2 或 H2××× | 应变硬化和部分退火 |
| | H3 或 H3××× | 应变硬化后稳定化处理 |
| T 细分 | T1 | 冷却后自然时效状态 |
| | T2 | 退火状态（仅指铸件） |
| | T3 | 固溶处理后冷加工状态 |
| | T4 | 固溶处理状态 |
| | T5 | 冷却和人工时效状态 |
| | T6 | 固溶处理和人工时效状态 |
| | T61 | 热水中淬火和人工时效状态 |
| | T7 | 固溶处理和稳定化处理状态 |
| | T8 | 固溶处理、冷加工和人工时效状态 |
| | T9 | 固溶处理、人工时效和冷加工状态 |
| | T10 | 冷却、人工时效和冷加工状态 |

## C 镁合金的化学成分

美国按 ASTM 牌号系统命名的主要镁合金的化学成分（质量分数）见表 3-18。常见的压铸镁合金和变形镁合金的化学成分分别列于表 3-19 和表 3-20 中。

**表 3-18 镁合金的化学成分（ASTM）** （%）

| 合金 | | | Al | Zn | Mn | RE | Zr | Cu | Fe | Ni | Si | 其他 | 其他每种杂质 | 其他杂质和 |
|---|---|---|---|---|---|---|---|---|---|---|---|---|---|---|
| Mg-Al | 铸造合金 | AZ63A | 5.5~6.5 | 2.7~3.3 | 0.18~0.50 | | | 0.2 | | 0.01 | 0.20 | | | 0.30 |
| | | AZ81A | 7.2~8.0 | 0.50~0.9 | 0.15~0.50 | | | 0.08 | | 0.01 | 0.20 | | | 0.30 |
| | | AZ91A | 8.5~9.5 | 0.45~0.9 | ≥0.15 | | | 0.08 | | 0.01 | 0.20 | | | 0.30 |
| | | AZ91B | 8.5~9.5 | 0.45~0.9 | ≥0.15 | | | 0.25 | | 0.01 | 0.20 | | | 0.30 |
| | | AZ91C | 8.3~9.2 | 0.45~0.9 | 0.15~0.50 | | | 0.08 | | 0.01 | 0.20 | | | 0.30 |
| | | AZ91D | 8.5~9.5 | 0.45~0.9 | ≥0.17 | | | 0.015 | 0.004 | 0.001 | 0.05 | | 0.01 | |
| | | AZ91E | 8.3~9.2 | 0.45~0.9 | 0.17~0.50 | | | 0.015 | 0.005 | 0.0010 | 0.20 | | 0.01 | 0.30 |
| | | AZ92A | 8.5~9.5 | 1.7~2.3 | 0.13~0.50 | | | 0.20 | | 0.01 | 0.20 | | | 0.30 |
| | | AM100A | 9.4~10.6 | 0.20 | 0.13~0.50 | | | 0.08 | | 0.01 | 0.20 | | | 0.30 |
| | | AM60A | 5.7~6.3 | 0.20 | ≥0.15 | | | 0.25 | | 0.01 | 0.20 | | | 0.30 |
| | | AM60B | 5.7~6.3 | 0.20 | ≥0.27 | | | 0.008 | 0.004 | 0.001 | 0.05 | | 0.01 | |
| | | AM50A | 4.5~5.3 | 0.20 | 0.28~0.50 | | | 0.008 | 0.004 | 0.001 | 0.05 | | 0.02 | |
| | | AM20① | 1.7~2.5 | 0.20 | ≥0.2 | | | 0.008 | 0.004 | 0.001 | 0.05 | | | 0.01 |
| | | AS41A | 3.7~4.8 | 0.10 | 0.22~0.48 | | | 0.04 | | 0.01 | 0.60~1.4 | | | 0.30 |
| | | AS41B | 3.7~4.8 | 0.10 | 0.35~0.6 | | | 0.015 | 0.0035 | 0.001 | 0.60~1.4 | | 0.01 | |
| | | AS21② | 2.2 | | 0.1 | | | | | | 1.0 | | | |
| | | AE42① | 3.6~4.4 | 0.2 | ≥0.1 | 2.0~3.0 | | 0.04 | 0.004 | 0.001 | | | | 0.01 |
| | 变形合金 | AZ10A | 1.0~1.5 | 0.2~0.6 | ≥0.20 | | | 0.10 | 0.005 | 0.005 | 0.10 | 0.40Ca | | 0.30 |
| | | AZ31B | 2.5~3.5 | 0.6~1.4 | ≥0.20 | | | 0.05 | 0.05 | 0.005 | 0.10 | 0.04Ca | | 0.30 |
| | | AZ31C | 2.4~3.6 | 0.5~1.5 | ≥0.15 | | | 0.10 | | 0.03 | 0.10 | | | 0.30 |
| | | AZ61A | 5.8~7.2 | 0.40~1.5 | ≥0.15 | | | 0.05 | 0.0005 | 0.005 | 0.10 | | | 0.30 |
| | | AZ80A | 7.8~9.2 | 0.20~0.8 | ≥0.12 | | | 0.05 | 0.005 | 0.005 | 0.10 | | | 0.30 |
| Mg-Zn | 铸造合金 | ZC63 | | 5.5~6.5 | 0.25~0.75 | | | 2.4~3.0 | | 0.010 | 0.20 | | | 0.30 |
| | | ZK51A | | 3.8~5.3 | | | 0.3~1.0 | 0.03 | | 0.010 | | | | 0.30 |
| | | ZK61A | | 5.7~6.3 | | | 0.3~1.0 | 0.03 | | 0.010 | 0.01 | | | 0.30 |
| | | ZE41A | | 3.7~4.8 | 0.15 | 1.0~1.75 | 0.3~1.0 | 0.03 | | 0.010 | | | | 0.30 |
| | | ZE63A③ | | 5.5~6.0 | | 2.1~3.0 | 0.4~1.0 | 0.10 | | 0.01 | | | | 0.30 |
| | | ZH62A③ | | 5.2~6.2 | | | 0.5~1.0 | 0.10 | | 0.01 | | 1.4~2.2Th | | 0.30 |
| | 变形合金 | ZC71② | 0.02 | 6.5 | 0.5 | | | 1.25 | | | | | | |
| | | ZK21A | | 2.0~2.6 | | | 0.45~0.8 | 0.10 | | 0.01 | | | | 0.30 |
| | | ZK31④ | | 2.5~3.5 | | | 0.5~1 | | | 0.002 | | | | |
| | | ZK40A | | 3.5~4.5 | | | ≥0.45 | 0.10 | | 0.01 | | | | 0.30 |
| | | ZK60A | | 4.8~6.2 | | | ≥0.45 | | | | | | | 0.30 |
| | | ZK61⑤ | | 5.5~6.5 | | | 0.6~1 | | | 0.01 | | | | |
| | | ZE10A | | 1.0~1.5 | | | | | | | | | | 0.30 |
| | | ZM21④ | | 2~2.8 | 1~1.5 | 0.12~0.22 | | 0.003 | 0.003 | 0.001 | 0.01 | 0.30Ca | | |

续表 3-18

| 合金 | | | Al | Zn | Mn | RE | Zr | Cu | Fe | Ni | Si | 其他 | 其他每种杂质 | 其他杂质和 |
|---|---|---|---|---|---|---|---|---|---|---|---|---|---|---|
| Mg-Mn | 变形合金 | M1A | | | 1.2~2.0 | | | 0.05 | | 0.01 | 0.10 | | | 0.30 |
| | | MA8⑥ | | | 2.0 | Ce0.3 | | | | | | | | |
| Mg-Zr | 铸造合金 | K1A | | | | | 0.3~1.0 | 0.30 | | 0.010 | 0.01 | | | 0.30 |
| Mg-RE | 铸造合金 | EK30A⑦ | | ≥0.30 | | 2.5~4.0 | 0.20 | 0.10 | | 0.01 | | | | 0.30 |
| | | EZ33A③ | | 2.0~3.1 | | 2.5~4.0 | 0.50~1.0 | 0.10 | | 0.01 | | 1.3~1.7Ag | | 0.30 |
| | | EQ21A | | | | 1.5~3.0 | 0.3~1.0 | 0.05~0.10 | | 0.01 | | 4.75~5.5Y | | 0.30 |
| | | WE54 | | 0.20 | 0.15 | 1.5~4.0 | 0.40~1.0 | 0.03 | | 0.005 | 0.01 | 3.7~4.3Y | | 0.30 |
| | | WE43 | | 0.20 | 0.15 | 2.4~4.4 | 0.3~1.0 | 0.03 | | 0.005 | 0.01 | 0.005Na | | 0.30 |
| Mg-Li | 变形合金 | LA141A⑧ | 1.0~1.4 | | ≥0.15 | | | 0.005 | | 0.005 | 0.04 | 0.005Na | | 0.20 |
| | | LS141A⑨ | 0.05 | | ≥0.15 | | | 0.05 | 0.005 | 0.005 | 0.50~0.60 | | | |
| Mg-Ag | 铸造合金 | QE22A⑨ | | 0.2 | 0.15 | 1.9~2.4 | 0.3~1.0 | 0.03 | | 0.010 | | | | 0.30 |
| | | QH21A⑩ | | 0.2 | 0.15 | 0.6~1.6 | 0.3~1.0 | 0.30 | | 0.010 | 0.01 | 1.0Th | | 0.30 |
| Mg-Th | 铸造合金 | HK31A③ | | 0.30 | | | 0.40~1.0 | 0.10 | | 0.001 | | 2.5~4.0Th | | 0.30 |
| | | HZ32A | | 1.8~2.4 | | 0.10 | 0.3~1.0 | 0.03 | | 0.010 | | 2.6~3.8Th | | |

①取自 Hydro Magnesium Spezifikationen；②取自“ASM Specialty Handbook”；③取自 ASTM B 80；④取自 CSA HG. 5；⑤取自 CSA HG. 9；⑥苏联牌号；⑦取自 ASTM 275，其他铸造合金均取自 ASTM B 93。⑧含 Li13. 1%~15. 0%；⑨含 Li12. 0%~15. 0%；⑩含 Ag2. 0%~4. 0%。其他变形合金均取自 ASTM B 275，未指明时，均指最大含量。

**表 3-19　常见的压铸镁合金的化学成分（质量分数）**　　（%）

| 合金 | Al | Zn | Mn | Si | Cu | Ni | Fe | 其他 | Mg |
|---|---|---|---|---|---|---|---|---|---|
| AZ91D | 8.3~9.7 | 0.35~1.0 | 0.15~0.50 | ≤0.01 | ≤0.0030 | ≤0.002 | ≤0.005 | ≤0.02 | 余量 |
| AM69B | 5.5~6.5 | ≤0.22 | 0.24~0.5 | ≤0.10 | ≤0.010 | ≤0.002 | ≤0.005 | ≤0.02 | 余量 |
| AM50A | 4.4~5.4 | ≤0.22 | 0.26~0.6 | ≤0.10 | ≤0.010 | ≤0.002 | ≤0.004 | ≤0.02 | 余量 |
| AM20 | 1.7~2.5 | ≤0.20 | ≥0.20 | ≤0.05 | ≤0.008 | ≤0.001 | ≤0.004 | ≤0.01 | 余量 |
| AS41B | 3.5~5.0 | ≤0.12 | 0.35~0.7 | 0.50~1.5 | ≤0.02 | ≤0.002 | ≤0.0035 | ≤0.02 | 余量 |
| AS21 | 1.9~2.5 | 0.15~0.25 | ≥0.20 | 0.7~1.2 | ≤0.008 | ≤0.001 | ≤0.004 | ≤0.01 | 余量 |
| AE42 | 3.6~4.4 | ≤0.20 | ≥0.10 | 2.0~3.0（RE） | ≤0.04 | ≤0.001 | ≤0.004 | ≤0.01 | 余量 |

表 3-20 常见的变形镁合金的化学成分（质量分数） (%)

| 合金 | Al | Zn | Mn | Si | Cu | Ni | Fe | Mg |
|---|---|---|---|---|---|---|---|---|
| AZ31B | 2.5~3.5 | 0.7~1.3 | ≥0.2 | ≤0.30 | ≤0.05 | ≤0.005 | ≤0.005 | 其余 |
| AZ61A | 5.8~7.2 | 0.4~1.5 | ≥0.15 | ≤0.30 | ≤0.05 | ≤0.005 | ≤0.005 | 其余 |
| AZ80A | 7.8~9.2 | ≥0.5 | 0.2~0.8 | ≤0.30 | ≤0.05 | ≤0.005 | ≤0.005 | 其余 |
| M1A | | | ≥1.20 | ≤0.30 | ≤0.05 | ≤0.005 | | 其余 |
| ZK60A | | 4.8~6.2 | ≥Zr0.45 | | | | | |

### 3.2.2.2 国际标准中镁合金牌号、状态的表示方法

国际标准 ISO3116 中采用 WD 加 5 位数字来表示变形镁合金的牌号，见图 3-21。ISO/DIS16220 中用元素符号来表示铸造镁合金的牌号，如 MgZn4RE1Zr 代表 Zn、RE 和 Zr 的含量分别为 3.5%~5.0%、1.0%~1.75%、0.1%~1.0%的铸造镁合金。ISO 标准中镁合金的状态表示法基本上与 ASTM 的表示法相同。

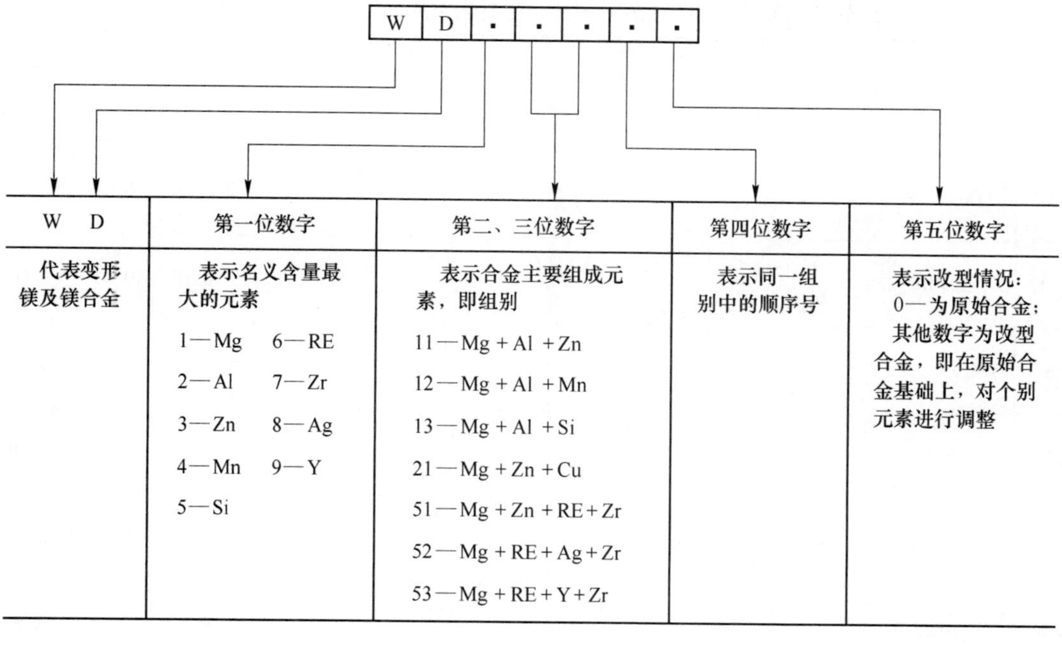


图 3-21 ISO3116 中变形镁合金所采用的数字牌号的结构含义

### 3.2.2.3 中国镁及镁合金牌号、状态命名系统及化学成分

中国的镁合金牌号由两个汉语拼音和阿拉伯数字组成，前面汉语拼音将镁合金分为变形镁合金（MB）、铸造镁合金（ZM）、压铸镁合金（YM）和航空镁合金。例如，1 号铸造镁合金为 ZM1，2 号变形镁合金为 MB2，5 号压铸镁合金为 YM5，5 号航空铸造镁合金为 ZM-5。表 3-21 和表 3-22 分别列出了国产变形镁合金与铸造镁合金的牌号。

**表 3-21　国产变形镁合金的牌号和主要成分（GB/T 5153—2003）**

| 代号 | 主要成分/% | | | | | | 杂质/% | | | | | | |
|---|---|---|---|---|---|---|---|---|---|---|---|---|---|
| | Al | Mn | Zn | Ce | Zr | Mg | Al | Cu | Ni | Zn | Si | Be | 其他杂质 |
| MB1 | — | 1.3~2.5 | — | — | — | 余量 | ≤0.3 | ≤0.05 | ≤0.01 | ≤0.3 | ≤0.15 | ≤0.02 | ≤0.2 |
| MB2 | 3.0~4.0 | 0.15~0.5 | 0.2~0.8 | — | — | 余量 | — | ≤0.05 | ≤0.005 | — | ≤0.15 | ≤0.02 | ≤0.3 |
| MB3 | 3.5~4.5 | 0.3~0.6 | 0.8~1.4 | — | — | 余量 | — | ≤0.05 | ≤0.005 | — | ≤0.15 | ≤0.02 | ≤0.3 |
| MB5 | 5.5~7.0 | 0.15~0.5 | 0.5~1.5 | — | — | 余量 | — | ≤0.05 | ≤0.005 | — | ≤0.15 | ≤0.02 | ≤0.3 |
| MB6 | 5.0~7.0 | 0.2~0.5 | 2.0~3.0 | — | — | 余量 | — | ≤0.05 | ≤0.005 | — | ≤0.15 | ≤0.02 | ≤0.3 |
| MB7 | 7.8~9.2 | 0.15~0.5 | 0.2~0.8 | — | — | 余量 | — | ≤0.05 | ≤0.005 | — | ≤0.15 | ≤0.02 | ≤0.3 |
| MB8 | — | 1.5~2.5 | — | 0.15~0.35 | — | 余量 | ≤0.3 | ≤0.05 | ≤0.001 | ≤0.3 | ≤0.15 | ≤0.02 | ≤0.3 |
| MB15 | — | — | 5.0~6.0 | — | 0.3~0.9 | 余量 | ≤0.06 | ≤0.05 | ≤0.005 | ≤0.0（Mn） | ≤0.15 | ≤0.02 | ≤0.3 |

**表 3-22　国产铸造镁合金的牌号和主要化学成分（GB 1177—1999）**　　（%）

| 合金代号 | 牌号 | 化学成分①（质量分数） | | | | | | | | | | |
|---|---|---|---|---|---|---|---|---|---|---|---|---|
| | | Al | Mn | Si | Zn | RE② | Zr | Ag | Fe | Cu | Ni | 杂质总量 |
| ZM1 | ZMgZn5Zr | | | | 3.5~5.5 | — | 0.5~1.0 | — | | 0.10 | 0.01 | 0.30 |
| ZM2 | ZMgZn4RE1Zr | | | | 3.5~5.0 | 0.75~1.75 | 0.5~1.0 | — | | 0.10 | 0.01 | 0.30 |
| ZM3 | ZMgRE3ZnZr | | | | 0.2~0.7 | 2.5~4.0② | 0.4~1.0 | | | 0.10 | 0.01 | 0.30 |
| ZM4 | ZMgRE3Zn2Zr | | | | 2.0~3.0 | 2.5~4.0② | 0.5~1.0 | | | 0.10 | 0.01 | 0.30 |
| ZM5 | ZMgAl8Zn | 7.5~9.0 | 0.15~0.5 | 0.30 | 0.2~0.8 | — | — | | 0.06 | 0.20 | 0.01 | 0.50 |
| ZM6 | ZMgRE2ZnZr | | | | 0.2~0.7 | 2.0~2.8③ | 0.4~1.0 | — | | 0.10 | 0.01 | 0.30 |
| ZM7 | ZMgZn8AgZr | | | | 7.5~9.0 | — | 0.5~1.0 | 0.6~1.2 | | 0.10 | 0.01 | 0.30 |
| ZM10 | ZMgAl10Zn | 9.0~10.2 | 0.1~0.5 | 0.30 | 0.6~1.2 | — | — | — | 0.06 | 0.20 | 0.01 | 0.50 |

① 可以加入不大于 0.002%铍稀土。

② RE 为含铈量 45%的混合稀土。

③ 含钕量不小于 85%的混合稀土金属，其中钕加镨不少于 95%。

根据 GB/T 5153—2003，变形镁及镁合金牌号的命名规则如下：

（1）纯镁牌号以 Mg 加数字的形式表示，Mg 后的数字表示含镁的质量分数。

（2）镁合金的牌号以英文字母加数字再加英文字母的形式表示，前面的英文字母是其最主要的合金组成元素代号（元素代号应符合表 3-16 的规定），其后的数字表示其最主要的合金组成元素的大致含量。最后面的英文字母为标识代号，用以标识各具体组成元素相异或元素含量有微小差别的不同合金。

GB/T 5153—2003 镁合金牌号命名法示例之一：

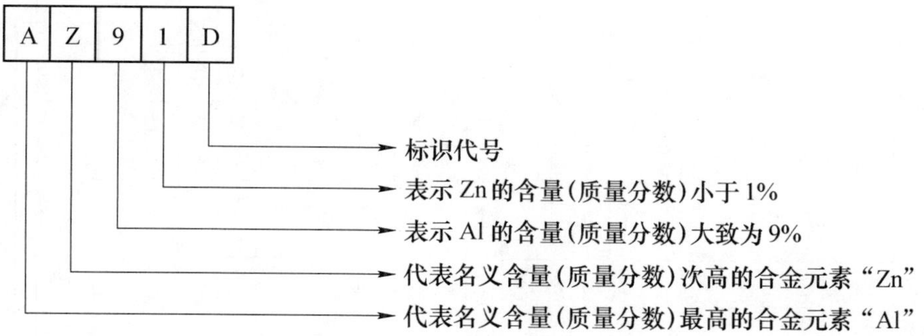


GB/T 5153—2003 镁合金牌号命名法示例之二：

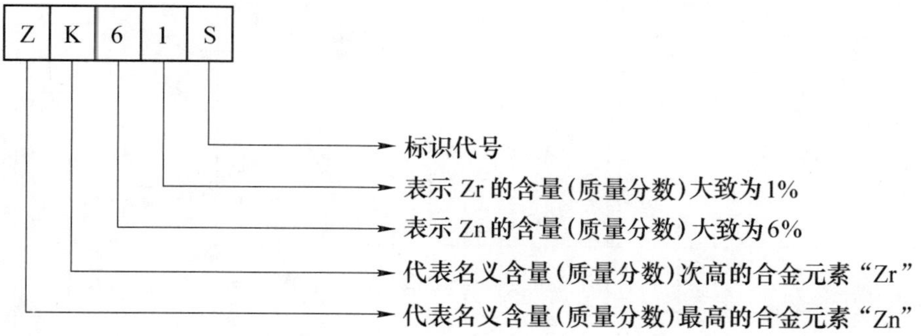


我国变形镁及镁合金牌号旧的编号（GB/T 5153—1985）与新的编号（GB/T 5153—2003）对照见表 3-23。

**表 3-23 镁合金新、旧牌号对照表**

| 新牌号 | M2M | AZ40M | AZ41M | AZ61M | AZ62M | AZ80M | MK20M | ZK61M | Mg99.50 | Mg99.00 |
|---|---|---|---|---|---|---|---|---|---|---|
| 旧牌号 | MB1 | MB2 | MB3 | MB5 | MB6 | MB7 | MB8 | MB15 | Mg1 | Mg2 |

按 GB/T 5153—2003 规定的镁及镁合金的化学成分列于表 3-24 中，其仲裁分析按 GB/T 13748 规定的方法进行。

铸造镁合金的牌号命名及化学成分详细示于 GB 1177—1991 中。

镁及镁合金的状态代号与铝及铝合金的大致相同，也可采用 ASTM 的状态代号。

近年来，我国仿制或直接使用了一些 ASTM 的镁合金牌号，表 3-25 中列出了中国镁合金牌号与美国镁合金牌号对照表。

**表 3-24 我国变形镁及镁合金的化学成分（GB/T 5153—2003）**

| 合金组别 | 牌号 | 对应 ISO3116 的数字牌号 | 化学成分（质量分数）/% | | | | | | | | | | | | | |
|---|---|---|---|---|---|---|---|---|---|---|---|---|---|---|---|---|
| | | | Mg | Al | Zn | Mn | Ce | Zr | Si | Fe | Ca | Cu | Ni | Ti | Be | 其他元素② | |
| | | | | | | | | | | | | | | | | 单个 | 总计 |
| 纯 Mg | Mg99.95 | — | ≥99.95 | ≤0.01 | — | ≤0.004 | — | — | ≤0.005 | ≤0.003 | — | — | ≤0.001 | ≤0.01 | — | ≤0.005 | ≤0.05 |
| | Mg99.50① | — | ≥99.50 | — | — | — | — | — | — | — | — | — | — | — | — | — | ≤0.50 |
| | Mg99.00① | — | ≥99.00 | — | — | — | — | — | — | — | — | — | — | — | — | — | ≤0.10 |
| Mg-Al-Zn | AZ31B | — | 余量 | 2.5~3.5 | 0.60~1.4 | 0.20~1.0 | — | — | ≤0.08 | ≤0.003 | ≤0.04 | ≤0.01 | ≤0.001 | — | — | ≤0.05 | ≤0.30 |
| | AZ31S | ISO-WD21150 | 余量 | 2.4~3.6 | 0.50~1.5 | 0.15~0.40 | — | — | ≤0.10 | ≤0.005 | — | ≤0.05 | ≤0.005 | | | ≤0.05 | ≤0.30 |
| | AZ31T | ISO-WD21151 | 余量 | 2.4~3.6 | 0.50~1.5 | 0.05~0.40 | — | — | ≤0.10 | ≤0.05 | — | ≤0.05 | ≤0.005 | — | — | ≤0.05 | ≤0.30 |
| | AZ40M | — | 余量 | 3.0~4.0 | 0.20~0.80 | 0.15~0.50 | — | — | ≤0.10 | ≤0.05 | — | ≤0.05 | ≤0.005 | — | ≤0.01 | ≤0.01 | ≤0.30 |
| | AZ41M | — | 余量 | 3.7~4.7 | 0.80~1.4 | 0.30~0.60 | — | — | ≤0.10 | ≤0.05 | — | ≤0.05 | ≤0.005 | — | ≤0.01 | ≤0.01 | ≤0.30 |
| | AZ61A | — | 余量 | 5.8~7.2 | 0.40~1.5 | 0.15~0.50 | — | — | ≤0.10 | ≤0.005 | — | ≤0.05 | ≤0.005 | — | — | — | ≤0.30 |
| | AZ61M | — | 余量 | 5.5~7.0 | 0.50~1.5 | 0.15~0.50 | — | — | ≤0.10 | ≤0.05 | — | ≤0.05 | ≤0.005 | — | ≤0.01 | ≤0.01 | ≤0.30 |
| | AZ61S | ISO-WD21160 | 余量 | 5.5~6.5 | 0.50~1.5 | 0.15~0.40 | — | — | ≤0.10 | ≤0.005 | — | ≤0.05 | ≤0.005 | — | — | ≤0.05 | ≤0.30 |
| | AZ62M | — | 余量 | 5.0~7.0 | 2.0~3.0 | 0.20~0.50 | — | — | ≤0.10 | ≤0.05 | — | ≤0.05 | ≤0.005 | — | ≤0.01 | ≤0.01 | ≤0.30 |
| | AZ63B | — | 余量 | 5.3~6.7 | 2.5~3.5 | 0.15~0.60 | — | — | ≤0.08 | ≤0.003 | — | ≤0.01 | ≤0.001 | — | — | — | ≤0.30 |
| | AZ80A | — | 余量 | 7.8~9.2 | 0.20~0.80 | 0.12~0.50 | — | — | ≤0.10 | ≤0.005 | — | ≤0.05 | ≤0.005 | — | — | — | ≤0.30 |
| | AZ80M | — | 余量 | 7.8~9.2 | 0.20~0.80 | 0.15~0.50 | — | — | ≤0.10 | ≤0.05 | — | ≤0.05 | ≤0.005 | — | ≤0.01 | ≤0.01 | ≤0.30 |
| | AZ80S | ISO-WD21170 | 余量 | 7.8~9.2 | 0.20~0.80 | 0.12~0.40 | — | — | ≤0.10 | ≤0.005 | — | ≤0.05 | ≤0.005 | — | — | ≤0.05 | ≤0.30 |
| | AZ91D | — | 余量 | 8.5~9.5 | 0.45~0.90 | 0.17~0.40 | — | — | ≤0.08 | ≤0.004 | — | ≤0.025 | ≤0.001 | — | 0.0005~0.003 | ≤0.01 | — |
| Mg-Mn | M1C | — | 余量 | ≤0.01 | — | 0.50~1.3 | — | — | ≤0.05 | ≤0.01 | — | ≤0.01 | ≤0.001 | — | — | ≤0.05 | ≤0.30 |
| | M2M | — | 余量 | ≤0.20 | ≤0.30 | 1.3~2.5 | — | — | ≤0.10 | ≤0.05 | — | ≤0.05 | ≤0.007 | — | ≤0.01 | ≤0.01 | ≤0.20 |
| | M2S | ISO-WD43150 | 余量 | — | — | 1.2~2.0 | — | — | ≤0.10 | — | — | ≤0.05 | ≤0.01 | — | — | ≤0.05 | ≤0.30 |
| Mg-Zn-Zr | ZK61M | — | 余量 | ≤0.05 | 5.0~6.0 | ≤0.10 | — | 0.30~0.90 | ≤0.05 | ≤0.05 | — | ≤0.05 | ≤0.005 | — | ≤0.01 | ≤0.01 | ≤0.30 |
| | ZK61S | ISO-WD3260 | 余量 | — | 4.8~6.2 | — | — | 0.45~0.80 | — | — | — | — | — | — | — | ≤0.05 | ≤0.30 |
| Mg-Mn-RE | ME20M | — | 余量 | ≤0.20 | ≤0.30 | 1.3~2.2 | 0.15~0.35 | — | ≤0.10 | ≤0.05 | — | ≤0.05 | ≤0.007 | — | ≤0.01 | ≤0.01 | ≤0.30 |

①Mg99.50、Mg99.00 的镁含量（质量分数）= 100%-（Fe+Si）含量（质量分数）- 除 Fe、Si 之外的所有含量（质量分数）大于等于 0.01%的杂质元素的含量（质量分数）之和。

②其他元素指在本表表头中列出了元素符号，但在本表中却未规定极限数值含量的元素。

**表 3-25 中国镁合金牌号与美国镁合金牌号对比**

| 种类 | 系列 | 成分（质量分数)/% | | | | | | |
|---|---|---|---|---|---|---|---|---|
| | | 中国-旧标 | 中国-新标 | 美国 | Al | Mn | Zn | 其他 |
| 变形镁合金 | Mg-Mn | MB1 | M2M | M1 | 0.20 | 1.30~2.50 | 0.3 | — |
| | | MB8 | MK20M | M2 | 0.20 | 1.30~2.20 | 0.3 | 0.15~0.35Ce |
| | Mg-Al-Zn | MB2 | AZ40M | AZ31 | 3.0~4.0 | 0.15~0.50 | 0.2~0.8 | |
| | | MB3 | AZ41M | — | 3.7~4.7 | 0.30~0.60 | 0.8~1.4 | |
| | | MB5 | AZ61M | AZ61 | 5.5~7.0 | 0.15~0.50 | 0.5~1.5 | |
| | | MB6 | AZ62M | AZ63 | 5.0~7.0 | 0.20~0.50 | 2.0~3.0 | |
| | | MB7 | AZ80M | AZ80 | 7.8~9.2 | 0.15~0.50 | 0.2~0.8 | |
| | Mg-Zn-Zr | MB15 | ZK61M | ZK60 | 0.05 | 0.10 | 5.0~6.0 | 0.30~0.9Zr |
| 铸造镁合金 | Mg-Zn-Zr | ZM-1 | | ZK51A | — | — | 3.5~5.5 | 0.5~1.0Zr |
| | | ZM-2 | | ZE41A | — | 0.7~1.7RE | 3.5~5.0 | 0.5~1.0Zr |
| | | ZM-4 | | EZ33 | | 2.5~4.0RE | 2.0~3.0 | 0.5~1.0Zr |
| | | ZM-8 | | ZE63 | | 2.0~3.0RE | 5.5~6.5 | 0.5~1.0Zr |
| | Mg-RE-Zr | ZM-3 | | — | | 2.5~4.0RE | 0.2~0.7 | 0.3~1.0Zr |
| | | ZM-6 | | — | — | 2.0~2.8RE | 0.2~0.7 | 0.4~1.0Zr |
| | Mg-Al-Zn | ZM-5 | | AZ81A | 7.5~9.0 | 0.2~0.8 | 0.15~0.5 | |

# 4 铸造镁合金的熔炼与铸造

## 4.1 镁合金铸造成型方法分类

金属铸造的发展历史最为悠久，工艺及其设备也最为成熟。镁合金铸造方法大致可分为四类，如图4-1所示。镁合金的铸造工艺中，压铸工艺是最为常用的，它可以直接制备出镁及镁合金零件，现在90%左右的镁合金零部件是压铸件。随着高速列车、汽车、宇航、电子、电器等高新技术的不断发展，对高性能镁合金材料的需求量越来越大，传统的材料制备方法已难以满足这种日益提高的需求，于是一些新型的镁合金制备技术被研究和开发，如半固态成型、快速凝固和喷射沉积等。

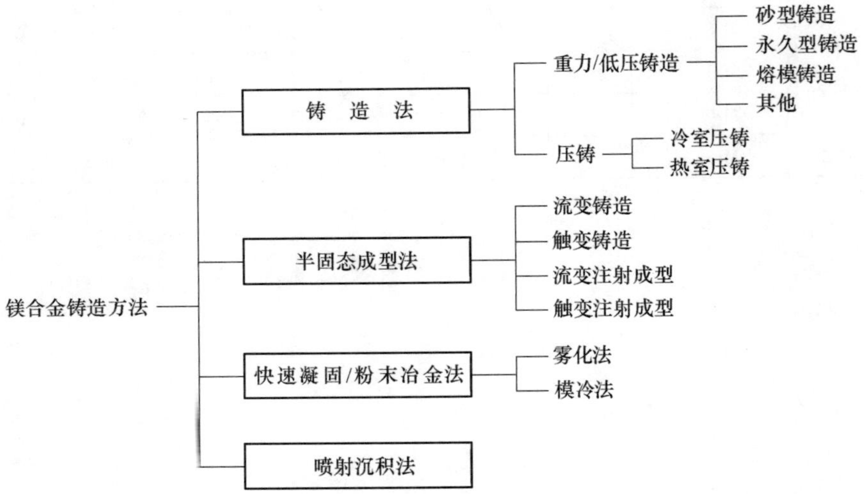


图4-1　镁合金铸造方法分类

## 4.2 铸造镁合金的熔炼及净化技术

### 4.2.1 铸造镁合金的熔炼工艺

研究表明，镁与1g氧气化合时释放598J的热量，而铝氧化则放出531J的热量。可见，镁与氧的亲和力比铝与氧的亲和力大，更易氧化或燃烧。

在熔炼镁合金过程中，必须有效地防止金属镁的氧化或燃烧，可以通过在金属熔体表面撒熔剂或无熔剂工艺来实现，如添加微量的金属铍和/或钙来提高镁熔体的抗氧化性。熔剂熔炼和无熔剂熔炼是镁合金熔炼与浇铸过程的两大类基本工艺。1970年之前，熔炼镁合金主要是采用熔剂熔炼工艺。熔剂能去除镁中杂质，并且能在镁合金熔体表面形成一层保护性薄膜，隔绝空气。然而，熔剂膜隔绝空气的效果并不十分理想，熔炼过程中金属镁氧化燃烧造成的损失还是比较大。此外，熔剂熔炼工艺还存在一些问题，一方面容易产生熔剂夹渣，导致铸件力学性能和抗蚀性下降，限制了镁合金的应用；另一方面熔剂与镁合金液反应生成腐蚀性烟气，破坏熔炼设备，恶化工作环境。为了提高熔化过程的安全性和减少镁合金液的氧化，20 世纪 70 年代初人们开发出了无熔剂熔炼工艺，即在熔炼炉中采用六氟化硫（$SF_6$）与氮气（$N_2$）或干燥空气的混合保护气体，从而避免了液面和空气接触。混合气体中 $SF_6$的含量要慎重选择。如果 $SF_6$含量过高，会侵蚀坩埚，降低其使用寿命；如果含量过低，则不能有效保护熔体。总的来说，无论是有熔剂熔炼还是无熔剂熔炼，只要操作得当，都能生产出优质铸造镁合金。

#### 4.2.1.1 熔剂保护熔炼工艺

在熔炼过程中，必须避免坩埚中熔融炉料出现“搭桥”现象，将余下的炉料逐渐添加到坩埚内，保持合金熔体液面平稳上升，并将熔剂轻撒在熔体表面。

每种镁合金都有各自专用熔剂，必须严格遵守供应商规定的熔剂使用指南。在熔化过程中，必须防止炉料局部过热。采用熔体氯化工艺精炼镁合金时，必须采取有效措施收集 $Cl_2$。在浇注前，要对熔体仔细撇渣，去除氧化物，特别是影响抗蚀性的氯化物。浇注后，通常将硫粉撒在熔体表面以减轻镁合金在凝固过程中的氧化。

目前，广泛采用的熔剂基本上是碱土金属氯化物和氟化物的混合盐类。常用熔剂的化学成分和应用见表 4-1。

**表 4-1 镁合金常用熔剂的化学成分（质量分数）和应用（HB/Z 5123—79）**

| 牌号 | 主要成分/% | | | | | | 杂质/% | | | | 应用说明 |
|---|---|---|---|---|---|---|---|---|---|---|---|
| | $MgCl_2$ | KCl | $BaCl_2$ | $CaF_2$ | MgO | $CaCl_2$ | $NaCl+CaCl_2$ | 不溶物 | MgO | $H_2O$ | |
| 光卤石 | 44~52 | 36~46 | — | — | — | — | 7 | 1.5 | 2 | 2 | 洗涤熔炼及浇注工具，配制其他熔剂； |
| RJ-1 | 40~46 | 34~40 | 5.5~8.5 | — | — | — | 8 | 1.5 | 1.5 | 2 | 洗涤熔炼及浇注工具，配制其他熔剂，镁屑重熔用熔剂； |
| RJ-2 | 38~46 | 32~40 | 5~8 | 3~5 | — | — | 8 | 1.5 | 1.5 | 3 | 熔炼 ZM5、ZM10 合金时用作覆盖剂和精炼剂； |
| RJ-3 | 34~40 | 25~36 | — | 15~20 | 7~10 | — | 8 | 1.5 | — | 3 | 有挡板坩埚熔炼 ZM5、ZM10 合金时用作覆盖剂； |
| RJ-4 | 32~38 | 32~36 | 12~16 | 8~10 | — | — | 8 | 1.5 | 1.5 | 3 | ZM1、ZM2、ZM3、ZM4 和 ZM6 合金覆盖和精炼剂； |
| RJ-5 | 24~30 | 20~26 | 28~31 | 13~15 | — | — | 8 | 1.5 | 1.5 | 2 | ZM3、ZM4 和 ZM6 合金精炼剂 |
| RJ-6 | — | 54~56 | 14~16 | 1.5~2.5 | — | 27~29 | 8 | 1.5 | 1.5 | 2 | |

#### 4.2.1.2 无熔剂保护熔炼工艺

在生产中，采用熔剂熔炼工艺会带来一些操作上的困难，如镁合金压铸生产中，特别是在热室压铸中更是如此。因为熔剂夹杂是镁合金铸件最常见的缺陷，严重影响铸件的力学性能和抗蚀性，大大阻碍了镁合金的广泛应用。

无熔剂熔炼工艺的开发成功，解决了采用熔剂熔炼工艺带来的缺陷问题，是镁合金应用领域中的一个重要突破，对镁合金工业的发展有着革命性的意义。

A　气体保护机理

通常，纯净的 $N_2$、Ar、Ne 等气体虽然能对镁与镁合金熔体起到一定的阻燃和保护作用，但效果并不理想。$N_2$易与 Mg 反应，生成 $Mg_3N_2$粉状化合物，结构疏松，不能阻止反应的连续进行。Ar 和 Ne 等惰性气体虽然与 Mg 不反应，但无法阻止镁的蒸发。

大量实验研究表明，$CO_2$、$SO_2$、$SF_6$等气体对镁与镁合金熔体，可以起到良好的保护作用，其中以 $SF_6$的效果最佳。

镁熔体在干燥纯净的 $CO_2$中氧化速度很低。高温下 $CO_2$与镁有化学反应，其反应产物为无定型碳，它可以填充于氧化膜的间隙处，提高熔体表面氧化膜的致密性，此外还能强烈地抑制镁离子透过表面膜的扩散运动，从而抑制镁的氧化。

$SO_2$与镁的化学反应产物在熔体表面形成一薄层较致密的 MgS/MgO 复合膜，可以抑制镁的氧化。20 世纪 70 年代，$SF_6$的保护效果没有得到认可前，人们广泛采用 $SO_2$气体来抑制镁合金的氧化与燃烧。

$SF_6$是一种人工制备的无色气体，相对分子质量为 146.1，发生化学反应有可能产生有毒气体，在常温下极其稳定。含 $SF_6$的混合气体与镁可以发生一系列的复杂反应，生成 $MgF_2$和 $SO_2$、$F_2$等产物。

$MgF_2$的致密度高，它与 MgO 一起可形成连续致密的氧化膜，对熔体起到良好的保护作用。应当注意的是，采用含有 $SF_6$的保护气氛时，一定不能含有水蒸气，否则水分的存在会大大加剧镁的氧化，还会生成有毒的 HF 气体。此外，各种气体对镁合金熔体的保护效果还可能与合金系有关。

B　$SF_6$保护气氛

$SF_6$保护气氛是一种非常有效的保护气氛，能显著降低熔炼损耗，在铸锭生产行业和压铸工业中得到普遍应用。实验研究表明，含 0.01%$SF_6$（体积分数）的混合气体可有效地保护熔体，但实际操作中，为了补充 $SF_6$与熔体反应和泄漏造成的损耗，$SF_6$的浓度要高些。在配制混合气体时，一般应采用多管道、多出口分配，尽量接近液面且分配均匀，并且需要定期检查管道是否堵塞和腐蚀。采用 $SF_6$保护气体熔炼合金时，应尽可能提高浇铸温度，保证熔体液面高度和给料速度的稳定性，以免破坏液面上方 $SF_6$气体的浓度。此外，要注意保护气体与坩埚发生反应，否则反应产物（$FeF_3$、$Fe_2O_3$）将与镁发生剧烈反应。

$SF_6$保护气氛主要有两种：一种是干燥空气与 $SF_6$的混合物；另一种是干燥空气与 $CO_2$和 $SF_6$的混合物。$SF_6$保护气氛中 $SF_6$浓度较低，体积分数为 1.7%~2%，且无毒无味。压铸温度比较低，且金属熔体密闭性好，$SF_6$浓度较低的空气混合物就可以提供保护（体积分数通常小于 0.25%）。在熔剂熔炼工艺中，细小的金属颗粒会陷入坩埚底部的熔渣中而难以回收，因而熔体损耗较高。在无熔剂工艺中，由于没有熔剂，坩埚底部熔渣量大大减少，从而熔体损耗相对较低。

由于在镁合金熔炼温度下，$SF_6$会缓慢分解并与其他元素反应生成 $SO_2$、HF 和 $SF_4$等有毒气体；在 815℃还会产生剧毒的 $S_2F_{10}$，但 $S_2F_{10}$在 300~350℃会分解出 $SF_6$和 $SF_4$。因此，镁合金的熔炼温度一般不超过 800℃。$SF_6$浓度低于 0.4%（体积分数）的保护气氛便能对镁合金熔体提供有效保护，因而产生的有毒气体可以忽略。表 4-2 列出了 $SF_6$气体的技术要求。

**表 4-2 $SF_6$气体的技术要求**

| 指标名称 | 指标（体积分数） | 指标名称 | 指标（体积分数） |
|---|---|---|---|
| 六氟化硫（$SF_6$） | ≥99.8% | 酸度（以 HF 计） | ≤$0.3\times10^{-6}$ |
| 空气 | ≤0.05% | 可水解氟化物（以 HF 计） | ≤$1.0\times10^{-6}$ |
| 四氟化碳（$CF_4$） | ≤0.05% | 矿物油 | ≤$10\times10^{-6}$ |
| 水分（$H_2O$） | ≤8% | 毒性（生物试验） | 无毒 |

除了压铸外，砂型铸造技术中也开发了无熔剂熔炼工艺。相对压铸铸型和压铸设备而言，砂型铸造和其他类型重力铸造所使用的熔炼、存储和浇注设备开放性大，熔体密闭性差，从而保护性气氛中需要采用氩气来取代干燥空气。这点在重力铸造军用或航空用镁合金铸件时更为重要。砂型铸件特别是 Mg-Zr 系合金砂型铸件的熔炼温度较高，通常需要采用 $CO_2$-$SF_6$或 $CO_2$-Ar-$SF_6$混合气体才能提供充分保护。混合气体中 $SF_6$的最大含量为 2%（体积分数），一般 1%$SF_6$（体积分数）就能达到效果。在压铸或其他密封性较好的铸造设备中采用惰性气体混合物，如氩气将导致爆炸，因此仍要求采用干燥空气与 $SF_6$的混合物。

重力铸造具有两大特点：一是重力铸造合金，特别是含锆合金的浇铸温度比压铸合金的高得多；二是重力铸造设备的开放性比压铸设备的大。因此，在重力铸造技术中采用无熔剂熔炼工艺时，通常采用 $SF_6$浓度较高的混合气体，特别是重力铸造熔炼 Mg-Zr 合金时，需要用 $CO_2$取代氩气，表 4-3 列出了不同重力铸造工艺推荐采用的保护性气氛。特别值得注意的是，如果采用 $CO_2$-$SF_6$气氛保护熔炼含钇合金，则会出现钇被 $CO_2$择优氧化而发生损耗的现象，因此建议重力铸造这些合金时采用 Ar-$SF_6$气氛。总之，根据合金种类和所采取的熔炼铸造工艺来选择保护性气氛。

**表 4-3 重力铸造镁合金推荐用保护性气氛**

| 坩埚直径/cm | 气体流量①/$cm^3\cdot min^{-1}$ | | | |
|---|---|---|---|---|
| | 静态状态② | | 搅拌状态③ | |
| | $SF_6$ | $CO_2$ | $SF_6$ | $CO_2$ |
| 30 | 60 | 3500 | 200 | 10000 |
| 50 | 60 | 3500 | 550 | 30000 |
| 75 | 90 | 5000 | 900 | 50000 |

① 如果熔炼前存在熔剂，则会降低熔体表面 $SF_6$ 保护性气氛的有效性，从而需要补充更高浓度的 $SF_6$ 气体以补偿损耗。
② 熔融和存储状态。
③ 合金化和浇注状态。

$SF_6$价格高且存在温室效应的潜在风险，因而要尽量控制 $SF_6$的排放量。保护性气氛中 $SF_6$的浓度不容许超过 2%（体积分数），否则会引起坩埚损耗。特别是在高温下，$SF_6$浓度超过某一特定值时，坩埚内可能发生剧烈反应甚至爆炸，因此必须对混合气体中 $SF_6$浓度进行严格控制。此外，带盖的坩埚不能采用纯 $SF_6$气氛进行保护。$SF_6$是影响镁合金寿命周期指标（LCA）的主要因素，也是制约镁合金成功应用的关键因素。2000 年，国际镁协会（IMA）呼吁人们重视开发保护性气体，以替代 $SF_6$。

## 4.2.2　铸造镁合金的熔体净化与晶粒细化

### 4.2.2.1　铸造镁合金的熔体净化处理

镁合金在熔炼过程中容易受周围环境介质的影响，进而影响合金熔体品质，导致铸件中出现气孔、夹渣、夹杂和缩孔等缺陷。因此，需要对镁合金熔体进行净化处理。通常，从三个方面来提高熔体的质量：一是正确使用熔剂；二是加强熔体液面的保护；三是对熔体进行充分的净化处理。对熔体进行处理的主要方法有以下几种。

A　除气

镁合金中的主要气体是氢，来自受潮的熔剂、炉料以及金属炉料腐蚀后带入的水汽，因此需要除气。工业中常用的除气方法有以下几种：

（1）通入惰性气体（如 Ar、Ne）法。一般在 750~760℃下，往熔体中通入占熔体质量 0.5%的 Ar，可将熔体中氢含量由 150~190$cm^3/kg$ 降至 100$cm^3/kg$。通气速度应适当，以避免熔体飞溅，通气时间为 30min，通气时间过长将导致晶粒粗化。

（2）通入活性气体（$Cl_2$）法。一般在 740~760℃下，往熔体中通入 $Cl_2$。熔体温度低于 740℃时，反应生成的 $MgCl_2$ 将悬浮于合金液面，使表面无法生成致密的覆盖层，不能阻止镁的燃烧。熔体温度高于 760℃时，则熔体与氯气的反应加剧，生成大量的 $MgCl_2$，形成夹杂。氯气通入量应合适，一般控制在使熔体的含氯量低于 3%（体积分数），通气速度以 2.5~3L/min 为佳。含碳的物质如 $CCl_4$、$C_2Cl_4$ 和 SiC 等对 Mg-Al 系合金具有明显的晶粒细化作用。如果采用熔体质量 1%~1.5% $Cl_2$ 和 0.25% $CCl_4$ 的混合气体在 690~710℃下除气，则可以达到除气与变质的双重效果，效果更佳，但是容易造成环境污染。

（3）通入 $C_2Cl_6$ 法。一般在 750℃左右往镁合金熔体中通入 $C_2Cl_6$，通入量不超过熔体质量的 0.1%。$C_2Cl_6$ 是镁合金熔炼中应用最为普遍的有机氯化物，可以同时达到除气和晶粒细化的双重效果。$C_2Cl_6$ 的晶粒细化效果优于 $MgCO_3$，但除气效果不及 $Cl_2$。

（4）联合除气法。先向镁合金熔体内通入 $CO_2$，再用 He 吹送 $TiCl_4$，可使熔体中的气体含量降到 60~80$cm^3/kg$（普通情况下为 130~160$cm^3/kg$）。其除气效果与处理温度和静置时间有关，750℃下除气效果不及 670℃。

B　除渣

镁合金熔体中的夹杂物与熔体存在一定的密度差，采用适当的工艺可使夹杂物沉降到坩埚底部而分离出来。精炼处理是清除镁合金熔体中氧化皮等非金属夹杂物的一道有效工序。为了促进夹杂物与熔剂间的反应以及夹杂物间的聚合下沉，要求选择合适的精炼温度（一般在 730~750℃），并搅拌熔体。精炼温度过高，镁熔体氧化烧损加剧；精炼温度过低，熔体黏度又会升高，不利于夹杂物的沉降分离。

精炼过程中，可以加入适量的熔剂以完全去除夹杂物。熔剂吸附在夹杂物表面，并生成不溶于熔体的复合物而沉降。精炼时间与熔炼炉大小、炉料质量有关。精炼后熔体一般要静置 10~15min，使夹杂物沉降分离。

熔炼 Mg-Al-Zn 合金时，熔剂用量为熔体质量的 1%~1.5%；熔炼含锆镁合金时，熔剂用量要达到熔体质量的 6%~8%，甚至有时高达 10%，其中 1.5%~2%用于精炼。含锆镁合金熔炼比较困难，如果操作不当，则铸件容易出现高熔点夹杂。

精炼处理工序一般为：首先，调整镁合金熔液温度（ZM5 和 ZM10 为 710～740℃，ZM1、ZM2、ZM3、ZM4 和 ZM6 为 750～760℃）；其次，将搅拌器沉入熔液中深度为 2/3 处，由上至下强烈地垂直搅拌合金液 4～8min，直至合金液呈现镜面光泽为止，同时在搅拌过程中往液面连续均匀地撒上精炼熔剂。熔剂消耗量约为炉料质量的 1.5%～2.5%时结束搅拌，清除浇嘴、挡板、坩埚壁和合金液表面上的熔剂，再撒一层覆盖熔剂。Mg-Zn-Zr 系和 Mg-RE-Zr 系合金的精炼工艺不同，下面以 ZM4（适合 Mg-Zn-Zr 混合稀土系合金）和 ZM6（适合 Mg-RE-Zr-Zn 系合金）两种合金为例进行介绍：

（1）ZM4 合金的精炼。精炼 ZM4 合金时，先将坩埚预热到暗红色，加入占炉料质量 2%～3%的 RJ-1 熔剂；接着逐步分批装入回炉料和镁锭（尽量减小装填空间），升温熔化，在炉料表面撒上适量的熔剂，升温至 750～760℃时添加锌和混合稀土（稀土用勺加入到镁合金液中至完全熔解），并搅拌 2～3min。为了防止氧化，往镁合金液中添加铍氟酸钠和 RJ-4 的混合物（$m(Na_2BeF_4):m(\text{RJ-4}) = 1:1$），其中铍氟酸钠占炉料质量的 0.05%。升温到 780～800℃后，往镁合金液中分批缓慢地加入已预热至 300～400℃的镁锆中间合金，待镁锆合金完全熔化后，搅拌坩埚底部 5～7min，使镁合金均匀化，搅拌时不要破坏镁合金液的表面，以避免氧化。搅拌完毕后，静置 3～5min 浇注断口试样，检测晶粒度。如果断口组织不合格，可以在 760～800℃时添加占炉料质量 1%～3%的镁锆中间合金，再重新进行断口检查。降温至 760～780℃用 RJ-4 熔剂精炼，不低于 5min，然后在 780～800℃温度下，静置 15～20min 后，调整浇铸温度。注意浇注完毕后，坩埚底部需预留 10%的镁合金熔体。

（2）ZM6 合金的精炼。精炼 ZM6 合金，先将坩埚预热到赤红色，加入占炉料总质量 2%～3%的 RJ-2 熔剂，再按三级回炉料、二级回炉料、新料、一级回炉料的加料顺序分批加入炉料（尽量减小装填空间），并撒上 RJ-6 精炼熔剂。待合金液温度升高到 750～760℃时，添加铍氟酸钠和 RJ-6 的混合物（$m(Na_2BeF_4):m(\text{RJ-6}) = 1:1$），占炉料质量的 1%～2%。并在同一温度下，加入已预热到 200～300℃的锌和镁钕中间合金，搅拌 2～3min，除渣并撒上 RJ-6 熔剂。在 780～800℃时，添加已预热到 300～400℃的镁锆中间合金，待合金熔化后除去表面脏物，并撒上 RJ-6 熔剂。当合金液温度升高到 780～800℃时，沿坩埚底部搅拌 10min，浇注试样后检查断口组织。待断口合格后，在 750～760℃时，用 RJ-6 熔剂精炼 5～10min，除渣后加 RJ-2 熔剂覆盖。如果断口组织不合格，允许再添加占炉料质量 1%的镁锆中间合金重新处理，但处理次数不得超过 3 次。在 780～810℃下保温静置 15～20min，调整浇铸温度。在坩埚底部应留有不少于配料质量 20%的合金熔体。合金从静置开始至浇注完毕的时间不得超过 1h，否则应该重新检查断口组织。

#### 4.2.2.2 铸造镁合金的晶粒细化处理技术

晶粒细化是提高镁合金铸件性能的重要途径。镁合金晶粒越细小，其力学性能和塑性加工性能越好。在熔炼镁合金过程中，晶粒细化操作处理得当，则可以降低铸件凝固过程中的热裂倾向。此外，镁合金经过晶粒细化处理后，铸件中的金属间化合物相更细小且分布更均匀，从而缩短均匀化处理时间，或者至少可以提高均匀化处理效率。因此，镁合金的晶粒细化尤为重要。

镁合金在熔炼过程中，细化晶粒的方法有两类，即变质处理和强外场作用。前者的机理是在合金液中加入高熔点物质，形成大量的形核质点，以促进熔体的形核结晶，获得晶粒微细的组织。后者的基本原理是对合金熔体施以外场（如电场、磁场、超声波、机械振动和搅拌等），以促进熔体的形核，并破坏已形成的枝晶，成为游离晶体，使晶核数量增加，还可以强化熔体中的传导过程，消除成分偏析。此外，快速凝固技术也能提高镁合金的形核率，抑制晶核的长大，而显著细化晶粒组织。

变质处理在镁合金铸造生产实际中的应用非常广泛。早期人们采用一种过热变质处理法，即将经过精炼处理的镁合金熔体过热到875~925℃，保温10~15min后，快速冷却到浇铸温度，再进行浇注，具有细化晶粒的作用。研究表明，过热变质处理能显著细化ZM5合金中的$Mg_{17}Al_{12}$相，但是这种工艺存在很大的缺点。在过热变质处理过程中，镁合金熔体的过热温度很高，从而明显增加了镁的烧损，降低了坩埚的使用寿命和生产效率，增加了熔体中的铁含量和能源消耗。因此，过热变质处理在生产实际中应用并不普遍，已经基本被淘汰了。目前，熔炼镁合金时常用的变质剂有含碳物质、$C_2Cl_6$和高熔点添加剂（如Zr、Ti、B、V等）。下面简单介绍以下几种常用变质剂的晶粒细化机理及效果：

（1）含碳变质剂。碳不能固溶于镁中，但可与镁反应生成$Mg_2C_3$和$MgC_2$化合物。碳对Mg-Al系或Mg-Zn系合金具有显著的晶粒细化作用，而对Mg-Mn系合金的细化效果非常有限。人们对含碳变质剂的细化机理提出了多种假设。有代表性的一种是认为C加入到Mg-Al系合金熔体后，与Al反应生成大量细小、弥散的$Al_4C_3$质点，其晶格类型和晶格常数与镁的非常接近，可作为形核质点，从而可以细化镁合金的晶粒。目前，这种假设得到了普遍认可，但仍缺乏实验依据。

工业上常用的含碳变质剂有菱镁矿（$MgCO_3$）、大理石（$CaCO_3$）、白垩（方解石变种）、石煤、焦炭、$CO_2$、炭黑、天然气等。其中$MgCO_3$、$CaCO_3$最为常见。以$MgCO_3$为例，$MgCO_3$加入到Mg-Al合金熔体中后发生反应，使镁合金熔体中会产生大量细小而难熔的$Al_4C_3$质点，呈悬浮状态，并在凝固过程中充当形核基底。$MgCO_3$的加入量一般为合金熔体质量的0.5%~0.6%，熔体温度为760~780℃，变质处理时间为5~8min。

（2）$C_2Cl_6$变质剂。$C_2Cl_6$是镁合金熔炼中最常用的变质剂之一，可以同时达到除气和细化晶粒的双重效果。$C_2Cl_6$对AZ31合金晶粒细化效果的研究表明，铸件中形成了Al-C-O化合物质点来充当晶核的核心。AZ31经过$C_2Cl_6$变质处理后，晶粒尺寸由280μm下降到120μm，抗拉强度明显提高。对ZM5合金而言，$C_2Cl_6$的变质处理效果比$MgCO_3$好得多。此外，也可以采用$C_2Cl_6$和其他变质剂进行复合变质处理，其效果更好。在Mg-Al合金熔体底部放置$C_2Cl_6$或环氯苯片也可以达到细化晶粒和除气的双重目的。

（3）其他变质剂。锆对Mg-Zn系、Mg-RE系和Mg-Ca系等合金具有明显的晶粒细化作用，是目前镁合金熔炼中较常用的晶粒细化剂。

在添加等量锆的情况下，锆合金化条件不同，其晶粒细化效果存在显著差异。认为只有浇注时，溶于镁液中的那部分锆才具有晶粒细化作用，这种观点在20世纪60年代中期以前得到普遍认可。基于光学显微组织观察，有人提出包晶温度下，Zr粒子从熔体中分离出来，并与镁液反应生成富锆的镁基固溶体，直到剩余熔体内锆含量下降至较低值。同时，指出在包晶温度附近形成的富锆粒子具有促进熔体形核的作用。由于α-Zr的晶格类型和晶格常数与镁的非常接近，因此可以认为α-Zr是镁合金的形核质点。研究了不同工艺条件下（包括搅拌时间、熔体静置时间等），往720℃镁液中添加占镁液质量1%的Zr，对所形成的Mg-Zr合金晶粒尺寸影响的研究发现，在镁熔体浇注前重新搅拌时晶粒细化效果更显著，由于重新搅拌前后固溶的锆没有发生变化，这说明部分不溶于镁液的锆也具有晶粒细化作用。也有人认为，镁锆合金的晶粒细化效果主要来自固溶于镁中的锆，而没有固溶的那部分锆只有约30%的晶粒细化作用。

通常，Mg-Zr 合金熔体中的加锆量稍高于理论值。只有熔体中可溶于酸的锆过饱和时，Mg-Zr 合金才能取得最佳的晶粒细化效果。由于熔体中还可能存在各种污染物，导致生成不溶于酸的锆化物，因此熔体中尽可能不要含铝和硅。此外，有必要保留坩埚底部含锆的残余物质（包括不溶于酸的锆化物）。为了防止液态残渣浇注到铸件中，铸型浇注后坩埚中要预留足量的熔融合金（大约为炉料质量的15%）。浇注时要尽量避免熔体过分湍流和溢出，并且熔炼工艺中要保证足够的静置时间。

表4-4 所示为 Mg-Al 系合金的变质剂及其用量和处理温度。Mg-Al 系合金经过变质处理后还需要精炼。ZM1、ZM2、ZM3、ZM4 和 ZM6 合金采用锆对合金进行晶粒细化，不需要进行上述变质处理。对于 Mg-Zn 合金系，加入炉料质量0.5%的 Zr，可以起到很好的变质效果。采用占炉料质量0.5%Sc 和0.3%~0.5%Sm 的混合变质剂可使 Mg-Mn 系合金的晶粒细化。占炉料质量0.2%~0.8%La 的变质剂也可以使 Mg-Mn 系合金的晶粒细化。

**表4-4 Mg-Al 系合金的变质剂及其用量和处理温度**

| 变质剂 | 碳酸镁或菱镁矿 | 碳酸钙 | 六氯乙烷（$C_2Cl_6$） |
|---|---|---|---|
| 用量（占炉料质量分数）/% | 0.25~0.5 | 0.5~0.6 | 0.5~0.8 |
| 处理温度/℃ | 710~740 | 760~780 | 740~760 |

### 4.2.3 铸造镁合金的熔炼工艺操作

#### 4.2.3.1 严格检查坩埚

在熔炼前必须对坩埚进行严格的检查。新坩埚在使用前须经煤油渗透及X射线检验，证明无渗漏及无影响使用的缺陷后方可使用。旧坩埚应在清除熔渣及氧化皮后检查是否完好，如果发现下述情况应报废：

（1）坩埚外表面有白色氧化皮或干燥熔剂（表明该处已经烧穿、渗漏）；

（2）坩埚局部严重凹陷或壁厚减薄至原来的1/2；

（3）锤击坩埚的声音嘶哑（表明有裂纹或过烧之处）。

#### 4.2.3.2 Mg-Zn-Zr 系和 Mg-RE-Zr 系的熔炼工艺

Mg-Zn-Zr 系和 Mg-RE-Zr 系的熔炼工艺的步骤如下：

（1）将坩埚预热到暗红色，在坩埚壁和底部撒上适量的熔剂，然后加入预热的镁锭、回炉料，升温熔化，在炉料上撒上适量的熔剂；

（2）温度升到720~740℃时加入 Zn，然后继续升温到780~810℃，并分批而缓慢地加入 Mg-Zr 中间合金和稀土金属（含稀土的镁合金），当全部熔化后，搅拌2~5min，使合金成分均匀化；

（3）浇注断口试样，检查断口晶粒度；

（4）将合金液升温到750~760℃，精炼4~8min；

（5）将合金液升温到780~810℃，静置10~20min，如果有必要，可再检查一次断口，最后降温到浇铸温度进行浇铸。

#### 4.2.3.3　Mg-Al 系合金的熔炼工艺

Mg-Al 系合金的熔炼工艺的步骤如下：

（1）将坩埚预热到暗红色，在坩埚壁和底部撒上适量的熔剂。然后加入预热的镁锭、回炉料，并升温熔化，在炉料上撒上适量的熔剂；

（2）当温度升到 700～720℃时加入中间合金和 Zn，熔化后搅拌均匀；

（3）浇注光谱分析试样，进行炉前光谱分析；

（4）将合金液温度调到变质温度进行变质处理；

（5）除渣后调整合金液温度到 710～740℃，并精炼 5～8min；

（6）将合金液温度升温到 760～780℃，并静置 10～20min，然后浇注断口试样，检查断口合格后降温到浇铸温度浇铸。

需要注意的是，在生产铜、镍和铁含量少的新型高纯镁合金时，必须特别注意对原材料及熔体和材料处理操作规程的选择。重熔铸锭的铜和镍含量应低，用于处理熔融金属设备的材料中必须不含铜和镍。考虑到镁熔体通常在用铁或钢制成的设备中进行处理，因此必须特别小心，避免增加铁在熔体中的含量。重熔铸锭中的最大铁含量为 0.004%，这可通过在为生产铸锭而合金化熔体时添加锰来实现。通过静置沉淀，使含铁和锰及其他合金元素的金属颗粒沉积，可除去过多的铁。在这项处理后，铁含量处于饱和状态的铸锭在所选的铸造温度生产。因此，只要能避免过大的温度波动，并保持所需的最小锰含量，熔炼过程将不会导致铁含量增加。目前，有多种用于熔炼、转运和计量镁合金液的系统。当液态镁合金通过这些系统时，在成为成品的过程中，会经历复杂的热工过程。热工过程对镁合金成分的影响见表 4-5。

**表 4-5　热工过程对镁合金成分的影响**

| 元素 | 热工过程的影响 |
|---|---|
| Al | 在长时间保温过程中，会损失少量的铝。可能是由于在熔体表面形成的氧化层中增加了铝含量 |
| Zn、Si、RE | 锌、硅和稀土元素（RE=铈+镧+镨+钕）可大量溶于熔融镁合金，而且在整个熔炼和处理过程中，它们的浓度保持相当稳定 |
| Mn、Fe | 向镁合金中加入锰的目的是将铁的溶解度降低到低于规定的最大值。当温度降低时，镁和铁的含量快速降低。当温度再次升高时，又缓慢增加。这表明了沉淀/沉积速度与金属间化合物颗粒的溶解度之间的差异。没有必要将锰和铁的含量恢复到它们最初的状态，因为铁可以从坩埚壁上溶解，在高铁和更低的锰含量之间建立起一种平衡关系 |
| Be | 加入 0.0005%～0.0015%的铍，可降低熔融合金的表面氧化速度。由于在熔体保持过程中它优先氧化，因此铍容易失去，在熔体的热工循环过程中或金属在坩埚中失火的情况下，这种损失会更快 |
| Ni | 镍对镁合金的耐腐蚀性有极其不利的影响，在成品零件中，必须将其最大含量限制到不超过 0.002%（在重熔铸锭中为 0.001%）。镍易溶于镁合金中，它可能从处理设备中摄取（如该设备采用高镍不锈钢制成） |
| Cu | 铜也会降低镁合金的耐腐蚀性，尽管其允许含量远远大于镍。来自钢衬套、回收装置的污染等，可使铜的含量增加到大于允许的最大极限值 |

#### 4.2.3.4　铸造镁合金熔炼过程中关键工序的控制

实践证明，镁合金生产过程中，把握并控制好各重要环节有助于提高镁合金的品质。

生产过程中一般应把握并控制好以下各重要环节：

（1）炉料的预热。所有炉料应预热去除掉其中的水分，防止因炉料带入水分而导致在生产过程中发生爆炸等安全事故；同时，可减少因炉料中的水分带入导致镁合金液中的气体含量增多。

（2）熔化。应控制好熔化的温度，不宜过高。合理的温度有助于延长坩埚的使用寿命，同时可以防止坩埚内的铁和其他杂质在高温下进入镁合金液中。

（3）合金化和精炼。中间合金应在镁合金液上部加入，由于中间合金的密度比镁合金大，这样有助于使镁合金液的成分均匀而防止偏析；同时应控制好合金加入和精炼的温度，使镁合金中杂质元素去除更彻底。

（4）静置。静置过程有助于镁合金液中密度较大的杂质沉淀，主要是控制好静置的温度和时间。

（5）浇铸。控制好浇铸温度，同时凝固前应将模具内镁合金液表面的杂质除去。

## 4.3 重力和低压铸造技术

镁合金具有较强的铸造工艺适应性，几乎所有的铸造方法，如砂型铸造、永久型铸造（金属型铸造）、半永久型铸造、壳型铸造、熔模铸造和压铸都可以用来生产镁合金铸件。其中，砂型铸件、金属型铸件和压铸件比熔模铸件和壳型铸件的应用更广泛。

### 4.3.1 镁合金的砂型铸造

相对铝及其他合金而言，镁合金砂型铸件质量轻，在航空航天领域应用的优势明显，从而镁合金铸造件在航空航天领域应用非常广泛。

Mg-Al 合金和 Mg-Al-Zn 合金的流动性好，适合于铸造，但是合金凝固时形成显微疏松的倾向较大，铸件气密性差。Mg-Al-Zn 砂型铸件中存在明显的显微缩孔，不宜在 100℃以上使用。含锆镁合金容易氧化，采用特殊的熔炼工艺可以克服这种缺点。早期开发的 ZK 型合金如 ZK51A 和 ZK61A 具有高的力学性能，但铸造时热裂倾向大并且难以焊补。此外，ZK51A 和 ZK61A 显微疏松倾向大，不宜铸造耐高压的零件，目前均已淘汰。

Mg-RE-Zr 系合金是继 Mg-Al-Zn 系合金后开发出的高温用镁合金，铸造性能良好，显微疏松倾向和壁厚敏感性低。EZ33A 合金是一种典型的稀土镁合金，砂型铸件气密性优良，可在中温（160℃以下）环境下工作。我国开发了多种含稀土的铸造镁合金。ZE41A 和 EZ33A 合金强度高且抗蠕变性好，铸造性能优良，可以制造非常复杂的铸件，且进行 T5 状态处理便可强化。主要用于中温环境中。含钍镁合金，如 ZH62A 和 HZ32 是基于航空发动机对高温镁合金的要求而开发的，它们不仅高温力学性能优异，而且铸造和焊接性能良好。含钍镁合金也易氧化，在熔炼和浇注过程中要防止氧化。砂型铸造镁合金的关键技术如下。

#### 4.3.1.1 铸型型砂与芯砂

大多数镁合金铸造厂家生产的铸件质量范围大且规格范围很宽，需要调整铸型型砂、抑制剂的种类与数量来满足铸造厚截面的要求。型砂必须具有很高的透气性，使得金属-铸型界面上产生的气体可以自由地逸出来，但是颗粒粗大的型砂将导致铸件表面非常粗糙，因此需要协调铸件表面质量和铸造时气体的排放。由于大部分添加物会降低型砂透气性，从而通常采用颗粒比较粗大的型砂。型芯中的气体可以通过在型芯中钻辅助通道来排放，这些通道能够通过型芯座，将气体快速排放到铸型外部，有时也使用辅助抽气法。

对于小型铸型，自然黏结的型砂使用效果很好。由于黏土含量比较高且不均匀，从而需要仔细控制胶黏剂含量以获得良好的铸造效果。型砂混合物，如 $SiO_2$ 砂经清洗和分级后可充当型砂，用我国西部或南部膨润土作胶黏剂，并严格控制添加量得到的混合物可以获得更好更均一的铸造效果。西部膨润土的基本性质不同于南部膨润土，前者韧性很高（高强度和低变形），将二者混合使用，可以实现最佳的性能匹配。胶黏剂用煤油进行稀释，就 HZ 合脂而言，合脂与煤油的质量比以 10：8 为好。

基于型砂混合物发展起来的衍生物，如改进型膨润土，采用油作为混合物胶黏剂，使用效果很好。配制型砂时，必须经常或定期对型砂进行性能和成分检测，在混制时要控制成分。每配制一种芯砂都必须进行物理性能检验，当不合格时，允许在规定的范围内调整成分。型砂、芯砂停放时间超过 24h，必须重新进行物理检验，试验合格后才能使用。从根本上说，型砂混合物类型很大程度上取决于铸造工艺和铸件要求。

往砂型中浇注镁合金时，镁容易与铸型中的水分反应生成 MgO 并析出 $H_2$；在热量集中的部位，镁与 $SiO_2$ 反应生成 MgO 和 $Mg_2Si$。此外，空气可以通过砂型与铸件间的空隙进入熔体，促使镁合金燃烧。镁合金熔体与铸型之间的反应影响镁合金铸件的质量。阻止二者之间的反应是实现镁合金砂型铸件成功生产的前提。

为了阻止镁合金与铸型之间的反应，可以在铸型型砂和型芯芯砂中添加适量的抑制剂，如硫粉、硼酸、氨酸钾和氟硅酸铵等，可以单独使用，也可以使用多种抑制剂的混合物。这些抑制剂与镁合金反应生成一层稳定性较高的膜，阻碍氧化反应的连续进行。析出的气体将充满铸型与铸件之间的空隙，防止镁合金氧化。

型砂中抑制剂的添加量取决于型砂的水分含量。湿砂造型是最早采用的工艺，以水与天然黏土或者膨润土的混合物为黏结料。膨润土混合物中通常加入二甘醇以降低含水量，防止型砂干燥。通常，这些湿砂混合物中的含水量达 2.0%~4.0%，从而需要添加较多的抑制剂。此外，抑制剂的添加量还与浇铸温度、镁合金种类和铸件截面厚度等因素有关。浇铸温度越高，反应越剧烈，则需要添加的抑制剂也越多。铸件截面越厚，冷却速度越慢，则抑制剂特别是挥发性抑制剂也越多。铸件截面越厚，冷却速度越慢，则抑制剂特别是挥发性抑制剂越容易从铸型表面损耗，从而远离厚截面的铸型区域需要补充抑制剂。型砂可以通过恢复水汽、抑制剂和二甘醇含量，再适当混制实现再生利用，从而砂型铸造非常经济。

目前，湿砂造型工艺的应用十分广泛，但也有一定的局限性。在传统的湿砂工艺中，必须严格控制湿砂性能和添加剂量，还必须有效地除气，以除去燃油中的烟雾，使工艺符合当前的环保要求。

制造湿砂铸型时，用湿砂铸型工艺不适合生产形状复杂的铸件，且铸件尺寸精度低，不能达到当前许多应用零部件的要求。

铸型和型芯的制造技术都发展很快，使湿砂铸型工艺的应用限制日益减少。第二次世界大战期间，壳型、型芯和铸型造型技术得到了很大的发展，接着 $CO_2$/硅酸盐技术也得到了广泛应用。$CO_2$/硅酸盐技术最早是为制造型芯而开发的，特别适合于制造铸型，使铸型尺寸精度大大提高，且分离特性比早期油砂型芯好得多。但是型砂的再生利用非常困难。与湿砂铸型相比，$CO_2$/硅酸盐工艺制造的铸型干燥后剩余的水汽少得多，从而可以大大降低抑制剂的添加量。此外，往型芯箱中通入 $CO_2$气体可以使型砂完全硬化。油砂型芯容易产生变形，而湿砂铸型工艺可以消除大部分变形并显著节约能源。由于湿砂型芯变形小，一旦制完就可以马上投入应用。

酚醛、尿烷、呋喃和环氧树脂等化学自凝固工艺或气体硬化工艺是继 $CO_2$/硅酸盐工艺后发展起来的更为先进的硬化技术。气体硬化技术是指通过空气、$CO_2$、$SO_2$、甲基甲酸或有机胺来实现型芯硬化。型芯的硬化技术因制芯方法而异。通常，采用特殊硬化技术的改进，使铸造方法也能够制造出形状非常复杂的砂型铸件。

金属冷铁或锆砂能够提高镁合金铸件的局部凝固速度，实现最佳的凝固方式。通常采用与镁合金熔体相容的专用喷剂来提高铸型的表面硬度，减轻熔体对铸型的冲刷作用。上下型箱之间可以采用砂膏状专用物质来密封，防止熔体渗漏或飞边。非氧化性乙炔焰轻微灼烧铸型时，碳会沉积在铸型表面，从而提高熔体流动性。

#### 4.3.1.2 砂芯

砂芯按大小、复杂程度与厚薄情况可分为以下两类。一类是中小型简单薄壁砂芯；另一类是重 50kg 以上的（不包括冷铁）大型复杂厚壁砂芯，或不重但垫砂很厚的砂芯。除了小型砂芯外，通常大部分砂芯由 $SiO_2$-型砂混合物制成，颗粒大小与铸型用砂接近。小型砂芯特别是细长砂芯，砂芯的组成与铸型用砂不同。铸型通常由型砂混合物制成，以再生型砂为主。在砂芯中添加新型砂将对主型砂系统会产生有利的脱硫效果。砂芯用型砂混合物中也必须添加抑制剂，抑制剂种类通常与铸型的类似。砂芯用胶黏剂种类也与铸型的类似。镁合金比热容低，采用分离型芯时，会产生大量的热，因而合理选择胶黏剂种类和控制其含量非常重要。

制作砂芯前，需要准备冷铁、芯骨、烘板、通气线、芯盒和过滤器等，器材和工具，按规定的程序、技术要求制作和烘干。

理想的砂芯应具备如下特性：能通过钻孔来排气，且不会降低砂芯的性能；贮藏时间长，且质量不受气候影响；储存时稳定性高，不会发生变形；某些情况下，可在大型砂芯内安装冷铁，实现铸件的定向凝固。

在没有砂芯烘炉或底板时，通常选择具有一定强度和尺寸稳定性的砂芯胶黏剂和砂芯系统来防止砂芯下沉。目前，镁合金砂型铸件用砂芯已广泛采用 $CO_2$/硅酸盐工艺。此外，热箱法制砂芯应用也较为广泛。

#### 4.3.1.3 浇口

重力浇注系统是镁合金最常用的浇注系统。镁合金熔体经过浇口杯沿直浇口流入铸型底部的横浇道系统。一个铸型可以有一个或多个直浇口，直浇口通常是锥形的，便于熔体填满铸型底部而防止空气进入铸型。在熔体进入铸型型腔前，通过放置筛网或过滤器除去金属液流中的氧化物，避免熔体湍流，从而大大减少铸件缺陷。此外，过滤器还能调节进入铸型型腔的金属液流量。

横浇道有利于去除残渣。相对直浇口而言，增大横浇道的横截面积将降低熔体流动速度，便于在熔体进入铸型型腔前完全去除氧化物。因此横浇道的横截面通常很大，甚至比最后一道浇口还要大，在任何熔体通过浇口进入铸件前，都必须完全填满横浇道。因此，多个铸件宜在上模箱中造型或者使用横浇道位于下模的三分模。浇注时必须防止金属溅射，如果横浇道的横截面比直浇口大，浇口总截面比横浇道大，就可以达到这个目的。习惯上三者之间的面积比为1∶2∶4或1∶4∶8。为了避免吸气和氧化物夹杂，铸型内熔体决不允许从高处向低处流动。特别是在薄壁部位可以采用快速浇注、高浇铸温度和铸件周围密集分布浇口来避免滞流。金属浇注时要尽量避免铸型厚壁部分和薄壁部分处于同一水平面上，否则会导致熔体滞流，采用合理的浇口系统可以解决这一问题。

#### 4.3.1.4　冒口

镁合金砂型铸件收缩倾向大，要求采用多冒口浇注系统。一些镁合金成本高且冒口多，有必要增加冒口的传送效率，但会降低铸件产量。采用绝热套筒将冒口包起来能提高铸造产量，减少再生利用的加工碎屑量。

#### 4.3.1.5　冷铁

冷铁在加速重力浇注系统中应用广泛，它能加速镁合金铸件从下至上逐层凝固或定向凝固进程，使铸件中远离直浇道的厚壁或凸起部分获得与定向凝固一致的效果。同时，冷铁可以大大加快周围金属的凝固，起到细化晶粒的作用，即使无锆镁合金也可以获得细小晶粒和优异的力学性能。

#### 4.3.1.6　落砂

质量不到90kg的中小型镁合金铸件，在260℃以上冷却时应保持铸件不动。此外，镁合金具有热脆开裂倾向，不宜立即从铸型中取出铸件，否则铸件开裂。铸件越大，开箱前需冷却的时间越长。传统的方法是采用带电磁冷铁的振动筛将铸件从铸型中取出来，然而这种工艺会产生噪声和灰尘。目前，通常采用钢弹轰击打碎铸型的方法取出铸件，同时需要进行适当的工艺控制以避免铸件表面剥蚀并用酸浸洗铸件去除表面污染，提高铸件腐蚀抗力。为了不影响抗蚀性，最好使用非金属磨料介质，如$Al_2O_3$来清理铸件。值得注意的是，铸型生产过程中旧砂使用量非常高。

#### 4.3.1.7　砂型铸造的适用性

砂型铸造适于生产几何形状复杂的中小型镁合金铸件。砂型铸件用作尺寸精度要求较高的飞机零部件时，其尺寸精度取决于铸型和型芯的质量，因此有必要采用精密的金属型和塑料型。木模比较便宜，非常适合于生产数量少且对尺寸精度要求严格的铸件，但很少用于制作飞机零部件。以前只能通过熔模铸造法制造的复杂零件，现在也可以通过细砂型铸造法生产。

#### 4.3.1.8　砂型铸造的几个问题

砂型铸造工艺存在几大问题，如浇注过程中存在湍流、无保护、浇注填充过程中各部位的凝固条件不同等，这将导致镁合金部件中产生许多铸造缺陷。低压砂型铸造可以从很大程度上克服这些缺点，并且非常适合于制作轻金属铸件，也可以用于铸造航空用或其他特殊用途用镁合金铸件。相对重力铸造而言，低压砂铸更适合于生产薄壁件。低压砂铸件质量好，研发成本低，节省原材料，是一种很有前景的铸造方法。特别是对价格昂贵的特种合金有很强的吸引力。

### 4.3.2　镁合金的金属型（永久型）铸造

金属型铸造有时也称为永久型铸造。通常，适合砂型铸造的镁合金也可以进行金属型铸造，但 Mg-Al-Zn 系合金（如 AZ51A）和 ZK61A 除外。Mg-Al-Zn 系合金热脆开裂倾向大，不宜采用金属型铸造。如果能够采取措施降低镁合金常见的热脆倾向，那么可以相对经济地生产所有铸件。设计足够的拔模斜度是一项比较合适的措施，能最大程度地降低镁合金件的热脆开裂倾向。此外，取出金属型芯时要特别小心，不要在热铸件上施加压力；如果使用两个或多个型芯，则应该同时取出。只有零件满足金属型铸造的结构工艺性时，才考虑选择该工艺。通常金属型铸造主要有两类：使用金属型芯或型砂型芯的半永久型。金属型铸造不能铸造形状复杂的零件，特别是具有深肋和复杂型芯的零件。

#### 4.3.2.1 金属型铸造的特点

目前，金属型铸件的尺寸精度和形状复杂程度远不及砂模铸件。

相对砂型铸造而言，金属型铸造具有如下优点：铸件尺寸精度较高且表面比较光滑；凝固速度快，力学性能高；机加工余量少，甚至有的部位可以完全不预留机加工余量；不需要使用一系列材料，如造型混合砂、氟添料等；生产铸件所占用的生产面积小，仅为砂型铸造的几分之一；铸型或模具可以重复使用，减少劳动力和设备费用。

金属型铸造也存在如下缺点：金属型成本高，铸件成本与铸件总数密切相关，必须承担高额的模具和其他原始成本；浇注铸型时，金属在铸型中停留的时间长；一旦模具制成，铸件设计或浇注系统修改余地小；开发新零件生产工艺所需的时间较长，并且难度较大；金属型铸造工艺成本很高，一般用于批量生产，但是也可以用于小批量生产高致密性的镁合金铸件。

#### 4.3.2.2 金属型铸造的工艺特点及注意事项

金属型铸造镁合金开裂倾向特别大，除了在金属型设计上采取措施外，还必须刮掉缺陷处铸件表面的涂料。厚截面工件不能通过安置冒口来补给金属，但可以采用型芯来进行局部冷却。此外，并不是所有的金属型铸造都需要安置冒口。延长浇注时间、提高铸型温度和低温浇注可以降低镁合金开裂倾向。大多数情况下，提高铸型温度是防止铸件产生缩孔和裂纹等缺陷的最有效方法。如果在金属型铸造时使用砂芯，那么砂芯内放置冷铁将影响镁合金的结晶过程。金属型工作温度为 250~300℃，型芯温度为 300~400℃，浇铸温度取决于镁合金铸件的性质和复杂程度，一般为 700~760℃，有时可升至 780℃。

在浇注之前，金属型上要涂特殊涂料，防止镁合金熔体与型壁之间发生黏结，以便于铸件的取出。为了避免金属与涂料反应，往往在涂料中加入硼酸。镁合金金属型铸造用涂料的配制和金属型的准备类似于铝合金。石棉粉、氧化锌和滑石粉在配制前应在 700~800℃下焙烧，保温 2~3h，除去结晶水。石棉粉磨碎后用筛孔为 0.5mm 的筛子过筛。配制涂料时，先将水玻璃溶解在 600℃以上的热水中搅拌均匀，接着将按比例称量好的各种材料混合均匀，然后倒入水玻璃溶液中搅拌均匀。

对表面粗糙度有所要求的铸件，配制好的涂料在使用前应经孔径为 0.1~0.3mm 的筛网过筛；对表面粗糙度要求更高的铸件，涂料则应通过由六层白纱布组成的过滤器过滤。金属型型面应使用能保证铸件表面光洁的型面涂料，浇冒口部分应使用保温涂料。铸件壁厚增厚时涂料层相应减薄，铸件薄壁处在无特定工艺规范的情况下可参照表 4-6 进行。冒口及其他须缓慢冷却的部位，可将用水浸透的石棉板涂上水玻璃贴紧在预热至 500℃左右的所需部位，再喷上一层 0.2mm 以上的冒口涂料。喷涂后，在型面和浇冒口部位均匀喷上一层硼酸溶液（10%~15%硼酸+90%~85%热水）。

**表 4-6 金属型的涂料厚度**

| 涂料部位 | 浇冒系统 | 厚壁部位 | 薄壁部位 |
|---|---|---|---|
| 涂料厚度/mm | 1.5~3 | 0.05~0.3 | 0.2~0.5 |

浇注前必须检查金属型及传动结构是否完好无损。在保证质量的前提下，生产一般铸件时，浇冒口涂料通常一星期重新喷涂一次，但每天应将烧损和沾污的涂料层除去，适当喷涂一层新涂料；型面涂料每班至少一次。表 4-7 给出了工艺规范无特殊规定时金属型的预热温度和保温时间。金属型在使用前要放入箱式电阻炉内预热，大的金属型应采用专门的预热器预热。

**表 4-7 金属型的预热方法、预热温度和保温时间**

| 金属型外廓尺寸/mm×mm×mm | 预热方法 | 预热温度/℃ | 保温时间/h |
|---|---|---|---|
| 小于 200×300×400 | 箱式电阻炉 | 300~500 | ≥1 |
| 200×300×400~300×400×600 | 箱式电阻炉 | 300~500 | ≥2 |
| 大于 300×400×600 | 专用预热器 | 300~500 | ≥4 |

低压铸造与金属型铸造所使用的金属型基本相似，主要不同点在于：低压铸造中，熔融金属在低压下由底部进入铸型，凝固方式相反。

金属型铸造铝合金的原则基本上适用于铸造镁合金。金属型设计的基本原则是以能够制出良好的、几何尺寸精度合乎要求的铸件为前提，在制造成本最低的条件下保证铸型使用寿命最长。金属型的结构首先由浇注工艺过程决定：金属型的浇注、闭合和开启均手工操作；浇注在手动机床上进行；浇注在机动或气动分型的机床上进行；浇注在传送装置上进行。设计金属型时，千万不要因现有机床的类别而限制金属型构造。金属型铸造已被广泛用于制造高质量的汽车轮毂等部件。

#### 4.3.2.3 金属型模的设计要点

为了满足金属型铸造的要求，金属型模设计应注意以下几点。

（1）只有能够制作整个金属型芯，才可以全部在金属型中铸造；若零件中有内凹部分，需要使用配合金属型芯，那么最好还是使用带砂芯的铸型。

（2）金属型铸件不宜出现尖角、壁厚急剧变化的表面、内部轮廓复杂的分型线和平行壁面。

（3）在多数情况下铸型的分型面为二或三部分，有时则由四个或更多的部分做成相互垂直的分型面，如果零件的几何形状允许，则最好把它完全做在底板上或一个不活动的侧边上，而其他活动部分仅形成冒口或浇口系统。

（4）选择铸件的浇口位置时，应当使铸件在浇注时得到数目最少的水平分型面，面积较大的铸件平面应当处于水平位置，并在浇注时采用倾斜铸型的方法。

（5）铸型的主要空腔应当尽可能做成出口朝上，以便冒口位于铸件的顶端，保证补给铸件足够的金属。

（6）设计时必须保证铸型容易开启和闭合，凸出边缘的倒圆半径必须足够大。

（7）铸件中的凹部和空腔最好用活块（型芯）来形成，为了不阻碍铸件的自由收缩，活块在冒口中金属凝固之前取下来，取型芯时必须异常平稳，不要偏斜，以免因热脆性大而生成裂纹。

（8）必须保证气体从型腔中很好地逸出，为此，在金属型的分型面上应当顺着金属液流的方向做2~3mm的沟槽。

（9）选择金属型的壁厚时，应当考虑镁合金比热容比其他金属小的特点。

（10）铸件复杂且金属型的热规范，不能保证自然热交换时，应当采用人工加热法将铸件的各个不同部分根据铸件的性质加热到不同的温度。

金属型模设计的主要数据见表4-8。

**表4-8 金属型模设计的主要数据**

| 设计参数 | | 量值 |
|---|---|---|
| 最小壁厚/cm | | 3 |
| 最小圆角半径/cm | 小型铸件 | 3 |
| | 中型铸件 | 5 |
| | 大型铸件 | 8 |
| 通气孔/cm | | 0.2~0.4 |
| 最小斜度 | 表面 | 1° |
| | 型芯 | 2°30′ |
| 极限孔/cm | 最小直径 | 6~8 |
| | 在最小直径条件下的最大深度 | 40~50 |
| 机加工余量/cm | 小型铸件 | 1.5~2 |
| | 中型铸件 | 2~3 |
| | 大型铸件 | 不小于3 |
| 合适的金属型壁厚与工件壁厚之比 | | 1.5~2.0 |

金属型铸造时可以采用顶注式、立缝式、底注式三种类型的浇注系统。为了避免在浇注过程中金属不平稳进入铸型而形成熔渣，金属应当以较低的速度进入铸型。小工件以及有大平面的较大工件常常经过冒口浇注；蛇形直浇口能减少因夹渣而造成的废品；采用立缝式浇注系统时，立缝宽度应当比砂型铸造的大一些；采用底式浇注系统时，最好是通过砂芯引入金属。

### 4.3.3 镁合金的低压铸造

低压铸造是金属熔体在压力作用下充填型腔，整个浇注（充型）过程是在一个封闭的系统中完成，因此该方法特别适合于镁合金的铸造成型，其原理图如图4-2所示。由于所用的压力较低，因此称做低压铸造。

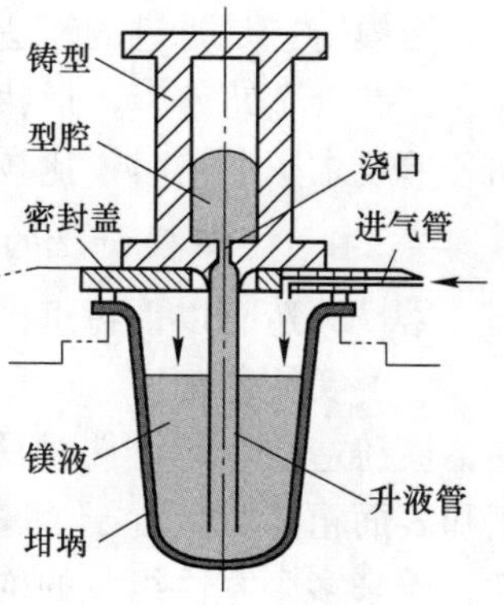

图4-2 低压铸造的工艺示意图

低压铸造的工艺过程是：在密封的坩埚（或密封罐）中，通入干燥的压缩空气，金属熔体在气体压力的作用下，沿升液管上升，通过浇口平稳地进入型腔，并保持坩埚内液面上的气体压力，一直到铸件完全凝固为止。然后解除液面上的气体压力，使升液管中未凝固的金属液流回坩埚，再由气缸打开铸型并推出铸件。

低压铸造的工艺规范包括充型、增压、铸型预热温度、浇铸温度以及铸型的涂料等。

(1) 充型和增压。升液压力是指当金属液面上升到浇口附所需要的压力。金属熔体在升液管内的上升速度应尽可能缓慢，以便有利于型腔内气体的排出，同时也可使金属熔体在进入浇口时不致产生喷溅。

(2) 充型压力和充型速度。充型压力是指使金属液充型上升到铸型顶部所需的压力。在充型阶段，金属液面上的升压速度就是充型速度。

(3) 增压和增压速度。金属液充满型腔后，再继续增压，使铸件的结晶凝固在一定大小的压力作用下进行，这时的压力叫结晶压力。结晶压力越大，补缩效果越好，最后获得的铸件组织也愈致密。但通过结晶增大压力来提高铸件质量，不是任何情况下都能采用的。

(4) 保压时间。型腔压力增至结晶压力后，并在结晶压力下保持一段时间，直到铸件完全凝固所需要的时间叫保压时间。如果保压时间不够，铸件未完全凝固就卸压，型腔中的金属液将会全部或部分流回，造成铸件“放空”报废：如果保压时间过久，则浇口残留过长，这不仅降低工艺收得率，而且还会造成浇口“冻结”，使铸件出型困难，故生产中必须选择适宜的保压时间。

(5) 铸型温度及浇铸温度。低压铸造可采用各种铸型，对非金属型的工作温度一般都为室温，无特殊要求，而对金属型的工作温度就有一定的要求。如低压铸造镁合金时，金属型的工作温度一般控制在200~250℃。实践证明，在保证铸件成型的前提下，应该是越低越好。

(6) 涂料。如用金属型低压铸造时，为了提高其寿命及铸件质量，必须刷涂料；涂料应均匀，涂料厚度要根据铸件表面光洁度及铸件结构来决定。

### 4.3.4 镁合金的熔模铸造

所谓熔模铸造工艺，简单说就是用易熔材料制成可熔性模型，在其上涂覆若干层特制的耐火涂料，经过干燥和硬化形成一个整体型壳后，再用蒸汽或热水从型壳中熔掉模型，然后把型壳置于砂箱中，在其四周填充干砂造型，最后将铸型放入焙烧炉中经过高温焙烧（如采用高强度型壳时，可不必造型而将脱模后的型壳直接焙烧），铸型或型壳经焙烧后，于其中浇注熔融金属而得到铸件。

熔模铸造是先进的铸造工艺之一。熔模铸造从原理上讲适合于制备小体积高精密的铸件。在镁合金铸件中，形状结构非常复杂，一些部位壁厚比较薄，并且对表面粗糙度尺寸和公差要求很严格时，比较适合采用熔模铸造来生产。

#### 4.3.4.1 熔模铸造的特点

熔模铸造有以下特点：

(1) 实用范围广、应用方便灵活。适合于砂型铸造的镁合金也同样适于熔模铸造。采用熔模铸造法生产铸件时具有不需取模、无型芯和无分型面等特点，因而其铸件的尺寸精度和表面粗糙度接近于金属模精铸件。此外，熔模铸造为铸件结构设计提供了充分的自由度，原来多个零件组装的构件，可以通过分片制型后黏合成一体实现整体浇注，因此可以经济地生产许多复杂零件。

（2）熔模铸件尺寸精度较高。一般可达 CT4~6（砂型铸造为 CT10~13，压铸为 CT5~7），当然由于熔模铸造的工艺过程复杂，影响铸件尺寸精度的因素较多，例如模料的收缩、熔模的变形、型壳在加热和冷却过程中的线量变化、合金的收缩率以及在凝固过程中铸件的变形等，因此普通熔模铸件的尺寸精度虽然较高，但其一致性仍需提高（采用中、高温蜡料的铸件尺寸一致性要提高很多）。

压制熔模时，采用型腔表面光洁度高的压型，因此，熔模的表面光洁度也比较高。此外，型壳由耐高温的特殊黏结剂和耐火材料配制成的耐火涂料涂挂在熔模上而制成，与熔融金属直接接触的型腔内表面光洁度高。所以，熔模铸件的表面光洁度比一般铸造件的高，一般可达 $R_a$3.2~12.5μm。

熔模铸造最大的优点就是由于熔模铸件有着很高的尺寸精度和表面光洁度，因此可减少机械加工工作，只是在零件上要求较高的部位留少许加工余量即可，甚至某些铸件只留打磨、抛光余量，不必机械加工即可使用。由此可见，采用熔模铸造方法可大量节省机床设备和加工工时，大幅度节约金属原材料。

（3）可铸造各种合金的复杂铸件。熔模铸造方法的另一优点是，它可以铸造各种合金的复杂铸件，特别可以铸造高温合金铸件。如喷气式发动机的叶片，其流线型外廓与冷却用内腔，用机械加工工艺几乎无法形成。用熔模铸造工艺生产不仅可以做到批量生产，保证了铸件的一致性，而且避免了机械加工后残留刀纹的应力集中。

（4）熔模铸造的缺点是工序繁杂，生产周期长，原辅材料费用比砂型铸造高，生产成本较高，铸件不宜太大、太长，一般限于 25kg 以下。

#### 4.3.4.2 镁合金熔模铸造的工艺特点及工艺流程

##### A 工艺特点

熔模铸造镁合金时，通常采用干砂，以避免普通型砂由于水分引起镁合金燃烧的问题，并且熔模熔化形成的还原气氛可抑制镁合金的燃烧。另外，镁合金的收缩率是铝合金的 1.2 倍，热裂倾向较大，干砂退让性好，可有效地控制镁合金的开裂。但是熔模铸造的设备投资和单位铸造成本高，工件尺寸有限。此外，镁与熔模铸型材料和黏结材料用氧化物陶瓷之间存在高活性反应，从而大大地限制了其应用。生产镁合金薄壁件时，需要预热铸型以便填充薄壁部位，然而预热温度和浇铸温度过高将促进镁合金与铸型间的反应。有研究表明，采用低的铸型预热温度和浇铸温度时，$ZrO_2$是一种很有前景的铸型材料。

##### B 工艺流程

熔模铸造的工艺流程如图 4-3 所示。熔模铸造的工艺示意图如图 4-4 所示。

（1）从保温槽中取出蜡缸，装在双工位液压蜡模压铸机上，使用前应去除蜡料中空气及硬蜡。

（2）将模具放在压铸机工作台面上定位，检查模具所有芯子位置是否正确，模具注蜡口与压铸机射蜡嘴是否对正。

（3）检查模具开合是否顺利。

（4）打开模具，喷薄薄一层分型剂。

（5）按照技术规定调整压铸机时间循环，包括压射压力、压射温度、保压时间、冷却时间等。

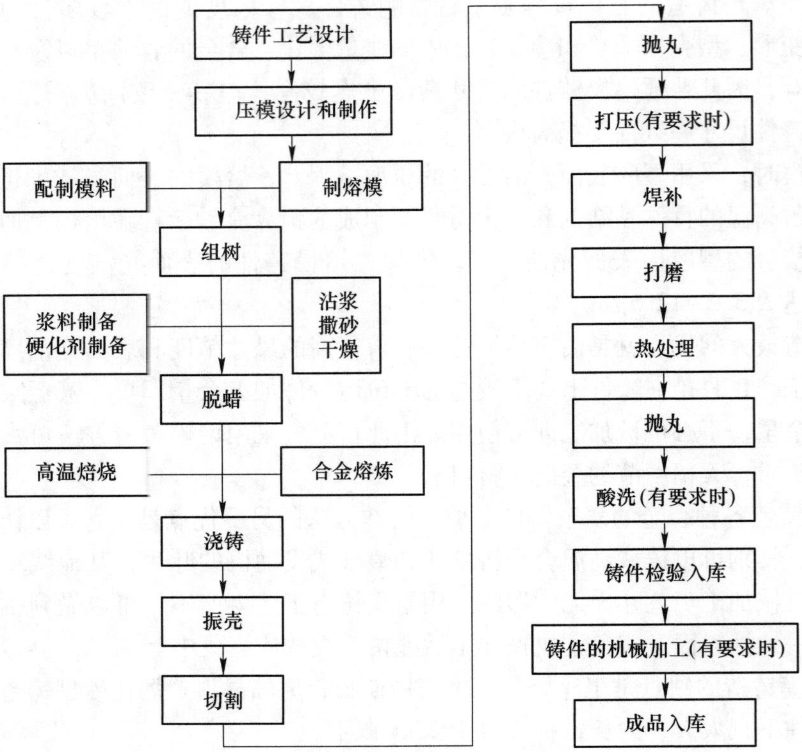


图 4-3　熔模铸造的工艺流程图

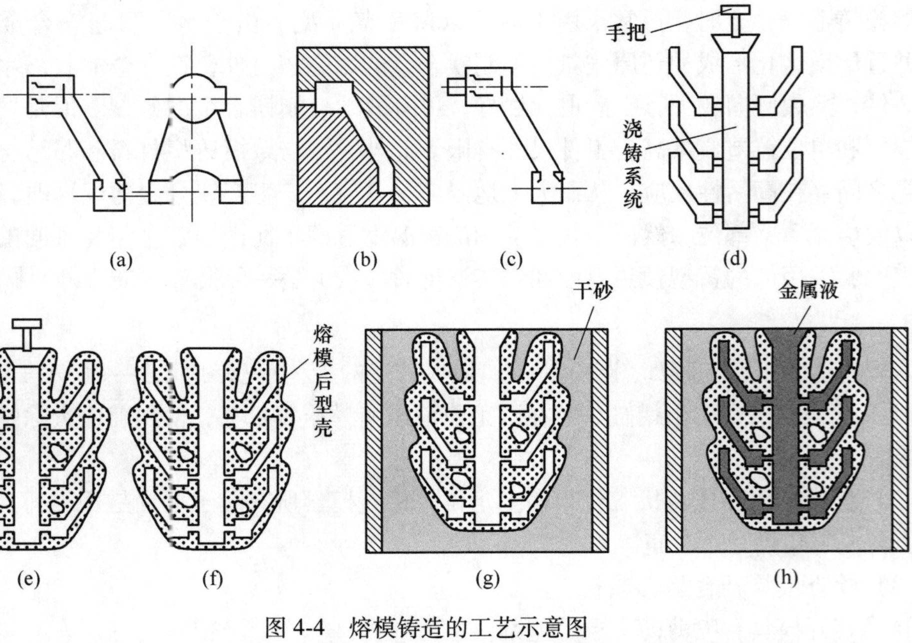


图 4-4　熔模铸造的工艺示意图

(a) 零件；(b) 压型；(c) 蜡模；(d) 焊成蜡模组；(e) 结壳；(f) 熔模；(g) 造型、焙烧；(h) 浇铸

（6）每次循环完毕，抽出芯子，打开模具，小心取出蜡模，按要求放入冷却水中或存放盘中。注意有下列缺陷的蜡模应报废：因模料中卷入空气，蜡模局部有鼓起的；蜡模任何部位有缺角的；蜡模有变形不能简单修复的；尺寸不符合规定的。

（7）清除模具上残留的模料，注意只能用竹刀，不可用金属刀片清除残留模料，防止模具型腔及分型面受损。

（8）合上模具，进行下次压制蜡模。每班下班或模具使用完毕，应用软布或棉棒清理模具，使用螺钉紧固好模具。

（9）如发现模具有损伤或不正常，应立即报告领班，由领班处理。

C 熔模铸造工艺操作要点

熔模铸造工艺操作要点如下：

（1）模具型腔不要喷过多的分型剂。

（2）压制熔（蜡）模循环参数建立后，不要轻易变动。如压出的蜡模质量有问题，必须立即告诉工艺员，由工艺员进行处理。

（3）有缺陷的蜡模必须报废，不得送去修模和组焊。

（4）蜡模放在存放盘中，彼此间应隔离以免碰损。有需要时可采用夹具等，避免蜡模变形。

（5）使用新模具时，务必弄清熔模铸造工艺模具组装、拆卸次序，蜡模取出方法，模具在压铸机上固定方法，并严格检查最初压制的蜡模，如不能获得优质蜡模，应及时与技术管理部门联系。

#### 4.3.4.3 熔模铸造的关键工序

A 熔模制造

熔模铸造生产的第一个工序就是制造熔模，熔模是用来形成耐火型壳中型腔的模型，所以要获得尺寸精度和表面光洁度高的铸件，首先熔模本身就应该具有高的尺寸精度和表面光洁度。此外熔模本身的性能还应尽可能使随后的制型壳等工序简单易行。为得到上述高质量要求的熔模，除了应有好的压型（压制熔模的模具）外，还必须选择合适的制模材料（简称模料）和合理的制模工艺。

B 模料选择

制模材料的性能不仅应保证方便地制得尺寸精确、表面光洁度高、强度好质量轻的熔模，它还应为型壳的制造和获得良好铸件创造条件。模料一般用蜡料、天然树脂和塑料（合成树脂）配制。凡主要用蜡料配制的模料称为蜡基模料，它们的熔点较低，为60~70℃；凡主要用天然树脂配制的模料称为树脂基模料，熔点稍高，约70~120℃。

C 模料的配制及回收

（1）模料的配制。配制模料的目的是将组成模料的各种原材料混合成均匀的一体，并使模料的状态符合压制熔模的要求。配制时主要用加热的方法使各种原材料熔化混合成一体，而后在冷却情况下，将模料剧烈搅拌，使模料成为糊膏状态供压制熔模用。有时也有将模料熔化为液体直接浇注成熔模的情况。

（2）模料的回收：

1）使用树脂基模料时，由于对熔模的质量要求高，新材料大多用来配制模料压制铸件的熔模。而脱模后回收的模料，在重熔过滤后用来制作浇冒口系统的熔模。

2）使用蜡基模料时，脱模后所得的模料可以回收，再用来制造新的熔模。可是在循环使用时，模料的性能会变坏，脆性增大，灰分增多，流动性下降，收缩率增加，颜色由白变褐，这些主要与模料中硬脂酸的变质有关。因此，为了尽可能地恢复旧模料的原有性能，就要从旧模料中除去皂盐，常用的方法有盐酸（或硫酸）处理法、活性白土处理法和电解回收法。

D 熔模和模组的制造

（1）熔模的制造。生产中大多采用压力把糊状模料压入压型的方法制造熔模。压制熔模之前，需先在压型表面涂薄薄一层分型剂，以便从压型中取出熔模。压制蜡基模料时，分型剂可为机油、松节油等；压制树脂基模料时，常用麻油和酒精的混合液或硅油作分型剂。分型剂层越薄越好，使熔模能更好地复制压型的表面，提高熔模的表面光洁度。压制熔模的方法有三种，柱塞加压法、气压法和活塞加压法。

（2）熔模的组装。熔模的组装是把形成铸件的熔模和形成浇冒口系统的熔模组合在一起，主要有两种方法：

1）焊接法。用薄片状的烙铁，将熔模的连接部位熔化，使熔模焊在一起。此法较普遍。

2）机械组装法。在大量生产小型熔模铸件时，国外已广泛采用机械组装法组合模组，采用此种模组可使模组组合和效率大大提高，工作条件也得到了改善。

E 型壳制造

熔模铸造的铸型可分为实体型和多层型壳两种，目前普遍采用的是多型壳。

将模组浸涂耐火涂料后，撒上料状耐火材料，再经干燥、硬化，如此反复多次，使耐火涂挂层达到需要的厚度为止，这样便在模组上形成了多层型壳，通常将其停放一段时间，使其充分硬化，然后熔失模组，便得到多层型壳。

多层型壳有的需要装箱填砂；有的则不需要，经过焙烧后就可直接进行浇注。

在熔失熔模时，型壳会受到体积正在增大的熔融模料的压力；在焙烧和浇注时，型壳各部分会产生相互牵制而又不均的膨胀的收缩，因此，金属还可能与型壳材料发生高温化学反应。所以对型壳便有一定的性能要求，如小的膨胀率和收缩率；高的机械强度、抗热震性、耐火度和高温下的化学稳定性；型壳还应有一定的透气性，以便浇注时型壳内的气体能顺利外逸。这些都与制造型壳时所采用的耐火材料、黏结剂以及工艺有关。

F 制造型壳用的材料

制造型壳用的材料可分为两种类型：一类是用来直接形成型壳的，如耐火材料、黏结剂等；另一类是为了获得优质的型壳，简化操作、改善工艺用的材料，如熔剂、硬化剂、表面活性剂等。

（1）耐火材料。目前熔模铸造中所用的耐火材料主要为石英和刚玉，以及硅酸铝耐火材料，如耐火黏土、铝矾土、焦宝石等。有时也用锆英石、镁砂（MgO）等。

（2）黏结剂。在熔模铸造中用得最普遍的黏结剂是硅酸胶体溶液（简称硅酸溶胶），如硅酸乙酯水解液、水玻璃和硅溶胶等。组成它们的物质主要为硅酸（$H_2SiO_3$）和溶剂，有时也有稳定剂，如硅溶较中的 NaOH。

硅酸乙酯水解液是硅酸乙酯经水解后所得的硅酸溶胶模铸造中用得最早、最普遍的黏结剂；水玻璃壳型易变形、开裂，用它浇注的铸件尺寸精度和表面光洁度都较差。但在我国，当生产精度要求较低的碳素钢铸件和熔点较低的有色合金铸件时，水玻璃仍被广泛应用于生产；硅溶胶的稳定性好，可长期存放，制型壳时不需专门的硬化剂，但硅溶胶对熔模的润湿稍差，型壳硬化过程是一个干燥过程，需时较长。

G　制壳工艺

制壳过程中的主要工序和工艺为：

（1）模组的除油和脱脂。在采用蜡基模料制熔模时，为了提高涂料润湿模组表面的能力，需将模组表面的油污去除掉。

（2）在模组上涂挂涂料和撒砂。涂挂涂料以前，应先把涂料搅拌均匀，尽可能减少涂料桶中耐火材料的沉淀，调整好涂料的黏度或密度，以使涂料能很好地充填和润湿熔模，挂涂料时，把模组浸泡在涂料中，左右上下晃动，使涂料能很好润湿熔模，均匀覆盖模组表面。涂料涂好后，即可进行撒砂。

（3）型壳干燥和硬化。每涂覆好一层型壳以后，就要对它进行干燥和硬化，使涂料中的黏结剂由溶胶向冻胶、凝胶转变，把耐火材料连在一起。

（4）自型壳中熔失熔模。型壳完全硬化后，需从型壳中熔去模组，因模组常用蜡基模料制成，所以也把此工序称为脱蜡。根据加热方法的不同，有很多脱蜡方法，用得较多的是热水法和同压蒸汽法。

（5）焙烧型壳。如需造型（填砂）浇注，在焙烧之前，先将脱模后的型壳埋在箱内的砂粒之中，再装炉焙烧。如型壳高温强度大，不需造型浇注，则可把脱模后的型壳直接送入炉内焙烧。焙烧时逐步增加炉温，将型壳加热至800~1000℃，保温一段时间，即可进行浇注。

## 4.4　镁合金的压力铸造技术

压力铸造（压铸）是液态或半液态金属在高压作用下，以较高速度充填到模具中，并在压力作用下凝固而获得所需铸件。压铸经常被称为高压铸造，以区别于重力铸造和低压下的金属型铸造。

压力铸造要求合金熔体具有良好的流动性、充型性。镁及其合金的熔点低，大多数合金的流动性比较好；镁的比热容低，其铸件容易获得高的冷速；镁的密度低，因而在适中的压铸压力下可以获得理想的致密度较高的铸件。因此，镁合金比较适合压铸成型。由于镁的流动性优于铝、锌，可以压铸出薄壁件，原材料消耗少，大大降低成本，从而在汽车工业中大量采用镁合金压铸件实现减重。

### 4.4.1　镁合金的压铸特性及常用压铸镁合金

#### 4.4.1.1　镁合金的压铸特性

镁合金具有优良的压铸工艺性能，适于压铸生产。因此，压铸技术在镁及其合金产品的生产中得到了广泛应用，成为镁合金铸件的主要生产方法。镁合金的良好压铸工艺性能，主要表现在以下几个方面：

（1）压铸镁合金与压铸铝合金和压铸锌合金一样，液体黏度低，具有良好的流动性，易于充满复杂型腔，可用来压铸薄壁 2.0～4.0mm 的压铸件，最小壁厚可达 0.635mm，而铝合金压铸件的最小壁厚则是 2.3～3.5mm。

（2）镁合金的熔点和结晶潜热都低于铝合金，充型后凝固速度较快，其生产率比铝压铸高 40%～50%，最高时可达到压铸铝的两倍。压铸过程中对压铸型的热冲击比铝合金小，可用于压铸薄壁件而不会出现热裂和欠铸等缺陷，且不易粘型，寿命可比铝合金长 2～4 倍。

（3）压铸镁合金与铁基本上不发生反应，不易粘型，减轻压铸型的热疲劳现象，寿命可比铝合金长 2～4 倍。同时不侵蚀钢质坩埚，避免了坩埚对镁合金液的污染。

（4）压铸镁合金的收缩率均匀一致且可预测，脱型力比铝合金低 20%～25%，保证了压铸件的可靠性，使镁合金压铸件的尺寸精度比铝压铸件高 50%。

（5）镁合金铸件的加工性能优于铝合金铸件，镁合金铸件的切削速度可比铝合金铸件提高 50%，加工耗能比铝合金铸件低 50%。

正是由于镁合金的上述压铸特性，有效地保证了镁合金压铸的高生产率和低生产成本，在众多领域中获得了广泛的应用。

#### 4.4.1.2 常用的压铸镁合金

目前，主要的压铸镁合金是 AZ、AM、AE 和 AS 系，其常规化学成分见表 4-9。显然，适合压铸的镁合金种类比适合重力铸造的镁合金少得多。由于铝能提高镁合金的铸造性能、强度和抗蚀性，因而是压铸镁合金中最主要的合金化元素。所以大多数压铸镁合金为含铝的镁合金，铝含量（质量分数）一般为 3%～9%。锰则能提高镁合金的抗蚀性。我国的压铸镁合金牌号为 YM5，成分为 Mg-7.5%～9.0%Al-0.2%～0.8% Zn-0.15%～0.5% Mn（JB3070-82）。

**表 4-9 压铸镁合金的化学成分（质量分数）** （%）

| 合金种类 | Al | Zn | Mn | Si | RE |
|---|---|---|---|---|---|
| AE42 | 4.0 | — | 0.2 | — | 2.5 |
| AM20 | 2.1 | — | 0.4 | — | — |
| AM50A | 4.9 | — | 0.4 | — | — |
| AM60A | 6.0 | — | 0.4 | — | — |
| AM60B | 6.0 | — | 0.4 | — | — |
| AS21 | 2.2 | — | 0.2 | 1.0 | — |
| AS41A | 4.25 | — | 0.2 | 1.0 | — |
| AS41B | 4.25 | — | 0.2 | 1.0 | — |
| AZ91A | 9.0 | 0.7 | 0.15 | — | — |
| AZ91B | 9.0 | 0.7 | 0.15 | — | — |
| AZ91D① | 9.0 | 0.7 | ② | — | — |

① 铜、镍和铁含量较低的高纯度合金。

② 如果铁含量超过 0.005%，则铁锰比小于 0.032。

同铝合金压铸件相比，除炉料成本高之外，镁合金压铸件的压铸和机械加工成本都低。生产实践表明：由于生产率高，热室压铸镁合金小件的总成本低于冷室压铸铝合金同类件。一般而言，1kg 以下的镁合金小件用热室压铸法生产，1kg 以上的镁合金件用冷室压铸法生产。

#### 4.4.1.3 镁合金压铸产品设计原则

（1）确定产品的功能、使用条件和物理力学性能的要求，选择某一牌号的镁合金；因镁合金化学活性强，因此一定要考虑环境因素对产品防腐蚀的要求。

（2）根据所选择的镁合金的压铸性能及其他特性，考虑产品结构是否符合压铸工艺要求，是否容易实现压铸成型。

（3）进行产品设计，包括壁厚及均匀性、加强筋、各部分的连接、圆角、拔模斜度、尺寸公差等要和压铸成型的要求相符合。

（4）应充分利用计算机辅助设计、压铸凝固过程数值模拟、快速成型技术等手段，加快产品的设计及开发周期，并对产品样板进行测试和分析。

（5）在产品设计时还需考虑是否有利于模具的设计制造、是否有利于压铸加工和后续处理。

### 4.4.2 镁合金压铸生产流程及主要工艺参数

#### 4.4.2.1 镁合金压铸的生产流程

镁合金压铸生产的主要工艺流程如图 4-5 所示，压铸生产的几个主要工位示意图如图 4-6 所示。

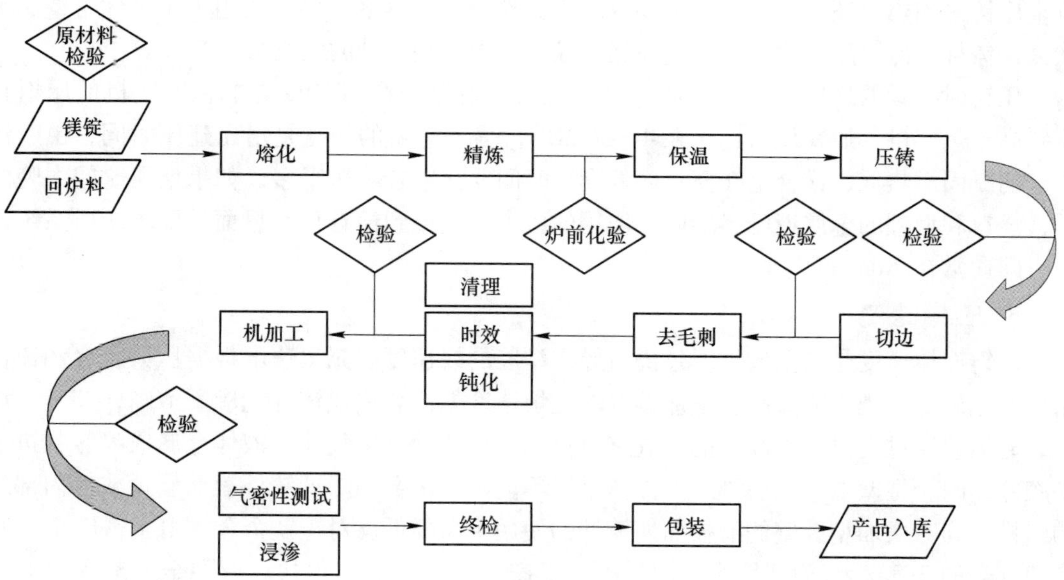


图 4-5 镁合金压铸生产的主要流程

#### 4.4.2.2 镁合金压铸生产的主要工艺参数

镁合金的压铸工艺同其他合金的压铸工艺相似，但是由于镁合金的不同特性，影响合金液充填成型的因素有很多，其中主要有压力和充填速度、金属液充填特性、压型和合金的温度、开型时间及涂料等。这里主要考察压射压力、压射速度、浇铸温度和铸型预热温

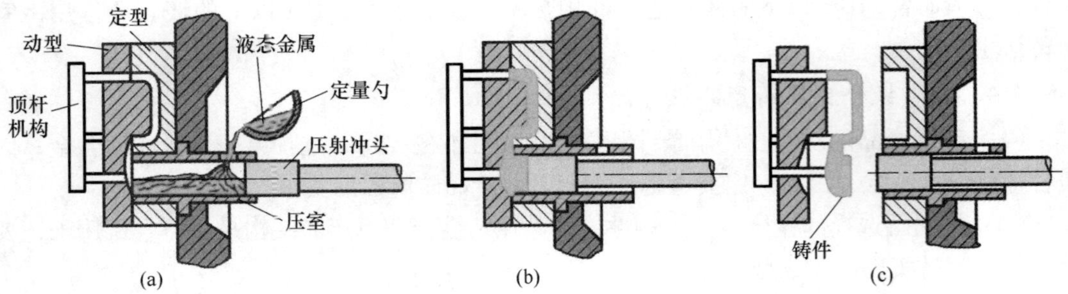


图 4-6　镁合金压铸生产的几个工位示意图
（a）定模闭合、定量浇注；（b）压铸及保压；（c）开模、取出压铸件

度以及涂料。

A　压射压力

镁合金压铸分热室压铸和冷室压铸两种形式。目前热室压铸机正在向大型发展，锁型力为 9300kN，设计可压铸最大件为 6.4kg 的大型热室压铸机已投入使用。镁合金冷室压铸工艺开发较晚，镁合金冷室压铸机的冲头速度比铝合金的快 30%，最大可达 10m/s，锁型力最大已达到 3500kN。

热室压铸生产效率高、浇铸温度低、铸型寿命长、易实现熔体保护，缺点是设备成本高、维修复杂且费用较高。冷室压铸的优缺点正好与之相反，并须配置定量浇注设备。镁合金压铸采用热室还是冷室压铸主要取决于铸件壁厚，热室压铸一般用于小尺寸薄壁、形状复杂铸件，冷室压铸主要用于壁厚相对较大的中小型零件的大批量生产。

压铸时二者的压射压力也不同，热室机的压射比压在 40MPa 左右，冷室机的压射比压要高于热室机，通常压射比压在 40~70MPa。另外重要的一点是增压建压时间，由于镁合金的凝固潜热低，镁合金在模具内的凝固时间要比铝合金短得多，如果增压时间太晚的话，浇口和型腔的金属液已经凝固，增压的压力无法传到模具型腔里面，要求压射系统建压时间通常在 20ms 以内。

B　压射速度

压铸充填速度是指金属液通过浇口导入型腔的线速度。充填速度根据压铸合金和铸件结构特性确定，既不能过高也不能偏低。充填速度偏低会造成铸件轮廓不清晰，甚至不成型；充填速度过高时，型腔中的空气难以排除，使铸件产生气孔，液体金属成喷雾状进入型腔并黏附于型壁上，使后进入的液体金属不能与它熔合而降低铸件表面质量或使内部结构疏松，同时增加型腔壁的磨损而使铸件的使用寿命降低。对于镁合金，由于密度小（只有铝合金的 2/3），因而惯性小。同时，由于镁合金的凝固也很快，要在金属凝固前充填整个型腔，适宜的充填速度为 40~90m/s。

C　浇铸温度和预热温度

温度是压铸过程的热因素，为了提供良好的充填条件，保证压铸件的成型质量，控制和保持热稳定性，必须选用相应的温度规范，主要是指镁合金的浇铸温度和压铸型的预热温度。

在生产镁合金压铸件时，必须合理选择浇铸温度。浇铸温度过高，凝固收缩大，铸件易产生裂纹，晶粒粗大及粘型；浇铸温度太低会产生浇注不足、冷隔和表面裂纹等缺陷。热室压铸机的料壶是在熔炉里面，压射时的热量损失小，浇铸温度通常在640℃左右。冷室压铸机的温度要高一些，一般在680℃左右。如果压铸件的成型不大理想，可以从其他方面，比如压射速度、模具温度等方面改善。不能仅提高合金浇铸温度，因为镁合金熔炉用的保护气体，在温度过高（超过710℃）时会失去效用。

压铸型在浇注前需要预热到一定温度，以防止金属液压入后过度激冷而不成型，或虽成型但易引起铸件裂纹和表面产生“霜冻”流痕等缺陷。另外预热到一定温度还可以避免模具剧烈膨胀，减少温度波动，提高模具寿命。压铸型的工作温度不宜过高，否则将使金属产生粘模和铸件顶出时变形，从而影响生产效率。

根据压铸浇铸温度（650~680℃）确定模具初始温度范围为180~190℃，镁合金压铸过程中模具的温度一般保持在180~280℃之间。

D 涂料

涂料的作用是为压铸合金和压铸型之间提供有效的隔离保护层，避免金属液直接冲刷型腔，保持金属液的流动性，还可以冷却模具，降低粘模倾向。镁合金模具和焊合性要比铝合金好，但是由于镁合金的压射速度要高于铝合金，当热金属高速冲击模具的某些部件时，可能产生焊合现象。使用合适的模具涂料可以减少这种趋势，最常用的是水基润滑剂，由于镁合金的热容小，因此，不需要把润滑剂用于冷却媒介，并且使用时间应尽可能的短，一般为铝合金的50%。为减少水的含量，通常使用较高浓度的涂料。

#### 4.4.2.3 几种镁合金压铸件

随着节能减排和轻量化的需求，镁合金的应用越来越被重视，也越来越广泛。特别是镁合金产品在交通运输和携带装备方面得到重视和应用，图4-7所示为获得应用的几种镁合金压铸件。

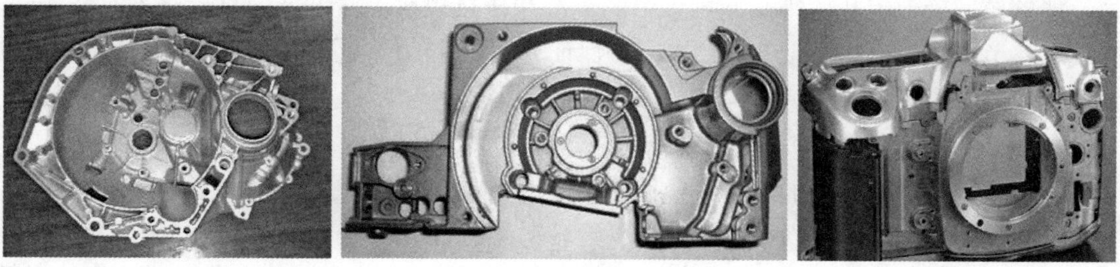

图4-7 几种镁合金压铸件

### 4.4.3 镁合金压铸的发展方向

#### 4.4.3.1 镁合金的熔体保护

由于镁合金液很容易氧化，而且表面生成的氧化膜比较疏松，其致密系数 $\alpha$ 值仅为0.79，不能阻止合金的继续氧化。因此，熔炼镁合金时，防止氧化至关重要。镁合金的熔体保护主要有两种方法，即熔剂保护和气体保护。

目前，国内外常使用的保护熔剂是商品化的RJ系列熔剂。其中，使用最广泛的是RJ-2熔剂，其组分主要为氯盐和氟盐。用保护熔剂熔炼通常会带来以下问题：一是，氯盐和氟盐高温下易挥发产生有毒气体，如 HCl、$Cl_2$、HF 等；二是，由于熔剂的密度较大，部分熔剂会随同镁液混入铸型，造成“熔剂夹渣”；三是，熔剂挥发产生的气体有可能渗入合金液中，成为材料使用过程中的腐蚀源，加速材料腐蚀，降低使用寿命。因此，寻找氯盐和氟盐的代用材料或减少氯盐和氟盐的使用量，降低污染，提高保护效果，是开发镁合金熔炼保护熔剂的努力目标。

自 20 世纪 60 年代以来，一些专家学者开始寻找气体保护剂。通过大量试验，发现了对镁合金液有一定保护作用的气体，如 $SF_6$、$BF_3$、$CF_4$、$CO_2$ 等。其中 $SF_6$ 保护性能较好，它存在的问题主要是用量的控制，生产中如何根据熔炼保护状态自动调节 $SF_6$ 的压力、流量，达到既有利于保护，又减少 $SF_6$ 用量的目的，仍是 $SF_6$ 气体保护有待深入研究的课题。

目前，一些研究者正在从事具有阻燃性且性能接近现有镁合金的阻燃镁合金研究，这一研究一旦获得成功，则镁合金就能像铝合金一样方便地进行熔炼和铸造，从而获得更为广泛的应用前景。

#### 4.4.3.2　压铸型设计

压铸模是压铸生产的主要工艺装备，压铸生产过程能否顺利进行，压铸件质量有无保证，在很大程度上取决于压铸模的结构是否具有合理性和技术先进性。

镁合金具有良好的压铸工艺性能，在压铸模设计过程中，应结合镁合金的压铸特性，采用适合于镁合金的工艺参数和模具设计准则，而不能完全套用铝合金压铸型的设计准则。

#### 4.4.3.3　充型过程的研究

压力铸造过程中，金属液的充型方式对控制压铸件质量有十分重要的作用。随着镁合金铸件的应用领域日益扩大，对压铸镁合金的充型性能提出了更高的要求。计算机及数值模拟技术为压铸充型过程研究提供了新的途径。通过压铸充型过程流场、温度场的数值模拟，能够较准确地表达压铸充型过程中的流动和传热规律，并可精确显示浇不足、冷隔、裹气和热节位置，对提高工艺设计水平、保证成型铸件的质量及提高生产率、延长模具的使用寿命等具有重要意义。

#### 4.4.3.4　数值模拟在镁合金压铸过程中的应用

虽然镁合金具有良好的压铸工艺性能，但压铸生产中充型、凝固过程相当复杂，工艺参数设置是否合理、浇注系统设计是否可行对铸件性能、缺陷产生等影响显著。目前，相关的数值模拟软件，如 Pro-CAST 被广泛认为是优化铸造工艺设计的必备工具，它能对铸造过程进行仿真，从而模拟出在铸件充型、凝固和冷却过程中的流场、温度场、应力场和微观组织结构，并根据这些模拟结果，可以对铸件质量进行预报，为工艺和模具设计提供有益的参考数据。

# 5 变形镁合金的熔炼与铸造

## 5.1 变形镁合金的熔炼与净化技术

### 5.1.1 变形镁合金的净化与变质处理

#### 5.1.1.1 变形镁合金熔体净化

镁合金在熔炼过程中容易受周围环境介质的影响，周围环境介质影响合金熔体质量，差的环境介质会导致铸件中出现气孔、夹渣、夹杂和缩孔等缺陷。因此，需要对镁合金熔体进行净化处理。通常，从三个方面来提高熔体的质量：一是正确使用熔剂；二是加强熔体液面的保护；三是对熔体进行充分的净化处理。对熔体进行处理的主要方法是：

A 除气

变形镁合金熔体的除气与铸造镁合金的除气相同，详见 4.2.2 节。

B 除渣

镁合金所采用的变质剂，易与其他高熔点杂质形成高熔点金属中间化合物而沉降于炉底。这些难熔杂质和变质剂在镁合金中的溶解度小、熔点高，且密度比镁大。当它们相互作用时，且可将合金中的可熔杂质去掉，这对镁合金是有利的。但降低了变质剂的效果，甚至失效。

镁合金中常见的几种相互排除的组元（实际上互为沉降剂）见表 5-1。

表 5-1 几种相互排除的组元

| 沉降剂 | Mn | Zr | Be | Ti | Co |
|---|---|---|---|---|---|
| 去掉的元素 | Fe | Fe、Al、Si、P、Be、Mn、Ni（去掉量小） | Fe、Zr | Fe、Si | Ni |

减少镁合金中铁、镍、硅杂质的含量可提高其抗蚀性。由于钛在 800~850℃时，在镁中的溶解度较大；当低于 700℃时溶解度急剧降低，并和铁、硅形成高熔点金属间化合物而沉降。因此，近年来在工业上已开始采用钛废料和低质量的氯化钛来去掉熔体中的铁、硅和部分镍，以提高合金的耐蚀性能。如 MB3 合金用低质量的氯化钛（$TiCl_3+TiCl_2$）和镁-钛中间合金（含钛 24%）处理后，可将合金中的铁、硅含量由 0.01%Fe、0.01%Si 降低到 0.002%Fe、0.001%Si。

含锆的镁合金，应严格限制硅、铝、锰杂质的含量。当铝、硅、锰含量各超过 0.1%时，合金中的锆含量将大为减少。实验结果如下：

（1）当含锰量为 0.1%~0.5%时，镁合金中的锆含量可减少至原来的 1/3；

（2）当含铝量为 0.1%~0.5%时，镁合金中的锆含量可减少至原来的 1/11；

（3）当含硅量为 0.1%~0.5%时，镁合金中的锆含量可减少至原来的 1/60。

#### 5.1.1.2　变形镁合金熔体的变质处理

镁合金的晶粒粗化倾向较大，为使其晶粒细化，需对镁合金进行变质处理。在镁合金中最有效的变质剂是锆和铁。根据晶粒可能细化的程度，镁合金可分为两大类：

（1）可以得到稳定的细化晶粒的镁合金，包括以 Mg-Zn 和 Mg-RE 为基的镁合金系。该系的有效细化剂是锆。添加锆既可细化晶粒，又可强化固溶体和提高合金的抗蚀性。该系合金锆含量为 0.3%～0.9%。以 Mg-Zr 中间合金形式加入的锆，它有着长时间的细化效应。图 5-1 所示是 MB15 合金中锆含量和晶粒尺寸的关系。

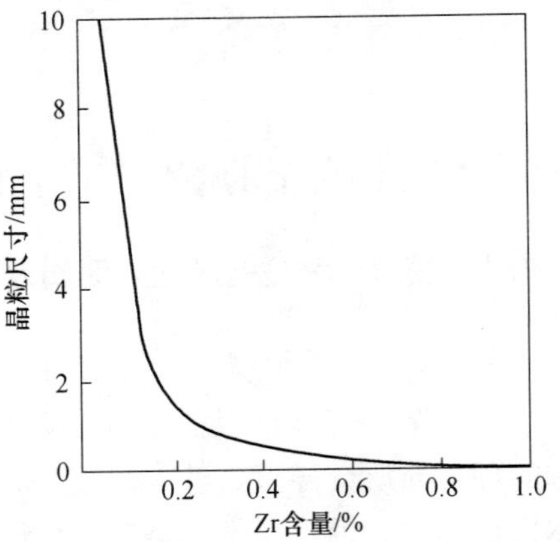


图 5-1　MB15 合金中锆含量与晶粒尺寸的关系

（2）难于细化的镁合金，包括以 Mg-Mn 和 Mg-Al 为基的镁合金系。而 Mg-Al-Zn-Mn 系合金（MB3、MB2、MB5、MB7）其晶粒大小与杂质铁的含量有关。以 MB3 合金而言，根据铁含量不同，其晶粒粗化程度可分为三组（据统计），见表 5-2。

该系合金中含有微量的锆、硅、铍时，其晶粒将被粗化。例如，存在 0.002%锆时，晶粒大为粗化。硅高于 0.08%时，不可能有细晶。当铍超过 0.001%时，则出现柱状晶和粗晶。

**表 5-2　铁含量对晶粒粗化程度的影响**

| 铁含量/% | <0.005 | 0.006～0.02 | >0.02 |
|---|---|---|---|
| 晶粒大小 | 粗晶粒 | 中等晶粒 | 细晶粒 |

MB3 合金形成柱状晶的倾向性，与其杂质含量有关。当钛含量大于 0.01%，或硅含量大于铁含量时，铸锭横截面上形成大量的柱状晶。为防止产生柱状晶，应将 MB3 合金中的杂质含量控制在以下范围：铁为硅的 3～3.5 倍，钛小于 0.005%，这样则可得到 0.1mm 的细晶。对 Mg-Mn 系合金来说，可用碳作细化剂；但碳和碳化物细化晶粒的效应时间很短，不能适应 6～8h 熔铸工艺时间的要求，因此不实用。如在净化过滤系统中使用碳化物，效果可能提高。

在 MB1 和 MB8 合金中，铁对晶粒细化也有作用。在 MB1 和 MB8 合金中使晶粒粗化的杂质是铝，而不是锆和硅。当铝高于 0.02%时，若想得到细晶组织是不可能的。铍对 MB1 和 MB8 合金晶粒的粗化作用和 MB3 合金相似。在 MB8 合金中加入少量的锆（以 Mg-Zr 中间合金或 MB15 合金大块废料形式加入）可得细晶组织。

另外在 MB8 合金中，如果杂质铝的含量超过 0.025%时，将使晶粒粗化。而当铝含量在 0.014%～0.025%，则可细化晶粒，尤其与强冷的工艺条件相配合铸造的扁锭效果更好。在实际生产中，铸造 MB8 合金可利用含铝的镁合金一级废料把铝的含量调到最佳范围。

在下列镁合金中，若将杂质控制在表 5-3 所列的范围中，则铸锭既可得到细晶，又没有金属间化合物。

**表 5-3 建议杂质的控制范围**

| 合金牌号 | 杂质含量/% | | | | | | | |
|---|---|---|---|---|---|---|---|---|
| | Fe | Si | Al | Mn | Zr | Ni | Cu | Be |
| MB3 | ≤0.02~0.04 | ≤0.05 | — | — | ≤0.002 | ≤0.004 | ≤0.05 | ≤0.001 |
| MB8 | ≤0.03~0.05 | ≤0.05 | ≤0.02 | — | ≤0.002 | ≤0.005 | ≤0.05 | ≤0.001 |
| MB15 | ≤0.03 | ≤0.05 | ≤0.03 | ≤0.05 | — | ≤0.005 | ≤0.05 | ≤0.001 |

## 5.1.2 变形镁合金的熔炼工艺

根据变形镁合金的特点，其熔炼工艺装备大体分两大类：坩埚炉和火焰反射炉。坩埚炉有电坩埚炉和燃料坩埚炉两种。电坩埚炉又分为工频坩埚炉和电阻坩埚炉。

国外基本上是用5~12t火焰炉或坩埚炉熔制变形镁合金。国内既使用大型火焰反射炉，也采用工频坩埚炉。坩埚炉更有利于提高金属质量和改善生产条件。

下面以在反射炉内熔炼变形镁合金为例进行熔炼工艺的讨论。

在反射炉内熔炼变形镁合金时，其熔炼工艺过程可分为：烘炉、洗炉、配料、装炉、熔化、扒渣、加合金元素、转炉、精炼、静置等工序。

### 5.1.2.1 烘炉

新砌炉和中修后的反射炉，在使用前应进行烘炉。烘炉应严格按烘炉曲线，如图5-2进行升温。长期停炉后（超过十天），在使用前也应进行不少于3昼夜的烘炉。

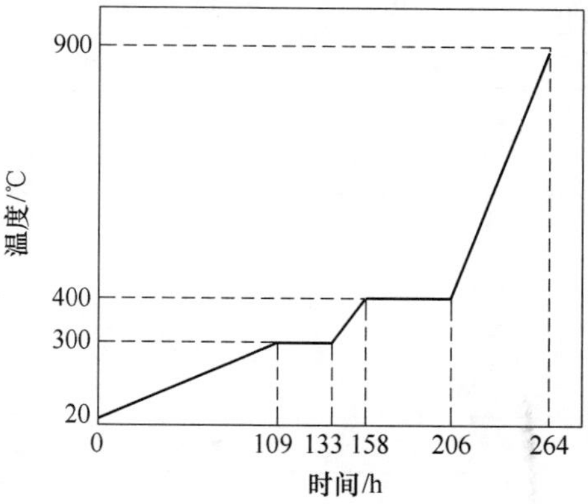


图 5-2 烘炉曲线

### 5.1.2.2 洗炉

新砌炉和中修后的反射炉，在开炉时，第一炉要先洗炉。此外，在合金转组时，也应进行洗炉，其规定见表5-4。洗炉时要使用新镁锭或者熔剂，装到炉子容量的一半，升温熔化至760~800℃时，充分搅拌两次，静置少许后放出。洗炉的目的是防止合金中杂质含量的增高，除掉部分砖缝间存在的非金属及气态夹杂物。

**表 5-4 合金转组时的洗炉规定**

| 原来熔炼的合金 | Mg-Al-Zn-Mn | Mg-Mn | Mg-Zr |
|---|---|---|---|
| 转到此系合金时应洗炉 | Mg-Mn 和 Mg-Zr | Mg-Zr | Mg-Al-Zn-Mn |

### 5.1.2.3 配料

根据合金的化学成分要求，按配料标准进行配料，复化料用量一般不大于40%。配料时，按生产卡片备好所用炉料，并仔细检查有无混料，原镁锭有无油污，废料有无严重腐蚀。所采用的原材料及辅助材料应符合有关标准规定，化学成分见表5-5~表5-10。

表 5-5　镁锭化学成分　(%)

| 牌号 | Mg | 杂质 | | | | | | | | |
|---|---|---|---|---|---|---|---|---|---|---|
| | | Fe | Si | Al | Cl | Na | K | Cu | Ni | 总和 |
| Mg-9995 | ≥99.95 | ≤0.03 | ≤0.01 | ≤0.01 | ≤0.003 | ≤0.01 | ≤0.005 | ≤0.002 | ≤0.001 | ≤0.05 |
| Mg-9990 | ≥99.90 | ≤0.04 | ≤0.009 | ≤0.02 | ≤0.005 | ≤0.01 | ≤0.005 | ≤0.01 | ≤0.001 | ≤0.08 |
| Mg-9980 | ≥99.80 | ≤0.05 | ≤0.03 | ≤0.05 | ≤0.005 | ≤0.02 | ≤0.005 | ≤0.02 | ≤0.002 | ≤0.15 |

表 5-6　铝锭化学成分　(%)

| 牌号 | Al | 杂质 | | | | | |
|---|---|---|---|---|---|---|---|
| | | Fe | Si | Fe+Si | Cu | 其他 | 总和 |
| Al99.70 | ≥99.70 | ≤0.20 | ≤0.12 | ≤0.26 | ≤0.01 | — | ≤0.30 |
| Al99.60 | ≥99.60 | ≤0.25 | ≤0.16 | ≤0.36 | ≤0.01 | — | ≤0.40 |

表 5-7　锌锭化学成分　(%)

| 牌号 | Zn | 杂质 | | | | | | | |
|---|---|---|---|---|---|---|---|---|---|
| | | Pb | Fe | Cd | Cu | As | Pt | Sn | 总和 |
| Zn99.99 | ≥99.99 | ≤0.005 | ≤0.003 | ≤0.003 | ≤0.002 | — | — | — | ≤0.01 |
| Zn99.95 | ≥99.95 | ≤0.020 | ≤0.01 | ≤0.02 | ≤0.002 | — | — | — | ≤0.04 |
| Zn99.90 | ≥99.90 | ≤0.03 | ≤0.02 | ≤0.02 | ≤0.002 | — | — | — | ≤0.10 |

表 5-8　铈化学成分　(%)

| 牌号 | Ce | 杂质 | | |
|---|---|---|---|---|
| | | Fe | Si | P |
| 一号 | ≥99 | ≤0.5 | ≤0.2 | ≤0.01 |
| 二号 | ≥98 | ≤0.5 | ≤0.2 | ≤0.01 |
| 三号 | ≥95 | ≤0.5 | ≤0.2 | ≤0.01 |

表 5-9　锆氟酸钾的化学成分

| 项目 | $K_2ZrF_6$ | $SO_2$ | Fe | Ti | Al |
|---|---|---|---|---|---|
| 含量/% | ≥98.0 | ≤0.35 | ≤0.15 | ≤0.02 | ≤0.2 |

表 5-10　氯化锰的化学成分

| 项目 | $MnCl_2$（去结晶水） | 水不溶物 | 水分 |
|---|---|---|---|
| 含量/% | ≥92.0 | ≤1.5 | ≤0.5 |

#### 5.1.2.4　装炉、熔化及扒渣

装炉前先在炉内均匀地撒一层粉状二号熔剂，然后装料。装料的顺序是先装碎料，后装镁锭，最后把大块废料放在上面。装料时，要求装得密实平整。装完后撒一薄层二号熔剂，然后开始升温熔化。用反射炉熔炼镁合金时，应使炉膛内的气氛呈微还原性。

在升温熔化及扒渣时，应注意防止金属燃烧。若燃烧时，应立即用二号熔剂熄灭。待炉内金属熔化后，扒第一次渣，当金属温度达750~770℃时再扒第二次渣。扒渣时，金属搅动不要太大，渣子要尽量扒尽，不要把金属带入渣中。扒渣后，进行彻底搅拌，静置少许后进行取样分析。各种合金的取样温度见表5-11。在熔炼过程中，各类合金元素的加入方式及要求见表5-12。

**表5-11 各类合金的取样温度**

| 合金 | MB1、MB8 | MB2、MB3、MB5、MB7 | MB15 |
|---|---|---|---|
| 取样温度/℃ | 780~800 | 720~740 | 780~800 |

**表5-12 合金元素的加入方式及要求**

| 合金 | 加入元素 | 加入方式 | 加入时间及地点 | 加入温度/℃ | 取样温度/℃ | 备注 |
|---|---|---|---|---|---|---|
| MB1 | Mn | $MnCl_2$（烘烤） | 在熔炼炉扒完二次渣后，用加锰器分批加入 | 800~820 | >800 | 锰的实收率较高，在烘烤$MnCl_2$时产生大量有害气体，劳动条件不好 |
| | | $MnCl_2$（重熔） | 在熔炼炉扒完二次渣后，用加锰器一次加完 | 800~820 | >800 | 金属烧损及熔剂消耗量低，产品质量有所提高。但$MnCl_2$重熔时劳动条件不好 |
| MB8 | Mn | 锰盐熔剂 | 在熔炼炉内用锹撒入并不断搅拌 | 750 | >800 | 锰的实收率提高10%左右，铸锭夹渣废品降低，劳动条件有所改善。但增加了锰盐制造工序 |
| | Ce | 铈铁 | 在静置炉内用加铈器加入 | 760~780 | >760 | |
| MB2 | Al | 铝锭 | 随炉料一起加入 | | | |
| MB3 | Zn | 锌锭 | 随炉料一起加入 | | | |
| MB5 | Mn | 用MB1、MB2废料 | 随炉料一起加入 | | | |
| MB15 | Zr | 纯锆盐 $K_2ZrF_6$ $K_2ZrCl_6$ $ZrCl_4$ | 在熔炼炉内用铁锹大量撒入 | 900~920 | ≥800 | $ZrCl_4$、$K_2ZrCl_6$中Cl污染严重，故未采用。用$K_2ZrF_6$时因温度高，反应放出的热量大，金属烧损严重，同时反应产物中有毒性气体HF、$F_2$，使劳动条件变差 |
| | | 混合锆盐 $K_2ZrF_6$ $CaF_6$ LiCl | 在熔炼炉中用铁锹撒入 | 800~820 | ≥800 | 锆的实收率有所提高，氧化夹渣废品减少，但熔剂腐蚀废品增多 |
| | | Mg-Zr中间合金 | 在熔炼炉内扒完第一次渣后加入 | 800~820 | ≥800 | 合金的纯度提高，生产周期缩短，劳动条件改善，但生产中间合金时，劳动条件不好 |

#### 5.1.2.5 转炉

当所熔合金的化学成分符合转炉标准，熔体温度达750~770℃时，即可将金属镁从熔炼炉转入静置炉。转炉采用的主要方法有：

(1) 静压力落差法。此法适用于两个炉床不在同一水平面上的反射炉。转炉时，用钎子打开流口，金属便自动流出。

(2) 虹吸倒炉法。

(3) 离心泵倒炉法，其结构图见图5-3。

(4) 电磁泵倒炉法，其结构图见图5-4。

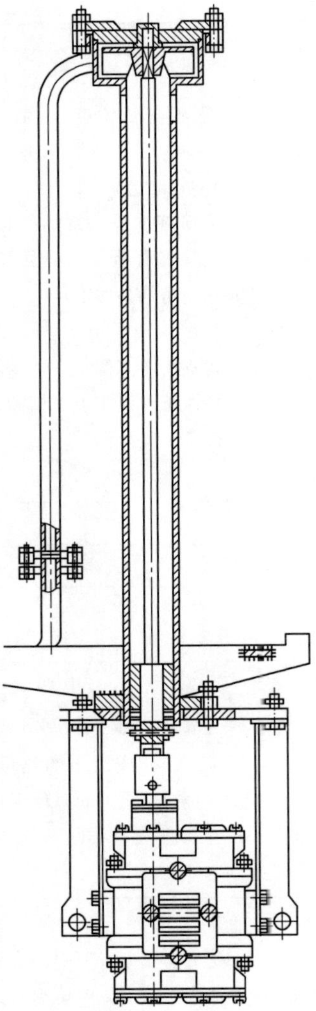

图5-3 镁合金转炉用离心泵

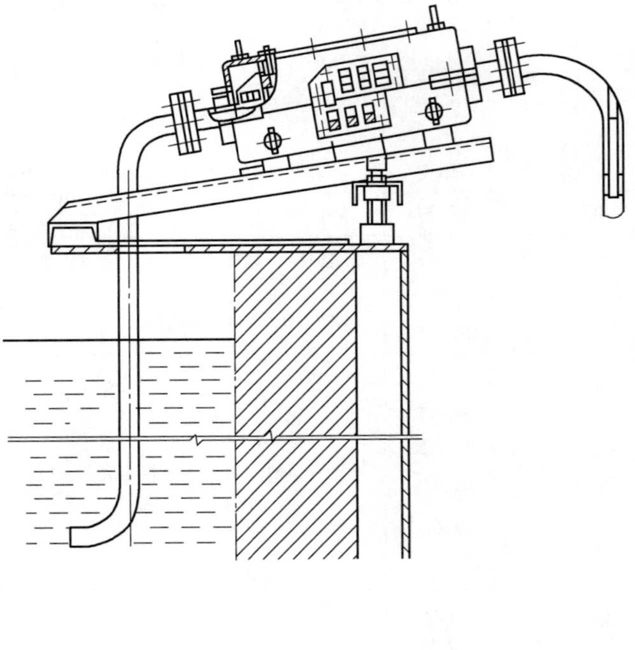

图5-4 镁合金转炉用电磁泵

#### 5.1.2.6 精炼

精炼的目的是消除合金中的非金属夹杂物和溶解的气体，以获得较纯净的金属，从而提高合金的力学性能和耐蚀性能。

变形镁合金常用的精炼方法是熔剂精炼法。精炼的效果与所用熔剂的数量、质量、操作方法、精炼温度及精炼时间等因素有关。当从熔体中取完快速分析试样后，温度达到730~760℃时进行精炼。精炼熔剂的用量为每吨熔体约10kg，精炼时间10min左右。

在生产中，除镁-锂合金外，一般采用二号熔剂加10%~15% $CaF_2$作为精炼剂。按上述熔剂特点来看，最好采用五号熔剂进行精炼。在精炼后重新覆盖时，也用精炼熔剂，而不是采用二号熔剂。

精炼后，根据实际情况，将熔体静置不少于60min，然后开始铸造。镁合金的精炼特点和注意事项如下：

（1）含锆的镁合金，不用含Al和Mn的氟化物熔剂，而采用四号熔剂。

（2）净化时一般不用六号熔剂，因熔剂中含$TiCl_3$，Ti与Fe起作用，会对Mg-Al-Zn-Mn和Mg-Mn系合金起粗化晶粒的作用。

（3）对镁-锰和镁-稀土系合金，不采用二号熔剂，因为精炼后会出现熔剂夹渣。

（4）五号熔剂可用于所有合金，因为精炼时掉进镁合金熔体中的氯化物少。用五号熔剂时，静置时间不少于60min；如用五号熔剂覆盖时，有可靠的保护性，6~8h也不失效。

（5）对含锂和稀土族元素的合金，要想方设法缩短熔炼时间，减少元素的烧损；由于它们在转注和精炼时损失很大，应在补料时予以补偿。

5.1.2.7 清炉

清炉是铲除炉墙残渣，扒净炉内烧渣。熔炼炉转炉完了和静置炉铸造终了时，均要进行清炉。在生产中，熔炼一定炉数（6~10炉）后，也要进行一次放干大清炉。

## 5.2 变形镁合金的半连续铸造

镁合金铸锭质量与铸造方法关系很大，镁合金的铸造方法有铁模铸造、水冷模铸造和半连续铸造。铁模和水冷模铸造法是陈旧的方法，铸锭质量和生产效率较低，已很少采用。半连续铸造方法制备的镁合金铸锭质量高、生产效率也高。因此，在工业生产中广泛采用的是半连续铸造法。

### 5.2.1 半连续铸造方法的主要特点

#### 5.2.1.1 半连续铸造方法的主要优点

（1）结晶速度高，改善了铸锭的组织结构，减小了化学成分的区域偏析，提高了铸锭的力学性能。表5-13及表5-14列出了采用不同铸造方法的MB8及MB3合金铸锭力学性能。

表5-13 MB8合金铸锭的力学性能

| 铸造方法 | $\sigma_b$/MPa | $\delta$/% |
|---|---|---|
| 铁模铸造 | 81~131 | 3~6.0 |
| 半连续铸造 | 168~180 | 3~10.0 |

表 5-14 不同铸造方法生产的 MB3 合金（$\phi$280mm）铸锭力学性能

| 取样方向 | 铸造方法和制度 | | $\sigma_b$/MPa | | $\delta$/% | |
|---|---|---|---|---|---|---|
| | 方法 | 铸造温度和铸造速度 | 边部 | 中心 | 边部 | 中心 |
| 纵向性能 | 水冷模 | 730℃ | 144 | 90 | 5.5 | 2.6 |
| | 半连续铸造 | 730℃，速度 3m/h | 143 | 146 | 7.2 | 6.3 |
| | 水冷模 | 690℃ | 133 | 72 | 6.5 | 2.6 |
| | 半连续铸造 | 690℃，速度 4m/h | 143 | 141 | 7.6 | 7.5 |
| 横向性能 | 水冷模 | 730℃ | 174 | 105 | 6.2 | 4.0 |
| | 半连续铸造 | 730℃，速度 3m/h | 166 | 150 | 7.2 | 6.7 |
| | 水冷模 | 690℃ | 174 | 147 | 5.2 | 3.3 |
| | 半连续铸造 | 690℃，速度 4m/h | 142 | 144 | 4.8 | 4.8 |

（2）由于改善了金属熔铸系统，能减少氧化夹杂和金属杂质，提高金属的纯净度。表 5-15 是两种熔铸系统及设备铸造对 MB8 合金中金属杂质的影响。

表 5-15 铸造方法及设备对 MB8 合金净化程度的影响

| 工艺装备 | 有害杂质含量/% | | |
|---|---|---|---|
| | Fe | Cu | Ni |
| 铁制坩埚和铁模铸造 | 0.05 | 0.05 | 0.007 |
| 煤气炉和半连续铸造 | 0.025 | 0.05 | 0.002 |

（3）由于半连续铸造方法具有合理的结晶顺序性，提高了铸锭的致密度，并使铸锭中心部位减少了疏松。

（4）增大了铸锭长度，相对减少了切头、切尾等几何废料，提高了成材率。

（5）实现了机械化，改善了劳动条件，提高了劳动生产率。

#### 5.2.1.2 半连续铸造方法的主要缺点

（1）铸锭内部因结晶速度增大造成了更大的内应力，使裂纹倾向性增大。

（2）由于结晶速度增大，对扩散系数较小的个别组元合金，造成了较大的晶内偏析。因此，某些合金锭需要进行长时间组织均匀化处理。

### 5.2.2 变形镁合金的半连续铸造工艺

#### 5.2.2.1 工艺制度

镁合金半连续铸造的基本工艺参数是铸造速度、铸造温度、冷却水压和结晶槽高度。这些参数中，可调度最大的是铸造速度，铸造温度和冷却水压（它表征水冷强度）。此外，在铸造系统中许多未纳入铸造制度的细节也对铸锭的组织、裂纹倾向性、铸锭致密度以及铸锭表面质量等有一定的影响。例如结晶槽锥度和光洁度、进出水孔的大小及水的喷射角度、铸造漏斗直径、孔径、孔数、沉入熔体的深度等。在不同铸造速度条件下，冷却强度对液穴深度的影响见图 5-5。结晶槽高度对冷却速度的影响见图 5-6。

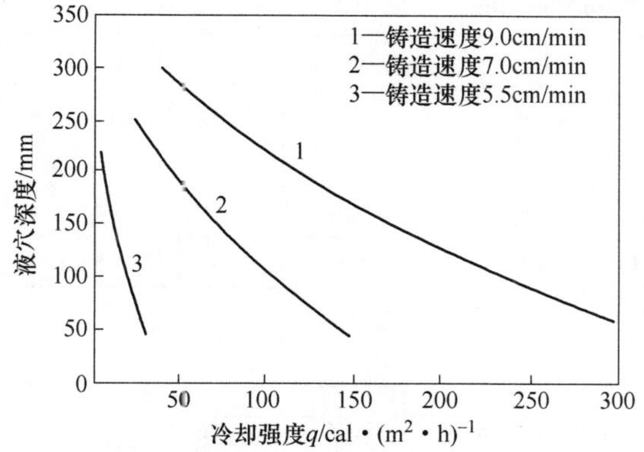


图 5-5　在不同铸造速度条件下冷却强度对液穴深度的影响（1cal=4.186J）

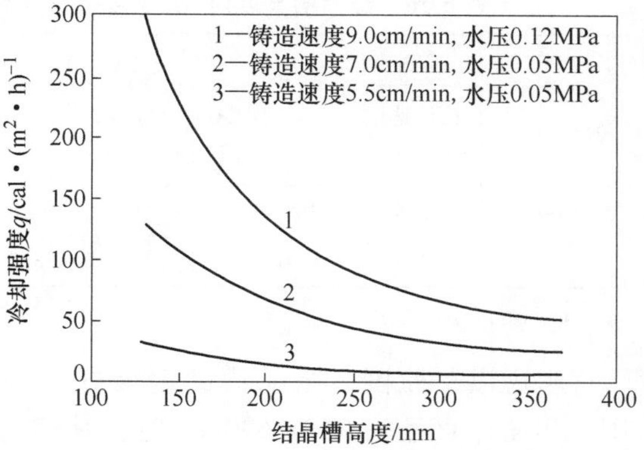


图 5-6　结晶槽高度对铸锭冷却强度的影响（1cal=4.186J）

以镁合金圆铸锭铸造为例，一般情况下，为防止产生通心裂纹，可采用较高的结晶槽。即当增高结晶槽后，可适当地提高铸造速度，而不致产生通心裂纹。但是，当增高结晶槽后，如果铸造速度低，将又会引起发状的表面淬火裂纹。对于热脆性较大的合金，若采用低结晶槽时，必须相应减小铸造速度；但此时铸锭表面的冷隔（成层）缺陷却又增多，同时还可能出现横向冷裂纹。因此，必须合理的选择结晶槽高度和铸造速度，使其既不出现通心的热裂纹和其他形式的热裂纹，也不出现冷裂纹，同时还能提高铸锭表面质量。

各参数对液穴深度影响和冷却强度对结晶速度的影响分别如图 5-7 和图 5-8 所示。

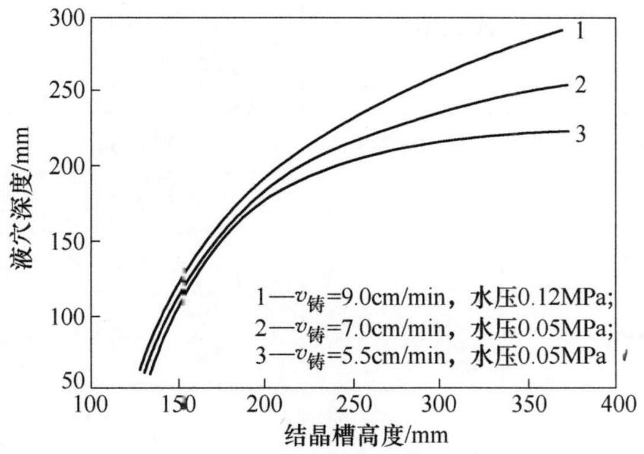


图 5-7　液穴深度变化和结晶槽高度及铸造速度关系

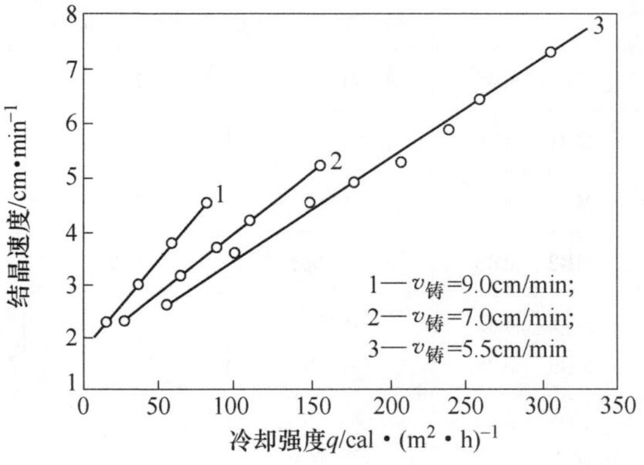


图 5-8　冷却强度对结晶速度的影响（1cal=4.186J）

由于结晶槽高度的提高，相对降低了结晶速度，可延长金属中间化合物的生长时间。结晶槽越高，对镁合金中金属中间化合物的尺寸增大和数量增多的影响越明显。表 5-16 为铸造 200mm×800mm MB3 合金扁锭，其金属中间化合物的偏析和结晶槽高度的关系（根据标准检验其合格率）。

**表 5-16　结晶槽高度对 MB3 合金扁锭（200mm×800mm）金属中间化合物的影响**

| 结晶槽高度/mm | 铸造参数 | | | | | 金属中间化合物偏析情况 | | |
|---|---|---|---|---|---|---|---|---|
| | 铸造速度/m·$h^{-1}$ | 铸造温度/℃ | 金属水平/mm | 水压/atm | | 试片总数/个 | 合格试片数/个 | 试片合格率/% |
| | | | | 大面 | 小面 | | | |
| 300 | 2.5 | 720~735 | 50~70 | 0.3~0.45 | 0.1~0.2 | 49 | 22 | 44.9 |
| 250 | 2.5 | 720~735 | 50~70 | 0.3~0.45 | 0.07~0.15 | 120 | 101 | 84.1 |

注：1atm=101325Pa。

考虑以上原因，结晶槽高度最好控制在以下范围：当铸锭直径为 350~690mm 时，其结晶槽高度为 145~250mm；200mm×800mm 扁铸锭的结晶槽高度为 250mm；260mm×960mm 扁铸锭的结晶高度为 300mm。

在国外，对 MB15 合金，还仅限于铸造圆锭。在我国已首次铸成了 MB15 合金扁锭。其规格为 160mm×540mm，结晶槽高度为 250mm。

MB15 合金热裂纹倾向性较大，对水冷强度表现得极为敏感，为了减少热裂纹，采用推迟二次冷却水的方法，如图 5-9 所示，其效果很好，既保证了铸锭表面质量，也基本上克服了铸锭的热裂纹。

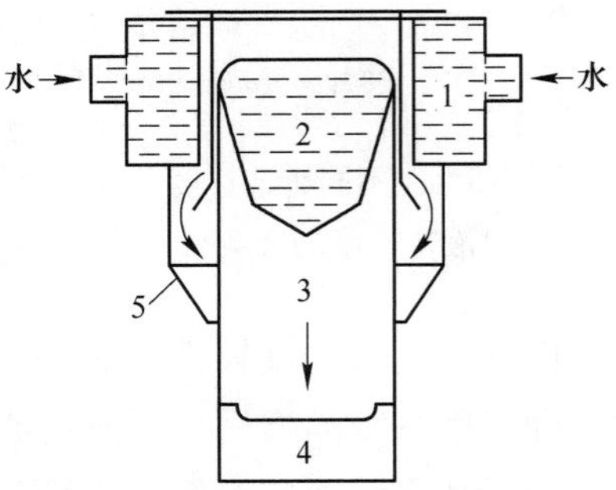


图 5-9　MB15 合金 160mm×540mm 扁铸锭铸造系统

1—结晶槽；2—液穴；3—铸锭；4—底座；5—挡水板

几种合金及规格镁合金的铸造工艺制度见表 5-17。

**表 5-17　几种规格镁合金的半连续铸造工艺制度**

| 合金牌号 | 铸锭规格/mm | 结晶槽高度/mm | 铸造温度/℃ | 铸造速度/m·$h^{-1}$ | 水压/atm |
|---|---|---|---|---|---|
| MB1、MB8 | $\phi$100、$\phi$200 | 130 | 730~750 | 4.5~6.0 | 0.3~0.6 |
| MB1、MB8 | $\phi$350、$\phi$405 | 145 | 720~740 | 2.0~2.3 | 0.3~0.6 |
| MB1、MB8 | $\phi$482 | 200 | 720~740 | 1.5~2.2 | 0.3~0.6 |
| MB2、MB3 | $\phi$100、$\phi$200 | 145 | 720~745 | 4.5~6.0 | 0.3~0.6 |
| MB2、MB3<br>MB5、MB8 | $\phi$350<br>$\phi$405 | 145 | 710~730 | 2.0~2.2 | 0.3~0.6 |
| MB2、MB3<br>MB5、MB7 | $\phi$482 | 200 | 710~725 | 1.5~2.2 | 0.3~0.6 |
| MB2、MB3 | $\phi$550 | 200 | 700~720 | 1.5~2.2 | 0.5~0.8 |
| MB2、MB3 | $\phi$690 | 250 | 700~720 | 1.3~1.8 | 0.5~1.0 |
| MB15 | $\phi$100、$\phi$200 | 130 | 710~750 | 4.5~6.0 | 0.3~0.6 |
| MB15 | $\phi$350、$\phi$405 | 145 | 700~730 | 2.2~2.4 | 0.3~0.6 |
| MB15 | $\phi$482 | 200 | 690~725 | 1.5~2.2 | 0.3~0.8 |

续表 5-17

| 合金牌号 | 铸锭规格/mm | 结晶槽高度/mm | 铸造温度/℃ | 铸造速度/m·h$^{-1}$ | 水压/atm | |
|---|---|---|---|---|---|---|
| MB15 | $\phi$690 | 250 | 690~710 | 1.3~1.6 | 0.5~1.0 | |
| MB1、MB8 | 200mm×800mm | 300 | 735~750 | 2.0~2.5 | 大面 | 小面 |
| | | | | | 0.2~0.4 | 0.08~0.25 |
| MB8 | 260mm×960mm | 300 | 730~745 | 2.0~2.5 | 0.2~0.5 | 0.08~0.30 |
| MB2、MB3 | 200mm×800mm | 250 | 730~745 | 2.0~2.5 | 0.2~0.5 | 0.07~0.25 |
| MB15 | 160mm×540mm | 250 | 720~750 | 2.4~3.0 | 0.2~0.4 | 0.07~0.20 |

注：水压视具体条件而定，此值只供参考，1atm=101325Pa。

### 5.2.2.2 结晶槽和铸造漏斗

结晶槽不仅决定了铸锭的形状和尺寸，且对铸锭质量和裂纹倾向性有直接影响。

镁合金圆铸锭用结晶槽的结构形式和铝合金相同，但结晶槽高度比铝合金高。镁合金铸锭用结晶槽的规格见表 5-18 和表 5-19，其结构见图 5-10。

**表 5-18 镁合金圆铸锭用结晶槽尺寸**

| 结晶槽直径/mm | 100 | 200 | 350 | 405 | 482 | 550 | 690 |
|---|---|---|---|---|---|---|---|
| 结晶槽高度/mm | 130 | 130 | 145 | 145 | 200 | 200 | 250 |
| 向铸锭供水角度/(°) | 30 | 30 | 30 | 30 | 20 | 20 | 20 |

**表 5-19 镁合金扁铸锭结晶槽尺寸**

| 铸锭规格 /mm×mm | 结晶槽尺寸/mm | | | | 小面弧/mm | |
|---|---|---|---|---|---|---|
| | 宽度 | 厚度 | 高度 | 锥度（上口比下口）/(°) | $R_1$ | $R_2$ |
| 200×800 | 806 | 206 | 250 | 小 2~3 | 50 | 250 |
| 200×800 | 806 | 206 | 300 | 大 0~2 | 50 | 250 |

当铸造热裂纹倾向性较大合金的大直径铸锭时，建议采用较高的结晶槽，且应带较小的供水角度。无论是圆铸锭或扁铸锭用的结晶槽，其内表面光洁度应尽可能的高，要求 $R_a$ 在 1.6μm 以上。光洁度越高，铸锭表面质量越好。

由于镁合金扁锭尺寸较小，且铸锭冷裂纹倾向性较小，故不采用端头小面带缺口的结晶槽。因为这种结晶槽操作不方便，尤其是对熔态金属直接见水有爆炸危险的镁合金，更不宜采用。

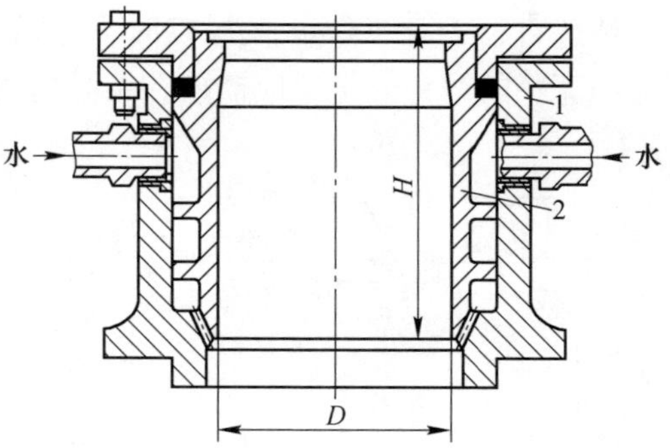

图 5-10 圆铸锭用结晶槽

1—结晶槽外套；2—结晶槽内套

扁铸锭结晶槽直接安在冷却水箱上。水箱上有两排水孔，与铸锭角度分别呈 90°和 45°，水孔直径为 4~6mm，水孔间隔 10mm。为保证水压正常，进水口面积应比出水孔总面积大 25%，并在水箱宽面的下方设一挡水板。挡水板和结晶槽下缘呈一均匀缝隙，以保证冷却水在同一水平上直接喷射到铸锭表面。水箱的结构见图 5-11，扁锭用结晶槽见图 5-12。

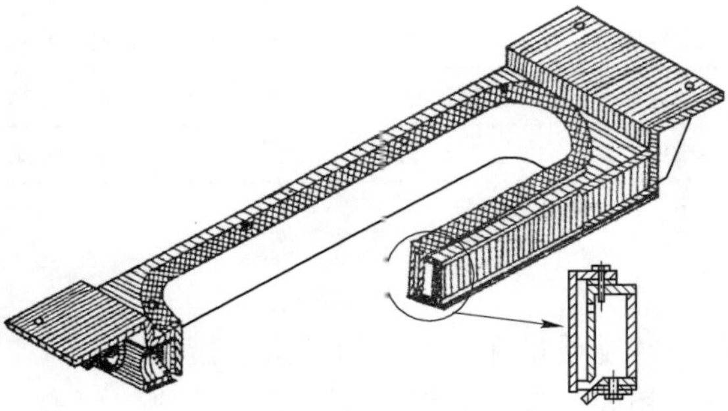

图 5-11　扁铸锭用水箱

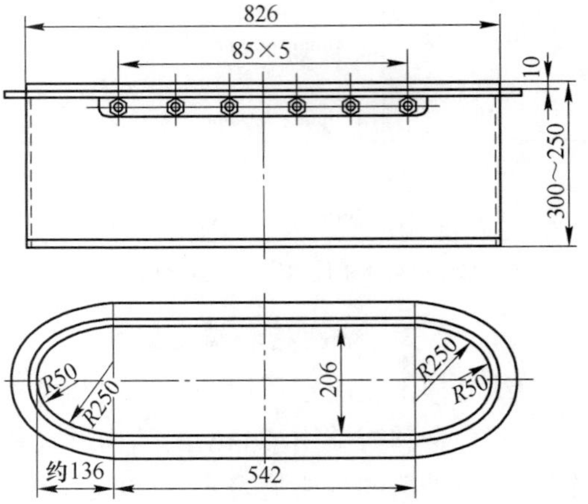


图 5-12　铸造镁合金扁锭用结晶槽

### 5.2.2.3　镁合金熔体的电磁搅动

在镁合金熔铸过程中，若只用变质处理往往不能获得满意的细晶组织。如对铸锭液穴熔体，进行电磁搅拌却能保证获得稳定的细晶组织。

熔体的黏滞运动可促使晶粒细化。研究指出，电磁场所造成的熔体运动可引起体积结晶，故使晶粒细化。但电磁搅拌也伴随有极不希望出现的现象，即金属中间化合物一次晶落入铸锭，同时还粗化晶枝（晶内结构）。本质是悬浮结晶的（所造成的一次晶）结晶速度小的结果。

为使液穴内的熔体按磁场作用力的方向运动，一般采用工频感应器。其电源由一台电压为 380V、频率为 50Hz 的降压变压器供给，搅动功率的高速可用变压器二次分接头来实现。二次分接头的电压不超过 24V，电流在几十到几千安培之间变化。

铸造直径大于 500mm 的圆锭时，把感应器放在液穴上方较合理，如图 5-13 所示，而铸造小直径的铸锭时把感应器放在结晶槽的外周较好，如图 5-14 所示。

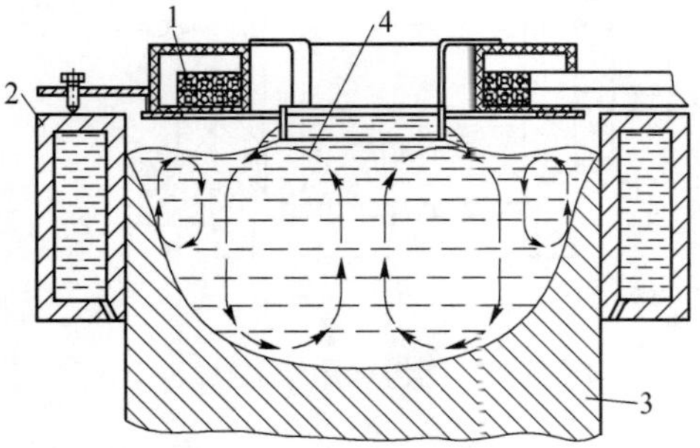


图 5-13　感应器布置在结晶槽上方的形式

1—电磁感应器；2—结晶槽；3—铸锭；4—液穴形状

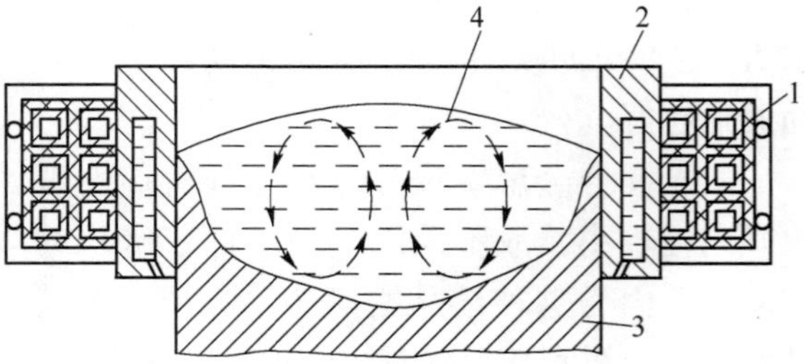


图 5-14　感应器布置在结晶槽外围的形式

1—电磁感应器；2—结晶槽；3—铸锭；4—液穴形状

铸造 MB1、MB8 和 MB3 合金 165mm×540mm 扁锭时，感应器供给的功率为 20～100kW，当功率不低于 40kW，可发现液穴内熔体有明显运动。功率增大到 100kW 时，则引起熔体的激烈搅动，甚至使氧化膜破裂，而污染金属。

（1）电磁搅动熔体时，首先使液穴内的温度降低和均匀。对于结晶温度范围不同的合金，其温度降低也不一样。对于纯镁和共晶成分的合金以及结晶温度范围小的 MB8 合金，其温度可均匀的降低到共晶温度或者低于其液相线 2～3℃。而对结晶温度范围宽的合金，如 MB3，则发现其温度降低得更大，能低于其液相线 10～20℃。图 5-15 为 MB8 合金有、无电磁搅动时的冷却曲线对比。

（2）当用电磁搅动液穴熔体时，将改变铸锭结晶面的形状，用低结晶槽时液穴底部扩大，用高结晶槽时，液穴底部加深。搅动越激烈，则液穴内降温部分越大。在激烈搅动时，被冷却的熔体将扩及整个熔体。形核数与熔体运动速度成正比。液穴内熔体搅拌强度对其晶粒尺寸的影响见图 5-16。

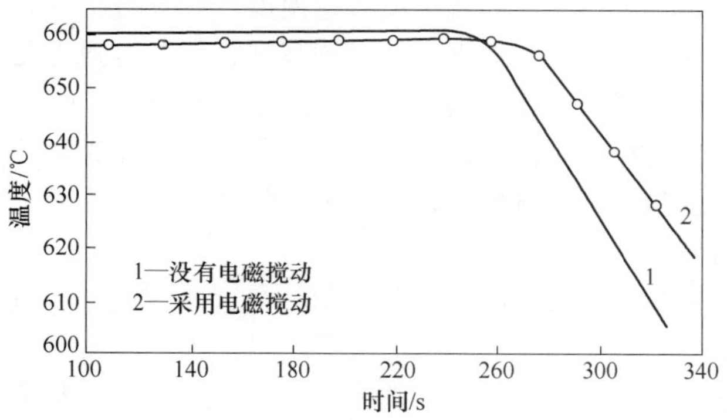


图 5-15 铸造 MB8 合金时铸锭的冷却曲线

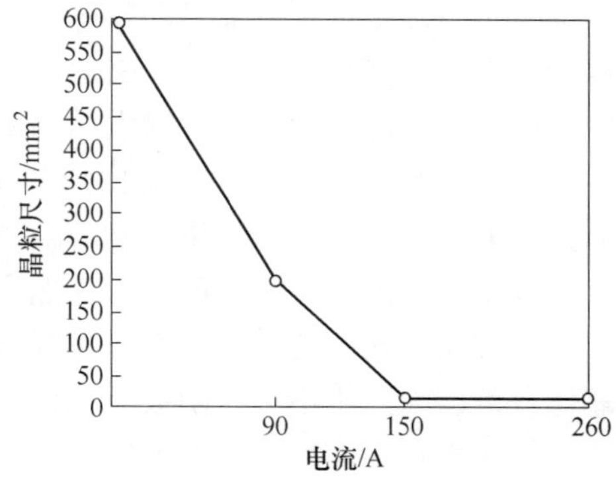


图 5-16 熔体搅动强度对晶粒尺寸的影响

（3）电磁搅动将引起晶枝（晶内结构）明显粗化和金属中间化合物一次晶数量增加。这可能是随着搅动强度的增加将使长大着的枝晶和一次晶在液穴内停留时间增长的缘故。

MB8 合金铸锭经电磁搅拌，其金属中间化合物尺寸增大，数量增多，而 MB3 合金铸锭的金属中间化合物尺寸减小，数量却大大增多。图 5-17 为 MB8 合金锭中金属间化合物的数量与电磁搅拌的关系。

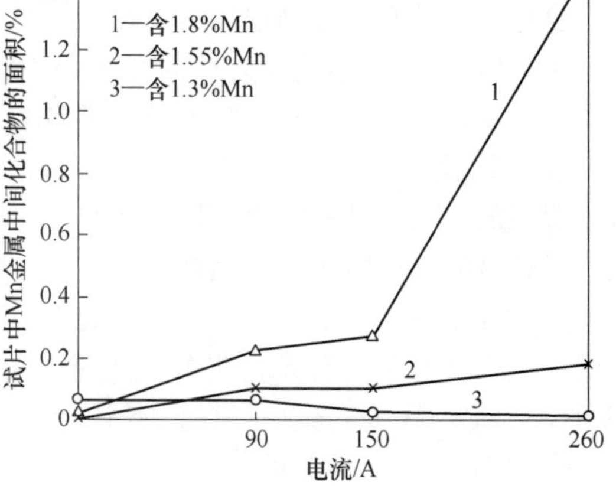


图 5-17 MB8 合金中金属间化合物数量与搅动强度的关系

实践表明，用功率为 60kW 的感应器铸造 MB1 和 MB8 合金锭时，可以完全消除柱状晶，而 MB3 合金只需 40kW。晶粒尺寸减小 90%以上，且晶粒均匀。

若将 MB8 合金中的锰含量控制在 0.3%～0.55%，MB3 合金中的锰含量控制在 0.3%～0.55%范围内时，则在所有搅动强度的情况下，实际上铸锭中没有锰的一次晶化合物的聚集。

由于电磁搅拌细化了晶粒，增大了结晶前沿的压力。因此，改善了固液区的裂纹愈合条件，故有效地减少了热裂纹。

5.2.2.4 变形镁合金铸锭的缺陷

镁合金铸锭中，常见的缺陷和废品有裂纹、熔剂夹渣、氧化夹杂、金属中间化合物、气孔和冷隔（成层）等缺陷。此外，还有羽毛状晶（扇形晶）等缺陷，可由宏观试片或打断口显示出来，在轧制和自由锻造时，它可能引起铸锭的断裂。在原则上，出现扇形晶不算废品。

（1）裂纹。铸锭中明显的裂纹作废品处理，超过铸锭表面铣削量的发状裂纹也应予以报废。

（2）冷隔。冷隔是由于铸造速度慢、铸造温度低，金属在结晶槽中液面控制不稳、铸造漏斗选择不当、结晶槽锥度不合理和结晶槽斜置等原因造成的。

防止方法是采用液面自动控制，适当地加大铸造速度和提高铸造温度。如果由于增大铸造速度和提高铸造温度，而引起热裂纹时，则可适当地提高结晶槽高度，就可得到既无冷隔又无裂纹的铸锭。或者增大结晶槽锥度，以减少铸锭表皮导热来防止产生冷隔。

（3）带状气孔。此缺陷是由成片分散的微气孔所组成。它经常出现在 MB3 合金扁锭的大面上，有时和冷隔伴生。此缺陷较难显现，铸锭铣面后，在有带状气孔的地方，以亮点形式出现，需要有一定的经验才能发现它。

有带状气孔的铸锭，轧制时在板材表面将出现成串的拉裂和孔洞。在这些地点，不易氧化上色，因此将不利于阳极氧化保护。

带状气孔是体积结晶发展的结果，搅动液穴中熔体，或个别地方金属补充不足时容易产生。带状气孔一般只在细晶铸锭上发生。在研究其显微组织时，发现带状气孔大量产生于晶粒边界。它降低铸锭力学性能，同时可能因此引起铸锭裂纹。

（4）熔剂夹渣。熔剂夹渣是镁合金中最危险的隐患，因为它可能成为制品断裂的根源。

熔剂夹渣是因熔炼、精炼工艺过程不合理，熔剂选择不当和熔体过热引起的。当工艺过程合理、精炼和覆盖剂选择得当时，熔剂夹渣废品率一般不超过 10%。这类缺陷在 MB8 合金中最多，MB15 合金次之，而在 MB3 合金中最少。熔剂夹渣与精炼熔剂的组成有密切的关系，采用五号熔剂时，几乎消除了 MB8 合金中的熔剂夹渣废品。

（5）氧化夹杂。这种缺陷实际上是薄膜状 MgO，伴有 MgO · MgS 和部分金属中间化合物混成的，它在试片断口上呈球状物。此缺陷是由于工艺不完善或不正确引起的。当采用五号熔剂时，铸锭中的氧化夹杂可以大大减少。

（6）金属中间化合物。金属中间化合物的产生机理和铝合金相似。金属中间化合物的相组成，因合金不同而异。在 MB8 合金中主要是 β(Mn) 相一次晶，其中可溶解总和为 2%的铁和铝。MB8 合金中，在金属中间化合物聚集处，其锰含量比基体高 2.5~7 倍。

影响 MB8 中金属中间化合物一次晶的工艺因素有：铸造温度冷却条件、配料成分以及锰含量等。其中锰含量影响较大。锰含量的临界值是 1.55%，在配料成分上希望合金中的杂质铁和铝都在 0.2%以下。

在 MB3 合金中，金属中间化合物的相成分较复杂，其中有 η(Mn-Al) 相，压稳定相

τ(Mn-Al)相和 β(Mn) 相（其中溶有铝）。

必须指出，铁在 MB3 合金中基本的存在形式是进入含锰的金属中间化合物（呈固溶体）。只有当铁含量大于其临界值 0.02%时，才出现个别的 $FeAl_3$ 相。当合金中的铁小于 0.005%时，从未发现形成含铁的金属中间化合物。

在金属中间化合物聚集的地方，妨碍阳极氧化，同时含氧化铁时有遭受腐蚀的危险。

在 Mg-Zn-Zr 系合金中，其化合物的主要成分为锆和锌。在化合物中，经确定含有 0.01%~0.19% Zr。当锆在 5%以上时，形成的化合物为 ZnZr，它为四方形结构，当含锌量少时，则形成 $Zn_2Zr_3$。实际上，在工业生产的铸锭中未发现过 Zn、Zr 化合物。

## 5.3 变形镁合金板坯的铸轧技术

### 5.3.1 双辊铸轧法制备镁合金板坯的基本工艺流程

图 5-18 所示为双辊铸轧法制备镁合金板坯的示意图。基本工艺流程是：从熔炼炉流出的镁合金熔体通过耐火材料制造的喷嘴，流入铸两个铸轧辊的间隙中，熔体与铸轧辊接触时，热量通过热传导，熔体的被铸轧辊带走，被冷却和凝固；铸轧辊内部设计有冷却水道，水道中通有流动、循环的冷却水，因此，铸轧辊具有非常大的冷却能力。同时，被凝固的镁合金在铸轧辊中间也受到铸轧辊的压轧，而产生压缩塑性变形，一般压缩量约为 30%。铸轧板坯的厚度与镁合金熔体的温度、铸轧辊的冷却强度、铸轧速度（铸轧辊的转动速度）等工艺条件相关。

另外，镁合金熔体是非常容易氧化和燃烧。因此，铸轧时必须采取一定的防护措施，通常通入惰性气体进行保护。

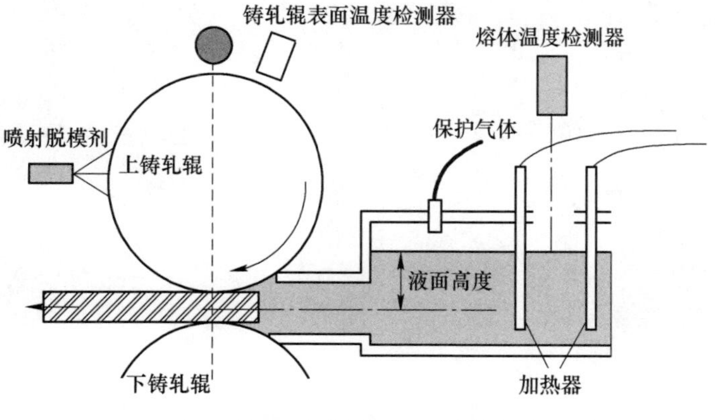


图 5-18 双辊铸轧法制备镁合金板坯示意图

### 5.3.2 双辊铸轧法制备的镁合金板坯的特性

图 5-19 所示为采用双辊铸轧法制备的 AZ31 镁合金板坯的微观组织照片和采用半连续铸造的 AZ31 合金微观组织照片。铸轧板坯中可以观察到非常微小的树枝状组织，二次枝晶间距（DAS）为 5μm 左右，与半连续铸造板坯的 34μm 相比更小。根据 DAS 的测量值，可以推定铸轧板坯的冷却速度比半连续铸造坯的速度快了数百倍，因此使用双辊铸轧法可以让溶质元素的固溶量增加的同时，还能抑制粗大的结晶产物。

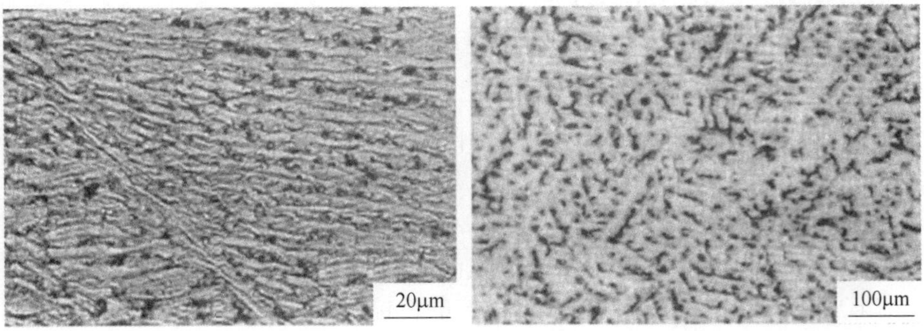


(a)　　(b)

图 5-19　两种不同铸造方法制备的 AZ31 合金坯料的微观组织照片
（a）用双辊铸轧法制备的铸造板；（b）采用半连续铸造制备的坯料

将两种不同方法制备的 AZ31 镁合金坯料进一步加工，即进行加温后轧制，变形到 0.6mm，观察它们的微观组织，图 5-20（a）为双辊法制备的 AZ31 合金板坯温轧到 0.6mm 的样品，图 5-20（b）为半连续铸造制备板坯轧制到 0.6mm 的样品。在直接铸造的样品中，板厚方向有很多 20μm 以上的粗大的 Al-Mn 系化合物，而在双辊法样品中，并没有那样的粗大化合物，化合物的尺寸微小到未满 1μm。化合物的细微化对板材的表面处理性和耐腐蚀性有影响，化学转化膜时粗大化合物上不能形成皮膜，会成为腐蚀的起点。而且，在双辊铸轧法的化合物细微化下，四周的皮膜会成长并覆盖化合物，能形成连续的皮膜表面，大大改善抗腐蚀性。

(a)　　(b)

图 5-20　两种不同方法制备的 AZ31 合金坯料轧制变形到 0.6mm 的微观组织
（a）双辊铸轧法制备的板坯；（b）半连续铸造坯料制备的板坯

应用于制备电脑和移动产品的框体的镁合金，需要比 AZ31 合金更高强度的合金，是为了提高对内部功能零件的保护性。连续铸轧是通过急冷得到细微化的组织，使原来组织粗大，轧制困难的问题得到解决，能制备变形抗力更高的高铝镁合金，因此是符合市场要求的需要。图 5-21 给出了双辊法制作的 AM60 合金铸造板坯轧制到薄板的拉伸性质。为了做比较，还给出了双辊铸轧法和半连续铸造制备的 AZ31 值。

AM60 镁合金，作为压铸用的合金，被广泛应用于汽车零部件等。双辊铸轧法制备的

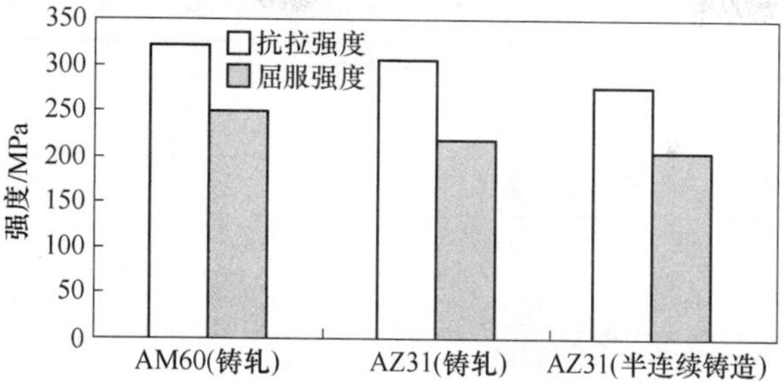


图 5-21 双辊法制作的 AM60 镁合金板的拉伸性能

AM60 镁合金，与以前的 AZ31 合金相比，抗拉强度，耐力都高出数十兆帕以上，使镁合金高强度化成为可能。今后利用双辊铸轧法的优点，可以进一步应用各种各样的合金种类。另外，对于镁合金板材的用途扩大，在汽车产业中的发展是不可缺少的，为了应用于汽车车身，研究开发宽幅镁合金板带是今后的课题。

### 5.3.3 双辊铸轧镁合金板坯生产线

近年来，双辊铸轧工艺是国内外重点研究开发的镁合金板带生产新工艺。该工艺将熔融后的镁合金液体直接用泵嘴均匀地喷射到双辊轧机辊面之间，在轧辊的冷却、凝固后，通过辊缝一次性、连续铸轧成 3~3.5mm 板带，然后进行 2~5 次的连续温轧、平整、热处理等精加工后，生产出 0.5~1.5mm 厚、600~1800mm 宽的镁卷材成品，成品率均在 93%以上。图 5-22 是某企业采用双辊铸轧工艺生产镁合金板带的生产线。

图 5-22 采用双辊铸轧工艺生产镁合金板带的生产线

### 5.3.4 镁合金铸轧板坯的热轧工艺参数

铸轧镁合金板坯进行热轧的主要工艺参数是：加热温度范围为 240~300℃，最大压下率达到了 50%，见表 5-20。通过分析铸轧薄带的热轧实验所得数据可以看出，铸轧方法得到的变形镁合金薄带具有良好的轧制性能，尤其在铸带横向、纵向上都无明显的方向性，两个方向均得到了 20%以上的压下率，最大可达到 50%以上，为进一步加工成最终产品创造了有利的条件。

表 5-20　铸轧 AZ31 合金薄带热轧实验结果

| 试样组 | 取样方法 | 轧制前厚度/mm | 轧制后厚度/mm | 压下量/mm | 变形程度/% |
|---|---|---|---|---|---|
| 1 | 纵向 | 1.84 | 0.90 | 0.94 | 51.1 |
|  | 横向 | 1.84 | 0.97 | 0.87 | 47.3 |
| 2 | 纵向 | 1.44 | 1.00 | 0.44 | 30.6 |
|  | 横向 | 1.44 | 1.01 | 0.43 | 29.9 |
| 3 | 纵向 | 1.72 | 1.23 | 0.49 | 28.5 |
|  | 横向 | 1.74 | 1.54 | 0.20 | 11.5 |

目前，镁及镁合金双辊连续铸轧技术已取得了很大的突破，在俄罗斯、美国等国已能用铸轧法生产宽度大于2000mm、厚度为1.0~2.0mm的各种变形镁合金铸轧卷。我国虽然正在起步，但已取得了重大进展，不仅研发了可供铸轧的新合金，而且也研制出了铸轧镁合金的新设备，并用先进的薄带铸轧工艺生产出了厚度为1.5~2mm、宽度为1200mm的AZ31镁合金薄板。

我国有几个企业进行了镁合金的连续铸轧试验研究，如洛阳铜加工厂于2005年5月对变形镁合金的连续铸轧进行了试验，生产出了横截面为6.5mm×600mm的AZ31镁合金板坯。铸轧板坯进一步加工，具有较好的加工性能，最薄轧到0.6mm，变形量为90.8%。生产的镁合金产品可以直接应用于电子产品制造上。该工艺极大地提高了产品的成品率，省去了传统工艺多次轧制过程。生产率高、生产成本低、工艺成熟、产品质量稳定，可规模化、商业化生产，是目前生产低成本、高性能镁合金板材的现代工艺。图5-23是采用该工艺生产的镁合金板带（卷）。

图 5-23　双辊铸轧工艺生产的镁合金板带（卷）

# 6 镁合金轧制成型技术

## 6.1 轧制的基本特点及板带材生产的主要工艺流程

轧制（平轧）是加工成型板、带、箔材的最主要方法，也是应用最多、最广的加工方法。通常，镁合金板带材主要是采用轧制加工方法生产。在常温下，镁合金的塑性是非常有限的，一般道次变形率只有10%~15%，变形率加大会发生严重的裂边，甚至无法轧制。因此，生产镁合金板材时，通常要进行一次或多次反复加热的多道次热轧，一般厚板可以在热轧机上直接生产，而薄板采用冷轧和温轧两种方式生产。

### 6.1.1 轧制的基本特点

平轧的两个轧辊轴心线平行，其旋转方向相反；轧件做垂直于轧辊轴心线的直线运动，进出料靠轧辊自动完成，轧制变形的示意图如6-1所示。

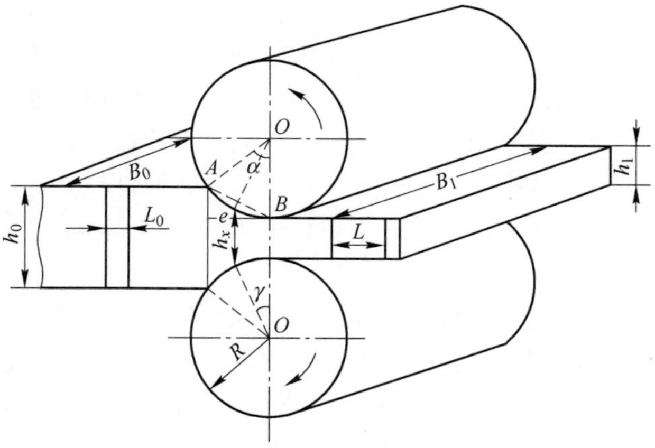


图6-1 轧制变形的示意图

轧制过程是靠旋转的轧辊与轧件之间形成的摩擦力将轧件拖进辊缝之间，并使之受到压缩产生塑性变形的过程。轧制可以是热轧，也可以是冷轧。轧制可以在加热状态下进行（热轧），可以在低于再结晶的温度下进行（温轧），也可以在室温下进行（冷轧）。在轧制过程除使轧件获得一定形状和尺寸外，还必须使轧件具有一定的性能。

板、带、箔轧制中主要的变形发生在长和高的方向。在一台轧机上，不能生产任意厚度的板、带材料，而有一个可轧厚度，即最大的进口厚度和一个最小的轧制厚度。同时，每道次轧下量也有一定的限度。同一种产品会有不同的压下规则来生产，但有一个最优的规则能保证获得最好的效果。控制加工就是对加工工艺过程进行优化，获得最好的效果。为此，首先必须对轧制变形过程的基本特点进行认识和了解。

### 6.1.2　镁合金板带材生产主要工艺流程

镁合金板材的加工，除了采用轧制加工方法，还常用挤压方法进行加工。因此，镁合金板材的主要加工工艺流程有下列三类，其生产工艺流程及其特点如下：

(1) 双辊铸轧（或连铸连轧）生产工艺。熔炼→合金化→净化→分配器→铸轧→后续轧机温轧→剪切下料→矫直→精轧→精整→表面处理→成品包装。该工艺的优点是投资及生产成本低，生产工艺流程短，可低成本推广镁合金板带产品。缺点是镁合金板带成品宽度受到限制（一般在650mm以下），产品组织性能不高、生产工艺不稳定、合金品种受限，适合于中小规模生产，产品适合中低端市场，以民用为主。

目前，利用该工艺生产的企业主要有山西闻喜银光、福州华镁、中铝洛阳铜业等公司。在铸轧带坯后续生产方面，仍采用块式法温冷轧。

(2) 锭坯+挤压工艺+温轧生产工艺。该生产工艺的主要特点相比于热轧开坯来说，增加了挤压工艺过程，这有利于消除合金的各向异性，提高镁合金薄板带的冲压性能。但因受设备与工艺的影响，其产品宽度受限（一般在600mm以下），无法生产厚板产品，生产成本较高且生产连续性不强，适合中小规模尤其是小规格镁合金薄板的生产。利用该工艺生产的企业主要有洛阳华陵镁业、山东华盛荣镁业等公司。

(3) 铸锭热轧开坯生产工艺。熔炼→铸造→铣面→均匀化→加热→热轧→剪切下料→加热→温轧→表面清洗→剪切下料→中间退火→精轧→成品退火→精整→表面处理→包装入库。该生产工艺的优点是能够生产出宽幅中厚板，组织性能比较好，可以大规模连续化生产几乎所有品种的镁合金，产品覆盖高、中端市场。缺点是生产流程长、投资和生产成本相对高，较难实现低成本镁板产品的推广应用，长规格铸锭由于轧制设备的限制无法实现换向轧制，镁合金板材尤其是薄规格冲压产品各向异性比较明显。

目前，利用该工艺生产的企业主要有中铝洛阳铜业、西部钛业、营口银河、重庆奥博等公司。厚板仅需要进行一次或二次热轧，中板采用二次热轧+温轧，薄板采用二次热轧+温轧+冷轧。

以上板带材生产的三类工艺流程核心还是热轧和冷轧。铸锭热轧开坯生产工艺是目前生产镁及镁合金板材的主要工艺流程，本章也将比较详细的介绍该工艺生产镁合金板材的工艺过程及主要工艺参数的选择。锭坯+挤压工艺+温轧生产工艺采用热挤压开坯，提高了镁合金的热变形性能，从而也提高了镁合金板坯的性能。双辊铸轧（或连铸连轧）生产工艺采用铸轧制备厚度小于8mm的板坯，具有高效、节能、短流程的特点，也大大提高了生产效率，是生产镁合金板带材的发展方向之一。

由于镁合金板带材的需要还十分有限，具有高效的连续生产技术的发展还有限，下面主要还是介绍采用块式法生产镁及镁合金板带材的工艺及技术。

镁合金板带材轧制，可用2、3、4辊轧机，通常用2辊轧机。轧制用的锭坯可用挤压坯或锻压坯，也可以是铸坯或连续铸轧板坯。铸坯可用厚壁铸铁模铸造，浸入法铸造，也可用半连续铸造或连续铸造。锭坯在轧制前须铣面，以除掉表面缺陷。

镁及镁合金的厚板和中厚板可以在热轧机上直接轧成。而薄板的生产工序较多，生产周期也比较长，其主要的生产方法是采取热轧和温轧的方法生产。大体上包括：铸锭的组织均匀化处理、洗面、加热、热轧、粗轧、中轧、精轧、精整和氧化上色等主要工序，如图6-2所示。

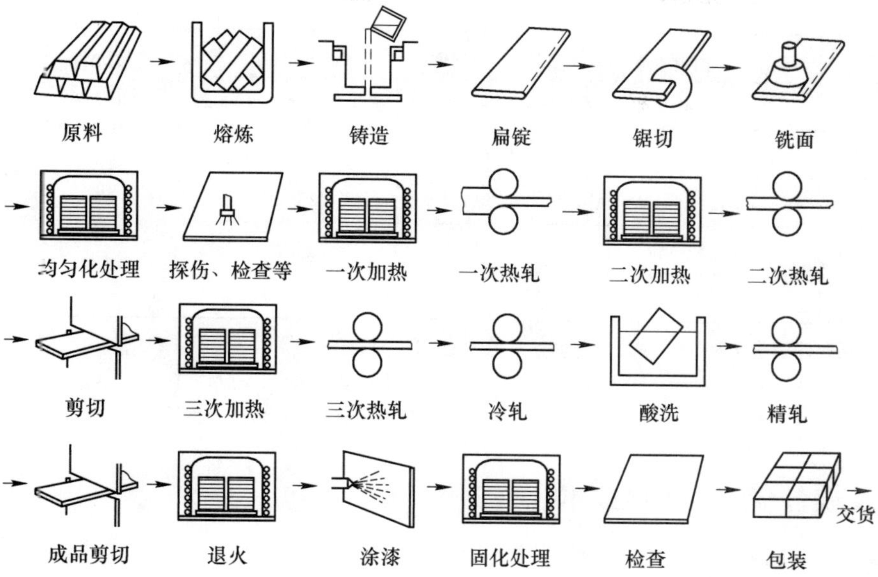


图 6-2　镁合金板带材的主要生产工艺流程

### 6.1.3　镁及镁合金板带材的分类

一般镁合金厚板的厚度范围为 11.0~70mm，薄板的厚度为 0.8~10mm。板、带材的厚度、宽度和长度的尺寸及允许偏差应按 GB/T 5154—2003 标准执行，见表 6-1。

**表 6-1　板、带材的厚度、宽度和长度的尺寸及允许偏差（GB/T 5154—2003）**

| 厚度/mm | 厚度允许偏差/mm | | | 宽度允许偏差/mm | 长度允许偏差/mm |
|---|---|---|---|---|---|
| | 宽度≤800.0 | 宽度>800.0~1000.0 | 宽度>1000.0~1200.0 | | |
| 0.20 | ±0.02 | — | — | ±0.1 | — |
| 0.50~0.80 | ±0.04 | ±0.05 | — | ±8.0 | ±12.0 |
| >0.80~1.00 | ±0.06 | ±0.06 | — | ±8.0 | ±12.0 |
| >1.00~1.20 | ±0.07 | ±0.07 | ±0.08 | ±8.0 | ±12.0 |
| >1.20~2.00 | ±0.09 | ±0.09 | ±0.10 | ±8.0 | ±12.0 |
| >2.00~3.00 | ±0.11 | ±0.11 | ±0.12 | ±8.0 | ±12.0 |
| >3.00~4.00 | ±0.12 | ±0.12 | ±0.15 | ±8.0 | ±12.0 |
| >4.00~5.00 | ±0.15 | ±0.15 | ±0.17 | ±8.0 | ±12.0 |
| >5.00~6.00 | ±0.17 | ±0.17 | ±0.18 | ±8.0 | ±12.0 |
| >6.00~8.00 | ±0.20 | ±0.20 | ±0.20 | ±8.0 | ±12.0 |
| >8.00~10.00 | ±0.22 | ±0.22 | ±0.22 | ±8.0 | ±12.0 |
| >10.00~12.00 | ±0.25 | ±0.25 | ±0.25 | ±8.0 | ±12.0 |
| >12.00~20.00 | ±0.50 | ±0.50 | ±0.50 | ±12.0 | ±25.0 |
| >20.00~26.00 | ±0.75 | ±0.75 | ±0.75 | ±12.0 | ±25.0 |

续表 6-1

| 厚度/mm | 厚度允许偏差/mm | | | 宽度允许偏差/mm | 长度允许偏差/mm |
|---|---|---|---|---|---|
| | 宽度≤800.0 | 宽度>800.0~1000.0 | 宽度>1000.0~1200.0 | | |
| >26.00~40.00 | ±1.00 | ±1.00 | ±1.00 | — | ±25.0 |
| >40.00~50.00 | ±1.50 | ±1.50 | ±1.50 | — | ±25.0 |
| >50.00~60.00 | ±1.50 | ±1.50 | ±1.50 | — | — |
| >60.00~70.00 | ±2.00 | ±2.00 | ±2.00 | — | — |

注：1. 厚度允许偏差仅为“+”或“-”时，其值为表中的 2 倍；

2. 板材厚度大于 26.00mm~50.00mm，不切边供货，但有效宽度大于公称尺寸；

3. 板材厚度大于 50.00mm~70.00mm，不切头切尾供货，但有效长度大于公称尺寸。

## 6.2　镁及镁合金厚板生产技术

### 6.2.1　铸锭（扁锭）准备

#### 6.2.1.1　扁锭的铸造

镁合金轧制扁锭可以采用铁模铸造，也可以采用半连续铸造或连续铸造，发展趋势是采用半连续铸造。通常，镁合金锭的尺寸为：厚 127~305mm，宽 406~1041mm，长 914~2032mm，根据需要可以生产更大截面尺寸的镁合金坯料。坯料的宽度与厚度之比最好为4∶1。铸锭应具有细密的组织，内部不得有气孔、缩孔、裂纹与非金属杂质等铸造缺陷。

#### 6.2.1.2　铸锭的选择与质量要求

铸锭的选择应该尽可能地选择半连续铸造生产的坯锭。镁及镁合金产品质量的高低，在很大程度上取决于铸锭的质量。几种常用的镁合金铸锭规格见表 6-2。

**表 6-2　镁合金铸锭规格**

| 合金牌号 | 铸锭尺寸/mm | | |
|---|---|---|---|
| | 厚度 | 宽度 | 长度 |
| M2M、ME20M | 100~120 | 540 | 400~1200 |
| | 150~170 | 730 | 400~1200 |
| | 190~220 | 950 | 400~1200 |
| AZ40M、AZ41M | 100~120 | 540 | 600~1200 |
| | 140~170 | 730 | 510~1200 |
| ZK61M | 90~130 | 540 | 400~1000 |

镁合金铸锭的缺陷主要有：锰偏析、冷隔、氧化夹杂及熔剂夹渣、铸锭裂纹和晶粒粗大等。这些缺陷是由于合金本性和不合理的熔铸工艺等因素造成的。它们对产品质量的影响见表 6-3。

表 6-3 铸锭缺陷对产品质量的影响

| 缺陷 | 对产品质量的影响 |
|---|---|
| 锰偏析 | 锰偏析是 M2M、ME20M、AZ40M、AZ41M 合金薄板最常见的废品之一。它占薄板废品总量的 50%左右 |
| 冷隔 | 由于冷隔使热轧板材表面产生裂口，甚至导致铸锭的开裂。这种缺陷主要是由于铸锭铣面时未将冷隔层铣掉 |
| 氧化夹杂和熔剂夹渣 | 这种缺陷往往在板材很薄的情况下才会暴露，它会降低产品的力学性能和抗蚀性能 |
| 铸锭裂纹 | 铸锭表面存在裂纹会导致热轧时轧件的开裂 |
| 铸锭晶粒粗大 | 晶粒粗大的铸锭，在热轧时会产生严重的裂边和表面裂纹，降低成品率 |

#### 6.2.1.3 铸锭的铣面

半连续铸造的镁及镁合金铸锭表面冷隔严重，同时还存在偏析浮出物和氧化夹杂等缺陷，其深度一般都在 15~20mm，个别深度可达 30mm。

在热轧过程中冷隔不仅不能焊合，而且还能导致铸锭的开裂和破碎，严重污染轧辊，影响产品的表面质量。因此，镁合金铸锭在热轧前必须铣面。每面的铣削量视铸锭冷隔深度而定。在目前的铸造工艺条件下，每面铣削量一般为 18~20mm，AZ40M、AZ41M、Mg99.00 等合金扁锭要铣小面呈钝角状。如果采用挤压坯则不需铣面。铣削镁及镁合金扁锭一般用龙门铣床，近年来也开发出了扁锭专用铣面机床。

镁及镁合金的切削性能较好，可以在各种机床上进行机械加工。镁合金铸锭铣面与其他有色合金比较有如下特点：

（1）镁合金铣削时刀具的使用寿命长，如用硬质合金做铣刀时，它的使用寿命可达 2000h 以上；

（2）镁合金铸锭铣削时可以在较高的速度下进行，每次的铣削深度一般为 5~8mm，最大为 10mm；

（3）铸锭铣削后表面光滑，完全可以满足工艺要求；

（4）镁合金的导热性较好，铸锭铣削时刀具不需要冷却。

#### 6.2.1.4 铸锭的均匀化处理

半连续铸造的镁合金铸锭，是在很高冷却速度条件下结晶的。由于不平衡结晶的结果，导致铸锭的组织和化学成分的不均匀。铸锭均匀化能消除铸造时引起的残余应力，提高材料的塑性。实践证明，均匀化后的 AZ40M、AZ41M 和 AZ61M 合金铸锭，可提高其轧制性能和力学性能。

M2M、ME20M 合金塑性很好，可不进行均匀化。

用于镁合金铸锭均匀化的炉子，一般都采用卧式空气循环电炉。常用镁合金铸锭的均匀化制度见表 6-4。

表 6-4 镁合金铸锭均匀化制度

| 合金牌号 | 铸锭尺寸/mm×mm | 金属温度/℃ | 保温时间/h | 冷却条件 |
|---|---|---|---|---|
| AZ40M | 165×730 | 420±10 | 14~24 | 空气 |
| AZ41M | 165×730 | 410±10 | 14~24 | 空气 |
| AZ61M | 120×540 | 370±10 | 8~12 | 空气 |

#### 6.2.1.5　铸锭热轧的加热

可采用电阻炉、燃气炉等加热锭坯，应保证气体具有一定的循环速度，循环速度最好能达到每分钟 40 次或更快些，炉内温度偏差以不大于±6℃为宜。应严格控制炉内温度与锭坯温度，最稳妥的办法是采用下列三种监控方式：

（1）用热电偶探测炉内热空气温度。该系统由一个热电偶和一个记录控制器组成。它可以控制加热源释放的热量，使炉气达到并保持在预定的温度范围内。

（2）用热电偶监测锭坯温度。该监测系统由一个热电偶与一个温度显示装置组成，并与报警装置、信号装置或定时装置相连。可指示锭坯的实际温度，能及时防止输入过多的热量，对预防锭坯过热甚至过烧极为有利。

（3）安全系统。由位于加热顶部的热电偶和可以关闭的控制器组成。安装了该系统，一旦炉内温度或锭坯温度超过设定值，系统就可以及时切断热源，可防止锭坯严重过热与过烧现象。

在轧制镁板时，若是采用生产铝板带的设备，应注意炉内不得有铝、锌、镉、铅等金属，以免它们与镁合金锭坯接触形成低熔点共晶体，引发过烧甚至造成安全事故。在专用炉内加热锭坯一般不会发生此类现象。铸锭应在炉内排列整齐，以免妨碍空气流通和影响加热均匀性。

在较低温度下加热锭坯，可以不采用保护气体；如果温度在 410℃以上，还是加保护气体为好。保护气体有 $SF_6$、$SO_2$ 或 $CO_2$；也可以使用惰性气体，不过成本较高。$SO_2$ 的浓度大于 0.5%即有很好的保护作用；$CO_2$ 的浓度达 3%就可防止强烈的氧化。不过采用 $SO_2$ 作为保护气体会产生少量的硫酸，对加热炉系统有腐蚀作用，应加强维护、清洗控制器，及时更换不能继续使用的零部件。

几种变形镁合金锭坯的加热制度见表 6-5。

**表 6-5　镁合金铸锭加热制度**

| 合金牌号 | 锭坯尺寸/mm×mm×mm | 金属出炉温度/℃ | 加热时间/h |
|---|---|---|---|
| M2M、ME20M | (140~170)×730×(400~1200) | 480~510 | 6~8 |
| | (32~85)×730×(400~1200) | 450~490 | 3~5 |
| | (12~30)×730×(400~1200) | 440~480 | 2~4 |
| AZ40M、AZ41M | (140~170)×730×(400~1200) | 470~510 | 6~12 |
| | (32~85)×730×(400~1200) | 450~490 | 3~5 |
| | (12~30)×730×(400~1200) | 440~480 | 2~4 |
| ZK61M | (90~130)×540×(400~1000) | 380~400 | 4~6 |

铸锭的加热时间与铸锭尺寸、加热温度和炉内装料量有关，铸锭锭尺寸越大，炉内装料量越多，加热时间也越长。

加热镁合金铸锭时，特别应注意：镁及镁合金容易由于局部过烧而发生燃烧。所以铸锭在加热前应注意清除掉毛刺和飞边。当在带有强制循环空气的电阻炉内加热时，应避开热风的入口区。

镁及镁合金发生燃烧时的标志是炉温急速上升，从炉内射出耀眼的光芒，并冒出白烟。镁及镁合金锭坯如果在炉内发生燃烧时，可迅速将燃烧着的铸坯推出炉外用灭火剂将火扑灭；也可以用石棉布或玻璃丝布将炉子的进气孔道严密封闭，隔绝空气，使其火焰自行熄灭。镁及镁合金常用的灭火剂有：

（1）二号熔剂。其组成成分为：38%～48% $MgCl_2$，32%～40% KCl，5%～8% $BaCl_2$，8%（$CaCl_2$+NaCl），1.5% MgO。制成干燥粉末，其水分含量应不大于3%。

（2）石棉布、石棉板。

（3）干燥的粉状石墨。

当镁锭在炉内燃烧时，禁止往炉内撒二号熔剂或其他灭火剂，因为二号熔剂在高温下分解出大量有害气体，对设备的腐蚀较厉害，善后工作也不易处理。

加热炉必须选用带有空气循环的电阻链式加热炉，常用炉子的主要技术性能见表6-6。

**表6-6 双膛链式空气循环电炉主要技术性能**

| 名 称 | 单位 | 数量 | 名 称 | 单位 | 数量 |
|---|---|---|---|---|---|
| 电炉总功率 | kW | 1350 | 鼓风机风量 | $m^3/h$ | 55.000 |
| 前区总功率 | kW | 876 | 鼓风机电机功率 | kW | 4×28=112 |
| 前区一组加热器功率 | kW | 87.6 | 炉膛空气流速 | m/s | 14 |
| 后区总功率 | kW | 474 | 炉膛线路电压 | V | 380 |
| 后区一组加热器功率 | kW | 79 | 单个炉膛尺寸（宽×高×长） | mm×mm×mm | 2000×400×20556 |

### 6.2.2 镁及镁合金厚板的热轧工艺

镁合金厚板板材主要采用热轧，多采用二辊轧机，也可以采用四辊轧机。

美国某公司生产AZ31合金板的生产工艺：将305mm厚的扁锭热粗轧到4.6mm，采用4辊热轧机，轧制23道次，平均道次压下率10%～20%。其间轧件温度降到340℃以下时，需重新加热，加热温度350～440℃，共加热3次。

#### 6.2.2.1 热轧的温度—速度规范

热轧温度应保证合金有最大的塑性，热轧终了温度不应使带板发生碎裂。

镁合金的热轧温度范围主要取决于合金的性质。热轧温度范围确定的依据该合金的相图和塑性图。同时，要考虑轧机的能力和热轧终了温度对材料性能的影响。常用变形镁合金的热轧温度范围见表6-7。表6-8列出了俄罗斯某厂生产镁合金厚板的热轧温度规范。

**表6-7 镁合金的热轧温度范围**

| 合金牌号 | 热轧温度范围/℃ | 最佳温度范围/℃ |
|---|---|---|
| MB1 | 360～510 | 480～510 |
| MB8 | 370～510 | 480～510 |
| MB2、MB3 | 360～510 | 470～510 |
| MB15 | 340～400 | 380～390 |

**表 6-8 俄罗斯某厂生产镁合金板的热轧温度规范**

| 坯料 | | 加热制度 | | 轧制温度 | | 轧辊温度/℃ |
|---|---|---|---|---|---|---|
| 合金 | 厚度/mm | 温度/℃ | 时间①/h | 开始/℃ | 终了/℃ | |
| MA1 | ≥15 | 450±10 | 4~5 | 450 | 300 | 250 |
| | 14~5 | 400±10 | 2~3 | 400 | 300 | |
| | 4~1.0 | 350±10 | 1.5~2.5 | 350 | 250 | |
| MA3 | ≥15 | 380±10 | 6~8 | 380 | 250 | 250 |
| | 14~5 | 320±10 | 3~4 | 320 | 250 | |
| | 4~1.0 | 300±10 | 1.5~2.5 | 300 | 250 | |
| MA8 | ≥15 | 450±10 | 5~6 | 450 | 300 | 250 |
| | 14~5 | 400±10 | 3~4 | 400 | 300 | |
| | 4~1.0 | 350±10 | 1.5~2.5 | 350 | 250 | |

① 在循环空气加热炉内在指定温度下的保温时间。

热轧时，一般用猪油、石蜡或含石墨的四氯化碳溶液作润滑剂。镁及镁合金板材的轧制变形率和轧制速度见表 6-9。

**表 6-9 镁合金板材热轧及冷轧的变形率与轧制速度（俄罗斯）**

| 合金 | 热轧 | | | 冷轧 | | |
|---|---|---|---|---|---|---|
| | 两次退火间的总变形率/% | 道次变形率/% | 轧制速度/$m \cdot s^{-1}$ | 两次退火间的总变形率/% | 道次变形率/% | 轧制速度/$m \cdot s^{-1}$ |
| MA1 | 40~50 | 15~20 | 1~1.5 | 10~15 | 0.5~5.0 | 0.5 |
| MA2、MA3 | 10~15 | 5~8 | 0.5~1.0 | 10~15 | 0.5~5.0 | 0.5 |
| MA8 | 30~40 | 15~20 | 1~1.5 | 10~15 | 0.5~5.0 | 0.5 |

#### 6.2.2.2 压下量分配原则

镁合金道次压下量分配主要根据各种合金的加热温度范围和在此温度范围内的性质（强度、塑性）、轧机最大安全负荷（机械、电器）、轧辊直径大小及产品的最终性能等因素来确定。

（1）在不出现裂纹的条件下，尽可能选择较大的道次允许压下量。通常，MB1 合金在 482℃，轧制速度为 0.05m/s、1.27m/s、4.1m/s 时，其不出现裂纹时的一次允许最大加工率分别为 43%、70%、74%；在 370℃时，加工率分别对应为 28%、50%、60%。MB2 合金在 482℃，轧制速度为 0.05m/s、1.27m/s、4.1m/s 时，其不出现裂纹时一道次允许最大加工率均为 40%左右；370℃时，加工率分别对应为 33%、37%、39%。

由此可见，轧制温度和轧制速度越高，每道次允许的加工率也越大。在制定压下制度时，应该考虑加热温度，并综合考虑压下量和轧制速度对塑性及金属变形抗力的影响。如果温度、压下量和轧制速度选择得当，轧制时，镁合金具有很好的工艺性能。

（2）镁合金变形时的热效应比较大。头两道轧制时，铸锭温度很高，当道次加工率过大时，变形的热效应很可能会使合金超出热轧温度范围，而恶化轧制性能。因此，镁合金铸锭热轧头两道次的加工率一般控制在 10%以下，轧制速度不超过 0.5m/s。

（3）随着铸锭组织的改善（头两道次过后），在设备负荷允许的条件下，应尽可能地加大道次压下量，充分利用金属的高温塑性，减少道次。同时，还可以防止锭坯表面降温和过大的表面变形，从而提高轧制性能和产品的力学性能。特别是 MB8 合金粗晶铸锭生产厚板时，尽量加大道次压下量尤为重要，否则由于加工率不够，变形不能深入，使不均匀变形程度增加，往往会在板材中心部形成片状粗晶组织，使性能降低。

（4）热轧的最后几道次，随着带板的减薄和温度的降低，道次压下量应逐渐减小。但为了保证中板和薄板坯的终了温度，最后几道次的轧制速度应尽量提高。一般控制在 1~2.5m/s 范围内。

（5）最后一道次的加工率对镁合金厚板质量有较大影响。对 MB8 合金厚板性能的影响见表 6-10。常用变形镁合金的轧制工序安排见表 6-11~表 6-13。

**表 6-10 加工率对 MB8 合金厚板性能的影响**

| 压下量 | | 力学性能 | | | | | | | |
|---|---|---|---|---|---|---|---|---|---|
| | | 横向 | | | | 纵向 | | | |
| 绝对/mm | 相对/% | $\sigma_b$/MPa | $\sigma_{0.2}$/MPa | $\sigma_{-0.2}$/MPa | $\delta_5$/% | $\sigma_b$/MPa | $\sigma_{0.2}$/MPa | $\sigma_{-0.2}$/MPa | $\delta_5$/% |
| 5.3 | 15.5 | 255 | 160 | 90 | 16.0 | 155 | 160 | 90 | 16.0 |
| 8.1 | 21.3 | 255 | 160 | 90 | 17.0 | 150 | 160 | 100 | 16.0 |
| 9.9 | 25.0 | 250 | 155 | 95 | 17.5 | 150 | 155 | 105 | 17.5 |

注：1. 产品厚度为 20mm；2. 终轧温度为 380℃；3. $\sigma_{-0.2}$表示压缩屈服强度。

**表 6-11 MB1、MB8 合金热轧轧制工序安排**

| 道次 | 入口厚度 $H$/mm | 出口厚度 $H$/mm | $\Delta h$/mm | $\varepsilon$/% | 轧制方向 |
|---|---|---|---|---|---|
| 1 | 165 | 146 | 19 | 11.5 | 横向 |
| 2 | 146 | 127 | 19 | 13.0 | 横向 |
| 3 | 127 | 107 | 20 | 15.6 | 横向 |
| 4 | 107 | 88 | 19 | 17.7 | 横向 |
| 5 | 88 | 72 | 16 | 18.2 | 横向 |
| 6 | 72 | 59 | 13 | 18.0 | 横向 |
| 7 | 59 | 47 | 12 | 20.4 | 横向 |
| 8 | 47 | 37 | 10 | 21.25 | 横向 |
| 9 | 37 | 29 | 8 | 21.6 | 横向 |
| 10 | 29 | 22 | 7 | 24.1 | 横向 |
| 11 | 22 | 17 | 5 | 22.7 | 横向 |
| 12 | 17 | 13 | 4 | 23.5 | 横向 |
| 13 | 13 | 10 | 3 | 23.0 | 横向 |

注：铸锭尺寸：165mm×730mm×1050mm；成品尺寸：10mm×1000mm×2000mm。

**表 6-12　MB2、MB3 合金热轧轧制工序安排**

| 道次 | 入口厚度 $H$/mm | 出口厚度 $H$/mm | $\Delta h$/mm | $\varepsilon$/% | 轧制方向 |
|---|---|---|---|---|---|
| 1 | 165 | 148 | 17 | 10.3 | 横向 |
| 2 | 148 | 131 | 17 | 11.5 | 横向 |
| 3 | 131 | 113 | 18 | 13.6 | 横向 |
| 4 | 113 | 95 | 18 | 16.0 | 横向 |
| 5 | 95 | 78 | 17 | 17.9 | 横向 |
| 6 | 78 | 63 | 15 | 19.2 | 横向 |
| 7 | 63 | 50 | 13 | 20.6 | 横向 |
| 8 | 50 | 39 | 11 | 22.0 | 横向 |
| 9 | 39 | 31 | 8 | 20.5 | 横向 |
| 10 | 31 | 25 | 6 | 19.4 | 横向 |
| 11 | 25 | 19 | 6 | 22.0 | 横向 |
| 12 | 19 | 15 | 4 | 21.0 | 横向 |
| 13 | 15 | 12 | 3 | 20.0 | 横向 |
| 14 | 12 | 10 | 2 | 16.6 | 横向 |

注：铸锭尺寸：165mm×730mm×1050mm；成品尺寸：10mm×1000mm×2000mm。

**表 6-13　MB15 合金热轧轧制工序安排**

| 道次 | 入口厚度 $H$/mm | 出口厚度 $H$/mm | $\Delta h$/mm | $\varepsilon$/% | 轧制方向 |
|---|---|---|---|---|---|
| 1 | 120 | 114 | 6 | 5.0 | 横向 |
| 2 | 114 | 107 | 7 | 6.2 | 横向 |
| 3 | 107 | 98 | 9 | 8.5 | 横向 |
| 4 | 98 | 89 | 9 | 9.0 | 横向 |
| 5 | 89 | 81 | 8 | 9.0 | 横向 |
| 二次热轧 | | | | | |
| 1 | 81 | 72 | 9 | 11.1 | 横向 |
| 2 | 72 | 62 | 10 | 13.8 | 横向 |
| 3 | 62 | 53 | 9 | 14.5 | 横向 |
| 4 | 53 | 45 | 8 | 16.7 | 横向 |
| 5 | 45 | 37 | 8 | 17.8 | 横向 |
| 6 | 37 | 30 | 7 | 18.9 | 横向 |
| 7 | 30 | 25 | 5 | 16.6 | 横向 |

注：铸锭尺寸：120mm×540mm×650mm；成品尺寸：25mm×600mm×2000mm。

#### 6.2.2.3　终轧温度

热轧终了温度高低对中板和厚板的组织和性能有很大的影响。随着终轧温度的提高，除了伸长率升高外，抗拉强度、屈服强度和压缩强度都降低。板材的再结晶程度也随着终轧温度的提高而增加。如 MB8 合金厚板的终轧温度为 360℃时，板材内部组织基本上处于恢复状态，存在着明显的加工织构。当终轧温度为 450℃时，板材的内部组织则完全变成再结晶组织。

为了使镁合金中板和厚板的组织和力学性能稳定，必须严格控制热轧终了时的终轧温度，各种镁合金的终轧温度见表6-14。

**表6-14 镁合金板材热轧的终轧温度**

| 合金牌号 | 成品厚度/mm | 终轧温度/℃ |
|---|---|---|
| M2M、ME20M | 22~40 | 380~410 |
| | 12~20 | 380~440 |
| | 6.0~11 | 370~400 |
| AZ40M、AZ41M | 22~40 | 360~370 |
| | 12~20 | 380~440 |
| | 6.0~11 | 370~400 |
| ZK61M | 22~40 | 350~380 |

注：用ME20M合金粗晶铸锭生产厚板时，终轧温度应取上限。

#### 6.2.2.4 热轧板材的组织与性能

铸锭组织和轧制方向对产品性能是有较大的影响。因此，铸锭晶粒的粗细和均匀程度是生产优质板材的前提，而轧制工艺是改变其最终性能和组织的重要因素。

镁合金铸锭晶粒度分细、中、粗三种类型。特别是MB8合金铸造时晶粒度最不易控制。铸锭晶粒尺寸小的为1mm，大的为35~40mm，有时甚至更大。这种异常粗大的铸造组织，不仅容易导致厚板形成粗大的片层粗晶组织，降低产品的常温性能，而且还能显著降低轧制性能，有的甚至使热轧难于进行。为了消除片层状晶粒改善板材的内部组织，提高产品的常温性能，采取加大道次压下量，控制终轧温度是一项比较可靠的措施。

对MB8合金铸锭而言，在一定的道次加工率、轧制速度和终轧温度条件下，晶粒度对产品常温性能的影响，主要反映在伸长率上。粗晶与细晶铸锭比较，粗晶的伸长率较低，而屈服强度和压缩强度较高，对抗拉强度无明显影响，见表6-15。

**表6-15 热轧次数、晶粒组织、轧制方向对MB8合金厚板性能的影响**

| 热轧次数 | 铸锭晶粒组织 | 轧制方向 | 终轧温度/℃ | 力学性能 | | | | | | | |
|---|---|---|---|---|---|---|---|---|---|---|---|
| | | | | 横向 | | | | 纵向 | | | |
| | | | | $\sigma_b$/MPa | $\sigma_{0.2}$/MPa | $\sigma_{-0.2}$/MPa | $\delta_5$/% | $\sigma_b$/MPa | $\sigma_{0.2}$/MPa | $\sigma_{-0.2}$/MPa | $\delta_5$/% |
| 一次 | 细晶 | 横向 | 380 | 255 | 155 | 85.0 | 17.0 | 250 | 160 | 85 | 18.0 |
| 一次 | 粗晶 | 横向 | 380 | 250 | 155 | 92.5 | 9.0 | 245 | 150 | 92.5 | 8.0 |
| 一次 | 粗晶 | 顺向 | 380 | 250 | 155 | 100 | 9.0 | 260 | 180 | 100 | 12.0 |
| 一次 | 粗晶 | 顺向 | 420 | 245 | 137.5 | 77.5 | 14.0 | 247.5 | 137.5 | 80 | 16.5 |
| 二次 | 粗晶 | 横向 | 380 | 250 | 165 | 95.0 | 9.0 | 255 | 170 | 98 | 9.0 |
| 二次 | 粗晶 | 顺向 | 380 | 250 | 155 | 95.0 | 10.25 | 242.5 | 160 | 95 | 12.0 |

如表6-15所示，为了提高产品的伸长率，粗晶铸锭采用二次热轧或一次顺向轧制和控制较高的终轧温度是有效的。

MB2、MB3合金也有晶粒大小之分，但不像MB8合金那么明显。因MB2、MB3合金铸锭晶粒的大小除显著降低轧制性能外，对产品的常温力学性能没有明显影响。

镁及镁合金在轧制过程中，晶粒会发生择优取向，晶格基面（0001）与板材的平面平行，而基面（1120）的三个对角线之一则位于轧制方向。因而镁板材横向强度高于纵向强度，而伸长率则相反，见表6-16，这种情况与铝合金板材相反。

**表6-16　用挤压坯料热轧的MA3合金板材的力学性能与热变形率的关系**

| 力学性能 | 试样方向 | 坯料 | 热变形率 | | | |
|---|---|---|---|---|---|---|
| | | | 37% | 44% | 67% | 80% |
| 屈服强度 $\sigma_{0.2}$/MPa | 纵向<br>横向 | 185<br>— | 235<br>— | 256<br>— | 276<br>— | 298<br>— |
| 抗拉强度 $\sigma_b$/MPa | 纵向<br>横向 | 178<br>300 | 115<br>310 | 102<br>322 | 173<br>344 | 200<br>350 |
| 伸长率 $\delta_5$/% | 纵向<br>横向 | 28.0<br>15.4 | 28.8<br>9.3 | 24.0<br>11.0 | 25.8<br>9.9 | 27.0<br>9.0 |
| 断面收缩率/% | 纵向<br>横向 | 8.8<br>20.6 | 10.2<br>9.5 | 10.9<br>11.7 | 5.6<br>10.5 | 4.2<br>5.0 |
| 冲击韧性/kJ · $m^{-2}$ | 纵向<br>横向 | 120<br>10.1 | 86<br>7.6 | 95<br>7.4 | 61<br>7.5 | 20<br>8.1 |

镁合金板材的力学性能有明显的各向异性。如果热轧或冷轧时不总是沿着一个方向（横向）轧制，而是每轧一道次转动90°再轧制（变向），则材料的各向异性会大大减小，见表6-17。

**表6-17　MA1及MA3板材横向轧制及变向轧制后的力学性能**

| 合金 | 材料状态 | 试样取向 | 横向轧制 | | | 变向轧制 | | |
|---|---|---|---|---|---|---|---|---|
| | | | $\sigma_{0.2}$/MPa | $\sigma_b$/MPa | $\delta_5$/% | $\sigma_{0.2}$/MPa | $\sigma_b$/MPa | $\delta_5$/% |
| MA1 | 退火前 | 纵向<br>横向 | 135<br>180 | 230<br>265 | 11.5<br>15.0 | 155<br>165 | 240<br>255 | 9.0<br>13.0 |
| | 退火后 | 纵向<br>横向 | 125<br>175 | 215<br>250 | 13.0<br>16.5 | 130<br>135 | 225<br>220 | 16.0<br>15.5 |
| MA3 | 退火前 | 纵向<br>横向 | —<br>— | —<br>— | —<br>— | 220<br>240 | 300<br>320 | 11.0<br>15.0 |
| | 退火后 | 纵向<br>横向 | 200<br>220 | 260<br>270 | 22.0<br>26.5 | 155<br>170 | 260<br>275 | 21.0<br>19.0 |

镁及镁合金中板和厚板的组织和性能主要取决于热轧的终了温度。随着终轧温度的提高，除伸长率升高外，抗拉强度、屈服强度和压缩屈服强度普遍下降。

实践中，在生产厚板时，热轧终轧前的一道次温度，一般为420~450℃。为了使压缩屈服强度稳定在80~90MPa，必须使板材的温度降至规定的终轧温度时，才能进行最后一道次的轧制。

镁合金中板一般不要求压缩性能，终轧温度符合表6-14规定，均能满足其他性能要求。终轧温度过低将导致伸长率的降低，若终轧温度高于450℃时，板材的抗拉强度和屈服强度往往不能满足要求。

#### 6.2.2.5 热轧厚板的主要缺陷及防止措施

镁合金板材在热轧中常见缺陷及消除方法见表6-18。

**表6-18 镁及镁合金热轧中常见缺陷及消除方法**

| 缺陷种类 | 产生原因 | 消除方法 |
|---|---|---|
| 铸锭开裂 | 铸锭质量不好，冷隔没铣掉<br>铸锭加热温度过高或过低<br>道次压下量过大 | 提高铸锭质量，消除冷隔<br>正确执行铸锭加热制度，防止过烧或温度不够<br>合理分配道次压下量 |
| 表面裂纹及裂边 | 铸锭晶粒粗大<br>铸锭加热时间短、热轧温度过低或压下量过大<br>轧辊温度过低<br>润滑不当，轧辊温度或板坯温度降低 | 改进铸造工艺，细化晶粒<br>延长加热时间<br>正确执行轧辊预热制度，保证轧辊温度符合要求<br>适当润滑，润滑量不宜过大 |
| 力学性能不合格 | 热轧温度过高或过低<br>道次压下量分配不合理 | 严格控制热轧温度范围<br>合理分配道次压下量 |
| 金属压入 | 裂边掉下的金属屑落到板坯上或导卫夹持过紧带下来的脆屑落在板坯上<br>轧辊黏附的金属脱落在板坯上<br>热轧前铸锭表面黏附金属屑 | 装炉前对铸锭表面和板坯端部进行清理<br>轧辊黏附有金属时要及时清辊<br>导卫操作要适当 |
| 波浪 | 轧辊辊形控制不当<br>压下量分配不合理 | 冷却或加热轧辊，调整好辊形<br>调整压下量 |
| 镰刀形 | 辊缝没调整好<br>送料不正<br>板片波浪太大 | 调整好辊缝<br>正确送料<br>调整压下量 |
| 尺寸超差 | 压下量调整与压下指针指示不正确<br>轧辊辊形控制不好 | 开车前调整压下与压下指针数<br>预热好轧辊，控制好辊形及适当调整压下量 |

## 6.3 镁及镁合金薄板生产技术

### 6.3.1 镁及镁合金薄板的主要生产方法

目前，镁及镁合金薄板的主要生产方法还是采用块式生产。近年来，也研究开发了带式法生产工艺及装备。由于镁合金薄板的市场需求还没有达到一定的规模，带式法（连续生产线）的建立还有待于进一步完善。下面主要讨论块式法生产镁及镁合金薄板技术。

为了减少薄板轧制道次，缩短生产周期，希望轧制薄板的板坯厚度尽量小些。但由于设备和工艺条件的限制，镁合金板带热轧到一定厚度时就不能再继续轧制，这种厚度一般为8~10mm。

MB1、MB8合金薄板生产方案列于表6-19。现行的MB1、MB8合金薄板生产是采用第一方案。第二方案采取两次粗轧，取消中轧工序，与第一方案比较有如下特点：生产率高、节约电能；产品表面质量好；增大板坯酸洗的面积，从而使金属损耗和酸耗增大。生产成品薄板，一般在精轧后增加叠轧、氧化上色、涂油包装等工序。

**表 6-19　MB1、MB8 合金薄板生产方案**

| 第一方案 | 第二方案 |
|---|---|
| 1. 板坯加热 | 1. 板坯加热 |
| 2. 粗轧，由 10mm 轧到 5.5mm | 2. 粗轧，由 10mm 轧到 5.5mm |
| 3. 板坯酸洗 | 3. 板坯加热 |
| 4. 板坯加热 | 4. 二次粗轧，由 5.5mm 轧到 3.0mm |
| 5. 中轧，由 5.3mm 轧到 2.6mm | 5. 中断剪切 |
| 6. 中断剪切 | 6. 板坯酸洗 |
| 7. 板坯加热 | 7. 板坯加热 |
| 8. 精轧，由 2.6mm 轧到 1.3mm | 8. 精轧，由 2.7mm 轧到 1.3mm |

镁及镁合金薄板的生产，如能解决工艺润滑和辊型控制的问题，采用带式生产法是可能的。

### 6.3.2　板坯的加热

一般情况下，板坯的加热温度比铸锭的加热温度低 30~60℃。主要原因在于：随着板坯变薄，轧制性能越来越好；由于板坯薄，加热过程容易；防止局部过热或过烧而引起燃烧；加热温度的提高，金属损耗增大。

粗轧前板坯的加热温度应取合金轧制温度范围的上限。金属出炉温度要严格控制。因为粗轧时板坯降温很快，开轧温度过低，能显著降低轧制性能。

中轧和精轧时，板坯加热的主要目的是金属的恢复和再结晶，以提高金属的塑性。板坯的加热时间主要取决于被加热的板坯的厚度、装炉量以及所采用加热炉的形式。板坯的加热时间对产品的力学性能稍有影响，当加热时间从 4h 延长至 24h，$\sigma_b$ 会下降 15~20MPa，$\delta$ 会上升 2%左右。虽然，板坯加热温度较低，但长时间加热氧化也较严重。MB8 合金在 450℃下加热 5h，氧化层可达 0.5mm。因此，板坯长时间加热不仅增加金属损耗，浪费电能，而且还能导致金属的晶粒长大，降低性能。

常用镁合金板坯的加热制度见表 6-20 和表 6-21。

**表 6-20　粗轧前板坯的加热制度（板坯成垛在箱式炉内加热）**

| 合金牌号 | 板坯规格/mm | 金属加热温度/℃ | 加热时间/h |
|---|---|---|---|
| M2M、ME20M | 9.5~12.0 | 420~450 | 3.5~4.0 |
| | 6.0~9.4 | 420~450 | 3.0~3.5 |
| M2M、ME20M | 9.5~12.0 | 420~440 | 3.5~4.0 |
| | 6.0~9.4 | 420~440 | 3.0~3.5 |

注：厚板坯，加热温度和加热时间应取上限。

表 6-21 中轧、精轧前板坯的加热制度（板坯成垛在箱式炉内加热）

| 合金牌号 | 板坯规格/mm | 金属加热温度/℃ | 加热时间/h |
|---|---|---|---|
| M2M、ME20M | 3.0~6.0 | 400~450 | 2.0~2.5 |
| | 1.2~2.9 | 400~450 | 1.5~2.0 |
| M2M、ME20M | 3.0~6.0 | 400~440 | 2.0~2.5 |
| | 1.2~2.9 | 400~440 | 1.5~2.0 |

注：厚板坯，加热温度和加热时间应取上限。

镁和镁合金板坯加热炉有以下两种：

（1）箱式电阻空气循环加热炉。目前镁合金板坯加热常采用这种炉子，其特点如下：炉子的热效率较高，结构简单；板坯成垛在炉内加热，加热时间长；不能保证连续生产，效率较低；操作不方便，装、出炉劳动强度大。

（2）链条或运输带式空气循环电阻加热炉。链条或运输带式空气循环电阻加热炉有如下特点：热损失较大，结构较复杂；能保证快速加热，加热时间短；可连续生产，生产效率较高；操作方便，减轻劳动强度。

镁及镁合金薄轧板坯加热，主要采取链条式或传输带式空气循环电阻炉加热炉进行加热。

## 6.3.3 粗轧

镁及镁合金的粗轧基本属于热轧，压下量比较大，见表 6-22。

表 6-22 镁合金粗轧的总加工率

| 合金牌号 | 总加工率/% | 道次加工率/% | |
|---|---|---|---|
| | | 第一道次 | 第四道次 |
| M2M、ME20M | ≤50 | ≤20 | ≤10 |
| AZ40M、AZ41M | ≤35 | ≤15 | ≤5 |

基于粗轧时板坯薄，散热快的特点，在道次压下量分配时应遵循以下几点原则：

（1）开轧的头两道次应最大限度利用轧机能力和金属的高温塑性，以最大压下量进行轧制，减少道次。随着轧制温度的降低，道次加工率应逐渐减小，见表 6-23 和表 6-24。

表 6-23 MB3 和 MB8 合金粗轧加工率分配

| 合金牌号 | 加工率/% | | | |
|---|---|---|---|---|
| | 第一道次 | 第二道次 | 第三道次 | 第四道次 |
| MB3 | 17 | 15 | 12.5 | 9 |
| MB8 | 12.4 | 10 | 7 | 4.5 |

表 6-24 几种镁合金薄板粗轧的加工率分配

| 合金牌号 | 总加工率/% | 道次加工率/% | |
|---|---|---|---|
| | | 第一道次 | 第二道次 |
| MB1、MB8 | ≤50 | ≤20 | ≤10 |
| MB2、MB3 | ≤35 | ≤15 | ≤5 |

(2) 粗轧时，操作要快，轧制时间尽量缩短，终轧温度不宜低于350℃。

(3) 粗轧时，轧辊的预热温度一定要保证工艺要求。

常用镁合金粗轧的轧制制度见表6-25。

**表6-25 镁合金粗轧轧制制度**

| 合金牌号 | 粗轧前厚度/mm | 粗轧后厚度/mm | 轧制道次 | 轧制制度/mm |
|---|---|---|---|---|
| M2M、ME20M | 10 | 5.5 | 4 | 10—8.3—7.0—6.0—5.5 |
| AZ40M、AZ41M | 10 | 7.0 | 4 | 10—9.0—8.1—7.4—7.0 |
| | 7.0 | 5.0 | 4 | 7.0—6.2—5.6—5.2—5.0 |

镁合金粗轧时，压下量比较大，在干轧的情况下，轧辊温度上升较快，粘辊很严重。实际生产中，粗轧板坯的终轧厚度一般为5~6mm，特殊情况下可为3mm。

## 6.3.4 中轧和精轧

在镁及镁合金的中轧和精轧过程中，随着轧制道次增加板坯的温度逐渐降低。除前几道次外，金属的变形基本上属于不完全冷变形，即随着加工率的增大，金属的抗拉强度、屈服强度升高，而伸长率降低。因此，轧件可以得到冷轧制品相似的性能。

镁及镁合金的中轧和精轧并没有严格的界限。凡属半成品轧制统称为中轧；成品轧制则称为精轧。中轧和精轧的总加工率取决于合金的性质、轧辊的温度和轧制时的工艺条件。在合适的轧辊温度和较高轧制速度的条件下，镁合金有较好的轧制性能。生产中，往往是轧辊温度越高，允许的加工率也越大。

中轧和精轧的道次加工率取决于轧辊温度、轧制速度和润滑条件。在干轧的情况下，道次加工率的分配原则是：多道次，小压下量。轧制道次一般为20~40道，最多可达50~60道。道次加工率应随着板坯温度的降低而逐渐减少，一般都控制在5%以下，最大不超过10%。允许的总加工率依合金不同可控制在70%以下，见表6-26。

**表6-26 中轧和精轧的总加工率及道次加工率**

| 合金牌号 | 允许的总加工率/% | 道次加工率/% | 轧制道次 |
|---|---|---|---|
| M2M、ME20M | 60~70 | 5 | 不限 |
| AZ40M、AZ41M | 30~40 | 5 | 不限 |

实践中，板坯越薄其轧制性能越好。M2M、ME20M合金小于1.4mm的板坯，在合适轧辊温度条件下，即使板坯不加热，轧制也是很顺利的。

一般镁合金精轧后的异向性都比较显著，M2M合金尤甚，即使经高温加热或再结晶退火也难消除，见表6-27。但AZ40M、AZ41M、ME20M合金经过再结晶退火或中间加热后，其异向性是可以消除和减小的。因此，对于AZ40M、AZ41M和ME20M合金，生产中均不用换向轧制。

表 6-27 M2M、ME20M 合金板材的各向异性

| 合金牌号 | 加工形式 | 力学性能 | | | | | |
|---|---|---|---|---|---|---|---|
| | | 横向 | | | 纵向 | | |
| | | $\sigma_b$/MPa | $\sigma_{0.2}$/MPa | $\delta_{10}$/% | $\sigma_b$/MPa | $\sigma_{0.2}$/MPa | $\delta_{10}$/% |
| M2M | 加工率 45%，350℃退火 | 260 | 155 | 14.0 | 220 | 110 | 12.0 |
| ME20M | 加工率 45%，350℃退火 | 260 | 155 | 20.0 | 250 | 150 | 17.0 |

镁及镁合金薄板生产，轧辊的温度是最重要的工艺条件，是生产优质板材的关键。

镁合金在干轧的情况下，影响轧辊温度变化的因素有：轧制速度、道次压下量、板坯的温度和板坯厚度等。但最主要的因素是轧制速度和道次压下量。一般情况下，轧制速度越高轧辊温度上升越快。当轧制速度一定时，压下量是主要因素。轧辊的温度与压下量是相互影响的：轧辊温度越高，允许的道次压下量越大；压下量越大，轧辊温度上升越快。

实践中，镁合金中轧和精轧时，轧辊的温度维持在 200~250℃最佳。轧辊温度过低，不仅会显著降低合金的轧制性能，而且还会严重影响产品的表面质量；轧辊温度过高，精轧成品是不合适的，同时也给生产带来很多困难。因此，应该注意以下几点。

（1）轧辊温度超过 250℃，金属的变形将过渡到不完全热变形，从而导致产品的组织不均和力学性能的降低。

（2）随着轧辊温度的升高，粘辊现象越来越严重，易造成缠辊事故。

（3）由于粘辊，不仅降低了产品的表面质量，而且也增加了机械清理的麻烦。

（4）随着轧辊温度的增高，沿辊身长度上的温差随之增大，从而使轧辊产生较大的凸度，保证不了板材的平直度。

生产中为了避免辊温急剧升高，可以采取如下措施：

（1）降低开轧温度或在金属出炉后不立即轧制，待降至一定温度时再进行轧制（指中轧与精轧）。

（2）降低轧制速度或减少道次压下量。

（3）生产中可以用风冷却轧辊或施以适量的工艺润滑。应避免使用冷却剂冷却轧辊，否则，不仅会降低轧辊的使用寿命，而且能导致辊型的急剧变化，给轧制过程造成困难。

镁及镁合金在一定变形范围内，随着精轧加工率的提高，再结晶退火后产品的力学性能普遍有所改善。MB8 合金总加工率在 40% 以下时，产品的抗拉强度、屈服强度和伸长率都比较低，并且很不稳定。当总加工率超过 50% 以后，产品的抗拉强度、屈服强度和伸长率普遍提高，并趋于稳定。但随着加工率的提高，纵横向性能差别增大，如图 6-3 所示。

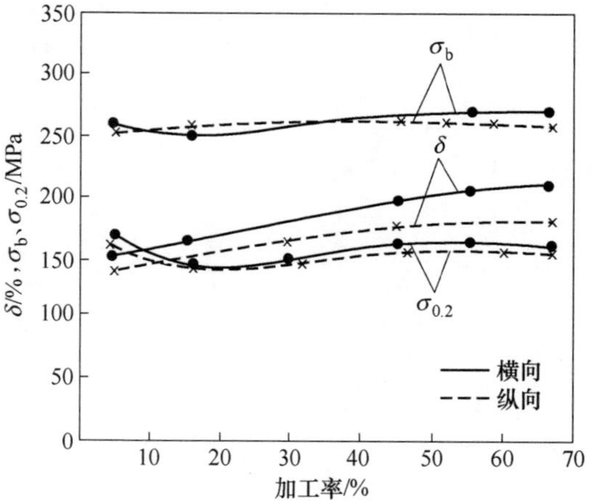


图 6-3 不同精轧加工率对 MB8 合金性能的影响（350℃退火）

MB8 合金不同加工率的产品，经 350℃退火，通过显微组织观察，发现总加工率在 30%以下时晶粒比较粗大。加工率在 15%时晶粒最大，而后随着加工率的提高，晶粒越来越细，组织也越趋于均匀。

实践中，MB1、MB8 合金成品轧制时总加工率控制在 50%~55%。MB2、MB3 合金控制在 30%~35%。总加工率控制的过低会降低产品的常温力学性能和生产效率。加工率过大往往会导致板材的表面裂纹和表面质量的降低。

### 6.3.5 叠轧

叠轧主要适用于表面要求不高，厚度为 0.5~0.8mm 的镁及镁合金薄板加工，一般采用两张板材叠轧的方法。其工艺要求如下：

(1) 叠轧板坯的加热制度和压下制度以及其他工艺要求均按精轧制度进行；
(2) 叠轧板坯要求厚度均匀、平整；
(3) 叠轧板坯的厚度应控制在 1.5mm 以下；
(4) 叠轧板坯不宜过宽过长；
(5) 叠轧板片数量不宜超过两张，板坯厚度差不应大于 0.02mm；
(6) 叠轧时板坯的宽度，长度要对齐，防止错动。

### 6.3.6 典型轧制工艺举例

镁合金板的典型轧制规范见表 6-28。

**表 6-28　镁合金板的典型轧制规范（美国某厂）**

| 合金 | 工序 | 开轧温度/℃ | 两次加热间总压下率/% | 道次压下率/% |
|---|---|---|---|---|
| AZ31 | 热粗轧（轧至 6.4mm） | 425~450 | 90~95 | 10~20 |
| | 热中轧 | 350~440 | 25~50 | 5~20 |
| | 热精轧 | <250 | 15~25 | 5 |
| M1 | 热粗轧（轧至 6.4mm） | 450~500 | | 10~30 |
| | 热中轧 | 350~450 | 40~60 | 10~40 |
| | 热精轧 | 室温 | | 5 |
| HK31 | 热粗轧（轧至 6.4mm） | 480 | | |
| | 热中轧 | 480 | | 5~7 |
| | 热精轧 | 150~250 | | |
| HM21 | 热粗轧（轧至 6.4mm） | 480~500 | | |
| | 热中轧 | 375~425 | 30~40 | 3~10 |
| | 热精轧 | 室温 | 26 | 3~5 |

### 6.3.7 镁合金薄板常见的缺陷及消除方法

镁合金薄板常见缺陷产生的原因及消除方法见表 6-29。

**表 6-29 薄板常见缺陷的产生原因及消除办法**

| 缺陷种类 | 产 生 原 因 | 消 除 办 法 |
|---|---|---|
| 表面裂纹 | 1. 道次压下量过大；<br>2. 粗轧时终轧温度过低，总加工率过大；<br>3. 轧辊温度过低；<br>4. 润滑不均或量过大 | 1. 合理分配道次压下量；<br>2. 粗轧时提高板坯温度，操作要快；<br>3. 严格遵守轧制制度；提高轧辊温度；<br>4. 适当润滑（均匀适量） |
| 裂边 | 1. 轧辊两端有油或水；<br>2. 轧辊温度过高，凸度过大；<br>3. 轧辊温度太低；<br>4. 板坯晶粒粗大；<br>5. 总加工率太大 | 1. 及时擦净辊面的油或水；<br>2. 及时调整轧辊的辊型；<br>3. 提高轧辊温度；<br>4. 铸造时应采取细化晶粒措施；<br>5. 严格执行工艺制度 |
| 压折 | 1. 轧辊温度过低，辊型不当；<br>2. 压下量过大；<br>3. 喂料不正 | 1. 提高轧辊温度，调整轧辊辊型；<br>2. 合理分配道次压下量；<br>3. 正确喂料 |
| 凹陷或压坑 | 1. 轧制过程中板材的飞边或毛刺落入板片上，轧制后剥落造成；<br>2. 轧辊温度过低，总加工率超过一定限度，板片头尾碎裂落在板片上造成压坑；<br>3. 总加工率过大，造成头尾碎裂；<br>4. 非金属压入，在酸洗后造成压坑 | 1. 加强清理、检查；<br>2. 适当提高轧辊温度，轧制中加强修理；<br>3. 减少总加工率；<br>4. 及时清理非金属压入 |
| 性能不合格 | 1. 成品轧制的总加工率控制过小；<br>2. 退火温度过高或过低；<br>3. 轧辊温度过高 | 1. 严格控制成品轧制的总加工率；<br>2. 严格执行退火制度；<br>3. 轧辊温度控制适当 |
| 麻面 | 1. 轧辊温度太高，粘辊严重；<br>2. 压下量过大造成粘辊 | 1. 降低轧辊温度，及时清辊；<br>2. 减少道次压下量 |

## 6.4 轧辊的预热、冷却、润滑及辊型控制

### 6.4.1 轧制前轧辊的预热

对镁合金塑性和变形抗力的分析表明，变形终了温度低于250℃时，镁合金具有很大的强化作用，较高的变形抗力和较低的塑性。镁及镁合金的热容量小，对温度特别敏感。生产中如轧辊不预热，将影响轧件的轧制性能。

实践证明，即使轧辊表面温度达到要求，如轧辊预热时间短，内部温度较低，轧制过程中，轧辊还要吸收大量热，从而降低了轧件的轧制性能。因此，轧辊预热是一项非常必要的工作。

对轧辊预热的要求：轧辊预热速度便于调整，轧辊内外温度一致，便于控制轧辊的辊型。

为满足上述要求，应正确选择轧辊预热的方法：

（1）蒸汽预热。升温速度慢，温度受一定限制。但能保证辊身温度分布均匀。它主要适用于轧辊温度要求较低的情况。

（2）煤气预热。升温快，轧辊预热温度高，灵活性大，结构简单。但轧辊的使用寿命

比较低。

(3) 感应加热。升温快，但结构复杂。

目前，镁合金板材生产普遍采用煤气预热轧辊，为延长轧辊寿命和内外温度均匀，最好在轧辊内通蒸汽，轧辊表面用煤气火焰预热。对新轧辊或轧机停歇超过一昼夜者，开始预热速度要慢，两小时后逐渐增大预热速度。由于沿轧辊长度上散热条件不同，生产中往往是轧辊两端的火焰要比中间大，以保证辊型适应生产要求。

轧辊预热温度根据工艺要求而定。热轧和粗轧时，轧辊预热温度要高，借以减少轧制时的温降，保证大压下量的实施。中轧和精轧时，轧辊预热温度应严格控制。轧制厚度较大的板坯，轧辊预热温度应取下限；轧制较薄的板坯，轧辊预热温度应取上限。实践中，在轧制厚度小于 1.4mm 的板坯时，为维持轧辊温度，可以在轧制过程中，继续加热轧辊。

镁合金轧辊预热制度列于表 6-30 及表 6-31。

**表 6-30　轧辊预热温度**

| 合金牌号 | 轧辊预热温度/℃ | | |
|---|---|---|---|
| | 热轧 | 粗轧 | 中轧和精轧 |
| M2M、ME20M | 100~150 | 120~150 | 120~150 |
| AZ40M、AZ41M、AZ61M | 130~170 | 130~170 | 150~170 |

**表 6-31　轧辊预热时间（轧辊直径为 750mm）**

| 轧机停歇时间/h | ≥36 或新辊 | >24 | ≤24 | ≤8 |
|---|---|---|---|---|
| 轧辊预热时间/h | 7~8 | 5~6 | 3~5 | 2~3 |

### 6.4.2　镁合金轧制时的冷却与润滑

由于镁及镁合金的变形特征，在轧制过程中如遇急冷将急剧降低合金的轧制性能，板材越薄越敏感。因此，镁及镁合金轧制时通常不采用冷却润滑。为了减少轧制时轧辊的黏附，往往用金属自身的氧化膜做润滑。即金属采用高温长时间加热使锭坯表面形成具有一定厚度均匀的氧化膜层。但这仍然不能解决粘辊和清辊问题。

工艺润滑是解决粘辊的有效办法。为不降低合金的轧制性能，润滑剂的温度超过 100℃为佳。然而，一般的油质润滑剂其高温稳定性都很差，起不到润滑作用。因此，需要不断地寻求理想的镁合金轧制润滑剂。对润滑剂的要求如下：

(1) 降低外摩擦效果显著，不影响轧制时金属的咬入，既防止粘辊又不降低合金的轧制性能；

(2) 润滑膜能牢固附着在被轧制金属的表面；

(3) 能均匀地涂抹或均匀地分布在变形金属的表面；

(4) 应具有高温稳定性；

(5) 不污染和腐蚀金属表面，轧制后很容易从金属表面除掉，退火时不在金属表面沉积；

(6) 资源丰富，经济耐用，使用方便。

表 6-32 推荐了镁合金轧制时几种润滑剂，供参考选用。

表 6-32 几种镁及镁合金轧制时的润滑剂

| 润滑剂种类 | 使用方法 | 优 缺 点 |
|---|---|---|
| 石墨<br>石墨加水<br>石墨加乳液<br>胶体石墨加水 | 涂抹或喷雾 | 1. 润滑效果良好，可以防止粘辊；<br>2. 使用量过大会严重影响轧制时金属的咬入；<br>3. 对板材表面污染严重，不易从板材表面清除，以致影响到下一工序，如污染槽液和氧化上色难以进行 |
| 乳液 | 喷射 | 1. 可以控制辊型；<br>2. 有一定的润滑效果；<br>3. 温度超过 80℃乳液分解，润滑效果降低，温度低能显著降低合金的轧制性能，同时也缩短轧辊的使用寿命；<br>4. 不适用于薄板 |
| 火油或火油加机油 | 涂抹或喷雾 | 1. 对防止粘辊有一定作用，效果不显著；<br>2. 用量过大会使粘在轧辊表面上的氧化皮堆积造成氧化皮压入；<br>3. 适用于薄板生产 |
| 25%聚乙二醇加5%烷基磷酸盐水溶液或 50%聚乙二醇水溶液 | 涂抹、喷雾或液流喷射 | 1. 润滑效果好，可防止粘辊，适用于厚板生产；<br>2. 对下一道工序——酸洗和氧化上色质量没有影响；<br>3. 薄板轧制时用量不宜过大，否则将降低轧辊温度；<br>4. 资源较缺、价格昂贵 |
| 5%肥皂水溶液 | 喷雾或喷射 | 1. 喷雾润滑效果较小，如使用量过大，使咬入困难；<br>2. 适用于厚板生产；<br>3. 资源丰富，价格低廉 |
| 30%~50%聚乙二醇水溶液（溶液温度 100℃） | 喷雾或喷射 | 1. 厚板应用喷射的方法，但量不宜过大，否则易使轧辊温度降低；<br>2. 薄板适用喷雾的方法，量不宜过大；<br>3. 润滑效果较好，不影响酸洗和上色 |

### 6.4.3 轧制时的轧辊辊型控制

由于镁及镁合金轧制时，大多不采用冷却与润滑。因此，轧制过程轧辊的辊型变化很大。

镁及镁合金轧制时，由于轧辊的预热，轧制时锭坯与轧辊的热交换及产生的变形热，使轧辊温度逐渐升高；轧辊中部与金属接触，且较轧辊两端散热慢。所以，轧辊中部的温度比两端要高得多，这样便沿辊身长度上产生较大的凸度。轧制时因轧制力的作用而产生的挠度，往往抵消不了因热膨胀而产生的凸度。为了补偿轧辊在轧制过程的热膨胀，实践中，通常将轧辊磨成带有一定的凹度或圆柱形。

镁合金轧制时，影响辊型变化的因素很复杂。它不仅与轧辊的材质、尺寸、状态有关，而且还与轧辊的预热温度、锭坯的温度、锭坯的尺寸和受热条件有关，在设计轧辊辊型时，可用理论公式计算。但工厂通常是按具体的设备和工艺条件，根据经验来确定轧辊的辊型。

表 6-33 列出了轧辊直径为 750mm 的锻钢轧辊（9Cr2MoV）的辊型。

表 6-33　镁合金轧制时轧辊的辊型

| 工序名称 | | 热轧 | 粗轧 | 中轧 | 精轧 |
|---|---|---|---|---|---|
| 生产条件及辊型 | 断续生产 | 凹 0.25~0.30mm | 圆柱形 | 圆柱形 | 圆柱形① |
| | 连续生产 | — | 凹 0.05~0.10mm | 凹 0.05~0.10mm | 圆柱形 |

① 板材厚度小于 1mm 以下轧辊应该采用圆锥形或凸形轧辊。

镁及镁合金轧制时，根据被轧制的板形来调整轧辊辊型的办法有：

（1）采用分段预热轧辊。煤气管路沿辊身长度可分成数段，根据需要来调整煤气火焰的大小。轧制过程中如中间出现波浪，可将轧辊两端的煤气火焰加大；边部出现波浪，可将中间部位的煤气火焰加大。

（2）调整轧制速度和压下量。如中间出现波浪时，在设备负荷允许的条件下，可稍加大压下量；当出现边部波浪时，可适当减小压下量或提高轧制速度。

（3）安排生产时，应先轧宽板，后轧窄板。在热轧时应先轧薄板，后轧厚板。

（4）薄板轧制时，轧辊因温度的升高而产生较大的凸度时，可采用风冷轧辊或施以适量的润滑剂。

## 6.5　镁合金板带材的热处理、精整、矫直与包装

### 6.5.1　热处理

镁合金板材在轧制以后一般要进行退火热处理。镁合金在退火过程中所发生的变化主要是加工组织的再结晶过程。镁合金完全再结晶主要取决于温度，要获得最高的常温力学性能，其退火温度应选择在靠近完全再结晶温度范围内。退火温度过高易使晶粒长大，导致性能降低。除压下量外，热轧和精轧的终轧温度也影响镁合金的开始再结晶温度。终轧温度越高，开始再结晶温度也越高。镁及镁合金板材通常采用箱式空气循环电阻炉退火。表 6-34 为 ME20M 合金再结晶退火后的平均晶粒度，表 6-35 和表 6-36 为变形镁合金板材的退火制度。

表 6-34　ME20M 合金再结晶退火后平均晶粒度

| | | |
|---|---|---|
| 粗轧加工率/% | 35.2 | 62.6 |
| 平均晶粒度/mm | 0.87 | 0.69 |

表 6-35　部分镁合金板材的退火规范

| 合金 | 厚度/mm | 温度/℃ | 保温时间/h | 冷却方式 |
|---|---|---|---|---|
| MB1-O | 15~10 | 380~400 | 5~6 | 空气 |
| | 8~5 | 360~380 | 4~5 | 空气 |
| | 4~2 | 350~360 | 3~4 | 空气 |
| | 1~0.5 | 340~350 | 2~3 | 空气 |
| MB2-O<br>MB3-O | 15~10 | 320~350 | 4~5 | 空气 |
| | 8~5 | 300~320 | 3~4 | 空气 |
| | 4~2 | 280~300 | 2.5~5 | 空气 |
| | 1~0.5 | 280~300 | 2.5~3 | 空气 |

续表 6-35

| 合金 | 厚度/mm | 温度/℃ | 保温时间/h | 冷却方式 |
|---|---|---|---|---|
| MB8-O | 15~10 | 280~320 | 2~3 | 空气 |
| | 8~5 | 280~300 | 2~3 | 空气 |
| | 4~2 | 280~300 | 1.5~2 | 空气 |
| | 1~0.5 | 280~300 | 1.5~2 | 空气 |

**表 6-36 镁合金板材成品退火制度**

| 合金牌号 | 状态 | 规格/mm | 处理温度/℃ | 保温时间/min | 金属出炉温度/℃ | 冷却介质 |
|---|---|---|---|---|---|---|
| MB1、MB2<br>MB3、MB8 | O | 7.0~10.0 | 330±5 | 30 | 340 | 空气 |
| | | 2.0~6.0 | 320±5 | 30 | 340 | |
| | | 0.5~1.9 | 340±5 | 30 | 360 | |
| MB8 | H24 | 0.8~5.0 | 280±5 | 30 | 300 | |

注：当金属温度达到“处理温度”后，开始计保持时间。

### 6.5.2 镁合金板材的剪切

镁合金在常温下剪切时，其切入比例仅有 10%~15%，其余部分全以 45°角撕裂方式断裂，而在高温下镁及镁合金有较好的剪切性能，切口也比较平整，切入比例大大增加，见表 6-37。剪切温度为 150℃时，其切口也以 45°角断裂。

**表 6-37 MB3 合金高温下的切入比例**

| 剪切温度/℃ | 300 | 250 | 180 |
|---|---|---|---|
| 切入比例/% | 60 | 50 | 40 |

镁合金如果重新加热进行剪切时，最好加热到 200℃以上。如果利用热轧后恢复，再结晶软化或退火板材的余热剪切时，可参照表 6-38 进行。

**表 6-38 镁合金中、厚板材的剪切温度**

| 板材厚度/mm | 20~40 | 10~19 | 6~9 |
|---|---|---|---|
| 剪切温度/℃ | ≥200 | ≥180 | ≥150 |

随着板材厚度的变薄，剪切性能越来越好。因此，镁合金薄板剪切均在常温下进行。剪切镁合金时其剪刀间隙控制见表 6-39。

**表 6-39 镁合金剪切时的剪刀间隙**

| 板材厚度/mm | 1.5~5.0 | 6.0~12.0 | 13.0~19.0 | 20.0~40.0 |
|---|---|---|---|---|
| 剪刀间隙/mm | 0.1~0.2 | 0.2~0.4 | 0.4~0.7 | 0.7~1.0 |

### 6.5.3 矫直

镁合金冷作硬化的敏感性很大，矫顽力很高，低温下很难矫平。因此厚板需在较高温度下矫直。由于镁合金滑移系少，一般采用辊式矫直而不是拉伸矫直的方法，也可将薄板置于两块钢板之间，对加热到一定温度的镁板施加 0.45MPa 的压力进行矫直。加热与施压是同时进行的，施压时间约为 30min。在合适的矫直温度下可以反复矫直，矫直次数对产品力学性能无明显影响。镁合金薄板矫直有两种方式：将板材退火后冷却至室温，进行冷矫的方式；将板材加热到 200~300℃或利用退火后板材的余热进行的热矫的方式。

镁合金中、厚板材的矫直温度与剪切温度相同，见表 6-40。在此温度下可以反复矫直。

**表 6-40　镁合金中、厚板材在 7 辊矫直机上的矫直制度**

| 板材厚度/mm | 入口间隙/mm | 出口间隙/mm | 矫直温度/℃ |
|---|---|---|---|
| 20~40 | -1~-2 | 0~+2 | ≥200 |
| 10~19 | -2~-3 | 0~+2 | ≥180 |
| 6~9 | -3~-4 | 0~+2 | ≥150 |

镁合金薄板矫直多在室温下进行，这种方法的优点是：

(1) 板材温矫虽然易于矫平，但板材冷却至室温，往往会产生恢复现象，板材重新出现波浪。板材在室温下冷矫时，虽比较困难，但矫平的板材不再产生挠曲变形。

(2) 板材温矫时，粘辊较严重，矫直辊易污染，清辊次数频繁，影响产品质量。板材在室温下矫直时无上述问题。

(3) 板材温矫时，需专用设备对板材进行加热或保温。

(4) 板材在室温下矫直时，可以反复进行。反复矫直次数不宜过多，否则，不仅会降低板材的力学性能；而且还会增大板材的各向异性。

镁及镁合金薄板矫直制度列于表 6-41。

**表 6-41　镁合金薄板矫直制度**

| 板材厚度/mm | 17 辊矫直机 | | 29 辊矫直机 | |
|---|---|---|---|---|
| | 入口间隙/mm | 出口间隙/mm | 入口间隙/mm | 出口间隙/mm |
| 0.7~1.25 | -5~-7 | +1.5~+2.5 | -2.0~-2.5 | +1~+1.5 |
| 1.26~1.40 | -5~-6 | +2~+3 | -1.3~-2.0 | +1.8~+2.5 |
| 1.41~1.50 | -4~-5 | +2.5~+3 | -0.5~-1.5 | +2.5~+3.0 |
| 1.51~2.50 | -3~-4 | +2.5~+3.5 | — | — |
| 2.60~3.50 | -2~-3 | +3~+4 | — | — |
| 3.50~4.50 | 0~-1 | +4.5~+5.0 | — | — |
| 4.60~5.50 | +1~0 | +5.5~+6.0 | — | — |

镁及镁合金中、厚板一般用 7 辊矫直机，而薄板一般用 17 辊和 29 辊矫直机矫直。镁及镁合金板材用辊式矫直设备的结构和技术性能基本上与铝合金的相同。

## 6.6　镁合金板材的力学性能

板材的力学性能决定于冷轧变形量与冷轧后的退火规范，它们对性能的影响起着很大的作用。表 6-42 列出了 AZ31B 厚板和薄板不同热处理状态下典型的力学性能。表 6-43～表 6-54 分别列出了不同镁合金在不同变形和热处理条件下的力学性能。

**表 6-42 AZ31B 厚板和薄板不同热处理状态下典型的力学性能**

| 状态 | 厚度/cm | $\sigma_b$/MPa | $\sigma_{0.2}$/MPa | $\delta$/% | $\sigma_{压}$/MPa | $\sigma_{\tau}$/MPa |
|---|---|---|---|---|---|---|
| O | 0.014～0.152 | 255 | 152 | 21 | 110 | 179 |
| | 0.153～0.634 | 255 | 152 | 21 | 110 | 179 |
| | 0.635～1.270 | 248 | 152 | 21 | 90 | 172 |
| | 1.271～5.080 | 248 | 152 | 17 | 83 | 172 |
| | 5.080～7.62 | 248 | 145 | 17 | 76 | 172 |
| H24 | 0.014～0.152 | 290 | 221 | 15 | 179 | 200 |
| | 0.153～0.634 | 276 | 200 | 17 | 159 | 193 |
| | 0.635～1.270 | 269 | 186 | 19 | 131 | 186 |
| | 1.271～5.080 | 262 | 165 | 17 | 110 | 179 |
| | 2.541～5.080 | 255 | 159 | 14 | 97 | 179 |
| | 5.080～7.62 | 255 | 145 | 16 | 83 | 179 |
| H26 | 0.635～0.951 | 276 | 207 | 13 | 165 | 193 |
| | 0.952～1.113 | 276 | 193 | 13 | 152 | 193 |
| | 1.114～1.270 | 276 | 193 | 10 | 152 | 193 |
| | 1.271～1.905 | 276 | 193 | 10 | 131 | 193 |
| | 1.906～2.540 | 269 | 179 | 10 | 124 | 193 |
| | 2.541～3.810 | 262 | 172 | 10 | 110 | 186 |
| | 3.811～5.080 | 262 | 165 | 10 | 103 | 179 |

**表 6-43 MA1 合金板材的保证力学性能（在退火温度保温 30min）**

| 退火温度 | 350℃ | | 240℃ | |
|---|---|---|---|---|
| 板材厚度/mm | 0.6～3.0 | 3.1～10.0 | 0.6～3.0 | 3.1～10.0 |
| $\sigma_{0.2}$/MPa | 110 | 90 | 160 | 140 |
| $\sigma_b$/MPa | 190 | 170 | 260 | 250 |
| $\delta_{10}$/% | 12.0 | 10.0 | 5.0 | 3.0 |

**表 6-44 MA1 合金板材的典型力学性能**

| 试样方向 | 材料状态 | $\sigma_{0.2}$/MPa | $\sigma_b$/MPa | $\delta_{10}$/% | $\sigma_{-1}$①/MPa | HB |
|---|---|---|---|---|---|---|
| 纵向 | 退火 | 115 | 240 | 16.0 | 60 | 350 |
| | 未退火 | 120 | 250 | 7.0 | 70 | 400 |
| 横向 | 退火 | 110 | 235 | 15.0 | — | — |
| | 未退火 | 170 | 260 | 12.0 | — | — |

① 循环次数 $5\times10^7$。

**表 6-45 MA1 合金的高温力学性能**

| 温度/℃ | 冷轧板材 | | | 退火板材 | | |
|---|---|---|---|---|---|---|
| | $\sigma_{0.2}$/MPa | $\sigma_b$/MPa | $\delta_{10}$/% | $\sigma_{0.2}$/MPa | $\sigma_b$/MPa | $\delta_{10}$/% |
| 100 | 130 | 180 | 5.0 | 110 | 170 | 30.0 |
| 150 | 80 | 130 | 10.0 | 80 | 130 | 40.0 |
| 200 | 50 | 80 | 20.0 | — | — | — |
| 250 | 40 | 60 | 32.0 | — | — | — |
| 300 | 25 | 45 | 35.0 | — | — | — |

**表 6-46 MA8 合金退火板材的典型力学性能**

| 材料厚度/mm | 最小 | | 最大 | | 常见 | |
|---|---|---|---|---|---|---|
| | $\sigma_b$/MPa | $\delta_{10}$/% | $\sigma_b$/MPa | $\delta_{10}$/% | $\sigma_b$/MPa | $\delta_{10}$/% |
| >3.0 | 230 | 10.0 | 290 | 22.0 | 250 | 17.5 |
| ≤3.0 | 230 | 10.0 | 290 | 22.0 | 260 | 17.0 |

**表 6-47 MA8 合金板材的高温力学性能**

| 温度/℃ | $\sigma_{0.2}$/MPa | $\sigma_b$/MPa | HB | $\psi$/% | $\delta_5$/% |
|---|---|---|---|---|---|
| 100 | 140 | 180 | 50 | 45 | 20 |
| 200 | 90 | 130 | 38 | 60 | 24 |
| 300 | 30 | 70 | 20 | 90 | 70 |

**表 6-48 MA8 合金 1.2mm 退火板材的低温力学性能**

| 试样形状 | 温度/℃ | 纵向 | | 纵向 | |
|---|---|---|---|---|---|
| | | $\sigma_b$/MPa | $\delta_5$/% | $\sigma_b$/MPa | $\delta_5$/% |
| 平滑 | -70 | 340 | 9.0 | 290 | 14.0 |
| | -40 | 330 | 12.5 | 300 | 15.5 |
| | 20 | 265 | 11.0 | 220 | 19.0 |
| 带切口 | -70 | 265 | — | 190 | — |
| | -40 | 270 | — | 220 | — |
| | 20 | 245 | — | 190 | — |

**表 6-49 退火对 MA1、MA3、MA8 合金冷轧板材力学性能的影响**

| 合金 | 厚度/mm | 冷轧后 | | | | 退火后 | | | |
|---|---|---|---|---|---|---|---|---|---|
| | | 纵向 | | 横向 | | 纵向 | | 横向 | |
| | | $\sigma_b$/MPa | $\varepsilon_5$/% | $\sigma_b$/MPa | $\delta_5$/% | $\sigma_b$/MPa | $\delta_5$/% | $\sigma_b$/MPa | $\delta_5$/% |
| MA1 | 0.8~3.0 | 210~230 | 1.5~3.0 | 260~290 | 6~9 | 190~220 | 5~7 | 250~280 | 9~12 |
| | 3.0~10.0 | 190~200 | 1~3 | 240~270 | 4~7 | 170~200 | 3~5 | 220~250 | 6~10 |
| MA3 | 0.8~3.0 | 320~340 | 5~10 | 330~350 | 5~11 | 280~300 | 10~15 | 290~310 | 11~15 |
| | 3.0~10.0 | 300~320 | 5~8 | 300~330 | 6~9 | 260~270 | 8~11 | 260~280 | 8~13 |
| MA8 | 0.8~3.0 | 290~300 | 6~12 | 250~280 | 10~16 | 270~300 | 10~16 | 240~260 | 15~25 |
| | 3.0~10.0 | 270~300 | 5~10 | 230~260 | 10~15 | 260~290 | 7~13 | 230~250 | 12~20 |

**表 6-50 冷轧率和退火规范对 MA3 合金板材力学性能的影响**

| 退火规范 | | 冷轧率/% | | | | | | | | | |
|---|---|---|---|---|---|---|---|---|---|---|---|
| | | 1 | | 2 | | 3 | | 4 | | 5 | |
| | | $\sigma_b$/MPa | $\delta_5$/% | $\sigma_b$/MPa | $\delta_5$/% | $\sigma_b$/MPa | $\delta_5$% | $\sigma_b$/MPa | $\delta_5$/% | $\sigma_b$/MPa | $\delta_5$/% |
| 冷轧板 | | 283 | 11.6 | 282 | 10.6 | 284 | 9.0 | 290 | 7.2 | 291 | 7.0 |
| 退火 200℃ | 1h | 283 | 15.6 | 292 | 13.9 | 293 | 13.3 | 297 | 12.6 | 293 | 11.5 |
| | 6h | 294 | 17.1 | 292 | 16.3 | 296 | 14.6 | 298 | 14.1 | 297 | 15.5 |
| | 12h | 291 | 13.6 | 293 | 15.4 | 299 | 18.0 | 294 | 16.1 | 296 | 16.4 |
| 退火 300℃ | 1h | 284 | 15.3 | 283 | 13.8 | 290 | 16.5 | 292 | 14.0 | 292 | 13.0 |
| | 6h | 289 | 16.3 | 289 | 18.5 | 292 | 14.6 | 293 | 15.5 | 293 | 14.0 |
| | 12h | 285 | 16.9 | 291 | 12.8 | 288 | 17.2 | 290 | 17.1 | 289 | 15.7 |
| 退火 350℃ | 1h | 282 | 11.1 | 286 | 10.8 | 283 | 10.9 | 284 | 10.4 | 286 | 10.0 |
| | 6h | 285 | 14.5 | 285 | 13.3 | 286 | 14.0 | 284 | 13.1 | 286 | 12.4 |
| | 12h | 281 | 18.2 | 284 | 16.9 | 280 | 17.7 | 281 | 17.0 | 281 | 17.5 |

**表 6-51 AZ31B 合金板材的低温力学性能**

| 状态 | 温度/℃ | $\sigma_b$/MPa | $\sigma_{0.2}$/MPa | $\delta_{10}$/% |
|---|---|---|---|---|
| O | 21 | 255 | 145 | 26.0 |
| | -18 | 268 | 154 | 16.0 |
| | -46 | 278 | 156 | 14.5 |
| | -78 | 290 | 164 | 12.8 |
| | -196 | 363 | 183 | 6.2 |
| | -251 | 419 | 205 | 4.6 |
| H24 | 21 | 288 | 203 | 12.7 |
| | -18 | 305 | 221 | 8.7 |
| | -46 | 308 | 224 | 8.0 |
| | -78 | 320 | 227 | 6.4 |
| | -196 | 390 | 252 | 2.6 |
| | -251 | 455 | 277 | 2.0 |

**表 6-52 温度与保温时间对 AZ31B-H24 合金板材力学性能的影响**

| 保温温度/℃ | 保温时间/h | 试验温度/℃ | $\sigma_{0.2}$/MPa | $\sigma_{0.2压}$/MPa | $\sigma_b$/MPa | $\delta$/% |
|---|---|---|---|---|---|---|
| 95 | 0 | 20 | 220 | 165 | 280 | 13 |
| | 16 | 20 | 220 | 165 | 280 | 13 |
| | 48 | 20 | 220 | 165 | 280 | 13 |
| | 192 | 20 | 220 | 165 | 280 | 13 |
| | 500 | 20 | 220 | 165 | 280 | 13 |
| | 1000 | 20 | 220 | 165 | 280 | 13 |
| | 16 | 95 | 170 | 155 | 230 | 37 |
| | 48 | 95 | 170 | 155 | 230 | 37 |
| | 192 | 95 | 170 | 155 | 230 | 37 |
| | 500 | 95 | 170 | 155 | 230 | 37 |
| | 1000 | 95 | 170 | 155 | 230 | 37 |

续表 6-52

| 保温温度/℃ | 保温时间/h | 试验温度/℃ | $\sigma_{0.2}$/MPa | $\sigma_{0.2压}$/MPa | $\sigma_b$/MPa | δ/% |
|---|---|---|---|---|---|---|
| 120 | 0 | 20 | 220 | 165 | 280 | 13 |
| | 16 | 20 | 220 | 165 | 280 | 13 |
| | 48 | 20 | 220 | 165 | 280 | 13 |
| | 192 | 20 | 220 | 165 | 280 | 13 |
| | 500 | 20 | 220 | 165 | 280 | 13 |
| | 1000 | 20 | 220 | 165 | 280 | 17 |
| | 16 | 120 | 140 | 150 | 190 | 50 |
| | 48 | 120 | 140 | 150 | 190 | 50 |
| | 192 | 120 | 140 | 150 | 190 | 50 |
| | 500 | 120 | 140 | 150 | 190 | 50 |
| | 1000 | 120 | 140 | 150 | 190 | 50 |
| 150 | 0 | 20 | 220 | 165 | 280 | 13 |
| | 16 | 20 | 215 | 165 | 275 | 15 |
| | 48 | 20 | 200 | 165 | 275 | 16 |
| | 192 | 20 | 195 | 150 | 275 | 18 |
| | 500 | 20 | 200 | 155 | 270 | 18 |
| | 1000 | 20 | 205 | 145 | 270 | 20 |
| | 16 | 150 | 110 | 150 | 160 | 52 |
| | 48 | 150 | 110 | 130 | 160 | 55 |
| | 192 | 150 | 110 | 130 | 150 | 58 |
| | 500 | 150 | 110 | 130 | 150 | 63 |
| | 1000 | 150 | 105 | 125 | 145 | 64 |
| 200 | 0 | 20 | 220 | 165 | 280 | 13 |
| | 16 | 20 | 175 | 130 | 255 | 21 |
| | 48 | 20 | 175 | 130 | 260 | 21 |
| | 192 | 20 | 175 | 130 | 260 | 21 |
| | 500 | 20 | 175 | 130 | 260 | 21 |
| | 1000 | 20 | 175 | 130 | 260 | 21 |
| | 16 | 200 | 70 | 85 | 90 | 73 |
| | 48 | 200 | 70 | 85 | 90 | 73 |
| | 192 | 200 | 70 | 85 | 90 | 73 |
| | 500 | 200 | 70 | 85 | 90 | 73 |
| | 1000 | 200 | 70 | 85 | 90 | 73 |
| 260 | 0 | 20 | 260 | 165 | 280 | 13 |
| | 16 | 20 | 160 | 120 | 255 | 21 |
| | 48 | 20 | 160 | 120 | 255 | 22 |
| | 192 | 20 | 160 | 120 | 255 | 22 |
| | 500 | 20 | 160 | 120 | 255 | 21 |
| | 1000 | 20 | 160 | 120 | 255 | 22 |
| | 16 | 260 | 40 | 60 | 60 | 70 |
| | 48 | 260 | 50 | 60 | 60 | 90 |
| | 192 | 260 | 50 | 60 | 60 | 90 |
| | 500 | 260 | 50 | 60 | 60 | 90 |
| | 1000 | 260 | 50 | 60 | 50 | 90 |

续表 6-52

| 保温温度/℃ | 保温时间/h | 试验温度/℃ | $\sigma_{0.2}$/MPa | $\sigma_{0.2压}$/MPa | $\sigma_b$/MPa | δ/% |
|---|---|---|---|---|---|---|
| 315 | 0 | 20 | 220 | 165 | 280 | 13 |
| | 16 | 20 | 155 | 110 | 250 | 18 |
| | 192 | 20 | 155 | 110 | 250 | 22 |
| | 500 | 20 | 155 | 110 | 250 | 22 |
| | 16 | 315 | 30 | 40 | 40 | 113 |
| | 192 | 315 | 30 | 40 | 40 | 113 |
| | 500 | 315 | 30 | 40 | 40 | 113 |

**表 6-53 AZ91B 合金板材的蠕变强度**

| 合金状态 | 温度/℃ | 试验持续时间/h | 蠕变强度（应力）/MPa | | | |
|---|---|---|---|---|---|---|
| | | | 总伸长率为 0.1% | 总伸长率为 0.2% | 总伸长率为 0.5% | 总伸长率为 1.0% |
| O | 95 | 1 | 40 | 70 | 105 | 110 |
| | | 10 | 35 | 60 | 95 | 100 |
| | | 100 | 39 | 55 | 85 | 90 |
| | | 500 | 30 | 50 | 70 | 70 |
| | 120 | 1 | 35 | 55 | 85 | 95 |
| | | 10 | 30 | 50 | 75 | 85 |
| | | 100 | 15 | 35 | 60 | 70 |
| | | 500 | 15 | 20 | 50 | 60 |
| | 150 | 1 | 30 | 50 | 70 | 85 |
| | | 10 | 15 | 30 | 50 | 60 |
| | | 100 | 5 | 15 | 30 | 35 |
| | | 500 | 3 | 5 | 20 | 25 |
| | 175 | 1 | 15 | 30 | 50 | 55 |
| | | 10 | 5 | 15 | 30 | 35 |
| H24 | 95 | 1 | 40 | 60 | 105 | 130 |
| | | 10 | 30 | 50 | 75 | 95 |
| | | 100 | 15 | 30 | 50 | 70 |
| | | 500 | 15 | 20 | 35 | 50 |
| | 120 | 1 | 30 | 40 | 60 | 90 |
| | | 10 | 15 | 30 | 40 | 55 |
| | | 100 | 5 | 15 | 30 | 35 |
| | | 500 | 5 | 10 | 15 | 20 |

**表 6-54 AZ31B-H24 合金板材的高温力学性能**

| 温度/℃ | $\sigma_{0.2}$/MPa | $\sigma_{0.2压}$/MPa | $\sigma_b$/MPa | δ/% |
|---|---|---|---|---|
| 21 | 220 | 165 | 285 | 14 |
| 100 | 145 | 135 | 205 | 30 |
| 150 | 90 | 110 | 150 | 58 |

续表 6-54

| 温度/℃ | $\sigma_{0.2}$/MPa | $\sigma_{0.2压}$/MPa | $\sigma_b$/MPa | δ/% |
|---|---|---|---|---|
| 204 | 55 | 75 | 90 | 82 |
| 260 | 35 | 50 | 55 | 92 |
| 315 | 15 | — | 40 | 136 |
| 370 | 15 | — | 30 | 140 |

# 7 镁合金的挤压成型技术

## 7.1 挤压成型的特点及常用挤压镁合金

### 7.1.1 挤压成型的特点

挤压是对放在容器（称为挤压筒）内的金属坯料施加外力，使之从挤压模的模孔中流出，获得与模孔具有相同断面形状和尺寸的材料产品（制品）的一种塑性加工方法。挤压时金属处于强烈的三向压缩状态，有利于提高金属的变形能力，获得大变形量，改善金属的组织，获得综合性能高的产品；只需通过改变挤压模的结构和形状，可以生产各种断面形状复杂的实心或空心型材，以及各种管材、棒材和线材。由于，在常温下镁及镁合金的塑性变形能力有限，因此，热挤压成型是变形镁合金最主要的塑性加工方法之一。

变形镁合金可采用正向挤压也可以采用反向挤压方法挤压生产镁合金管、棒、型、线材。一般来说，凡是用于挤压铝合金制品的挤压机和挤压方法基本适用于挤压镁合金制品，只不过工艺参数和配套设备有所差异而已。

正向挤压的特点是制品的流出方向与挤压轴的移动方向一致，见图7-1。挤压时，将加热好的锭坯推入挤压筒，挤压轴在主柱塞的作用下，迫使挤压筒内金属流出模孔。此时，铸锭随着挤压过程的进行而慢慢地向前移动，锭的表层与挤压筒内衬内壁会发生激烈的摩擦。

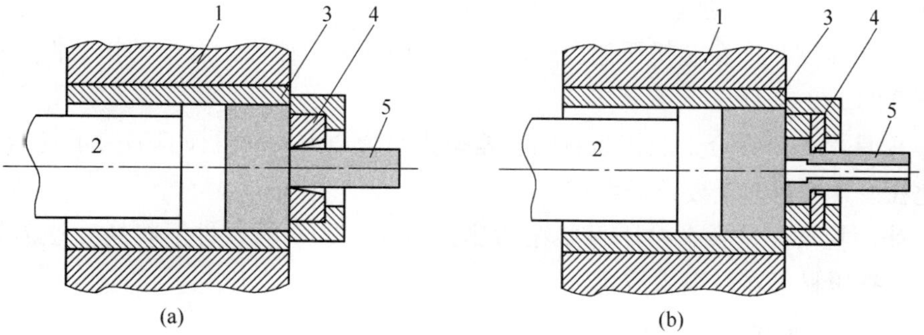


图7-1　正向挤压示意图

(a) 用平面模挤压实心型材与棒材；(b) 用平面分流模挤压空心型材与管材

1—挤压筒；2—挤压轴；3—锭坯；4—模具；5—制品

反向挤压的特点是制品的流出方向与挤压轴的相对运动方向相反。现代化的反向或正/反两用挤压机设有双挤压轴（挤压轴和空心模轴）。挤压时，模轴固定不动（中间框架式和挤压筒剪切式反方向挤压机），而挤压筒紧靠挤压轴或堵头，在主柱塞和挤压筒柱塞力的作用下，挤压轴和挤压筒同步向前移动，而模轴则逐步进入挤压筒内。反向挤压时挤压筒与锭坯之间无摩擦。

反向挤压法，目前还未能广泛应用于镁及镁合金挤压。但随着挤压设备与工具的进步，已经开始用反向挤压机挤压镁及镁合金管材，并有推广应用的趋势。

### 7.1.2 常用挤压镁合金

#### 7.1.2.1 镁合金的流动特性

镁合金在热挤压时，其流动特性与铝合金基本相似，但镁合金更易与挤压工模具黏结，摩擦状态比铝合金差；另外，镁合金加热时，温度更难均匀，因此镁合金热挤压时，只有在保证温度均匀和充分润滑条件下，才能获得均匀的流动和稳定的变形。

镁合金挤压时的力学状态和挤压力的计算方法与铝及铝合金挤压时的基本相同。值得注意的是：镁合金在高温（315℃）时的屈服强度比典型的挤压铝合金 6063 在 430℃ 的屈服强度高，即变形抗力较高，因此，所需的挤压力也稍高一些，见表 7-1。

**表 7-1 代表性的挤压镁合金及铝合金的高温屈服强度比较**

| 合金 | 镁合金 M1A | 镁合金 AZ31 | 铝合金 6063 |
|---|---|---|---|
| 高温屈服强度/MPa | 40（315℃时） | 45（315℃时） | 28（430℃时） |

#### 7.1.2.2 镁合金挤压加工的特点

与铝合金挤压相比镁合金挤压加工的特点：

（1）加热方式：镁合金只允许在空气电阻炉中加热；铝合金可在空气电阻炉或感应炉中加热。

（2）挤压温度：镁合金挤压温度稍低，为防止镁锭燃烧，各种合金允许加热的最高温度为 470℃；铝合金最高加热温度可达到 550℃。

（3）挤压速度：镁合金挤压速度最高可达 20m/min，比硬铝合金的快，但只有软铝合金挤压速度的 1/3 左右。

（4）模具尺寸：镁合金热挤压材的收缩率比铝合金大。而且模具需要承受的变形力也大，因此在设计模具时需要给予考虑。

（5）张力拉矫：镁合金挤压材要在加热到 100～200℃ 的条件下拉矫，这需要专用设备。铝合金挤压材可在室温中拉矫。

#### 7.1.2.3 常用挤压镁合金的性能

常用挤压镁合金化学成分与力学性能见表 7-2。

**表 7-2 常用挤压镁合金的主要化学成分与力学性能**

| 制品种类 | 合金牌号 | 典型化学成分（质量分数）/% | 状态 | $\sigma_b$/MPa | $\sigma_{0.2}$/MPa | $\delta$/% |
|---|---|---|---|---|---|---|
| 无缝管 | AZ31B | Al3.0，Zn1.0，Mn0.15 | H112 | 230 | 140 | 6 |
| | AZ61A | Al6.4，Zn1.0，Mn0.28 | H112 | 260 | 150 | 6 |
| | ZK10A | Zn1.2，Zr0.6 | H112 | 250 | 170 | 8 |

续表 7-2

| 制品种类 | 合金牌号 | 典型化学成分（质量分数）/% | 状态 | $\sigma_b$/MPa | $\sigma_{0.2}$/MPa | $\delta$/% |
|---|---|---|---|---|---|---|
| 棒材 | AZ31B | Al3.0，Zn1.0，Mn0.15 | H112 | 230 | 140 | 6 |
| | AZ61A | Al6.4，Zn1.0，Mn0.28 | H112 | 260 | 150 | 6 |
| | AZ80A | Al8.4，Zn0.6，Mn0.25 | H112 | 280 | 190 | 5 |
| | ZK10A | Zn1.2，Zr0.6 | H112 | 250 | 170 | 8 |
| | ZK30A | Zn3.3，Zr0.6 | H112 | 270 | 190 | 8 |
| | ZK60A | Zn5.5，Zr0.6 | H112 | 300 | 210 | 5 |
| | ZK60A | Zn5.5，Zr0.6 | T5 | 310 | 230 | 5 |
| 型材 | AZ31B | Al3.0，Zn1.0，Mn0.15 | H112 | 230 | 140 | 6 |
| | AZ61A | Al6.4，Zn1.0，Mn0.28 | H112 | 260 | 150 | 6 |
| | AZ80A | Al8.4，Zn0.6，Mn0.25 | H112 | 280 | 190 | 5 |
| | ZK10A | Zn1.2，Zr0.6 | H112 | 250 | 170 | 8 |
| | ZK30A | Zn3.3，Zr0.6 | H112 | 270 | 190 | 8 |
| | ZK60A | Zn5.5，Zr0.6 | H112 | 300 | 210 | 5 |
| | ZK60A | Zn5.5，Zr0.6 | T5 | 310 | 230 | 5 |

## 7.2 镁合金的挤压工艺

### 7.2.1 镁合金挤压的工艺流程

典型镁合金挤压生产工艺流程如图 7-2 所示。

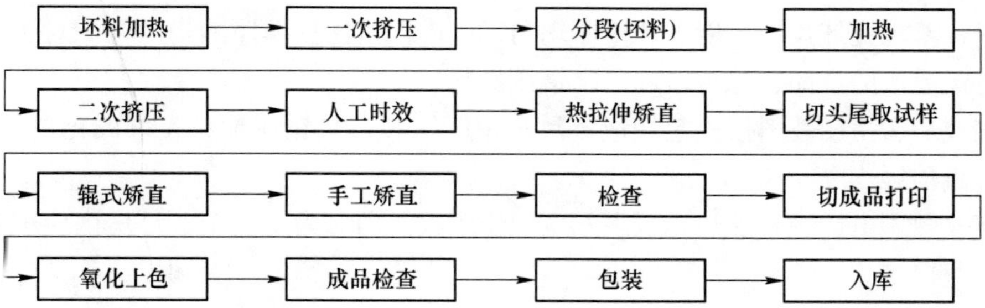


图 7-2 典型镁合金挤压生产工艺流程

### 7.2.2 挤压前的准备

#### 7.2.2.1 挤压坯料的准备

镁合金挤压用铸锭一般用半连续铸造法铸造。铸锭可进行也可不进行均匀化处理，但高成分合金还是经过均匀化处理为好。因均匀化处理有助于降低挤压力 20%～25%，见图 7-3。均匀化制度一般为 350℃×12h。均匀化处理对 Mg-3%Al 合金挤压力的影响见表 7-3（挤压管规格为 $\phi$44mm×1.5mm，锭坯规格为 $\phi$98mm×150mm）。

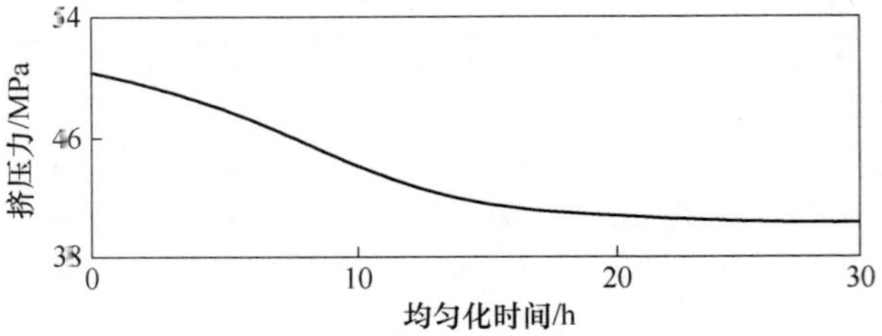


图 7-3　均匀化时间对含 3.5%Al、0.5%Zn、0.32%Mn 镁合金挤压力的影响

**表 7-3　均匀化处理及挤压前的加热规范对挤压 Mg-3%Al 合金挤压力的影响**

| 是否均匀化处理 | 挤压温度/℃ | 加热时间/h | 挤压力/MPa |
|---|---|---|---|
| 无 | 340 | 1 | 320 |
| | 300 | | 400 |
| | 340 | 3 | 250 |
| | 300 | | 300 |
| | 340 | 6 | 200 |
| | 300 | | 250 |
| 350℃，12h | 340 | 1 | 190 |
| | 300 | | 250 |
| | 340 | 3 | 170 |
| | 300 | | 200 |
| | 340 | 6 | 150 |
| | 300 | | 180 |

镁合金铸锭在挤压前都应车皮、镗孔（管坯），特别是用于反挤压管材和异形薄壁产品的坯料，要求锭坯尺寸精度高和壁厚均匀，以确保挤压件壁厚的均匀性。对于一些小规格和有特殊要求的产品，也可以用二次挤压坯料。

铸锭或二次挤压坯料按工艺切成定尺。中断锯和定尺锯应配备良好的锯屑收集装置，并坚持每班清理。

锭坯一般用电炉进行加热，电阻丝应埋于耐火砖内。为了安全，厂房内应配备沙箱和 D 级灭火器材。

### 7.2.2.2　工具和模具的准备

A　镁合金棒材模设计要点

镁合金挤压用设备以及挤压筒、挤压轴、垫环和穿孔系统等大型工具的设计和制造与铝合金的基本相同，但镁合金的挤压筒及与金属直接接触的工具应是专用的，不能与铝挤压筒通用。如果一定要共用，必须通过酸碱洗及机械抛光以保持清洁。

与纯铝相比，纯镁的熔点低 10℃，密度低 35.6%，热导率低 30.2%，线膨胀系数高 5.9%。由于镁的热导率较低而线膨胀系数又较高，在模具设计与锭坯加热时间等方面都应加以考虑。特别是在设计模具工作带时，模孔的加工尺寸的热膨胀冷缩余量应比铝的大一倍左右。

挤压时，针对镁合金塑性较差，变形难度较大，与钢铁的亲和力较低等特点，挤压垫片与挤压筒内径的配合公差为+0.2~0.3mm。挤压完毕后，挤压残料（压余）与挤压垫较容易分离，因此，挤压过程中不需要对垫片进行润滑。

B 镁牺牲阳极模具设计要点

在挤制 AZ31B 合金牺牲阳极时，由于牺牲阳极结构的特殊性（见图 7-4），其模具设计与制造较为特殊。由于既要保证铁芯与镁基体同时挤出，又要保证镁基体与铁芯牢固的焊合，采用了三件套的组合模具来实现这一过程，模具结构简图见图 7-5。成卷的铁丝通过上模的斜面进入中模中心，镁合金通过上模分流孔进入中模（分流比为 6~10），镁合金在中模和下模的焊合室内充分焊合，在流出下模工作带的瞬间与铁芯焊合并带动铁芯一起流出。铁芯入模孔布置在上模模面与侧面之间，与模具轴心线形成一定夹角 $\alpha$，一般在 15°~25°之间，它与挤压设备的对中性关系非常密切。对中性越好，$\alpha$ 可越小，铁芯越容易流动。若对中性较差，$\alpha$ 过小，则生产时会起“大帽”，这不但会影响生产，也会浪费金属，降低成品率。中模的“芯头”与下模工作带的间距配合也非常重要。间距过小，不能保证镁合金与铁芯充分黏合；间距太大，则由于金属在下模与中模之间的顺流与回流对铁芯施加极大的拉应力将铁芯垃断，一般以 6~7mm 为宜。为便于流动和焊合，焊合芯头以 45°过渡。牺牲阳极棒的中断与锯定尺时应小心进行，因为高速旋转的锯片与铁芯接触时易产生火花引燃镁屑。

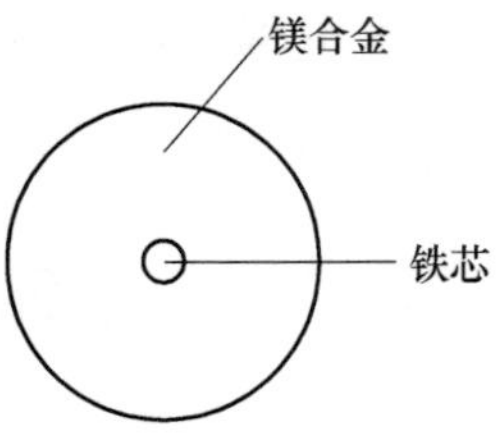

图 7-4 AZ31B 合金牺牲阳极断面图

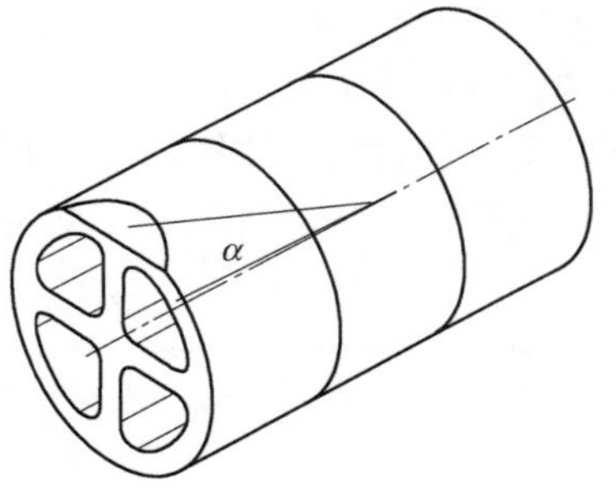

图 7-5 挤压牺牲阳极用组合模方案

C 镁合金管材和空心型材模具的设计特点分析

镁合金的焊接性能不如铝合金。因此，在用平面分流组合模挤压管材和空心型材时，分流孔以及导流系统都要精心设计，以尽量减少流量阻力，增大焊合均匀性，图 7-6 为自行车三角架用 AZ31B 镁合金管材平面分流组合金的结构设计方案图。为提高合金的成分均匀性和变形塑性，减少挤压力，对 AZ31B 镁合金半连续铸棒进行了均匀化处理（400℃×24h）。为了提高产品质量和模具寿命，优化了挤压工艺：挤压筒温度为 250~350℃；模具预热温度为 300~380℃；挤压温度为 320~380℃；挤压速度为 0.5~1.5m/min；挤压比为 40~80。

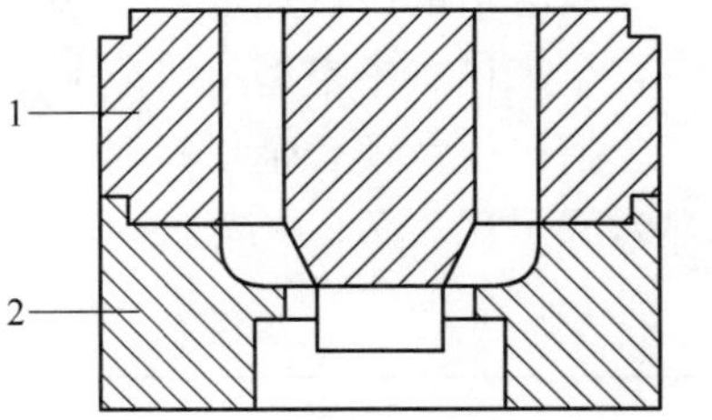

图 7-6 挤压 AZ31B 镁合金管材的分流组合模具
1—上模；2—下模

D 镁合金型材模具的设计和应用特点分析

与铝合金挤压模一样，镁合金挤压模具也采用 H13 模具钢制造。淬火+回火后的硬度

HRC 为 47~51。挤压工模具在挤压前都要进行预热，预热温度一般比铸锭加热温度低 20~30℃，见表 7-4。根据模具规格确定加热时间，以热透和热均匀为准。

**表 7-4　挤压工模具的预热温度**

| 合金牌号 | 模具加热温度/℃ | | 挤压筒温度/℃ | 铸锭加热温度/℃ |
|---|---|---|---|---|
| | 平模 | 分流模 | | |
| AZ31B | 360~370 | 370~390 | 360~370 | 290~400（1~4 区梯温加热） |
| AZ61A | 320~340 | 340~360 | 340~350 | 290~370（1~4 区梯温加热） |

## 7.2.3　主要挤压工艺参数的选择

### 7.2.3.1　镁合金挤压的主要工艺参数的确定原则

镁合金热挤压工艺参数主要有：挤压温度、挤压速度、挤压比等。镁合金的挤压性要比铝合金稍差，因此，挤压工艺参数的确定也要比铝合金严格一些。镁合金的挤压温度与合金种类和挤压件形状有关，典型挤压温度范围为 300~450℃。温度对镁的塑性变形特性影响很大，通过调节挤压温度来适应不同挤压比的要求。镁合金的挤压比在 10~100 范围内变化，而且已进行预挤压的锭坯可用采用更大的挤压比。镁合金坯件在挤压过程中会生成大量的热，必须采取冷却措施将热量充分散发，否则当坯料的温度达到或超过固相线时会导致镁合金热裂。

镁合金的焊合性能比铝合金差得多，因此挤压管材时，宜采用穿孔针或空心锭坯挤压。常用几种镁合金的挤压条件见表 7-5。

**表 7-5　常用几种镁合金的挤压条件**

| 合金 | 锭坯温度/℃ | 挤压筒温度/℃ | 挤压速度/$m \cdot min^{-1}$ |
|---|---|---|---|
| M1 | 420~440 | 380~390 | 6~30 |
| AZ31 | 370~400 | 230~320 | 4.5~12 |
| AZ61 | 370~400 | 230~290 | 2~6 |
| AZ80 | 360~400 | 230~290 | 1.2~2 |

镁合金的挤压速度不宜快，如 AZ31 合金应为 6063 铝合金挤压速度的 1/3 以下。对同一合金来说，中空型材（管材）的挤压速度可为实心型材的 1/5~1/3。

挤压镁及镁合金材料时，常采用的温度制度见表 7-6。若采用预挤压的坯料，则其加热时间可比表 7-6 中缩短约 30%。最佳挤压速度见表 7-7。

**表 7-6　镁合金的挤压温度制度**

| 合金成分/% | 锭坯直径/mm | 锭坯温度/℃ | 加热时间/h | 允许温度/℃ | | 挤压最低温度/℃ |
|---|---|---|---|---|---|---|
| | | | | 开挤最高值 | 终了最低值 | |
| 1.3~2.5Mn | 270 | 380~410 | 6~7 | 400 | 300 | 300 |
| | 360 | 380~410 | 8~9 | 400 | 300 | 300 |
| 3.0~4.0Al，0.15~0.5Mn，0.2~0.8Zn | 270 | 390~410 | 6~7 | 400 | 280 | 280 |
| | 360 | 390~410 | 8~9 | 400 | 280 | 280 |

续表 7-6

| 合金成分/% | 锭坯直径/mm | 锭坯温度/℃ | 加热时间/h | 允许温度/℃ | | 挤压最低温度/℃ |
|---|---|---|---|---|---|---|
| | | | | 开挤最高值 | 终了最低值 | |
| 5.5~7.0Al，0.15~0.5Mn，1.5Zn | 270 | 360~380 | 7~8 | 370 | 280 | 280 |
| | 360 | 360~380 | 9~10 | 370 | 280 | 280 |
| 6.5~8.0Al，0.15~0.5Mn，2.5~3.5Zn | 270 | 350~370 | 7~8 | 360 | 280 | 280 |
| | 360 | 350~370 | 9~10 | 360 | 280 | 280 |
| 7.8~9.2Al，0.15~0.5Mn，0.2~0.8Zn | 270 | 340~360 | 7~8 | 360 | 280 | 280 |
| | 360 | 340~360 | 9~10 | 360 | 280 | 280 |
| 1.5~2.5Mn，0.15~0.5Ce | 270 | 380~400 | 6~7 | 410 | 300 | 280 |
| | 360 | 380~400 | 8~9 | 410 | 380 | 280 |

**表 7-7 镁合金的最佳挤压速度**

| 合　金 | 锭坯种类 | 挤压棒材直径/mm | 最佳挤压速度/m·min$^{-1}$ |
|---|---|---|---|
| 1.3~2.5Mn；<br>3.0~4.0Al，0.15~0.5Mn，0.2~0.8Zn；<br>1.5~2.5Mn，0.15~0.5Ce | 铸造 | 150~100 | 0.8~1.0 |
| | | 90~50 | 1.1~1.2 |
| | | ≤30 | ≤1.8 |
| 5.5~7.0Al，0.15~0.5Mn，1.5Zn；<br>6.5~8.0Al，0.15~0.5Mn，2.5~3.5Zn；<br>7.8~9.2Al，0.15~0.5Mn，0.2~0.8Zn | 铸造 | 150~100 | 0.6~0.7 |
| | | 90~50 | 0.8~1.0 |
| | | ≤30 | ≤1.2 |
| 3.0~4.0Al，0.15~0.5Mn，0.2~0.8Zn；<br>5.5~7.0Al，0.15~0.5Mn，1.5Zn | 挤压 | 小断面棒材 | 5~8 |
| | | 小断面型材 | 3~5 |
| 1.3~2.5Mn；<br>1.5~2.5Mn，0.15~0.5Ce | 挤压 | 小断面棒材 | 10~25 |
| | | 小断面型材 | 3~15 |
| 6.5~8.0Al，0.15~0.5Mn，2.5~3.5Zn；<br>7.8~9.2Al，0.15~0.5Mn，0.2~0.8Zn | 挤压 | 小断面棒材及型材 | 1~2.5 |

通常，挤压温度与速度的选择，决定于制品形状、断面积大小、挤压比等因素。挤压制品形状见图 7-7，挤压条件与型材形状的关系见表 7-8。挤压速度不要超过表 7-7 中所列

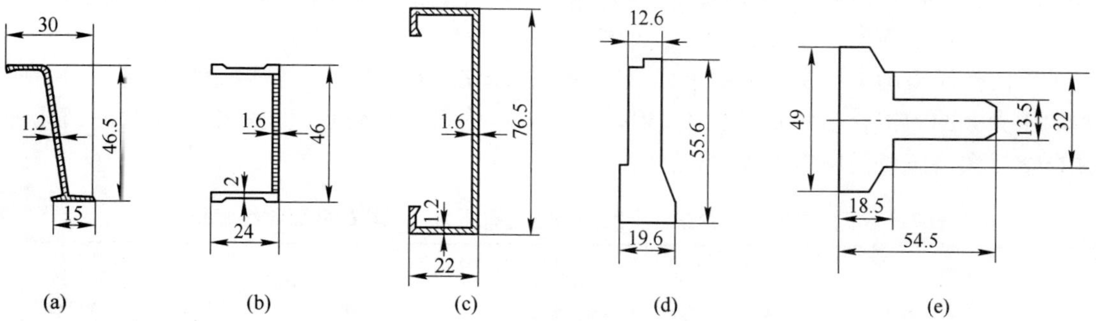


图 7-7 典型镁合金型材形状与断面尺寸（单位：mm）
（a）形状 A；（b）形状 B；（c）形状 C；（d）形状 D；（e）形状 E

的值，否则会产生大量的热，使挤压件的温度升高超过合金的固相线温度，产生热裂，使表面质量严重下降，造成废品。

**表 7-8　挤压条件与型材形状的关系**

| 材料种类 | 合金 | 形状 | 断面积/mm² | 挤压比 | 铸坯长/mm | 铸坯温度/℃ | 挤压速度/m·min⁻¹ |
|---|---|---|---|---|---|---|---|
| 型材 | AZ31 | A | 72 | 122 | 330 | 430 | 8.5 |
| | AZ31 | B | 163 | 54 | 330 | 370 | 10.0 |
| | AZ31 | C | 187 | 47 | 350 | 380 | 17.0 |
| | AZ31 | D | 795 | 22 | 360 | 305 | 8.0 |
| | AZ31 | E | 1283 | 14 | 420 | 230 | 8.0 |
| 扁材 | AZ31 | 16mm×7mm | 112 | 39 | 330 | 390 | 5.0 |
| | AZ31 | 40mm×3mm | 120 | 73 | 330 | 410 | 3.5 |
| | AZ31 | 25mm×9mm | 225 | 39 | 350 | 380 | 3.0 |
| | AZ31 | 125mm×2mm | 250 | 70 | 330 | 380 | 2.0 |
| 管材 | M1 | $\phi$20mm×1.2mm | 64 | 92 | 330 | 390 | 2.5 |
| | M1 | $\phi$20mm×2mm | 113 | 78 | 330 | 390 | 2.0 |
| | M1 | $\phi$30mm×2mm | 254 | 70 | 330 | 380 | 2.0 |
| | AZ31 | $\phi$30mm×3mm | 254 | 70 | 330 | 380 | 1.5 |
| 棒材 | 99.8%Mg | $\phi$19mm | 285 | 62 | 330 | 170 | 7.0 |
| | M1 | $\phi$19mm | 285 | 62 | 330 | 280 | 6.0 |
| | AZ31 | $\phi$19mm | 285 | 62 | 330 | 320 | 2.5 |

注：在 12.5MN 挤压机上挤压。

挤压过程结束后，通常先从挤压筒内取出模具，并剪切下锭坯余料，其余料可循环使用。如果将新坯料直接装入挤压筒与锭坯余料焊合，那么也可以实现连续挤压，但是锭坯必须预留纵向槽，以散逸新旧锭坯间卷入的气体。纵向槽可以采用铸造、机加工和挤压等方法制出。

#### 7.2.3.2　反向挤压镁合金的工艺参数选择

镁合金反向挤压的温度范围为 175~370℃，具体温度取决于合金成分和挤压速度。挤压时应保持恒定的挤压温度，以保证产品的尺寸公差。使用夹具进料时，操作速度较慢，通常将棒料和模具加热到 260℃；自动进料时，操作速度较快，棒料和模具温度可降至 175℃。挤压时，模具因吸热温度会升高 30℃左右。在允许挤压件力学性能有所降低的情况下，可以稍微提高挤压温度。

反向挤压力的大小主要取决于合金成分、挤压比和挤压温度。镁合金反向挤压时，所需的压力大约为铝合金的一半。在 230~400℃范围内挤压，截面积收缩率为 85%时，几种镁合金反向挤压所需压力见表 7-9。

**表 7-9　不同温度下四种镁合金反向挤压所需压力（试样的截面收缩率 85%）**

| 合金 | 不同温度下的反向挤压压力/MPa | | | | | | |
|---|---|---|---|---|---|---|---|
| | 230℃ | 260℃ | 290℃ | 315℃ | 340℃ | 370℃ | 400℃ |
| AZ31B | 455 | 455 | 414 | 372 | 359 | 345 | 317 |
| AZ61A | 483 | 459 | 455 | 441 | 428 | 414 | 400 |

续表 7-9

| 合金 | 不同温度下的反向挤压压力/MPa | | | | | | |
|---|---|---|---|---|---|---|---|
| | 230℃ | 260℃ | 290℃ | 315℃ | 340℃ | 370℃ | 400℃ |
| AZ80A | 496 | 483 | 441 | 455 | 441 | 428 | 414 |
| ZK80A | 469 | 455 | 441 | 428 | 400 | 372 | 359 |

#### 7.2.3.3 挤压条件对型材力学性能的影响

挤压条件如锭坯温度、挤压速度、挤压件出模温度等对材料的表面质量、力学性能等都有影响。例如，正挤压经过均匀化的 AZ61 合金，在温度 340℃、柱塞速度 2mm/s 时，材料表面会出现不可接受的裂缝（见图 7-8），因此，锭坯温度不宜超过 320℃。

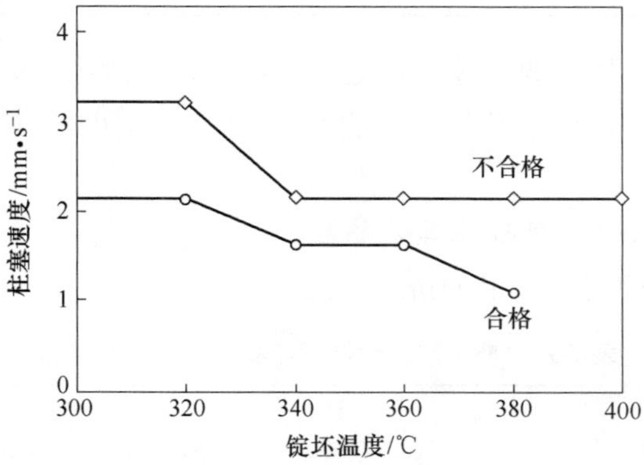


图 7-8 锭坯温度与挤压速度对挤压材表面裂缝的影响

图 7-9 所示为挤压未进行均匀化处理的 ZK30 合金时，挤压速度与材料屈服强度的关系。由图 7-9 可见，在同一挤压速度时，挤压温度 380℃ 时的屈服强度比挤压温度 300℃ 低；挤压速度由 210mm/s 提高到 260mm/s 时，屈服强度由 9MPa 下降到 1MPa。锭坯温度对材料力学性能的影响比挤压速度的影响小得多。

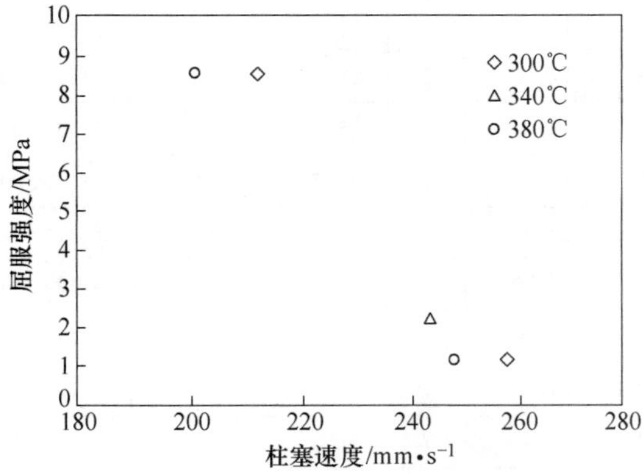


图 7-9 正挤压的 ZK30 合金棒材的屈服强度 $\sigma_{0.2}$ 与挤压速度的关系

表 7-10 列出了镁合金圆棒的力学性能与挤压时出模温度的关系。由表 7-10 所列数据可见，提高出模温度，材料的力学性能普遍下降（材料挤压比 56）。

**表 7-10　镁合金圆棒的力学性能与出模温度的关系**

| 合金 | 挤出温度/℃ | 抗拉强度/MPa | 屈服强度/MPa | 伸长率/% |
|---|---|---|---|---|
| 纯 Mg | 130 | 250 | 150 | 4.5 |
| | 170 | 245 | 150 | 4.0 |
| | 210 | 240 | 145 | 4.0 |
| | 280 | 240 | 145 | 4.0 |
| | 330 | 235 | 140 | 4.0 |
| M1 | 250 | 280 | 190 | 7.0 |
| | 430 | 240 | 140 | 6.0 |
| AZ31 | 380 | 305 | 235 | 21.0 |
| | 400 | 275 | 190 | 16.0 |
| | 430 | 250 | 155 | 14.0 |

挤压镁及镁合金时可用机油与鳞片石墨混合物作为润滑剂。涂润滑剂可降低挤压力，但可能会污染材料表面，甚至会引发龟裂与气泡。由于金属的流动不均匀，因此材料的性能也略有差别。

### 7.2.3.4　典型的镁合金热挤压工艺参数

表 7-11 为典型镁合金挤压产品的挤压工艺参数。

**表 7-11　典型镁合金挤压产品的挤压工艺参数**

| 制品名称 | 合金 | 断面积/mm² | 孔数 | 挤压系数 λ | 压余/mm | 铸锭规格/mm | 挤压速度/mm·s⁻¹ | 压出长度/m |
|---|---|---|---|---|---|---|---|---|
| φ15mm 阳极棒 | AZ31B | 176.6 | 1 | 58.78 | 20 | φ112×350 | 15~30 | 18.37 |
| φ20mm 阳极棒 | AZ31B | 314 | 1 | 33.06 | 20 | φ112×350 | 15~30 | 10.33 |
| φ20mm×2.5mm | AZ31B | 137.4 | 1 | 75.55 | 20 | φ112×300 | 20~35 | 20.00 |
| φ25mm×2.5mm | AZ31B | 176.6 | 1 | 58.78 | 20 | φ112×350 | 20~35 | 18.37 |
| φ19mm×2mm | AZ31B | 106.8 | 1 | 97.2 | 20 | φ112×300 | 20~35 | 25.76 |
| φ20mm×2.5mm | AZ61A | 137.36 | 1 | 75.6 | 20 | φ112×300 | 10~20 | 18.7 |
| φ22.2mm×2mm | AZ61A | 126.8 | 1 | 81.9 | 20 | φ112×300 | 10~20 | 21.7 |
| φ25mm×2.5mm | AZ61A | 176.6 | 1 | 58.8 | 20 | φ112×300 | 10~20 | 15.6 |
| φ34.9mm×1.8mm | AZ31B | 187.1 | 1 | 55.5 | 20 | φ112×300 | 20~30 | 14.7 |
| φ37mm×5mm | AZ61A | 502.4 | 1 | 20.7 | 20 | φ112×300 | 10~20 | 5.5 |
| φ38.1mm×1.8mm | AZ31B | 205.2 | 1 | 50.6 | 20 | φ112×300 | 20~30 | 50.6 |
| φ44mm×1.8mm | AZ31B | 238.5 | 1 | 43.5 | 20 | φ112×300 | 20~30 | 25 |
| φ44mm×5.5mm | AZ61B | 664.9 | 1 | 15.6 | 20 | φ112×300 | 10~20 | 4.1 |
| □70mm×25mm×0.9mm | AZ31B | 167.4 | 1 | 62 | 20 | φ112×300 | 10~20 | 16.4 |
| LXMQ0001 | AZ31B | 481 | 1 | 21.6 | 20 | φ112×350 | 10~20 | 6.8 |
| LXMQ0002 | AZ31B | 316 | 1 | 32.9 | 20 | φ112×350 | 10~20 | 10.3 |
| LXMQ0003 | AZ31B | 290 | 1 | 35.8 | 20 | φ112×350 | 10~20 | 11.2 |
| LXMQ0004 | AZ31B | 156 | 2 | 33.3 | 20 | φ112×350 | 10~20 | 10.4 |
| LXMQ0005 | AZ31B | 552 | 1 | 18.8 | 20 | φ112×350 | 10~20 | 5.9 |

续表 7-11

| 制品名称 | 合金 | 断面积/$mm^2$ | 孔数 | 挤压系数 λ | 压余/mm | 铸锭规格/mm | 挤压速度/$mm \cdot s^{-1}$ | 压出长度/m |
|---|---|---|---|---|---|---|---|---|
| LXMQ0006 | AZ61B | 242 | 1 | 42.9 | 20 | φ112×300 | 10~20 | 11.4 |
| LXMQ0007 | AZ61B | 787 | 1 | 13.2 | 20 | φ112×300 | 10~15 | 3.5 |
| LXMQ0008 | AZ31B | 778 | 1 | 13.3 | 20 | φ112×350 | 10~20 | 4.2 |
| LXMQ0009 | AZ31B | 242 | 1 | 42.9 | 20 | φ112×350 | 25~40 | 13.4 |

注：LXMQ 为某企业镁合金型材产品的代号。

由于镁合金的比强度高，镁合金挤压型材越来越受到人们喜爱，应用也在不断地推进，图 7-10 所示为目前所获得应用的几种镁合金挤压型材。

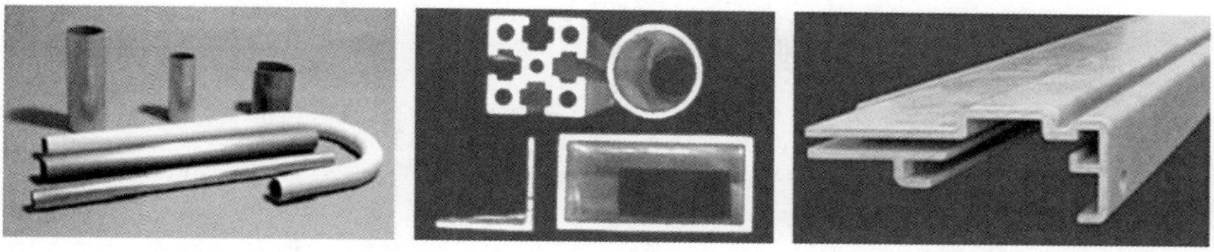

图 7-10　几种镁合金挤压型材

### 7.2.4　挤压法制备镁合金板坯技术

采用挤压法制备镁合金板坯，即采用挤压开坯。这有利于克服镁合金塑性差、温降快而易产生边裂和裂纹的缺点。因为，镁合金在挤压筒中的应力状态是三向压应力状态，这非常有利于材料在三向压应力状态塑性变形能提高材料的工艺塑性；同时，挤压变形时，金属的温降小，温度分布也比较均匀。因此，镁合金在挤压变形中发生破坏的概率也就要比轧制变形低很多。

挤压的这些优点能使大部分镁合金型材都可以采用挤压的方法生产，挤压镁合金板坯就更没有问题了。但是，因挤压筒的尺寸受到挤压机吨位的限制，挤压无法生产宽幅大规格的板材坯，这也是该方法的主要缺点。

研究结果还表明：大挤压比可明显细化镁合金晶粒，挤压开坯后，再通过单向和交叉轧制制备的镁合金（AZ31B）薄板，平均晶粒尺寸小于 5μm 的细晶。经退火后，镁合金薄板中孪晶、位错、亚结构基本消失，板材具有良好的力学性能和组织结构。该工艺制备的镁合金薄板，具有很好的塑性，即冷冲性能。

采用挤压开坯是获得高质量板坯的一种有效方法，国内有一些厂家采用挤压法进行开坯，挤出带材厚度为 1~2mm，进一步轧制成更薄的板带；国外（日本三协立山公司）采用我国生产的镁合金铸棒，直接挤压出宽为 700mm、厚度为 0.7mm 的薄板，甚至可以挤压出宽为 100mm、厚度仅为 0.4mm 的薄板，图 7-11 是我国生产的镁合金铸棒及日本三协立山公司采用该铸棒挤压生产的 0.7mm 薄板。

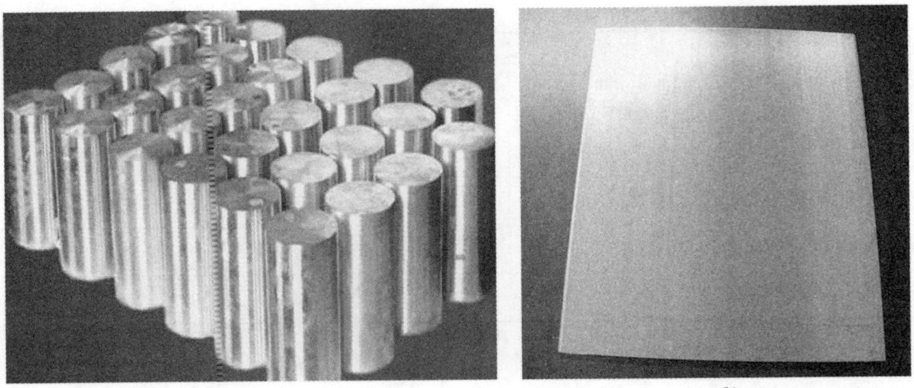

(a)　(b)

图 7-11　我国生产的镁合金铸棒（a）及日本三协立山公司采用该铸棒挤压生产的薄板（b）

## 7.3　镁合金挤压材的热处理与精整矫直

镁合金挤压件出模（コ）或脱模后，可进行在线淬火（强制空冷或水冷却），也可进行离线固溶处理或淬火，淬火后可获得微细均匀的显微组织，经人工时效后，力学性能可明显提高。

镁合金挤压材的状态有 T5、T6、F。T5 为在线淬火后进行人工时效的状态，T6 为固溶处理与人工时效状态，F 为原加工状态即挤压状态。对镁合金材料进行热处理是为了改善其力学性能。固溶处理可提高强度，使韧性达到最大，并改善抗震能力。固溶处理之后再进行人工时效，可使硬度与强度达到最大值，但韧性略有下降。

ZK60、WE43 和 WE54 合金的热处理状态一般为 T5 和 T6。ZK 系列镁合金挤压件，经过 T5 或 T6 态热处理后，有利于提高力学性能和各向同性并获得高塑性。热处理对 WE 系镁合金挤压件的室温性能影响不大，但能提高其高温稳定性。AZ61 和 AZ80 镁合金也可以产生时效强化，经过 T5 或 T6 处理后，强度略有提高而塑性大大降低。通常，挤压态 ZK 系列镁合金的强度和塑性匹配良好，不需要通过热处理强化。

镁合金材料在热加工成型、矫直和焊接后会留有残余应力。因此，应进行消除应力退火。若将挤压镁型材与轧制硬状态板材焊在一起时，为最大限度地减小扭曲变形也必须消除应力，但最好采用 150℃/60min，而不是在 260℃保温 15min 的退火制度。

各种状态镁材的退火温度如下：AZ31B、AZ31C，345℃；AZ61A，345℃；AZ80A，385℃；ZK60A，290℃。保温时间为 1h 至数小时。

挤压材消除应力处理的规范，见表 7-12。通常，若合金的铝含量大于 1.5%时，必须进行此种处理，不但可防止变形，更主要的是防止了应力腐蚀开裂。

**表 7-12　挤压镁材的应力消除处理规范**

| 合金及状态 | 温度/℃ | 时间/min | 合金及状态 | 温度/℃ | 时间/min |
|---|---|---|---|---|---|
| AZ31B-F | 260 | 15 | ZC71A-T5 | 330 | 60 |
| AZ61A-F | 260 | 15 | ZK21A-F | 200 | 60 |
| AZ80A-F | 260 | 15 | ZK60A-F | 260 | 15 |
| AZ80A-T5 | 200 | 60 | ZK60A-T5 | 150 | 60 |

镁合金材的固溶处理及人工时效规范列于表 7-13。ZC71A 合金在固溶处理后于 65℃的热水中冷却或在其他冷却强度相当的介质中淬火。其他镁合金材料固溶处理后，可在静止空气中冷却。

**表 7-13 镁挤压加工材的固溶及时效处理规范**

| 合金 | 状态 | 固溶处理 | | 时效处理 | |
|---|---|---|---|---|---|
| | | 温度/℃ | 时间/h | 温度/℃ | 时间/h |
| ZK60A | T5 | — | — | 150 | 24 |
| AZ80A | T5 | — | — | 177 | 16~24 |
| ZC71A | T5 | — | — | 180 | 16 |
| ZC71A | T6 | 430 | 4~8 | 180 | 16 |

应该注意，在淬火时，冷却介质不能直接接触挤压模具，避免模具开裂。

淬火后应对镁合金挤压件进行精整矫直，可以采用辊矫，压力矫和拉伸矫直。镁合金的拉矫极为困难，辊矫效果则非常好。一般断面形状简单的型材（角材、槽材、工字材）和圆管（包括带内筋的圆管）都可采用辊矫。为增加镁合金制品的生产范围，保证制品的直线度，拉伸矫直应在加温状态下进行。挤压制品的矫直通常在 200~225℃进行，永久变形不得大于 3%。在矫直厚度小于 10mm 的薄材时，最好采用接触电热法加热，加热数秒至 2min；而对截面厚度大于 10mm 的材料，宜利用挤压后的余热进行即时矫直。

## 7.4 镁合金挤压制品的力学性能

表 7-14 列出了镁合金挤压材的最低保证力学性能，而表 7-15 为不同状态和规格的镁合金挤压材的典型力学性能。有些镁合金，如含 Al 5.5%~7%、Mn 0.15%~0.5%、Zn 0.5%~1.5%合金的临界变形率为 2%~5%，其再结晶温度比其他镁合金低，因此，其挤压材在矫直后不宜进行退火。

**表 7-14 镁合金挤压材的最低力学性能（保证值）**

| 合金状态 | 最小尺寸或面积 | $\sigma_b$/MPa | $\sigma_{0.2}$/MPa | $\delta$/% | $\sigma_{压}$/MPa |
|---|---|---|---|---|---|
| AZCOM-F | <0.635cm | 234 | 138 | 7 | — |
| | 0.635~3.81cm | 234 | 145 | 7 | 76 |
| | 3.81~6.35cm | 228 | 145 | 7 | 76 |
| | 6.35~12.7cm | 214 | 131 | 7 | 69 |
| AZ31B-F | <0.635cm | 241 | 145 | 7 | — |
| | 0.635~3.81cm | 241 | 152 | 7 | 83 |
| | 3.81~6.35cm | 234 | 152 | 7 | 83 |
| | 6.35~12.7cm | 221 | 138 | 7 | 69 |
| AZ61A-F | <0.635cm | 262 | 145 | 8 | — |
| | 0.635~6.35cm | 276 | 165 | 9 | 97 |
| | 6.35~12.7cm | 276 | 152 | 7 | 97 |
| AZ80A-F | <0.635cm | 296 | 193 | 9 | — |
| | 0.635~3.81cm | 296 | 193 | 8 | 177 |
| | 3.81~6.35cm | 296 | 193 | 6 | 117 |
| | 6.35~12.7cm | 290 | 186 | 4 | 117 |

续表 7-14

| 合金状态 | 最小尺寸或面积 | $\sigma_b$/MPa | $\sigma_{0.2}$/MPa | δ/% | $\sigma_{压}$/MPa |
|---|---|---|---|---|---|
| AZ80A-T | <0.635cm | 324 | 207 | 4 | — |
| | 0.635~3.81cm | 331 | 228 | 4 | 193 |
| | 3.81~6.35cm | 331 | 228 | 4 | 186 |
| | 6.35~12.7cm | 310 | 207 | 2 | 179 |
| MIC-F | <0.635cm | 207 | — | 2 | — |
| | 0.635~3.81cm | 221 | — | 3 | — |
| | 3.81~6.35cm | 221 | — | 2 | — |
| | 6.35~12.7cm | 200 | — | 2 | — |
| ZK40A-F | <19.5$cm^2$ | 234 | 207 | 5 | 124 |
| ZK40A-T5 | <19.5$cm^2$ | 255 | 234 | 4 | 138 |
| ZK60A-F | <12.9$cm^2$ | 296 | 214 | 5 | 186 |
| | 12.9~19.4$cm^2$ | 296 | 214 | 5 | 179 |
| | 19.5~32.3$cm^2$ | 296 | 214 | 5 | 172 |
| | 32.3~258$cm^2$ | 296 | 214 | 6 | 138 |
| ZK60A-T5 | <12.9$cm^2$ | 310 | 248 | 4 | 207 |
| | 12.9~19.4$cm^2$ | 310 | 248 | 4 | 193 |
| | 19.5~32.3$cm^2$ | 310 | 248 | 4 | 172 |
| | 32.3~64.5$cm^2$ | 310 | 234 | 6 | 159 |
| | 64.5~161.3$cm^2$ | 310 | 234 | 6 | 152 |
| | 161.3~258$cm^2$ | 296 | 214 | 6 | 138 |

**表 7-15　部分镁合金挤压材的典型力学性能**

| 合金及状态 | 最小尺寸或面积 | $\sigma_b$ /MPa | $\sigma_{0.2}$ /MPa | δ /% | $\sigma_{压}$ /MPa | $\sigma_\tau$ /MPa | 硬度 HB |
|---|---|---|---|---|---|---|---|
| AZCOM-F | <0.635cm | 255 | 186 | 14 | 97 | — | 49 |
| | 0.635~3.81cm | 255 | 193 | 15 | 90 | — | 49 |
| | 3.81~6.35cm | 255 | 186 | 14 | 90 | — | 49 |
| | 6.35~12.7cm | 255 | 186 | 15 | 90 | — | 49 |
| AZ31B-F | <0.635cm | 262 | 193 | 14 | 103 | 131 | 49 |
| | 0.635~3.81cm | 262 | 200 | 15 | 97 | 131 | 49 |
| | 3.81~6.35cm | 262 | 193 | 14 | 97 | 131 | 49 |
| | 6.35~12.7cm | 262 | 193 | 15 | 97 | 131 | 49 |
| AZ61A-F | <0.635cm | 317 | 228 | 17 | — | 159 | 60 |
| | 0.635~3.81cm | 310 | 228 | 16 | 131 | 152 | 60 |
| | 6.35~12.7cm | 310 | 214 | 15 | 145 | 152 | 60 |
| AZ80A-F | <0.635cm | 338 | 248 | 12 | — | 152 | 82 |
| | 0.635~3.81cm | 338 | 248 | 11 | — | 152 | 82 |
| | 3.81~6.35cm | 338 | 241 | 11 | — | 152 | 82 |
| | 6.35~12.7cm | 290 | 248 | 9 | — | 152 | 82 |

续表 7-15

| 合金及状态 | 最小尺寸或面积 | $\sigma_b$ /MPa | $\sigma_{0.2}$ /MPa | $\delta$ /% | $\sigma_{压}$ /MPa | $\sigma_{\tau}$ /MPa | 硬度 HB |
|---|---|---|---|---|---|---|---|
| AZ80A-T5 | <0.635cm | 379 | 262 | 8 | 234 | 165 | 82 |
| | 0.635~3.81cm | 379 | 376 | 7 | 241 | 165 | 82 |
| | 3.81~6.35cm | 365 | 269 | 6 | 221 | 165 | 82 |
| | 6.35~12.7cm | 345 | 262 | 6 | 214 | 165 | 82 |
| ZK60A-F | <12.9cm$^2$ | 338 | 262 | 14 | 228 | 165 | 75 |
| | 12.9~19.4cm$^2$ | 338 | 255 | 14 | 193 | 165 | 75 |
| | 19.5~32.3cm$^2$ | 338 | 248 | 14 | 186 | 165 | 75 |
| | 32.3~258cm$^2$ | 331 | 255 | 9 | 159 | 179 | 75 |
| ZK60A-T5 | <12.9cm$^2$ | 365 | 303 | 11 | 248 | 179 | 82 |
| | 12.9~19.4cm$^2$ | 359 | 296 | 12 | 214 | 172 | 82 |
| | 19.5~32.3cm$^2$ | 352 | 290 | 14 | 207 | — | 82 |

挤压制品的力学性能不仅与合金牌号相关，还和挤压过程中采用的温度、挤压变形程度和速度有关，不同工艺条件下得到的挤压制品的力学性能在一定范围内波动。对于纯镁而言，挤压温度对力学性能不会产生太大的影响。表 7-16 和表 7-17 列出变形镁合金挤压型材的典型室温力学性能。表 7-18 和表 7-19 为国内某厂生产的镁合金挤压产品的力学性能实测值。表 7-20 是国产镁合金牺牲阳极的电化学性能。

**表 7-16 镁合金挤压杆、棒及型材的典型室温力学性能**

| 合金 | 状态 | $\sigma_b$/MPa | $\sigma_{0.2}$/MPa | $\sigma_{压}$/MPa | $\delta$/% |
|---|---|---|---|---|---|
| AZ10A | F | 204~240 | 145~150 | 70~75 | 10 |
| AZ31B | F | 260 | 195~200 | 95~105 | 14~17 |
| AZ61 | F | 310~315 | 215~230 | 120~145 | 15~17 |
| AZ80A | F | 330~340 | 240~250 | — | 9~12 |
| | T5 | 345~380 | 260~275 | 215~240 | 6~8 |
| ZK10A | F | 293 | 208 | — | 13 |
| ZK30A | F | 309 | 239 | 213 | 18 |
| ZK60A | F | 330~340 | 250~260 | 160~230 | 9~14 |
| | T5 | 360~365 | 295~305 | 215~250 | 11~12 |

**表 7-17 镁合金挤压管的典型室温力学性能**

| 合金 | 状态 | $\sigma_b$/MPa | $\sigma_{0.2}$/MPa | $\sigma_{压}$/MPa | $\delta$/% |
|---|---|---|---|---|---|
| AZ10A | F | 230 | 145 | 70 | 8 |
| AZ31B | F | 250 | 165 | 85 | 12 |
| AZ61 | F | 285 | 165 | 110 | 14 |
| ZK10A | F | 278 | 193 | — | 7 |
| ZK60A | F | 325 | 240 | 175 | 13 |
| | T5 | 240 | 270 | 180 | 12 |

**表 7-18　某企业生产的镁合金挤压产品力学性能实测值**

| 批次 | 合金及状态 | 规格/mm×mm | $\sigma_b$/MPa | $\sigma_{0.2}$/MPa | δ/% |
|---|---|---|---|---|---|
| 1 | 管 AZ31B-H112 | $\phi$20×2.5 | 245～265 | 168～184 | 9～10.5 |
| 2 | 管 AZ31B-H112 | $\phi$25×2.5 | 250～272 | 170～186 | 8.2～12 |
| 3 | 型材 AZ31B-H112 | | 250～272 | 170～186 | 8.2～12 |
| 4 | 管 AZ31B-H112 | $\phi$20×2.5 | 248～270 | 170～182 | 8.3～8.6 |
| 5 | 管 AZ31B-H112 | $\phi$37×5 | 275～290 | 172～192 | 7.8～8.6 |
| 6 | 管 AZ31B-H112 | $\phi$44×5.5 | 262～286 | 170～187 | 7.0～8.2 |
| 7 | 带板 AZ31B-H112 | 30×80 | 270～292 | 200～226 | 8.1～11 |

**表 7-19　我国某厂生产的部分镁合金产品的力学性能测定值**

| 产品种类 | | $\sigma_b$/MPa | $\sigma_{0.2}$/MPa | δ/% | 硬度 | |
|---|---|---|---|---|---|---|
| | | | | | HB | HRE |
| AZ31B | 实心型材、带材和棒材 | 255 | 200 | 7 | 49 | 57 |
| | 空心型材和热挤压管材 | 241 | 165 | 7 | 46 | 51 |
| AZ61A | 实心型材、带材和棒材 | 305 | 205 | 9 | 60 | 72 |
| | 空心型材和热挤压管材 | 285 | 165 | 7 | 50 | 60 |
| AZ80A | 型材、带材和棒材（T5） | 380 | 275 | 4 | 80 | 88 |
| | 型材、带材和棒材（F） | 340 | 250 | 9 | 67 | 77 |

**表 7-20　国产镁合金牺牲阳极的电化学性能**

| 合金牌号 | 开路电位 $Cu/CuSO_4$ /V | 闭路电位 $Cu/CuSO_4$ /V | 实际电容量 /A·h·$kg^{-1}$ | 电流效率 /% |
|---|---|---|---|---|
| AZ31B | -1.57～-1.67 | -1.47～-1.57 | ≥1210 | ≥55 |

# 8 镁合金的锻造成型技术

## 8.1 镁合金锻造成型特点

### 8.1.1 镁合金和铝合金锻造成型的差异

镁合金和铝合金的锻造成型技术基本相同，但存在以下几方面差异：

（1）高温下镁合金的表面摩擦系数较大，流动性差，黏附力大，充填较深的垂直盲孔较为困难，因此镁合金锻造时的内外圆角半径和肋厚等都比铝合金的大。

（2）大多数情况下，镁合金锻造用材料采用挤压坯料，可以在锻造前进行均匀化处理，减小力学性能的各向异性。

（3）镁合金锻造时，应避免与温度较低的模具接触，以免发生激冷而产生龟裂。因此，镁合金锻造时，不仅要控制锻件温度，而且要预热锻模。

（4）镁合金对变形速率非常敏感，变形速率增大时，镁合金的塑性显著下降。因此，一些较复杂的镁合金锻件需要多次成型；同时，应逐步降低各次的锻打温度，以免晶粒长大。

### 8.1.2 镁合金的锻造特性

镁合金具有的密排六方晶体结构造成了材料在强度上的异向性。以镦粗为例，试验显示，镁合金材料的主要流动方向是垂直于镦粗方向，也就是材料往施力方向的侧方向流动。由于加工硬化，加上变形织构的形成，造成镦粗方向有较大的变形抗力。在进行镁合金锻造时，应注意到材料的异向特性。希望锻件强度要具有各向同性时，锻造过程中应在不同方向上都能够产生足够的变形，以防止锻件强度产生各向异性。对每次锻造的变形量要进行合理控制，如果变形截面缩减率超过50%时，产生的各向异性将足以抵消上一次变形所产生的各向异性，使锻件具备各向同性。

同时，镁合金材料的各向异性也为锻件在某一特定方向要具备较佳的强度性能提供了有利的条件。在进行锻造工艺设计时，可以保持甚至加强该方向特性到最终锻件。利用镁合金铸锭直接进行锻造，可以改变传统的采用一次挤压坯料来生产锻件的工艺流程，从而简化制备镁合金锻件的生产工艺，降低消耗。对于某些特定镁合金，如 Mg-Zn-Zr 系，向其中添加稀土元素钕和钇进行变质处理细化晶粒，可以直接锻造出性能合格的镁合金锻件。Mg-Al-Zn 系合金的原材料来源广泛，生产成本低，因此被广泛用于制备镁合金锻件。不足的是，Mg-Al-Zn 系合金铸件的实际晶粒尺寸不适合直接锻造成型，在锻造前必须对铸锭进行预挤压处理，以获得合乎要求的细晶组织，提高合金的可锻性。

通常，镁合金的锻造温度比固相线低一些，大多数镁合金可以在 290~415℃范围内进行锻造，但高锌的 ZK60 合金除外，见表 8-1 中的数据。高锌的 ZK60 合金铸锭在凝固过程中有时将形成少量低熔点共晶，因此315℃（共晶温度）以上锻造时会产生严重开裂。高温镁合金要求在较高的温度下锻造成型，并延长铸锭的保温时间，以溶解共晶相，从而解决铸造过程中的开裂问题。

**表 8-1　常用变形镁合金推荐锻造温度及模具温度**

| 镁合金牌号 | 锻造温度/℃ | 模具温度/℃ | 镁合金牌号 | 锻造温度/℃ | 模具温度/℃ |
|---|---|---|---|---|---|
| AZ31B | 290~345 | 260~315 | MB3 | 250~450 | — |
| AZ61A | 315~370 | 290~345 | MB8M | 280~350 | — |
| AZ80A | 290~400 | 205~290 | MB8Y2 | 230~250 | — |
| QE22A | 345~385 | 315~370 | MB15 | 320~400 | 200~300 |
| ZK21A | 300~370 | 260~315 | MB22 | 350~450 | 230~320 |
| ZK60A | 290~385 | 205~290 | MB25 | 320~390 | 200~300 |
| MB2 | 275~400 | — | | | |

在大多数情况下，镁合金锻件的力学性能取决于锻造过程中产生的应变硬化，温度越低应变硬化趋势越明显。但如果温度太低，锻件将产生裂纹。在多道次锻造过程中，锻造温度应逐次降低，避免再结晶和晶粒的长大，同时保持最终成型的锻件具有应变硬化后的形变强化效果。多道次锻造过程中，常采用每一次降低温度15~20℃。

### 8.1.3　锻造成型用镁合金

表8-2列出了常用锻造镁合金的化学成分和锻造温度范围。

**表 8-2　锻造镁合金的化学成分和锻造温度范围**

| 合金 | 名义化学成分①/% | | | | | | 推荐的锻造温度②/℃ | |
|---|---|---|---|---|---|---|---|---|
| | Al | Zn | Mn③ | RE④ | Ag | Zr | 工件 | 锻模 |
| AZ31B | 3.0 | 1.0 | 0.2 | — | — | — | 290~345 | 260~315 |
| AZ61A | 6.5 | 1.0 | 0.15 | — | — | — | 315~370 | 290~345 |
| AZ80A | 8.5 | 0.5 | 0.15 | — | — | — | 290~400 | 205~290 |
| QE22A | — | — | — | 2.1 | 2.5 | 0.7 | 345~385 | 315~370 |
| ZK21A | — | 2.3 | — | — | — | 0.45③ | 300~370 | 260~315 |
| ZK60A | — | 5.5 | — | — | — | 0.45③ | 290~385 | 205~290 |

①余量Mg；②应变；③变硬化合金必须在低于再结晶温度时进行锻造；④含钕和镨的混合稀土。

## 8.2　镁合金锻造前的准备

### 8.2.1　工模具准备

镁合金自由锻造主要在平砧或异型砧进行，也可用进行环轧。锻造前，工具应加热到一定的温度，以保证终锻温度。

锻模的设计与制造是生产优质锻件和模锻件的关键技术，镁及镁合金的锻模设计与制造技术基本上与铝及铝合金的锻模设计相同。

一般选择传统的5CrNiMo或5CrMnMo等热作模具钢合金作为锻模材料。模具精磨后，工作面光洁度大大提高，有利于锻造过程中金属的流动，也可以防止锻件产生表面粗糙、划伤或其他锻造缺陷。

由于镁合金的比热容小，模具必须预热，否则热锻件很容易在模具中冷却，而大大降低锻件的充型能力，或增大锻件的开裂倾向。在锻造过程中，锻件与模具的接触面积大，接触时间长。因此，锻模的温度不能比锭坯的温度低太多，见表8-2。对于环轧用模具，由于铸件与模具的接触面积小，接触时间相对较短，因而对锻模温度的要求不太严格。此外，在轧制变形过程中产生的温升可以补偿散热导致的热量损失，所以环轧用模具只需稍微加热就可以避免激冷。

### 8.2.2 坯料准备

虽然镁合金材料在铸造时都已经对晶粒进行了细化，然而铸锭材料的晶粒仍不能适合直接用于锻造成型工艺。通常要先将铸锭进行均匀化退火，再加以较大变形程度的挤压，以得到锻造成型所需的组织结构。通过对铸锭进行挤压，铸锭晶粒得到细化。在锻造成型时，可以使用较高的变形速度。表8-3列出镁合金铸锭均匀化退火规程。

**表8-3 镁合金铸锭均匀化退火规程**

| 合金牌号 | 浇铸温度/℃ | 均匀化退火温度/℃ | 保温时间/h | 冷却方式 |
|---|---|---|---|---|
| MB1 | 720~750 | 410~425 | 12 | 空冷 |
| MB2 | 700~745 | 390~410 | 10 | 空冷 |
| MB3 | 710~745 | 380~420 | 6~8 | 空冷 |
| MB5 | 710~730 | 390~405 | 10 | 空冷 |
| MB7 | 710~730 | 390~405 | 10 | 空冷 |
| MB8 | 720~750 | 410~425 | 12 | 空冷 |
| MB15 | 690~750 | 360~390 | 10 | 空冷 |

镁合金下料一般采用锯切，而不采用剪切下料，防止在切口处形成裂纹（源）。铸锭在锻造前应进行表面机械加工，对坯料和棒料也应消除表面缺陷，以防在锻造中发生开裂。一般镁合金挤压棒材表面都带有粗晶环，锻造前还应进行车削剥皮。

随着温度的升高，镁合金塑性增加，成型性能变好。但温度过高将导致镁合金锻件的力学性能降低，出现软化现象。多数变形镁合金不能通过热处理强化。如果加热温度过高、保温时间过长或加热次数过多，则再结晶充分，造成晶粒粗大。这种粗大晶粒和软化现象在后续热处理中也不能消除，所以对坯料的加热过程必须严格控制。

镁合金在加热过程中，由于原子扩散速度慢，强化相的溶解需要较长时间，故实际采用的加热时间还是比较长。锻造时，坯料加热及保温时间可按每毫米坯料（直径或厚度）1.5~2min计算，为避免发生加热软化和晶粒长大，镁合金材料总的加热时间最好不超过6h。镁合金的锻造温度范围和加热规范见表8-4。

表 8-4 镁合金的锻造温度范围和加热规范

| 合金牌号 | 锻造温度/℃ | | 加热温度/℃ | 保温时间/min · $mm^{-1}$ |
|---|---|---|---|---|
| | 始锻 | 终锻 | | |
| MB1 | 480 | 320 | 480 | 1.5~2 |
| MB2、MB3 | 435 | 350 | 435 | 1.5~2 |
| MB5 | 370 | 325 | 370 | 1.5~2 |
| MB7 | 370 | 320 | 370 | 1.5~2 |
| MB8 | 470 | 350 | 470 | 1.5~2 |
| MB11 | 360 | 300 | 360 | 1.5~2 |
| MB14 | 470 | 330 | 470 | 1.5~2 |
| MB15 | 420 | 320 | 420 | 1.5~2 |

## 8.3 镁合金的锻造工艺

### 8.3.1 锻压力的估算

几种镁合金锭坯在平模镦粗时，所需的锻造压力如图 8-1 所示。

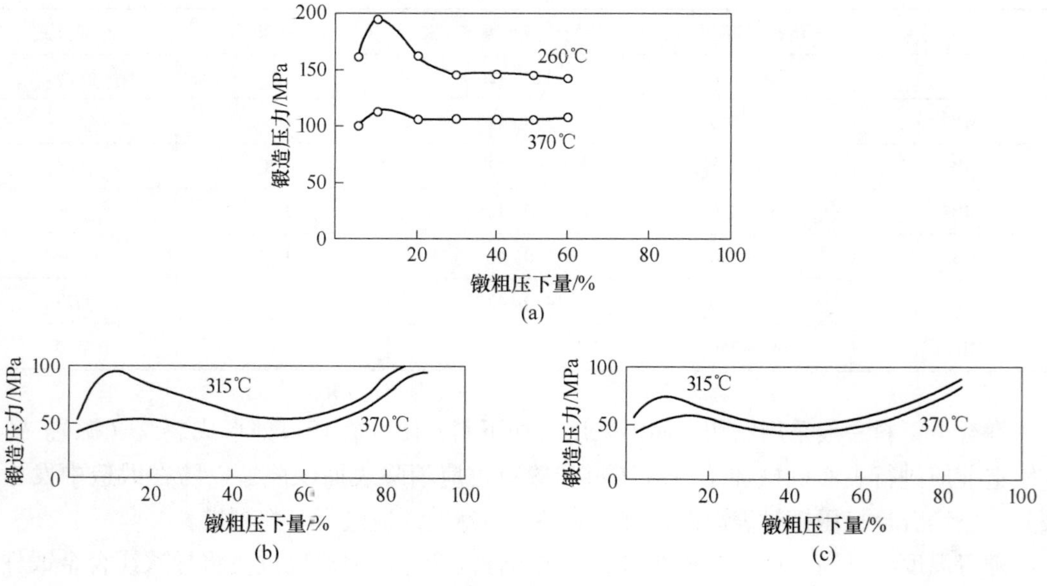


图 8-1 几种镁合金锭坯在平模镦粗的锻造压力

(a) AZ31B 合金，应变速率 $0.7s^{-1}$；(b) AZ61A 合金，应变速率 $0.11s^{-1}$；

(c) AZ80A 合金，应变速率 $0.11s^{-1}$

在一定的压力机锻造速度下，锻造压力先增大，然后随着镦粗压下量的增加而略微减小，这是由于锻造过程中金属变形时产生的温度升高所引起的。闭模锻造中，锻造载荷和压力随锻造形状而异，如飞边尺寸的轻微变化将导致锻造载荷较大变化，表 8-5 是飞边尺寸与锻造载荷的关系。

表 8-5 飞边尺寸与锻造载荷的关系

| 飞边尺寸 | | | | |
|---|---|---|---|---|
| 飞边尺寸 | 飞边宽度/mm | 3.8 | 2.5 | 5.0 |
| | 厚度/mm | 1.2 | 0.64 | 0.64 |
| 锻造载荷/MN | | 2.7 | 3.5 | 4.9 |

室温下镁合金的可变形量不大，锻造时容易开裂。同时，锻造温度对锻造压力有明显影响。图 8-2 表明了锻造温度对 AZ31B 镁合金和 6061 铝合金锻造压力的影响。正常锻造温度下，AZ31B 所需的锻造压力比碳钢、合金钢或铝合金的大，比不锈钢的小。通常，镁合金填充深且直的模具型腔比铝合金要困难。如果一个典型的铝合金锻件需要两副模具，那么相应的镁合金锻件可能需要三副模具。

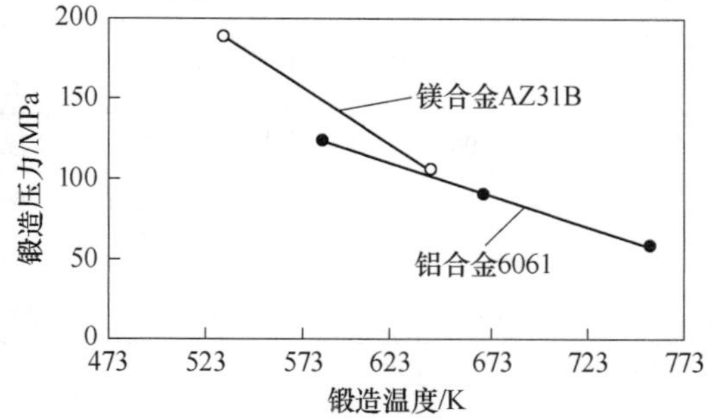


图 8-2 镦粗镁合金和铝合金所需锻造压力与温度的关系（水压机、压下量 10%）

## 8.3.2 锻造温度、速度和变形程度

镁合金锻件的力学性能通常取决于锻造过程中所产生的应变硬化程度。锻造温度越低，其应变硬化效果越显著，然而锻造温度过低时，锻件容易开裂。毛坯在 480℃ 以下加热时不需要使用惰性或还原性保护气氛。形状复杂的镁合金锻件可以考虑采用两步或三步锻造操作，以获得最终的截面轮廓外形。同时还要考虑降温规律，以避免在大变形区发生再结晶。再结晶会降低锻件的拉伸性能，这通常是锻造过程中不希望出现的。因此，在每步锻造操作中，必须逐步降低镁合金的锻造温度。如果使用经过预挤压的 Mg-Al-Zn 合金坯件，则锻造温度必须低于先前的挤压温度。除了可以控制再结晶外，降低锻造温度还有利于保留残余应变硬化效果。由于镁合金的锻造温度远低于其熔点，因而只要合理控制加热温度便不会发生燃烧。

锻造温度取决于锻造合金的种类和锻造压力。AZ 系列镁合金的最高锻造温度约为 420℃，最低理论锻造温度为 225℃。镁合金在 225℃以上变形，镁晶体产生滑移时可以开动锥面滑移，因而成型性提高。工业生产中，Mg-Al-Zn 和 Mg-Zn-Zr 系合金的锻造温度一般为 250～400℃。高温镁合金（如 ZW 系列）锻件和模具的温度一般为 400～450℃。镁合金在上述温度范围外进行锻造时，将导致力学性能下降，锻件开裂或模具难以充填等。

镁及镁合金的锻造速度主要取决于合金成分、坯料是否均匀化和晶粒大小以及模具与润滑等条件，但最终还是由所选择的锻压设备来确定。由于镁合金的塑性较差，最好用锻造速度较低的液压机来进行锻造，在快速的机械压力机和锻锤上进行锻造时，要防止锻件开裂。

变形程度取决于合金、坯料质量、锻造温度、速度和模具质量等。由于镁合金塑性差、变形抗力大，并且对应变速率很敏感，锻造温度范围窄。因而，液压机或慢动作机械压力机是镁合金锻造时最常用的成型设备，很少在锻锤或快速压力机上进行镁合金的锻造。在液压机或压力机上进行锻造时，变形程度可达 60%～90%。而在锻锤或快速压力机上锻造的变形程度不超过 30%～40%。因为在这样的设备上锻造时，必须有严格的工艺控制作保障，否则锻件非常容易产生裂纹等缺陷，如 AZ80A。表 8-6 列出镁合金锻造时允许的变形程度。

**表 8-6　镁合金锻造时允许的变形程度**

| 合金牌号 | 允许变形程度/% | | 合金牌号 | 允许变形程度/% | |
|---|---|---|---|---|---|
| | 锻锤 | 压力机 | | 锻锤 | 压力机 |
| MB1 | 80～85 | 85～90 | MB7 | 不宜锤上锻造 | 25～30 |
| MB8 | 70 | 70～80 | MB11 | 25～30 | 50～60 |
| MB2 | 30 | 80 | MB14 | 50～70 | 80 |
| MB5 | 20～30 | 60 | MB15 | 30～40 | 90 |

### 8.3.3　锻造方案的制定

自由锻造主要作为开坯工序，目的是为了改善锻件的组织和性能，并获得一定形状和尺寸的锻件或锻坯。自由锻造方案主要有镦粗、拔长、压扁、弯曲、冲孔、剪切、分剁等，锻造时要控制坯料的尺寸、锻造温度、锻造速度和变形程度等工艺参数。变形程度可用压缩率、锻造比、拔长比等来表示。

模锻方案要根据合金、锻件的形状和尺寸而定，可用闭式模、开式模和多向模进行模锻，形状复杂、筋高、壁薄的锻件要设计毛坯模、预锻模和终锻模，分多火次模锻。对于塑性差的高合金锻件，还可用包套模锻；对在 300MN 以上的大型液压机上模锻的锻件，可用分步锻造；对小型锻件可用多模腔模锻。为了获得大尺寸复杂的薄壁锻件，可用等温模锻法锻造。

变形方式对锻件力学性能的影响，主要是通过改变其各向异性特征来实现的。当镁合金承受单轴压缩时，由于其具有密排六方晶体结构，变形极不均匀，结果是平行于金属流动方向的抗拉强度明显高于其他方向，即表现出各向异性行为。镁合金锻件的这种各向异性特征，对承受径向载荷的部件（如车轮等）是有利的。然而，在大多数工程应用中，通常要求其拉伸性能具有各向同性。因此，必须对镁合金铸锭坯进行不同方向的多向锻造。多向锻造可以控制镁合金三个方向上的镦粗过程，能有效避免各向异性。此外，多向锻造还可以很好地应用于手工锻造工艺，如图 8-3 所示。一般来说，如果最终镦粗步骤中的面积压缩率超过 50%，那么所产生的取向与先前的镦粗步骤无关。

采用上述工艺已经制备出多种镁合金锻件，并成功地应用于航空、汽车等工业领域。这些部件能承受极高的静态和动态交变载荷，并长期服役于高温环境中。

镁合金锻件替代铝合金作为汽车轮毂是镁合金的另一重要应用，但这对安全性及性能

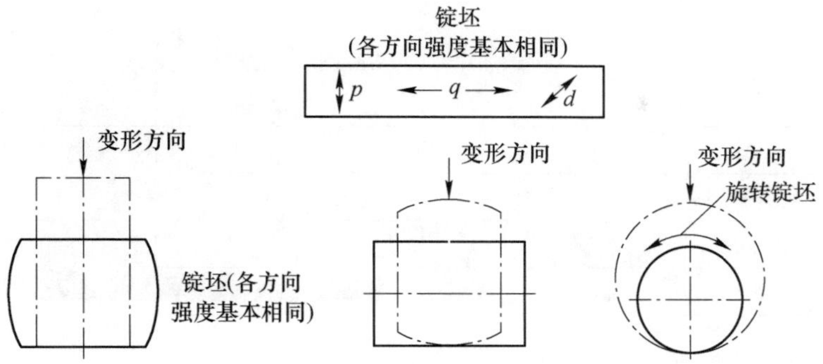


图 8-3　多方锻造示意图

提出了很高的要求。汽车用 ZK30 镁合金锻造轮毂，其结构与铝合金轮毂完全相同，但质量仅 6.8kg，比同规格的铝合金轮毂轻约 35%。

### 8.3.4　模具与润滑

镁合金成型模具，总体上可以按铝合金成型模具的设计规范进行模具设计。但是，镁合金的流动性差，对于一些形状复杂且尺寸较大的镁合金锻件，一般采用自由锻制坯，单型腔模锻。由于镁合金锻造温度较低，低合金热作模具钢就可以满足锻造模具的材料性能要求；模具制造时型腔表面质量要求高，提高零件的充型性能，并可防止锻件表面粗糙、划伤。用于压力机上的模具内外圆角半径可小到 1.5~5mm、筋板和腹板可薄到 3.5mm。脱模斜度可控制在 3°或更小。

镁合金材料的锻造温度区间窄、导热性好，遇到冷模具会产生激冷，造成裂纹。由于锻造时，锻造时锻件与模具接触面积大、接触时间长、传热快，因此在锻造前和锻造过程中必须对模具进行加热，模具加热温度如前所述。

模具润滑常用弥散于轻质油或煤油中的石墨，将其喷洒或涂抹在热模具上，油剂燃烧后在模具上留下一薄层石墨。坯料锻造之后模具常常需要稍微再润滑一次。有时在锻造前先将坯料预热到 100~150℃后在水基或油基石墨中浸渍一次，使坯料表面得到一层均匀的石墨润滑层，可明显提高锻造成型性和锻件表面质量。此外，也可直接采用喷灯火焰中残余的烟黑。在较低的模具温度下采用水基胶体石墨作润滑，能提供清洁的工作环境。

无论选择什么样的润滑剂，都以很薄的润滑剂涂层包住锻件整体为原则。若附着在锻件上的石墨沉积很厚，在后序进行酸洗时，易产生点蚀或电化学腐蚀。

### 8.3.5　典型镁合金锻件

镁合金在交通运输车辆上的应用具有很好的节能、减排、轻量化效果，也是提升车辆操控性能的重要抓手之一。镁合金锻造汽车轮毂又是最具有代表性的典型零件，目前已经能够生产锻造多种镁合金汽车轮毂，并已经开始应用，如图 8-4 所示。

锻造镁合金轮毂产品的优势：

（1）轻。锻造镁铝合金的密度为 1.8g/cm$^3$，锻造铝合金的密度为 2.7g/cm$^3$，相同体积的镁合金比铝合金要轻 1/3。

（2）强。锻造镁合金的强度可以和锻造铝合金相媲美，比铸造铝合金高。锻造镁合

图 8-4　锻造镁合金轮毂照片

金：抗拉强度超过 310MPa，屈服强度超过 210MPa，伸长率大于 7%。铸造铝合金：抗拉强度超过 214MPa，屈服强度超过 114MPa，伸长率大于 7%。

## 8.4　锻件的切边与精整

控制镁合金锻件切边裂纹也是镁合金锻造中的另一关键技术问题。镁合金在低于 220℃时，塑性很差，对拉应力很敏感，切边工艺不当易拉伤。镁合金锻件毛边的切除，通常采用带锯切割和铣切、切边模热切等方法。

带锯切割和铣切适用于生产批量不大、形状较简单或尺寸大的镁合金锻件，它不会产生切边裂纹，又省去了切边模制造。

当用切边模切除毛边时，采用咬合式模具，尽可能使凸凹模的间隙小或无间隙，避免切边裂纹的产生，切边温度应控制在 200~300℃之间。

镁合金锻件的精压整形，通常是在模锻温度范围内进行。为了提高镁合金锻件的力学性能，获得所需要的精度，最好采取在 230~300℃范围内进行半热冷作硬化精压整形，半热冷作硬化时的平均变形程度应控制在 10%~15%范围内。

镁合金锻件的清洗通常分两步进行。首先进行喷砂，以除去镁合金工件表面残留的润滑剂，再将锻件浸入含 8% $HNO_3$和 2% $H_2SO_4$ 的混合溶液中，然后用热水漂洗。至于是否将清洗干净的锻件浸入重铬酸盐溶液中进行防蚀处理，要视具体要求而定。

## 8.5　锻件的热处理

ZK21A、AZ31B 和 AZ61A 等合金通常在锻造状态（F）下使用。EK31A 锻件可以进行固溶和人工时效处理（T5）以改善性能；其他合金如 AZ80A、ZK60A 或 HM21A 等锻件则根据性能要求，在锻造状态（F）或人工时效状态（T5）下使用。

镁合金锻件的热处理与铝合金基本相同，但热处理强化效果不如铝合金好。镁合金锻件锻后，通常在空气中冷却，也可以直接用水冷却，这样可以防止镁合金锻件进一步再结晶和晶粒长大。对于可以进行时效强化的合金，水冷可获得过饱和固溶体组织，在最后的时效处理过程中，有利于沉淀析出。镁合金的过饱和固溶体比较稳定，自然时效几乎起不到强化作用。除零件要求具有较高的塑性外，一般采用人工时效。表 8-7 列出镁合金锻件常用的热处理规范。

表 8-7 镁合金锻件常用的热处理规范

| 合金牌号 | 退火 | | | 固溶处理 | | | 时效处理 | | |
|---|---|---|---|---|---|---|---|---|---|
| | 温度/℃ | 保温时间/h | 冷却方式 | 温度/℃ | 保温时间/h | 冷却方式 | 温度/℃ | 保温时间/h | 冷却方式 |
| MB1 | 320~350 | 0.5 | 空冷 | | | | | | |
| MB2 | 280~350 | 3~5 | 空冷 | | | | | | |
| MB3 | 250~280 | 0.5 | 空冷 | | | | | | |
| MB5 | 320~350 | 0.5~4 | 空冷 | | | | | | |
| MB6 | 320~350 | 4~6 | 空冷 | 分级加热 | | | | | |
| | | | | 330~340 | 2~3 | | | | |
| | | | | 375~385 | 4~10 | 热水 | | | |
| MB7 | 350~380 | 3~6 | 空冷 | 410~425 | 2~6 | 空冷或热水 | 175~200 | 8~16 | 空冷 |
| | | | | 410~425 | 2~6 | 空冷或热水 | | | |
| | | | | | | | 175~200 | 8~16 | 空冷 |
| MB8 | 250~350 | 1 | 空冷 | | | | | | |
| MB15 | | | | | | | 170~180 | 10~24 | 空冷 |
| | | | | 505~515 | 24 | 空冷 | 160~170 | 24 | 空冷 |

镁合金的热处理主要有软化退火、淬火及时效。热处理不能强化的镁合金 MB1、MB8 和热处理强化作用不大的镁合金 MB2 锻件，可不经热处理或只经软化退火处理。MB3 和 MB5 一般只进行软化退火处理。退火的目的是消除应力，提高尺寸稳定性，降低腐蚀倾向和对应力集中的敏感性减少或消除各向异性。

可热处理强化的 MB7 镁合金锻件，采用固溶处理，必要时也可进行固溶加人工时效处理。根据使用温度不同，MB15 合金锻件锻后可以直接采用不同温度的人工时效处理。

镁合金在高温下晶粒长大倾向严重，故热处理温度不宜过高。否则会造成锻件晶粒粗大，降低力学性能及抗腐蚀性。

## 8.6 锻件的质量控制

### 8.6.1 晶粒度控制

AZ31B、AZ61A 和 AZ80A 等合金在锻造温度下会出现晶粒迅速长大的现象，因此通常逐步降低锻造温度的方法来细化晶粒。一般情况下，每一步锻造操作完毕后需要将温度调低 10~15℃。只经过少量压缩变形的镁合金工件可以在实际可行的最低温度下进行锻造以获得应变硬化效果。ZK61A 和 HN21A 合金在锻造温度下晶粒长大缓慢，且晶粒不会过分长大。

### 8.6.2 力学性能

镁及镁合金锻件的力学性能主要取决于合金的化学成分、热处理状态、锻造温度、速度和变形程度（应力应变、硬化程度）等，与变形方式也有很大关系。一般来说，镁合金锻件的性能随变形程度的增大而提高；而随着变形温度的升高，其力学性能逐渐降低。

镁合金锻件易产生各向异性，可用多向锻造方法能有效避免锻件的各向异性。如镁合金汽车轮毂，由于采用了三向锻造技术，镁合金锻件各部分的应变比较均匀（应变量为13%左右），且拉伸性能呈各向同性，见表 8-8 和表 8-9。

**表 8-8 AZ80 镁合金锻件不同位置的力学性能**

| 项目 | $\sigma_{0.02}$/MPa | | | $\sigma_{0.2}$/MPa | | | $\sigma_b$/MPa | | |
|---|---|---|---|---|---|---|---|---|---|
| 方向 | 横向 | 轴向 | 45° | 横向 | 轴向 | 45° | 横向 | 轴向 | 45° |
| 拉伸强度 | 94 | 85 | 58 | 181 | 140 | 117 | 230 | 160 | 185 |
| 压缩强度 | 71 | 104 | 63 | 118 | 203 | 108 | 416 | 398 | 352 |
| 压缩与抗拉强度比 | 0.75 | 1.25 | 1.2 | 0.65 | 1.45 | 0.9 | 1.8 | 2.5 | 1.9 |

**表 8-9 ZK30 镁合金轮毂的力学性能**

| 试样部位 | 方向 | $\sigma_{0.2}$/MPa | $\sigma_b$/MPa | δ/% |
|---|---|---|---|---|
| 轮边缘 | 轴向 | 248 | 302 | 13.7 |
| | 切向 | 196 | 266 | 12.3 |
| 轮/盘 | 轴向 | 157 | 260 | 14.9 |
| | 切向 | 203 | 265 | 12.3 |

镁合金轮毂的疲劳强度由循环弯曲试验来表征，其实验参数及结果见表 8-10。在尺寸和结构相同的情况下，镁合金轮毂的抗疲劳性能约为铝合金轮毂的 8.5%左右。适当加大壁厚尺寸可以提高镁合金轮毂的抗疲劳性，并获得所需的疲劳性能，但是这意味着轮毂质量会增加。有限元（FEM）计算和分析结果表明：质量减轻 10%~15%时（与铝合金相比），镁合金轮毂与铝合金轮毂的抗疲劳性能相当。与其他材质轮毂相比，锻造镁合金轮毂具有质量轻、抗疲劳性能好和耐冲击性好等优点；但与铝合金轮毂相比，其耐蚀性较差，且制造成本较高，见表 8-11。

**表 8-10 锻造镁合金及铝合金轮毂的疲劳性能**

| 项目 | ZK30 镁合金锻件 | AA6082-T6 铝合金锻件 |
|---|---|---|
| 车轮质量/kg | 6.8 | 10.5 |
| 硬度 HRB | 66.9 | 78 |
| 测试力矩/N · m | 3000 | 3000 |
| 试验转数/r | 84000 | 1064000 |

**表 8-11 锻造镁合金轮毂的性能**

| 与铸造镁合金轮毂相比 | 与锻造铝合金轮毂相比 |
|---|---|
| 质量减轻 5%~10%；<br>由于强度高、韧性好，耐损伤性能较好；<br>由于微观组织无孔洞，耐压力密封性高；<br>成本较高 | 质量减轻 10%~15%；<br>由于强度和韧性低，耐损伤性能差、接触损伤性能差；<br>低表面压力和不同的摩擦系数；<br>更高的成本 |

### 8.6.3 镁及镁合金锻件主要缺陷分析

镁合金锻件容易产生粗晶环断裂、射穿性裂纹、穿晶、表面腐蚀和氧化等缺陷。

中、低塑性的镁合金对变形速度很敏感。在镦粗时，坯料表面容易沿最大剪切应力方向产生开裂。所以宜在工作速度较慢的液压机上进行锻造。如果在较快的压力机或锻锤上进行锻造，开始时应轻击。否则因变形量过大，容易引起剪切破坏。另外，锻造温度不能太低，同时要保证模具有一定温度，与坯料温度不能相差太大，防止硬脆相析出，使合金的塑性降低。

镁合金的塑性差，对拉应力特别敏感，常常因切边裂纹而导致锻件开裂。因此，应严格按前述切边工艺要求进行锻件切边，防止产生切边裂纹。

镁是极为活泼的金属，其耐腐蚀性差，锻件表面易出现点蚀缺陷，腐蚀点呈暗灰色粉末状，经喷砂或酸洗处理成为凹坑或小孔洞。如果再继续进行锻造，容易在小孔或凹坑密集处开裂，并向锻件内部扩展，造成废品。为防止锻件点蚀，锻造时润滑剂不能涂得过厚，更不能采用含有盐类的润滑剂。锻后的镁合金锻件应及时清除润滑剂、酸洗并吹干。酸洗的目的是消除锻件表面的自然氧化物和其他杂质，使机体金属表面露出，可以更清晰地暴露锻件表面的折叠、裂纹、拉伤等缺陷，以便修伤，清除缺陷，同时也为氧化处理做准备。

如果工序之间的停留时间超过 10 天，或锻后不能及时进行机械加工，则需要进行氧化处理。常用的镁合金锻件的化学氧化溶液的成分及工艺条件见表 8-12。锻件在氧化处理后应立即在流动干净的室温冷水槽中清洗 0.5~2min，再在低于 50℃的热水槽中清洗 0.5~2min，最后用 50~70℃的压缩空气或室温干燥空气吹干。

**表 8-12 常用镁合金锻件的化学氧化溶液的成分及工艺条件**

| 编号 | 溶液成分 | 浓度/$g \cdot L^{-1}$ | 温度/℃ | 时间/min | 膜层颜色 | 备注 |
|---|---|---|---|---|---|---|
| 1 | 重铬酸钾 $K_2CrO_7$<br>硝酸 $HNO_3$（密度 1.42g/$cm^3$）<br>氯化铵 $NH_4Cl$ 或 NaCl | 40~55<br>90~120<br>0.75~1.25 | 70~80 | 0.5~2 | 草黄色到棕色 | 槽液定期分析，调整成分比例；<br>工序间氧化以 1 号液为宜 |
| 2 | 重铬酸钾 $K_2CrO_7$<br>铝钾矾 $K_2Al_2(SO_4)_4 \cdot 24H_2O$<br>醋酸（60%） | 30~50<br>8~12<br>5~8 | 15~30 | 3~15 | 金黄色到棕褐色 | |

经过氧化处理的锻件，表面上形成一层金黄色的连续致密氧化膜，如果没有后续的锻造变形工序或不能及时进行机械加工，锻件氧化后，需涂油包装封存。未经涂油的锻件，保存期不得超过一个月。

# 9 镁合金的冲压成型技术

镁合金板料的冲压成型与钢、铝或铜合金的主要区别在于成型温度。虽然可以在室温下进行某些镁合金材料的成型，但大多数情况还是需要采用热成型。因为，随着变形温度的提高，镁合金的塑性成型性增长很快，如图 9-1 所示。在常温下，AZ31 镁合金的伸长率约 10%；当变形温度提高到 150℃，伸长率提高到 80%以上，抗拉强度也降低了 50%左右。

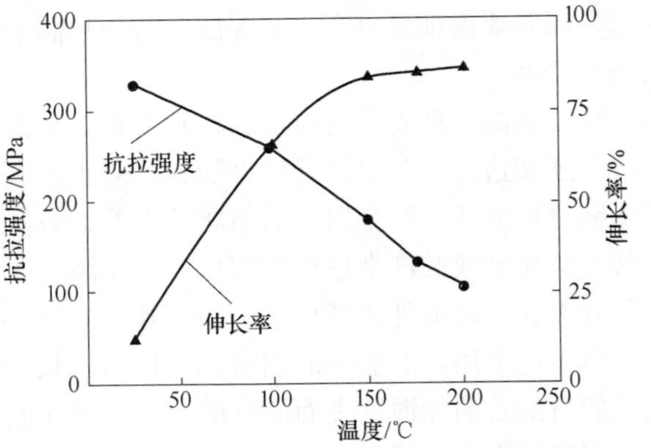


图9-1　AZ31 镁合金的抗拉强度和伸长率与温度的关系

## 9.1　冷成型

镁合金的冷成型仅应用于具有一定弯曲能力的板料弯曲成型。镁合金可在室温下，使用标准的驱动辊成型出圆柱和圆锥形零件，也可冲压成型出简单法兰盘。其成型工艺特点如下：

（1）弯曲成型。弯曲半径是弯曲成型最重要的参数。通常，镁合金板带弯曲有一个最小弯曲半径，表 9-1 列出了用弯板机室温下快速弯曲的最小半径。当使用液压机提供较低成型速度时，可应用比表 9-1 中给出的略小一些的弯曲半径。

**表 9-1　镁合金室温快速成型的最小弯曲半径**

| 板材厚度 0. 51~13. 3mm | | 挤压板条，宽 22. 2mm，厚 2. 3mm | |
|---|---|---|---|
| 合金 | 以工件厚度 $t$ 表示的最小弯曲半径①/mm | 合金 | 以工件厚度 $t$ 表示的最小弯曲半径/mm |
| AZ31B-O | 5. 5$t$ | AZ31C-F | 2. 4$t$ |
| AZ31B-H24 | 8$t$ | AZ31B-F | 2. 4$t$ |
| HK31A-O | 6$t$ | AZ61A-F | 1. 9$t$ |
| AK31A-H24 | 13$t$ | AZ80A-F | 2. 4$t$ |
| HM21A-T8 | 9$t$ | AZ80A-T5 | 8. 3$t$ |
| HM21A-T81 | 10$t$ | HM31A-T5 | 11$t$ |
| LA141A-O | 3$t$ | ZK21A-F | 15$t$ |
| ZE10A-O | 5. 5$t$ | ZK60A-F | 12$t$ |
| ZE10A-H24 | 8$t$ | ZK60A-T5 | 12$t$ |

① 最小弯曲半径基于一个 152mm 宽的试样，在 90°模具中弯曲。

(2) 表面保护。在冷成型情况下，防止表面损伤的一般方法是用带子将工作的金属关键部位裹上。若可行，也将工具表面裹上，该方法生产效率低。同时，特别是要保持模具清洁，去除金属颗粒，以防这些颗粒压入工件表面降低其耐腐蚀性。在成型大直径零件时，在模具中间塞上硬橡胶有助于防止金属工件损坏。但在高速成型时不推荐该方法，因为塞入太快会引起工件外形尺寸不稳定。

(3) 再弯曲。在冷成型时，对弯曲件拉直部位，不宜进行再次弯曲。

(4) 回弹。在镁合金冷成型时，对于90°弯曲回弹可达30°，因此在弯曲工艺中应给予充分考虑的重视。

(5) 弯曲对长度的影响。与铝合金和钢在弯曲时伸长不同，镁合金变短要引起中性轴向弯曲件伸长的一边轻微移动。对于薄板，这种缩短的程度很小，因其轴偏移仅有5%~10%。但对厚板在弯几个弯的时候，此缩短量可能是明显的。因此，准备坯料时，应对此特性要有所考虑。

(6) 应力释放。为防止应力腐蚀，冷成型后的镁-铝-锌合金（AZ），要释放应力。对镁-钍合金（HM、HK）成型的工件也应释放应力。表9-2给出了对最普通冷成型后的镁合金进行应力释放所推荐的温度和时间。

**表9-2 对最普通冷成型后的镁合金应力释放处理工艺**

| 板材 | | | 挤压板条 | | |
|---|---|---|---|---|---|
| 合金与状态 | 温度/℃ | 加温时间/min | 合金与状态 | 温度/℃ | 加温时间/min |
| AZ21B-O | 260 | 15 | AZ31B-F | 260 | 15 |
| AZ31B-H24 | 150 | 60 | AZ61A-F，AZ80A-F | 260 | 15 |
| HK31A-H24 | 290 | 30 | AZ60A-T5 | 205 | 60 |
| HM21A-T8 | 370 | 30 | HM31A-T5 | 425 | 60 |
| HM21A-T81① | 370 | 30 | | | |

① 在400℃暴露30min可释放应力80%到60%，但力学性能会降低。

## 9.2 热成型

### 9.2.1 镁合金板材的热成型性

#### 9.2.1.1 镁合金加热温度和加热时间

镁合金在高温下的可加工性比室温时大得多，故通常采用高温下成型。镁合金成型所用的方法和设备与其他金属成型基本相同，差别仅是进行高温成型所需的工具和工艺。

在高温下，可用一道工序拉伸成比较复杂的镁合金零件，而不需要重复退火和再拉伸。因此缩短了制造零件的时间，也简化了工序，节约了模具和设备。对大多数成型不需整形模具，因回弹小。与冷成型零件相比，热成型零件能获得更小的尺寸公差。对于不同的变形镁合金，表9-3列出了不同变形镁合金热成型时，推荐加热成型的最高温度和加热时间，材料在此条件下热成型，不会降低其力学性能。

**表 9-3　变形镁合金加热成型的最高加热温度和加热时间**

| 板材 | | | 挤压板条 | | |
|---|---|---|---|---|---|
| 合金状态 | 温度/℃ | 时间 | 合金状态 | 温度/℃ | 时间 |
| AZ21B-O | 290 | 1h | AZ61A-F | 290 | 1h |
| AZ31B-H24 | 165 | 1h | AZ31B-F | 290 | 1h |
| AK31A-H24 | 345 | 15min | M1A-F | 370 | 1h |
| | | | AZ80A-F | 290 | 30min |
| | 370 | 5min | AZ80A-F5 | 195 | 1h |
| | | | ZK60A-F | 290 | 30min |
| | 400 | 3min | ZK60A-T5 | 205 | 30min |

### 9.2.1.2　镁及镁合金板料热成型工艺特点和条件

A　板材的选择

轧制的镁合金产品包括板材（薄板和厚板）、卷板材、圆的工具板和踩板。

轧制的镁合金板带是应用最广泛的材料，多数深加工成 O 状态的板材。有时，局部退火（H24）状态的板材也能成型。加热明显会影响轧制镁材的性能，因此成型时必须考虑材料在高温下暴露后，材料的力学性能变化。图 9-2 所示的曲线给出了高温暴露时间对 AZ31B-H24 板料室温力学性能影响，这为深加工设计提供了材料的力学性能最小值。

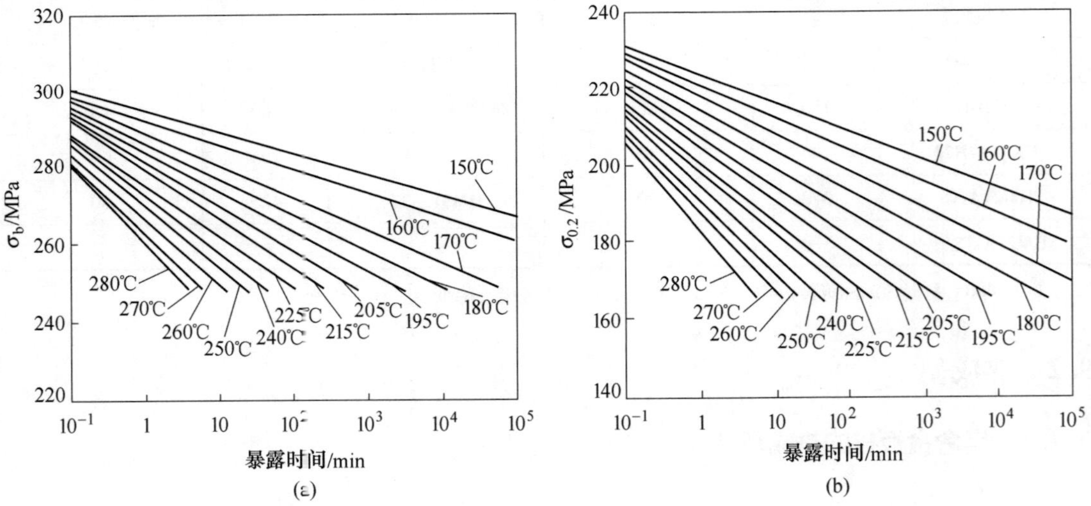


图 9-2　高温暴露时间对 AZ31B-H24 板料室温力学性能（$\sigma_b$ 和 $\sigma_{0.2}$）影响

以上曲线已被外推到超过 AZ31B-H24 板料典型的性能水平。这样若从一曲线选择的值超过了暴露前材料的实际性能水平，则要使用真实的曲线。另外还要注意在高温下多次暴露的影响是累积的。AZ31B-H24 板料一般热成型温度低于 160℃，以防止退火，使其室温性能水平低于规定的最小值。退火是暴露时间和温度的函数，若仔细控制暴露时间，允许温度高于 160℃。

B 热膨胀

镁合金热膨胀率很高。例如，在260℃镁热膨胀率大于钢的2倍。故用钢或铸铁热成型镁合金零件需考虑工具材料与工件在热膨胀方面的差别。因为锌和铝合金的膨胀系数与镁合金相近，若使用这些合金做模具可不用考虑对尺寸系数进行修正。

C 成型前的准备

必须清洗待热成型的镁合金坯料。去掉保护涂料、油污、脏物、潮气或其他外来物。模具、冲头和成型毛坯应清洁，无划痕。可用溶剂清洗工具，用细砂布轻微抛光去掉锈、划痕和轻微缺陷。但抛光不允许改变工具尺寸。成型时，镁着火的可能性不大，但要储备有足够而合适的灭火材料，必须放置在工作区内。

D 工件加热装置及方法

在大多数热成型方法中，在加热工件的同时也需要加热模具。加热设备包括加热炉子、加热板、电加热装置、传热液体、感应加热器、灯泡及其他形式的红外加热器。

电加热装置常用来加热模具和其他成型工具。某些模具用电阻加热，即低压大电流通过导电卡子进入模具。辐射加热特别适用于工件快速加热及应用快动压力机的场合，加热时要用布盖在工件上，使热量损失最小。个别情况，模具可用手工喷灯火焰加热。对于可迅速处理的小模具，可用靠近成型设备的炉子加热。

此外，也常用红外加热。最普通的方法是用一组红外线灯。红外加热的主要优点是只加热模具和工件而不加热周围区域。加热费用少，危险较小。

用气体加热装置加热时，因为安装设备简单，燃料费用一般也低。喷嘴可使火焰接触模具表面。带孔冲头可用冲头内的喷嘴加热。

采用传热流体加热，传热流体通过各种通道加热工作台板、成型体、锤锻模以及其他成型模具。用此法加热迅速，温度可控制在150~400℃范围内，传热流体是天然的或人工合成的可耐高达345℃高温的热油，通常在模具内的通道里循环，其最高温度一般在175℃左右。传热流体加热的设备包括汽化发生器、循环机构和温度控制系统。

镁合金成型中，温度控制很重要。对于少数零件成型，接触式高温计或温度敏感棒能较好地用于温度测量。有时也用木匠的蓝粉笔，在近315℃时金属表面的粉笔道会变白。

对大多数镁材成型工艺，主要采用自动温度控制器。辐射加热和红外加热的温度控制比较难。有一种红外灯在工具或工件达到设定温度时能扩大或缩小其加热功率。另一种红外加热的温度控制是由一专门的辐射计组成，这种辐射计只对被加热表面热辐射敏感。

为保持所希望的温度，气体加热时，一般通过调节电磁阀门使气体加热系统的控制器降低或升高火焰。总之，对所有加热系统，通常都应备有很好的温度控制装置。

E 润滑及润滑剂选择

一般来说，润滑在热成型中比在冷成型中更为重要，因为划伤随温度增加而增加。

成型镁合金用的润滑剂有矿物油、润滑脂、动物脂、肥皂、蜡、二硫化钼、挥发介质的胶体石墨、动物油为介质的胶体石墨及薄纸片或玻璃纤维。

润滑剂选择主要取决于成型温度。对于120℃以下的温度一般选用润滑脂、动物油、肥皂、石蜡。在旋压时，润滑剂要黏附在工件上，否则，离心力会把润滑剂甩出。但在有模拉伸或在弯板机中弯曲时没有问题。工厂中也使用别的工艺用润滑剂。通常做法是选用的润滑剂要在成型后容易去除，使用时能用辊子涂覆或往上涂刷。

在120℃以上成型时，润滑剂选择受到限制。普通油脂、润滑脂以及石蜡都不能用。虽然胶质石墨可用于任意温度下的镁合金成型，但因石墨清除困难，妨碍后面的表面处理，故一般不用。

在230℃温度下，可用肥皂润滑。这是一种水溶液的混合物，可用浸泡、涂刷或辊涂方法涂覆到工件上。涂完后，把工件毛坯晾干。这种干润滑剂稳定，晾干后毛坯可不定期地保存起来以备后续加工之用。成型后留下的这种润滑剂用热水清洗可完全去除。

当成型温度高于230℃时，胶质石墨和二硫化钼，石墨与酒精的混合物（如2%石墨）被广泛应用。石墨与油混合用于旋压以改善黏附性。

成型以后应尽快把润滑剂从零件上清除掉，防止腐蚀和以后清除困难。

因为某些原因，在任何温度下都不能用润滑剂时，可把薄纸片或玻璃纤维（依温度而定）放在工件与工具之间。

## 9.2.2　弯曲成型

### 9.2.2.1　板料弯曲的三种形式

板料弯曲加工，大致分为常规弯曲、压卷式弯曲、进给弯曲3种方式，如图9-3所示。图9-3（a）为常规弯曲，材料放在冲头与凹模之间，被弯曲的板材放置在冲头与凹模之间进行弯曲变形，是广泛使用的弯曲方式；图9-3（b）为压卷式弯曲，是将材料的一部分固定，其余部分在凸模的压力下，沿凹模的弯曲半径弯曲变形，多用于管道、型材的弯曲加工；图9-3（c）为进给弯曲，板（卷）材在旋转模具的同步下送进，实现连续弯曲的一种方法，是将板材加工大直径管件的有效方法。

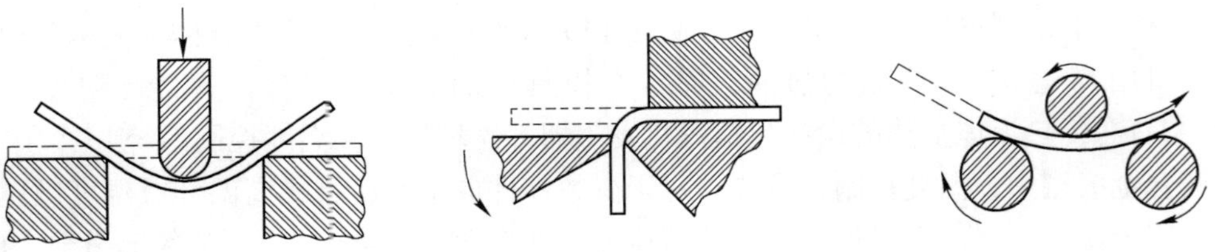

(a)　　(b)　　(c)

图9-3　三种弯曲方式示意图

（a）常规弯曲；（b）压卷式弯曲；（c）进给弯曲

### 9.2.2.2　常规弯曲的最小弯曲半径

镁合金的弯曲成型可以利用模具在冲床或者专用弯板机上进行，也可以利用橡皮板成型。弯曲，类似于其他的冲压过程，是冲床力作用在坯料上的结果。开始时，作用于坯料上的外力导致材料产生弹性变形；随后作用力逐渐增大，当其达到某一最大值时，坯料发生塑性变形。外力去除后，已发生变形的坯料不能恢复到原来的形状，而是呈模具的形状。弯曲成一定角度的坯料从模具中取出后，由于金属的弹性回弹，会导致工件弯曲角度及半径变化。回弹角的大小取决于材料的力学性能、圆角半径与坯料厚度的比值、弯曲角度以及弯曲零件的宽度。如果坯料在加热条件下进行弯曲成型，那么弹性回弹角还取决于变形温度。因此，设计模具时必须对凸模和凹模尺寸做一些修正，使零件弹性回弹后仍具有所要求的角度，以保证工件的形状精度。

镁合金的弯曲成型操作与其他金属大体相同，但是需要预热工件和模具。通常采用钢制顶模和底模。如果允许镁合金工件冷变形，那么可以将钢制冲头安装在橡胶模具中并固定于盒内。金属冲头和模具表面应该进行精抛光，以免划伤镁合金工件的表面。

大多数金属塑性成型后的力学性能呈现各向异性，沿纤维组织方向（轧制、挤压方向等）的力学性能高于横向。但是也有特例，如某些镁合金板料的横向力学性能略高于沿纤维方向的力学性能。弯曲镁合金时，弯曲线应该沿着纤维（碾压）方向所成角度不大于45°，以免产生裂纹。如果弯曲线与碾压方向垂直，那么当弯曲零件的圆角半径很小时，镁合金材料易产生裂纹。

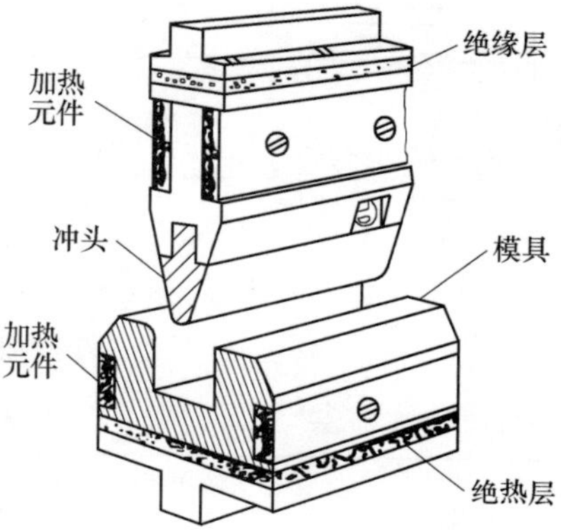

图 9-4　镁合金在弯板机上热弯曲时的加热冲头和模具结构

图 9-4 所示为镁合金在弯板机上热成型时加热冲头和模具最佳的方法。小批量生产时，气焰加热方式效果不错，但是必须保证加热的均匀性。如果弯曲模具没有预热，那么应该将镁合金工件加热到最高允许温度并尽快成型。镁合金弯曲件的最小弯曲半径取决于合金的力学性能、厚度和状态以及模具的弯曲条件等。值得注意的是，弯曲半径对弹性回弹量有一定的影响。进行弯曲件设计及成型工艺选择时，必须了解镁合金的最小弯曲半径。表 9-4 列出了镁合金高温弯曲成型时的最小弯曲半径。

**表 9-4　镁合金高温快速弯曲成型时推荐的最小弯曲半径**

| 材料尺寸及类型 | 合金及状态 | 根据工件厚度 $t$ 确定的最小弯曲半径/mm | | | | | | | |
|---|---|---|---|---|---|---|---|---|---|
| | | 20℃ | 100℃ | 150℃ | 200℃ | 230℃ | 260℃ | 290℃ | 315℃ |
| 0.51~13.3mm 厚板材 | AZ31B-O | 5.5$t$ | 5.5$t$ | 4.0$t$ | 3.0$t$ | | 2.0$t$ | | |
| | AZ31B-H24 | 8.0$t$ | 8.0$t$ | 13.0$t$ | | | | | |
| 22mm×2.3mm 厚挤压平带 | AZ31C-F | 2.4$t$ | | | | | | 1.5$t$ | |
| | AZ31B-F | 2.4$t$ | | | | | | 1.5$t$ | |
| | AZ80A-T5 | 8.3$t$ | | | | 1.7$t$ | | | |
| | ZK60A-F | 12.0$t$ | | | | | 2.0$t$ | | 5.0$t$ |
| | ZK60A-T5 | 12.0$t$ | | | | | 13.6$t$ | | |

### 9.2.2.3　镁合金管材弯曲成型

一般来说，镁合金在室温下是不易变形塑性加工，镁合金管材的弯曲成型通常都采用热成型，即弯曲成型温度在 150℃以上。管材弯曲是一边受到拉应力，另一边受到压应力。受压一边壁厚会增加，同时容易起皱，因此弯曲时需要特别小心和合理地选择工艺参数。管材弯曲分为管内具有填充物和无填充物两种弯曲方式。

试验研究了 AZ31-F 镁合金管的弯曲性能。镁合金管外径为 25.4mm。分别对管内具有填充物和无填充物两种管材进行弯曲试验。试验采用铁球和钢琴线（线径 1.2mm）的混合物作为管内的填充物。弯曲实验装置如图 9-5 所示，选择的主要参数见表 9-5，试验结果如图 9-6 所示。

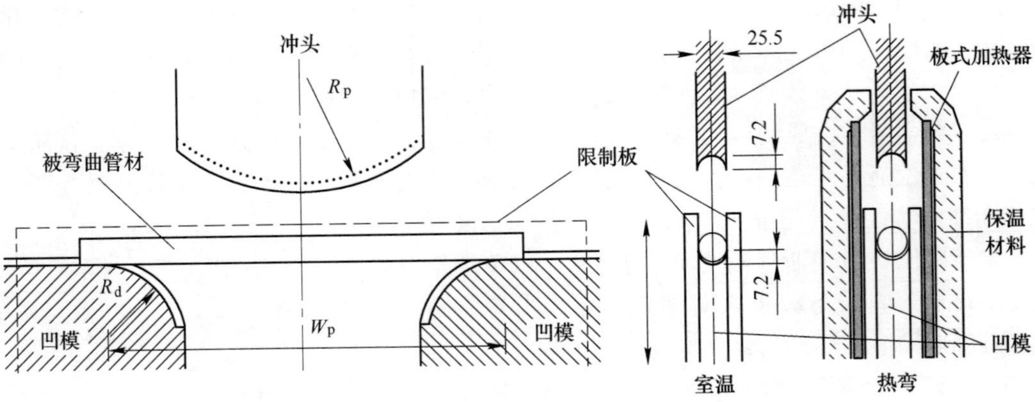


图 9-5　圆管弯曲实验装置示意图（单位：mm）

**表 9-5　弯曲加工主要参数**

| | |
|---|---|
| 冲头圆角半径 $R_p$/mm | 37.5，50，62.5，87.5 |
| 凹模圆角半径 $R_d$/mm | 30 |
| 凹模模肩宽 $W_d$ ($R_o/D_o$)/mm | 212(2，2.5，3)，264(4) |
| 冲头行程 $S$/mm | 68，63，57，73 |
| 限制板和圆管的间隙（两侧合计）/mm | 0.5 |
| 润滑油的动黏度/$mm^2 \cdot s^{-1}$ | 630 |

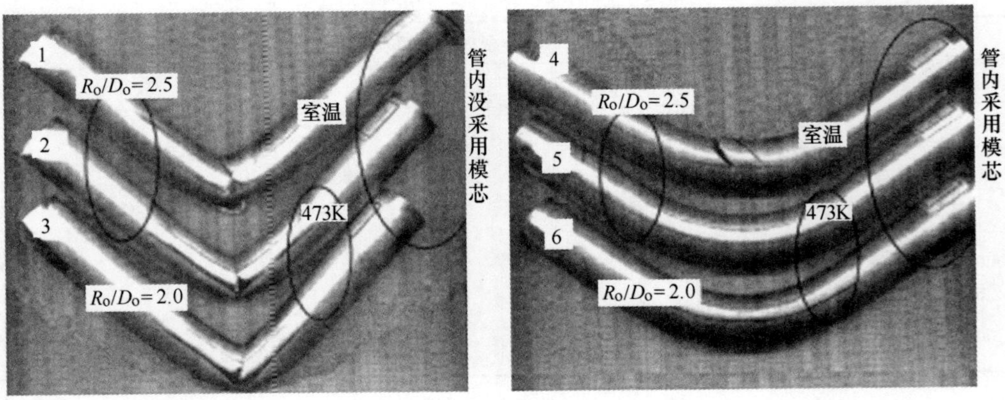


图 9-6　不同工艺条件下弯曲 AZ31-F 镁合金管材的试验结果

图 9-6 中，1、2、3 是管内没有采用模芯的弯曲结果；4、5、6 是管内采用模芯的弯曲结果。1、4 是在室温下进行弯曲；其他是在 473K 下进行弯曲的结果。结果表明在 473K 下，AZ31-F 镁合金管材的极限（最小）弯曲半径（$R_o/D_o$）为 3（$R_o$：弯曲半径，$D_o$：管材外径）。

图 9-7 所示为弯曲 AZ31-O 镁合金板材破裂的照片。可以看出：在弯曲外侧是拉伸变

形，在内侧是压缩变形。一般来说，以外侧拉伸变形不发生破裂来评价最少弯曲半径。因为镁合金在常温下的拉伸变形和压缩变形行为有很大不同，即有时压缩变形的强度是拉伸变形时的一半时，弯曲内侧就出现破裂。

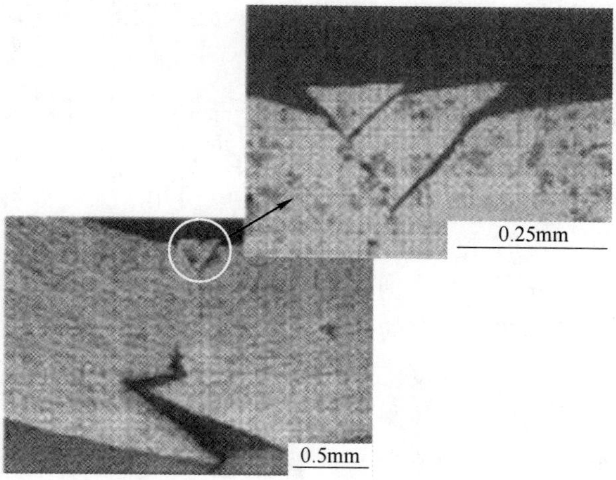


图 9-7 AZ31-O 镁合金板材破裂的照片

## 9.2.3 拉深成型

拉深成型除了一般是在高温下进行外，镁合金拉深成型与其他金属相同。

镁、铝或锌合金制成的模具或成型垫块可以用于高达 230℃ 温度。含有钢丝网的混凝土成型垫块如采用电阻加热，也可用到 230℃。高于 230℃时，需要选用铸铁的成型垫块。

镁合金成型的钳子不应有带锯齿的夹头，以防止将工件撕裂。可把粗砂纸或砂布垫在工件和夹头之间，避免工件撕裂。

工具和加工件可用电加热或辐射加热，重要的是有合理的热量分布。

对于小曲率板材可用不同拉深缩减率，若考虑回弹（过拉伸）则最大值为 12%。但高温时正常的小回弹量是存在的，通常给拉深加 1%的回弹补偿就可以。

当制造轴对称低曲率零件时褶皱是一个问题，操作者通过模具内适当的约束就能控制褶皱的产生。

一般来说，当拉深缩减率大于 15%时，称为深拉深。在热状态下，镁及镁合金板材的拉深缩减率可达 70%以上。

### 9.2.3.1 镁及镁合金拉深成型的有关工艺问题

#### A 拉深力的估算

液压机运动速度缓慢、均匀，因此镁合金深拉延时优选液压机，变形程度不大的成型拉深则使用机械压力机。镁合金深拉成圆筒所需要的力可用以下经验公式估算，即

$$P = \pi dtS(D/d - k) \tag{9-1}$$

式中，$P$ 为压力载荷，N；$D$ 为板坯的直径，mm；$d$ 为冲头直径，mm；$t$ 为板材厚度，mm；$S$ 为拉深温度下的材料抗拉强度，MPa；$k$ 为常数，其值为 0.8~1.1。

如已知给定镁合金在高温下的抗拉强度值，可以用来估算其进行拉深时所需要的拉

深力。

B　毛坯压边力

防止皱褶所需的压紧力取决于毛坯的厚度和温度，一般为拉深力的 1%~10%。对镁合金来说，压边力可从最低值到 5MPa。为保证壁厚适当变薄，可用试验确定压边力。

C　模具及预热

模具的结构形状、尺寸和强度的设计应根据产品形状、尺寸以及变形温度和材料的热膨胀等因素来确定。模具的制造与冲压模的相同。模具材料选择主要受变形的剧烈程度和生产零件数量的影响。非硬化的低碳锅炉钢板或铸铁可用于大多数场合。对于 10000 件以上的批量，要得到尽可能低的表面粗糙度，或较小的公差且不允许有明显的模具磨损，建议用硬化的工具钢。对于室温拉深，通常可对模具钢进行处理，以获得最大的使用硬度。对高温拉深，应考虑到模具在拉深时的最高温度。在这种情况下，模具的回火温度应稍高于使用温度，即使可能降低一些硬度。

通常采用电热元件预热模具。拉制复杂形状的镁合金件工件时，可采用带有环形火焰喷头的燃烧器加热，特别适合于材料容易起皱的情况。此外，冲头基座有时也需要预热，也可以采用其他的预热方式来生产带有轻微凸起的工件。对工件凸面尺寸公差有严格要求时，应在模具内、外部安装带有独立控制器的燃烧器。对于有多个凸面的情况，组合模具外部的预热温度必须比内部高。如果在工件温度与模具温度一致，且模具薄壁处外部温度高于内部时卸下模具，则会导致工件产生收缩，形成凸起。反过来，可以加热模具使其内部温度高于外部，从而消除凸起。

9.2.3.2　**镁及镁合金板料的拉深性能**

类似于其他材料，镁合金薄板的深拉深成型性能可以用各向异性比 $\gamma$ 和加工硬化指数 $n$ 来衡量。$\gamma$ 值反映了薄板在成型过程中抵抗变薄或变厚的能力，与板材织构存在很强的对应关系。深拉深成型时，通常要求 $\gamma>1$。室温条件下，AZ31 镁合金沿不同方向的各向异性比 $\gamma$ 如图 9-8 所示，AZ31 镁合金的各向异性比 $\gamma$ 平均值达 2.03，远远高于铝合金的 0.9。由于 AZ31 镁合金薄板不同方向上 $\gamma$ 值相差较大，从而不利于深冲成型。$n$ 值反映了金属薄板成型过程中的形变硬化能力，也就是说高的加工硬化指数 $n$ 值能抵抗缩颈变形，提高均匀变形能力，并获得大的极限拉深比。AZ31 镁合金室温时沿轧制方向的 $n$ 值一般为 0.17 左右，小于铝合金（AlMg5Mn）的 0.31，但是镁合金 $\gamma$ 值很高，因而具有较好的深拉延性能。

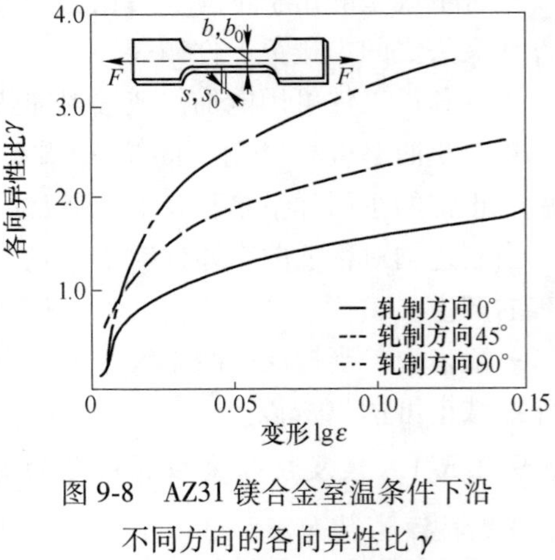


图 9-8　AZ31 镁合金室温条件下沿不同方向的各向异性比 $\gamma$

$b_0$，$b$，$s_0$，$s$—分别为试样拉伸前后的宽度和厚度；$\varepsilon_b$，$\varepsilon_s$—宽度和厚度的自然对数变形量

退火态镁合金薄板的拉深性可达 15%~25%，例如 AZ31B-O 合金的冷拉极限为 20%左右。高温下，镁合金的拉深性大大提高，达到 70%。拉深性或板料直径的缩减率可由式

（9-2）计算：

$$缩减率 = \frac{D-d}{D} \times 100\% \tag{9-2}$$

式中，$D$ 为拉深前板料直径，mm；$d$ 为冲头或杯口直径，mm。

尽管室温多步拉深可以实现深拉，但是在生产实际中镁合金所有的深拉操作都是在高温下进行，因此需要考虑温度对润滑作用的影响，以及鉴于热变形而对工模具设计尺寸进行修正。高温下，镁合金可进一步深拉成圆柱，缩减率可高达 75%。

通常，可以拉深的总量随温度升高和拉深速度减小而增大。不同温度和拉深速度时 AZ31B-O 的拉深性（最大缩减率）见表 9-6。AZ31B-O 合金的拉深速度可为 4～2500cm/min，速度大小取决于拉延的剧烈程度和单步与多步拉延的要求。需要指出的是，多步拉深需要使用额外的工模具。

**表 9-6 不同温度和拉深速度时 AZ31B-O 的拉深性**

| 拉深温度/℃ | 最大缩减率/% | | |
|---|---|---|---|
| | 600cm/min | 1500cm/min | 2400cm/min |
| 20 | 14.3 | 14.3 | — |
| 120 | 30.3 | 30.3 | — |
| 200 | 58.6 | 57.1 | 53.8 |
| 260 | 62.5 | 61.3 | 53.8 |

注：圆筒杯口直径为 76mm；薄板厚度 $t$ 为 1.65mm；凹模圆角半径为 $6t$；冲头圆角半径为 $10t$。

镁合金薄板的深拉深性能不仅受板材 $\gamma$ 值和 $n$ 值的影响，而且与成型温度、速度、工件形状及摩擦润滑等工艺条件有很大关系。通常，镁合金薄板的深拉延性能随着温度的升高而明显提高。矩形拉深件在室温成型时，即使拉深比很小（拉深比 1.5，拉深深度 13mm），在冲头边缘出现裂纹；150℃下成型时，拉深比可达 1.5，但在工件凸缘处仍有少量裂纹；当成型温度升至 225℃时，拉深性能得到明显改善，即使拉深比达到 1.5 时，也不会出现任何裂纹。

AZ31B-O 镁合金和 AlMg5Mn 铝合金矩形件极限拉深比与成型温度的关系如图 9-9 所示。可见，温度对镁合金薄板深拉延性能的影响更大。225℃附近，镁合金极限拉延比可达到最大值 2.0 左右，与铝合金 200℃下的最大极限拉延比 2.02 相近。因此，镁合金薄板良好的热变形能力为成型复杂的零部件提供了很大的应用潜力。

工件形状也会影响镁合金的深拉深性。深拉深镁合金圆柱形杯时，最大可拉度高达 70%，但方形和矩形盒子很少进行剧烈拉延。此外，模具弯曲直径、盒状套管两侧壁之间的曲率半径和冲头曲率半径（其中冲头曲率半径会形成侧壁和底部之间的半径）是影响拉延剧烈程度的另外一些因素。所有工艺参数都保持在实际可行的极限内是完成镁合金拉延或者一系列拉延操作的前提。采用圆形板料拉深成杯体时，首先将金属从板料半径压缩到模具开口半径；板料压缩到模具允许的尺寸时会变粗，板料发生弯曲且通过模具时仍然会变粗；当板料在圆角半径处发生弯曲且进入侧壁后，板料会减薄。因此，设计模具时必须提供足够的空隙以便板料在模具中拉延时增粗。拉延过程中，通过侧壁处的金属厚度比通过模具圆角半径处的薄。为了使整个板料继续进入侧壁，侧壁处镁合金承受的应力比半径

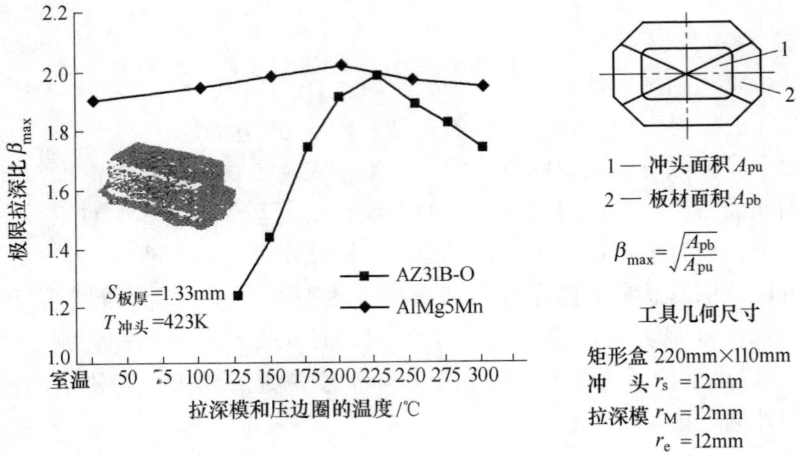


图 9-9　AZ31B-O 镁合金和 AlMg5Mn 铝合金矩形件极限拉深比与成型温度的关系

处高。由于存在加工硬化效应，拉延后镁合金的强度大大提高。高温拉延时，冲头温度必须低于模具温度。

### 9.2.3.3　拉延速度对拉延性的影响

镁合金的拉延性因拉延速度而异，拉延速度通常为 0.6～405mm/s，且大缩减率（如 70%）下的拉延速度必须低于中等缩减率（≤55%）下的拉延速度。当缩减率低于 55%左右时，通常在高速液压机或机械压机上进行拉延，并且缩减率较小时，镁合金的拉延成型温度也较低。

对大多数镁合金工件而言，拉延深度并不是主要因素，关键是要避免带有圆角或异形结构的工件在拉延过程中出现皱褶现象。因此，镁合金工件的拉延温度通常比实现最大拉延性所需的温度高。某些特殊的难拉延成型的零件，必须改变工艺流程以降低废品率。

### 9.2.3.4　二次拉延工艺

下面以镁合金杯形件和盒体为实例，说明二次拉延过程和可行性。

对于镁合金杯形件，先将 $\phi$610mm×0.64mm 退火态镁合金薄板拉延成 $\phi$200mm、深 400mm 的杯形，再进一步拉延成 $\phi$140mm、深 585mm 杯形。对镁合金盒体，先将 1.3mm 厚、455mm×485mm 的 AZ31B-O 矩形板料拉延成 111mm×273mm×165mm（宽×长×深）的矩形盒，再拉延成圆角半径为 5.6mm 的 89mm×254mm×171mm（宽×长×深）的矩形盒。实践证明是可行的。

### 9.2.3.5　镁合金板料在不同温度下的最大极限

AZ31 合金的塑性较好，强度适中，成为目前研究镁合金板料性能的主要镁合金材料。在室温条件下，镁合金板料虽然无法进行较大程度的变形，但可以用于制备高质量的浅拉深板形工件。镁合金的拉深成型能力随着温度的升高而显著提高。图 9-10 所示为 AZ31B 镁合金板料拉深温度与极限拉深比的试验结果，试验表明，当变形温度提高到 250℃左右时，极限拉深比（*DR*）达到 3.2。

(a) (b) (c) (d)

图 9-10 AZ31B 合金不同温度下进行拉深的极限拉深实验结果
(a) 175℃, *DR*=2.0; (b) 200℃, *DR*=3.2; (c) 225℃, *DR*=3.2; (d) 250℃, *DR*=3.2

## 9.2.4 拉深技术及装置

### 9.2.4.1 圆筒热拉深技术及装置

图 9-11 所示为应用于镁合金热拉深的模具结构。拉深模凹模和压边板都采用电加热，具有温度分布均匀，电消耗少等特点；上下模具与压机之间装有隔热材料，防止热量的散失；冲头内布有冷却水路，需要时可以通水冷却。

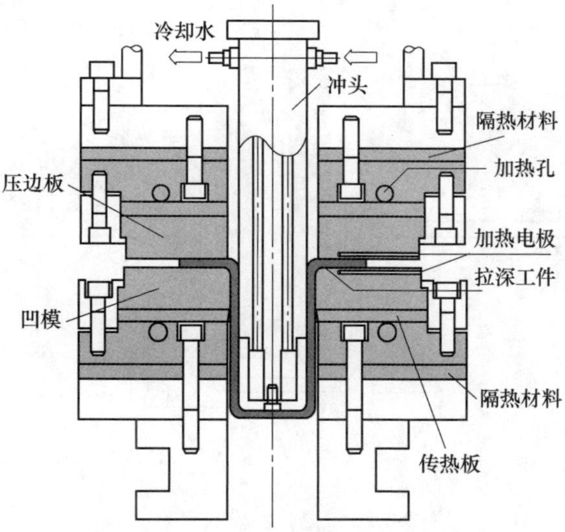


图 9-11 热拉深的模具结构

### 9.2.4.2 差温拉深技术及装置

虽然 AZ31 板料在 225℃有较好的拉深成型能力，但其极限拉深比只有 2.0 左右，仅依靠改变变形温度无法获得更大的拉深比。若想进一步提高镁合金板料的拉深成型能力，需运用其他的相关技术来实现，而这些技术也是目前冲压行业的研究热点，如动态压边力技术、差温拉深技术、液压成型技术、计算机模拟仿真技术等。其中差温拉深技术是一种能显著提高镁合金板料拉深成型能力的工艺。深拉深极限是由收缩凸缘部分的拉应力与成型侧壁部分的抗断裂之比来决定。因此，为了提高成型极限，必须减少收缩凸缘的抗力，增加侧壁部分抗断裂力。差温技术利用温度对材料性能的影响，使板料通过温度的不均匀分布实现不同部位强度的非均匀分布，从而减小断裂倾向，提高极限拉深比值。差温拉深技术主要是实现材料内部强度的变化分布。

差温技术是在其他相关技术的基础上发展起来的，是多项技术的综合产物。如通过退火使加工硬化的坯料的周边部分软化，以减小凸缘抗力的方法，称为常温下拉深的周边退火法。这种方法的进一步发展是快速加热凸缘部分，称为高温下拉深加工的感应加热方法。还有一边加热凸缘部分，一边充分冷却凸模头部的加热-冷却法等。用此法拉深铝材，极限拉深比可提高到4.0以上。用简单的方法冷却凸模，仅仅在凸缘部分和凸模部分产生温度差，也可以提高材料的拉深性能。

S. Yoshihara 和 H. Nishimura 等人将差温技术应用于镁合金板料的拉深成型研究中。采用如图9-12的实验装置，对0.5mm厚的AZ31薄板进行拉深，在适当的动态压边力条件下，极限拉深比超过了5.0。而采用非差温拉深时，无论是否采用动态压边力，极限拉深比最大值为2.14。有人利用加热模具，控制冲头温度等方法在AZ31板料上实现了差温拉深，其研究表明，在拉深过程中冲头的温度不能过低，即板料温度梯度不能过大。当温度梯度适中时，可以在用恒定压边力的情况下得到2.6左右的拉深比。同时还显示AZ31板料的拉深工艺对变形速度有明显的敏感性，当拉深速度超过1.2mm/s时，在凹模入口处发生断裂。

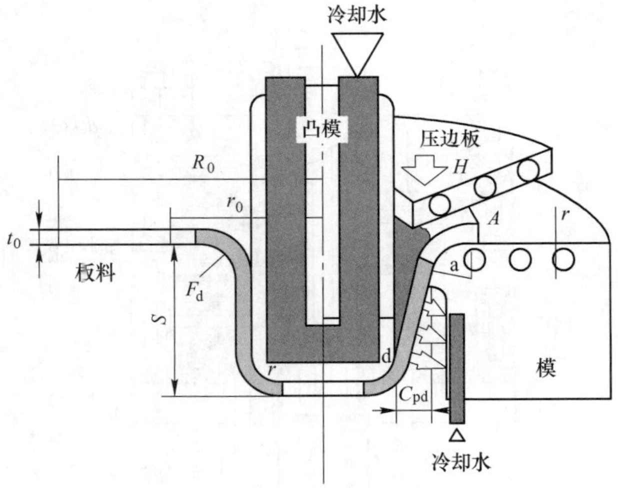


图9-12　差温拉深模具示意图

由于矩形工件的拉深过程变形更为复杂，与实际生产更加接近。因此对矩形工件的研究工作比圆形工件的更有实际意义。可以看出与圆形工件一样，在矩形工件的拉深实验中，温度分布对板料的成型性能影响很大。

### 9.2.4.3　拉深工艺辅助技术的发展

由于拉深工艺过程是一个同时包含几何学、材料、边界条件和力学等非线性条件于一体的极其复杂的过程，目前对拉深过程中材料的变形机理还没有完善的理论模型来解释。随着近年来汽车工业的快速发展，板料的需求也越来越大，新的板材开发及其相应的工艺需求也越来越强烈。因而对于板料拉深成型机理及相关技术的研究越来越重要。尤其是新型拉深设备、拉深工艺的研究更为突出。

A 动态压边力的研究

合理的拉深工艺能够以高生产率来生产形状复杂的工件，但这是以高昂的模具制作费用和周期作为代价，其中一个主要的限制因素就是压边力的确定。压边力能够在板内产生轴向拉伸力而防止折皱缺陷的产生。但是压边力的设计是十分复杂的，不仅是由于等压力线的测试困难，而且与材料在双向应力下的稳定性有关，压边力设计不当会造成拉裂和起皱等缺陷。Hardt 和 Lee 提出了两种闭环控制压边力的方法：一是在整个拉深过程中，压边力恒定不变且保持在既不起皱又不至于拉裂的最小水平上；二是通过控制毛坯流进模腔的体积来控制压边力。实验结果表明，上述方法虽然没有增加极限拉深深度，但明显地降低了极限拉深深度对压边力变化的敏感性。图 9-13 给出了用液压法产生适当压边力时力的变化规律，其他的研究也表明在拉深过程中，压边力变化有类似规律。

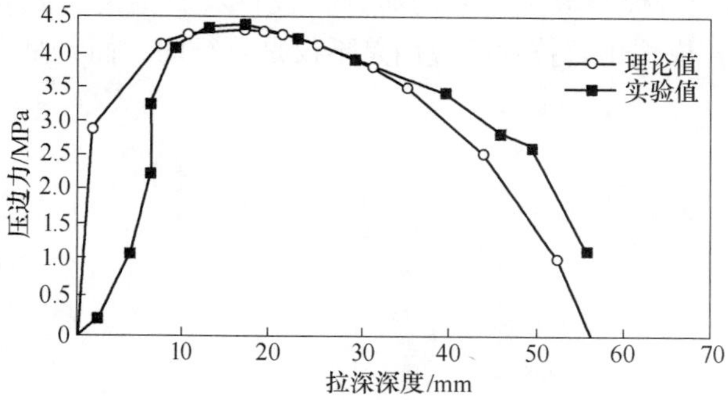

图 9-13 液压压边力变化规律

B 软模技术

软模技术是利用液体或气体进行单模成型，图 9-14 是两种典型的软模结构装置示意图。图 9-14 中所示分别是用液体做凹模（见图 9-14（a）），气体做凸模的板料拉深装置（见图 9-14（b））。软模技术主要是利用流体内部各处压强相同的原理，使工件在拉深过程中板料的各部分受力均匀，从而解决用硬质模具材料而造成的拉深件质量不均问题。由

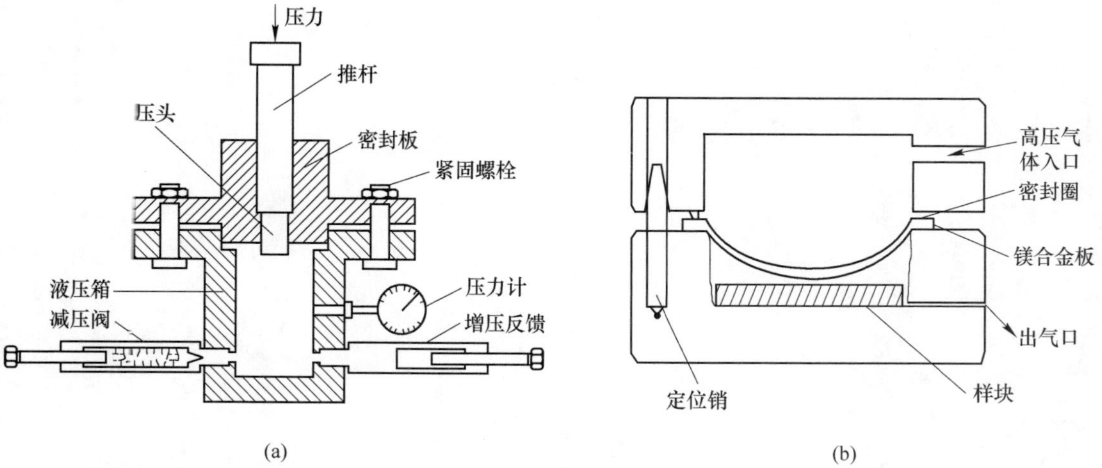

图 9-14 软模成型设备示意图

于只采用一半的模具，降低了模具成本，提高了模具的制造精度。同时由于工件整体受力均匀，工件质量分布均匀，成型性能更好，可以进行更复杂工件的加工成型。

另外，近年来随着市场需求的多样化，出现了多点成型设备。可根据拉深工件的要求自行改变模具的大小及尺寸。适用于单件或小批量工件，不仅效率高，而且成本大大下降。

目前，研究的另一热点是关于如何建立拉深过程中各影响因素的模型。通过模型，用理论计算来预测板料的成型性能，以及进行拉深工艺参数的优化设计。目前已经出现根据理论模型开发的许多商品化应用程序，通过这些软件可对拉深过程进行模拟仿真。其中较为著名的有法国的 ESI 公司的 PAM-Stamp，加拿大 FTI 公司的 FAST-Form 3D 和美国的 ETA 公司的 Dynaform 等，吉林大学也开发出了 KMAS 板料成型仿真软件并提供免费试用。利用 CAE、CAD 技术进行板料成型工艺的研究，板料及模具优化已成为一个重要的研究手段。通过实验表明，模拟仿真技术的应用是不仅是可行的，而且是十分有效的。

# 10 镁合金半固态加工技术

## 10.1 半固态加工的特点及分类

半固态成型（semi-solid metal forming processes，SSM），是一种融合了铸造、锻造和挤压工艺的混合制造方法，被称为21世纪新兴的最具发展前途的金属精密成型关键技术之一。

### 10.1.1 半固态加工的主要优点

半固态加工的主要优点如下：

（1）应用范围广泛，凡具有明显固液两相区的合金，如镁基、铝基、锌基、铜基、铁基等合金材料均可实现半固态加工，目前应用最多的是铝合金和镁合金半固态加工。可适用多种加工工艺，如铸造、挤压、锻压等。

（2）SSF充型平稳，无湍流和喷溅，加工温度低，凝固收缩小，因而铸件尺寸精度高，SSF成型件尺寸与成品零件几乎相同，极大地减少了机械加工量，可以做到少或无切削加工，从而节约了能源和资源。同时SSF凝固时间短，有利于提高生产率。

（3）半固态合金已释放了部分结晶潜热，因而减轻了对成型装置，尤其是模具的热冲击，使其寿命大幅度提高。

（4）SSF成型装置表面平整光滑，铸件内部组织致密，内部气孔、偏析等缺陷少，晶粒细小，力学性能高，可接近或达到变形材料的力学性能。

（5）应用半固态加工工艺可改善制备复合材料中非金属材料的漂浮、偏析以及与金属基体不润湿的技术难题，这为复合材料的制备和成型提供了有利条件。

（6）与固态金属模锻相比，SSF的流动应力显著降低，因此SSF模锻成型速度高，而且可以成型十分复杂的零件。

（7）节约能源。以生产单位质量零件为例，半固态加工与普通铝合金、镁合金铸造相比，节能30%左右。

（8）半固态浆料成型压力低，容易制备大件，成型速度快，可以成型结构和外形复杂的零部件。

（9）成型零件的力学性能优异，特别是在强度提高的同时，保持较高的伸长率。

### 10.1.2 半固态成型工艺的分类

半固态成型工艺可以分为以下几种：

（1）流变成型（rheoforming）或流变铸造（rheocast），是在金属从液相到固相冷却过程中进行强烈搅动，在一定的固相分数下挤压或压铸成型。流变铸造工艺简单，能耗（不需二次加热）和铸件成本低，由于直接获得的半固态金属浆液的保存和输送不方便，自动化生产困难。因此，目前这种成型方法实际应用较少，但是它是具有很大发展潜力的成型方法。

（2）触变成型（thixoforming）或触变铸造（thixocast），是将由搅动铸造所制备的锭坯重新加热到半固态进行挤压或锻造成型。在触变成型前，首先要制备具有非枝晶组织结构的坯料，因而成本高，二次加热增加了能耗，工艺过程较复杂。但由于坯料的加热和输送方便，并易于实现自动化操作，所以触变成型是目前半固态加工的主要工艺路线。

（3）注射成型（injection molding），注射成型与流变成型的区别在于不需要事先将原材料搅动成半固态浆液。而它与触变成型的区别在于不需要将半固态浆液制成具有非枝晶组织的铸坯，再将铸坯加热后进行成型。注射成型方法是将塑料注射成型的原理应用于金属的成型，注射成型是集金属浆料的制备、输送、成型等过程于一体，较好地解决了半固态浆料保存输送、成型控制困难等问题。目前，注射成型技术主要应用于镁合金的半固态加工成型，该技术已经实现了工业化应用。

目前常见的半固态成型方法工艺流程如图 10-1 所示。

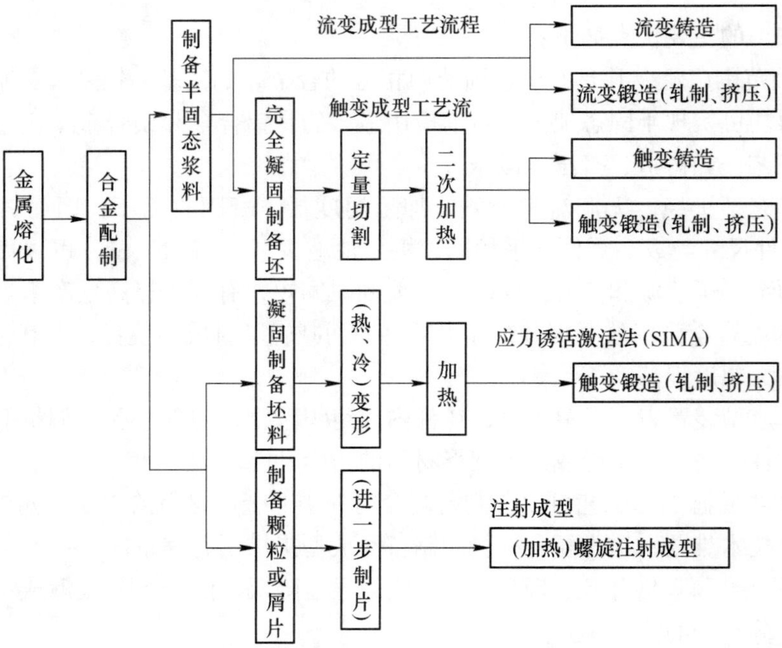


图 10-1　目前常见的半固态成型方法

制备方法的选择应考虑实际需要、简便、可靠和经济效益等方面，即工艺流程要短，容易操作，过程稳定，产品质量稳定，最为重要的是经济效益高。现阶段半固态浆料的制备方法中，搅拌法生产具有非枝晶组织的坯料价格比普通铸造的坯料高 30%～40%；SIMA 法生产的坯料只适用于较小尺寸的场合。电磁搅拌法是目前最为成熟的工业化生产具有非枝晶组织坯料的方法，可以生产坯料直径为 7.62～15.24cm（3～6in）的铝、镁合金坯料。

### 10.1.3　半固态成型镁合金的力学性能

表 10-1 和表 10-2 为不同加工方法获得镁合金的力学性能比较。

表 10-1 不同铸造方法获得的 AZ91D 镁合金的力学性能

| 合金及状态 | 屈服应力/MPa | 抗拉强度/MPa | 伸长率/% |
|---|---|---|---|
| AZ91D SSM 铸造合金（铸态） | 120.8±5.1 | 231.4±13.4 | 9.2±0.9 |
| AZ91D SSM 铸造合金（T4 热处理） | 87 | 239 | 11 |
| AZ91D 模铸 | 154±2 | 253±12 | 7±0.8 |
| AZ91C 砂型铸造（铸态） | 95 | 165 | 2 |
| AZ91C 砂型铸造（T4 热处理） | 85 | 275 | 12 |
| AZ91C 砂型铸造（T6 热处理） | 130 | 275 | 5 |
| AZ91C 金属模铸造（T4 热处理） | 70 | 175 | 1.8 |
| AZ91D 金属铸造（T6 热处理） | 100 | 175 | 0.8 |

表 10-2 半固态加工 AZ91 镁合金的力学性能

| 加工方法 | 热处理条件 | 拉伸强度/MPa | 屈服强度/MPa | 伸长率/% |
|---|---|---|---|---|
| SSM | 铸态 | 231.4±13.4 | 120.8±5.1 | 9.2±0.9 |
| Thixomag | 铸态 | 211（20） | 152（5） | 3.6（1.7） |
| Thixomag | T1 | 233（29） | 108（2） | 9（3） |
| Thixomag | 水淬 | 214（17） | 153（5） | 3.8（1.7） |
| Thixomolding | | 259.8 | 159.7 | 6 |
| SSM | T4 | 239 | 87 | 11 |
| Die casting | | 253 ±12 | 154 ±2 | 7 ±0.8 |
| Sand casting | F | 165 | 95 | 2 |
| Sand casting | T4 | 275 | 85 | 14 |
| Sand casting | | 275 | 130 | 5 |
| PMC | | 175 | 70 | 1.8 |
| PMC | | 175 | 100 | 0.8 |
| Thixomolding | | 268.7 | 139.5 | 20.0 |
| Die casting | | 232.2 | 112.1 | 13.0 |
| Thixomag | 铸态 | 242 | 129 | 12.8 |
| Thixomag | 水淬 | 250 | 128 | 15 |
| Thixomag | T1 | 247 | 94 | 19.6 |
| Thixomolding | | 278.2 | 147.5 | 18.8 |
| Die casting | | 238.8 | 114.5 | 11.6 |

由表 10-1 可见，虽然半固态加工后零部件的塑性和韧性得到改善，但拉伸强度等性能变化不大。图 10-2 为半固态注射成型 AZ91 合金零部件的拉伸强度和伸长率与固相分数的关系。随着固相分数的增加，注射成型镁合金零部件的拉伸强度和伸长率均降低。材料塑性和韧性受固相分数的影响较大，固相分数低于 0.2 时，注射成型的镁合金零部件拉伸强度和伸长率超过 230MPa 和 3%。半固态加工镁合金零件塑性和韧性的改善归功于充填

模具时较少的气体夹杂和已凝固固相带来的较小缩松。

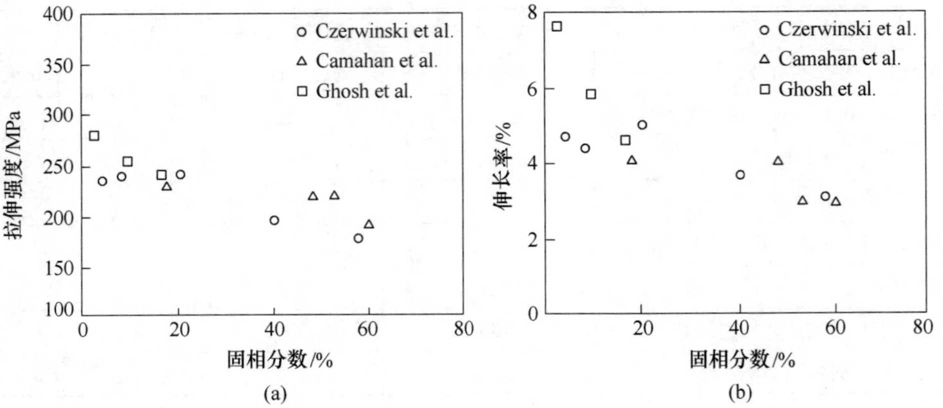


图 10-2　注射成型镁合金零部件的力学性能与固相分数的关系

（a）拉伸强度与固相分数的关系；（b）伸长率与固相分数的关系

## 10.2　几种典型的半固态浆料制备方法

### 10.2.1　机械搅拌法

机械搅拌法是最早采用的方法，其设备构造简单，它可以通过控制搅拌温度、搅拌速度和冷却速度等工艺参数，使初生树枝状晶破碎，熔体的温度趋于均匀，从而促进初生相成为近球形的结构。一般机械搅拌可分为连续式和间歇式两种类型，如图 10-3 所示。

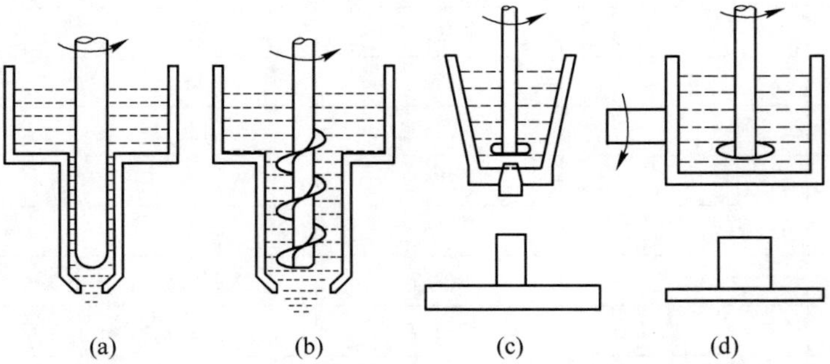


图 10-3　几种机械搅拌装置的示意图

（a）棒式；（b）螺旋式；（c）底浇式；（d）倾转式

连续铸造的方式包括棒式和螺旋式。棒式装置具有金属液不易氧化、固相分数易控制、能连续生产的优点；其缺点是出料速度较慢，搅拌棒易损耗。螺旋式装置由于具有向下挤压流体的作用，使出料速度加快。

间歇铸造的方式包括底浇式和倾转式。底浇式装置的最大特点是结构简单，但是它的底部密封塞影响铸型的设置。倾转式装置的坩埚可以倾转，将部分凝固的合金倒入铸型，但在坩埚倾转前需将搅拌棒从合金中提出，金属液的表观黏度会因为停止搅拌而上升。

机械搅拌法制备的半固态金属浆料的固相分数一般在 30%～60%之间。低于 30%时，破碎的树枝状晶粒在后续的凝固过程中会产生粗化，倾向于向枝晶发展；而高于 60%时，浆料黏度过高，浸入半固态浆料的搅拌器有停止和破损的危险。机械搅拌法还存在搅拌操作困难，生产效率低的缺点。

### 10.2.2 剪切—冷却—轧制法

剪切—冷却—轧制法（shearing cooling rolling，SCR）。SCR 装置由一旋转的剪切/冷却辊、固定在支撑架上的弯曲模块和一个出料导板组成，滚筒和导板的间隙以及温度可调，如图 10-4 所示，图 10-4（b）为 SCR 法装置的示意简图。工作时，金属液由顶部进入滚筒与弯曲模板的间隙中，由旋转的滚筒所产生的摩擦力将其卷入间隙内部。此时，金属液被冷却、凝固，并出现树枝晶生长的趋向，但随即又被旋转滚筒和固定弯曲模板所产生的剪切力冲刷成细小颗粒分散在剩余液相中，最终成为初生相具有近球形的半固态浆料，从下方的出料导板排出。SCR 法易与连续成型方法相结合，实现半固态合金浆料制备与连续成型一体化，能应用于生产大尺寸的金属制品。

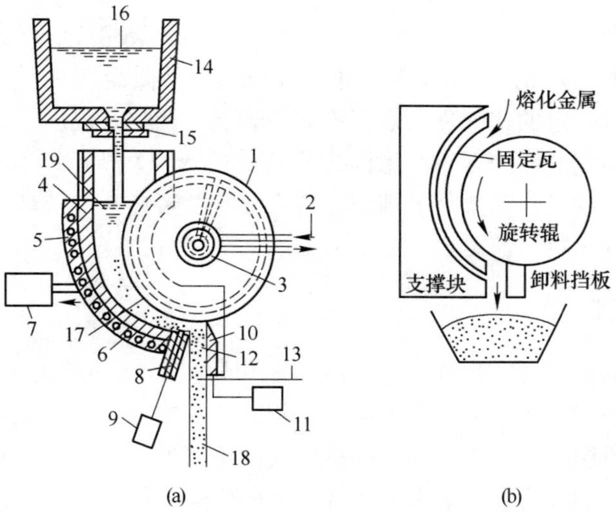


图 10-4 剪切—冷却—轧制设备及工艺示意图

1—搅拌器；2—冷却水系统；3—驱动系统；4—耐火板；5—可移动侧板；6—加热器；7、11—驱动机械；8—挡板；9—挡板滑动驱动装置；10—刮擦部件；12—出料口；13—传感器；14—铸桶；15—喷嘴；16—合金熔体；17—凝固壳；18—半凝固金属；19—冷却搅拌模

SCR 法具有冷却速率高、装置简单、结构紧凑、操作维修方便和生产效率高等特点，同时 SCR 法轧辊提供较大的剪切力，对金属的剪切搅拌作用明显，能制备高熔点和高固相体积分数的半固态金属浆料。

### 10.2.3 双螺旋搅拌法

双螺旋流变注射机由坩埚、双螺旋剪切装置和中央控制器等组成。双螺旋剪切装置是由筒体和一对相互紧密啮合的同向旋转螺旋组成，如图 10-5 所示。螺旋轴的齿形经过特殊设计，能使金属熔体得到较高的剪切速率和较高的湍流强度。在挤压筒外沿着挤压机轴线方向分布着加热单元和冷却单元，形成一组加热—冷却带，温度控制精度可达到±1℃，能准确地控制半固态金属浆料固相体积分数。

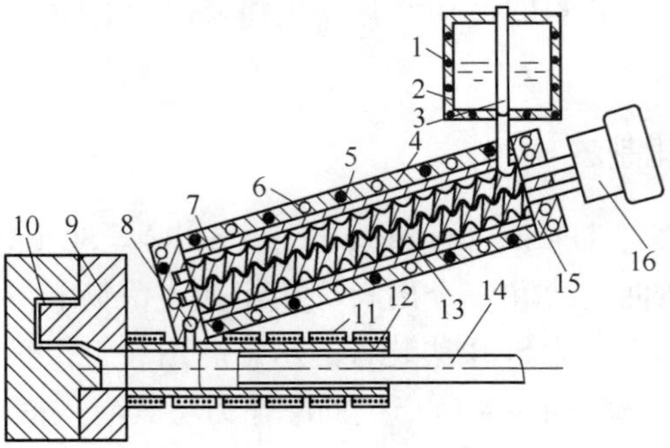


图 10-5　双螺旋搅拌制浆及流变挤压工艺示意图

1—保温炉加热器；2—保温炉；3—进料塞杆；4—搅拌筒体；5—筒体加热器；6—冷却孔；7—衬套；8—出口阀；9—模具；10—成型零件；11—加热器；12—挤压筒体；13—螺旋轴；14—柱塞；15—筒体端盖；16—驱动装置

该装置的工作原理是熔融金属在坩埚中熔炼，达到比液相线温度高出约 50℃ 的预定温度，将熔融金属保温 15min，获得均匀的化学成分。当熔融金属为镁合金时，坩埚采用氩气保护。熔融金属以一定的速度进入双螺旋剪切装置，调整其温度，同时受到双螺杆的剪切作用，获得一定固相分数的理想的半固态浆料。用 Sn-15%Pb 和 Mg-30%Zn 合金进行试验表明，它比单螺旋的机构能获得更细小、更不容易凝聚在一起的球形晶粒。半固态浆料通过剪切装置下端的出料口流出。

### 10.2.4　电磁搅拌法

从搅拌金属液的流动方式来分，电磁搅拌（MHD）有三种形式（见图 10-6）：一是水平式，即感应线圈平行于铸形的轴线方向，固相粒子在准等温面内流动，搅拌的作用是固相粒子球化的主要机制；二是垂直式，即感应线圈与铸形的轴线方向垂直；三是上述两种旋转方式的结合——螺旋式。影响电磁搅拌效果的因素有搅拌功率、冷却速度、金属液温度、浇铸速度等。由于电磁搅拌的局限性（“集肤”效应），通常认为，直径大于 150mm（约 6in）的铸坯不宜采用电磁搅拌法生产。

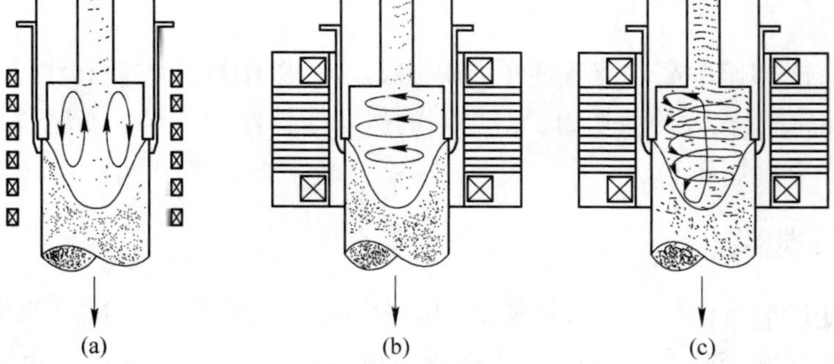


图 10-6　不同的电磁搅拌方式示意图

（a）垂直式；（b）水平式；（c）螺旋式

### 10.2.5　冷却斜槽法

冷却斜槽法的原理是：将略高于液相线温度的熔融金属倒在冷却斜槽上，由于斜槽的冷却作用，在斜槽壁上有细小的晶粒形核长大，金属流体的冲击和材料的自重作用使晶粒从斜槽壁上脱落并翻转，以达到搅拌效果。通过冷却斜槽的金属浆料落入容器，控制容器温度，即缓慢冷却，冷却到一定的温度后保温，达到要求的固相体积分数，随后进行流变成型或触变成型。图 10-7 为冷却斜槽法制备半固态浆料—流变成型—二次加热—触变成型的工艺过程。

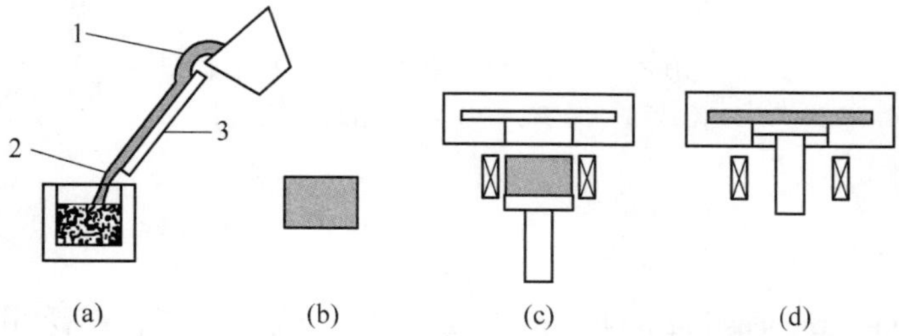


图 10-7　冷却斜槽法制备半固态浆料及成型工艺示意图
（a）浆料制备；（b）坯料；（c）二次加热；（d）半固态成型
1—熔融金属；2—半固态浆料；3—冷却斜板

采用冷却斜槽法制备半固态浆料的固相分数在 3%～10%之间，其流动性基本同熔融金属一样。在流变铸造中，固相分数越低，越容易铸造。因此，冷却斜槽法能应用于流变铸造成型很薄的铸件。

### 10.2.6　流变铸造法

流变铸造法（新 MIT 法）又称为“旋转冷却针法（spinning cold finger）”，由于其设备简单，操作方便，这项技术在流变铸造中得到应用。实验研究认为，影响形成非枝晶半固态浆料的重要因素是合金的快速冷却和热传导。采用新 MIT 法，在一定的搅拌速度下，搅拌时间为 2s，就能获得适合半固态加工的非枝晶组织，进一步提高搅拌速度对产生球形晶粒没有太大影响。当合金温度低于液相线温度时，搅拌对最终的微观组织没有太大影响，只是利用搅拌消除过热，引起合金形核固化，而容器壁和浇铸热传导（对流）起很大作用，基于这一点，MIT 改进的流变铸造是在快速热释放的同时进行搅拌。

图 10-8（a）所示为新 MIT 工艺过程：用带有冷却作用的搅拌器插入温度在液相线温度以上几度的合金熔液中进行搅拌，搅拌数秒后，熔体温度降低到对应只有几个固相分数的温度时，将搅拌器取出，将合金静止在半固态区间，进行短时间缓慢冷却或保持在绝热状态。合金在液相线温度以下，由于搅拌和冷却的共同作用，导致熔体体积中合金晶粒的过冷形核产生，而且固相合金晶粒在熔体中分布均匀，然后迅速冷却合金熔体，就能获得较理想的半固态浆料。图 10-8（b）所示为新 MIT 法熔体温度在加工区间的变化示意图。

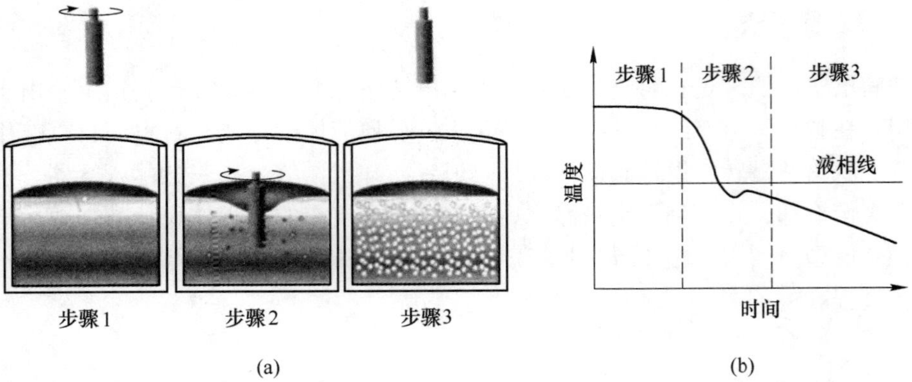


图 10-8　新 MIT 法制备半固态浆料示意图
（a）工艺步骤；（b）加工温度区间示意图

### 10.2.7　NRC 工艺

NRC 工艺（new rheocasting processing）是一种新流变工艺，广泛用于各种轻金属合金，尤其是镁合金。采用 NRC 工艺可以从熔融金属中直接制备出含有球状晶的半固态浆料，而不需要搅拌。而且采用这种方法制备出的产品具有良好的力学性能和微观组织。这个工艺有很多优点：生产成本低，相对于传统的触变成型，费用减少大约 20%；生产效率高，工具寿命长；产品力学性能好。

NRC 方法的生产工艺过程为：（1）将熔融金属控制在液相线温度以上几度范围内；（2）将熔融金属倒入隔热容器中，由于容器的冷却作用，在熔融金属内部产生大量的初生相晶粒；（3）在容器上下用陶瓷覆盖，防止过冷；（4）利用风冷将金属冷却到设定的半固态温度；（5）通过隔热容器外部的高频感应加热器调整浆料的温度，调整金属浆料的固相体积分数，形成球形浆料，满足成型需要，这个过程需要 3~5min；（6）翻转隔热容器，将半固态浆料倒入套筒，同时，上表面的氧化层沉到套筒底部，可防止氧化层进入产品；（7）将浆料直接倒入模腔中，并成型。如图 10-9 所示。

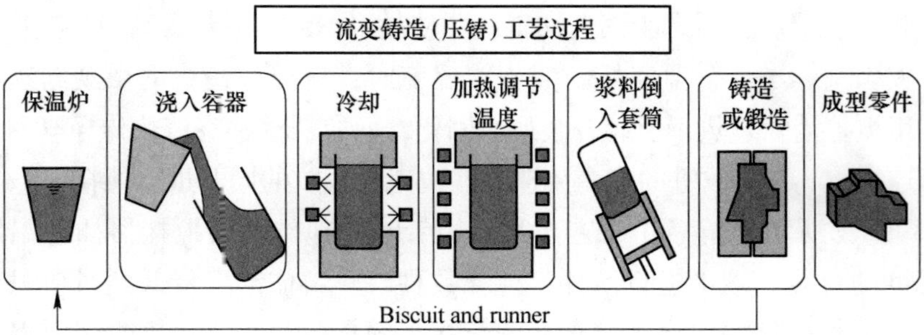


图 10-9　NRC 方法的工艺过程

NRC 方法制备出的浆料微观组织特征：初始 α 相分布非常均匀；不存在残余共晶体，但存在残余金属间化合物；初始 α 相颗粒近似球形。

### 10.2.8 不同液体混合法制备半固态浆料

不同液体混合法是将两种或三种不同亚共晶成分的熔融合金混合，或将亚共晶和过共晶成分的熔融金属混合。待混合的两种或三种熔体均保持在液相线以上，没有晶核或晶核很少。混合是在绝热的容器中进行的，或者在一个通过向绝热容器的表面涂镀石墨的静置混合槽中进行。混合得到的新合金温度在液相线温度上下，含有大量的晶核，形成具有细小、球状组织的半固态浆料，如图 10-10 所示。

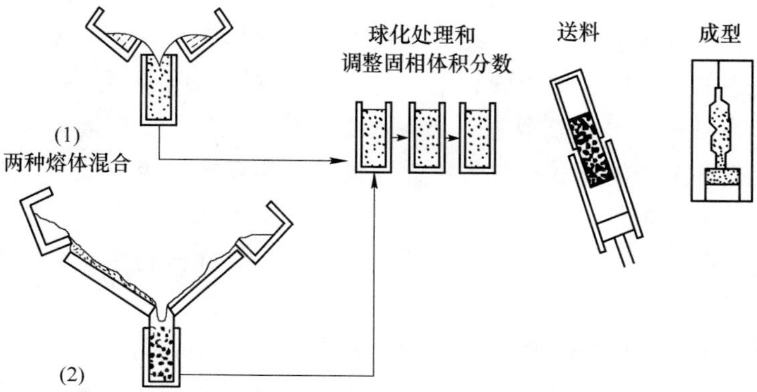


图 10-10 不同液体混合法制备半固态浆料工艺示意图

通常，混合槽需要预热，保证熔体流过混合槽时，其温度保持在液相线温度以上。熔体在混合槽上以湍流方式流动，使其混合程度良好。两种熔体的混合导致自发的热传导（热释放），亚共晶吸收过共晶热量。通过控制不同熔体的成分和质量，能获得所需半固态浆料。如果两种将要混合的熔体是不同成分，通过控制热和质量传递（或扩散）获得含有大量初始 α 相颗粒。亚共晶合金温度、对流强度和初始相颗粒尺寸对半固态浆料最终微观组织有很大影响。

### 10.2.9 浇铸温度控制法

浇铸温度控制法又称为近液相线铸造法。由于采用搅拌法易造成被搅拌合金的夹杂等缺陷，应力诱发熔体激活法又不适于大体积构件，研究者在研究非枝晶组织坯料制备方法时发现，通过控制合金的浇铸温度，也就是低过热度浇铸或液相线温度下浇铸，初生枝晶组织可以转变为球状颗粒组织，该方法的特点是不需要加入任何合金元素，不需要进行任何搅拌，同时也无需复杂工艺和设备，并能获得更为完好的非枝晶结构组织。该方法已经对多种铸造合金和变形合金进行试验，效果良好。

### 10.2.10 应力诱发熔体激活法

应力诱发熔体激活法（stress induced melt activation，SIMA）是将常规铸锭经过挤压、辊压、轧制等变形工艺产生足够的冷变形、温变形甚至热变形，制成具有强烈拉伸形变结构显微组织棒料，然后加热到固液两相区，并保温一定时间，被拉长的晶粒变成了细小的粒状颗粒，随后快速冷却获得非枝晶组织坯料；另一种改进的 SIMA 法则将冷变形改为再结晶温度下的温变形，以保证最大应变硬化效果。

# 10.3　半固态成型工艺及装备

## 10.3.1　流变成型

半固态流变成型工艺只是在通常的铸造成型工艺基础上，增加了半固态浆料制备工序，其典型的工艺流程为：金属或合金锭准备—熔炼—半固态浆料制备—半固态浆料输运—流变压铸、锻造或轧制成型等。

半固态流变成型工艺不需要事先制备非枝晶坯料，而是直接将制备的半固态浆料成型，因此它除了前面所述的优点外，还具有加工过程氧化夹杂减少，废料的回收和使用可在同一车间内完成等优点。虽然半固态浆液的保存和输送目前还有一定的困难，但仍然受到人们的关注，是未来半固态成型的一个重要发展方向。

半固态流变成型工艺的形式有很多种，这里只介绍双螺旋流变成型工艺。双螺旋半固态流变成型工艺是英国布鲁内尔大学研究开发的，它用于从液态金属直接制备出近终形产品。双螺旋流变成型机组由液态金属浇入系统、高速双螺旋剪切挤压系统、组合模具系统和中央控制系统组成。

成型零件时，定量的金属液经浇铸系统进入双螺旋剪切系统，液态金属快速冷却至半固态温度区间的同时承受双螺旋剪切系统的剪切、挤压作用，至预定的固相分数和较为理想的非枝晶组织结构后，经过注射杆的挤压作用以预定的压力和速度注入预先加热的模具成型，这一过程完全由中央控制系统连续控制完成。在镁合金成型时，为减少流变成型过程中镁合金的氧化，熔炼和流变成型过程采用 $N_2$+(0.5%～1%)$SF_6$保护。通常用于成型AZ91D合金零件，图10-11为双螺旋流变成型设备示意图。

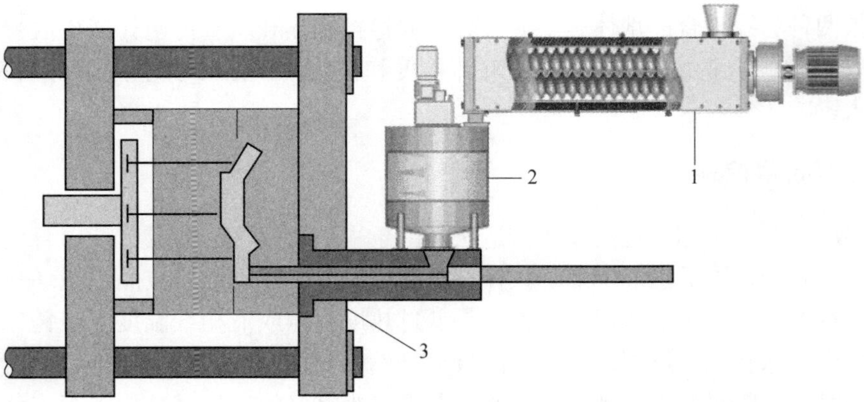


图10-11　双螺旋流变成型设备示意图

1—双螺旋浆料制备单元；2—浆料收集与定量输送单元；3—压铸单元（HPDC）

双螺旋流变成型工艺由于是在密封的环境中完成浆料剪切、注射等过程，因此具有以下特点：成型零件微观组织均匀，缩松显著降低；具有较宽的半固态加工温度窗口，即较宽的固相分数范围内进行零件成型；可以在较低的浆料温度下成型，模具寿命长；精确的温度控制，保证浆料和零件组织的均匀度；较短的工作循环时间，成型零件材料性能较高，使得成型零件的成本降低。

## 10.3.2 触变成型

触变成型是将得到的具有非枝晶组织结构的坯料按需要成型的零件质量进行分割，再重新将每块坯料加热至需要的部分重熔程度，进行压铸、锻造、轧制或挤压成型，其典型的工艺过程如图 10-12 所示。

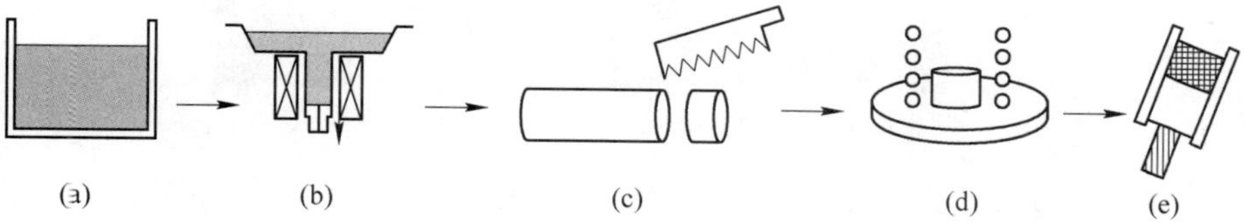


图 10-12 典型的触变成型工艺流程
（a）浆料准备；（b）锭坯制备；（c）定量分割；（d）二次加热；（e）触变成型

二次加热工序是触变成型工艺的关键工序，它要求严格、精确、均匀地控制好坯料加热温度，通常需要将加热温度控制在 2℃ 以内。图 10-13 是 EFU 公司的一台半固态金属坯锭的加热设备外观照片（安全罩移去以后）。它由 4 个加热线圈和 1 个转台组成，每个加热线圈相互独立，功率在 2~50kW 可调，因此，加热器的调节范围很宽，能满足加热功率变化范围大的需求。该设备的 4 个线圈可同时加热 4 个坯锭，坯锭从室温加热到额定温度是在一个感应加热器中完成，这也增加了加热过程的可靠性并缩短了循环时间。加热坯锭最大直径可达 100mm，坯锭最大高度可达 250mm。加热电流的频率可调，可从 300~550Hz。如连续加热直径 75mm、长度 180mm 的 AlSi7Mg 坯锭，加热速率为每小时 25 个锭。

图 10-13 EFU 公司的半固态金属坯锭的加热设备

触变成型设备可以采用通用压力机和专用模具进行成型，也可以采用专用设备，提高生产效率。图 10-14 是瑞士在 Winkeln 的 Bühler 工厂的半固态金属成型机，它主要用于生产汽车零件，材料为 A356、A357 铝合金和 AZ91D 镁合金。

## 10.3.3 注射成型

半固态金属注射成型与塑料注射成型原理类似。注射成型工艺是将半固态金属浆料的

图 10-14　瑞士 Bühler 工厂的半固态金属成型机

制备、输送和成型过程融为一体，较好地解决了半固态金属浆料的保存输送和成型不易控制等难题，为半固态金属成型技术的应用开辟了新的前景。目前镁合金在注射成型工艺中应用较多，其成型工艺过程可分为两种方式：一种是直接把熔化金属液进行处理成半固态浆液，冷却至所需的固相分数后，辅以一定的工艺条件压射进入型腔进行成型；另一种工艺是将变形加工的小块镁合金碎屑送入螺旋推进系统，小块镁合金被变形和加热至半固态温度，同时在螺旋杆的推进下，压射进入模具型腔进行成型。

图 10-15 为 HPM 公司制造的 3920kN 半固态注射成型设备，主要由模具的锁型机构和带加热装置的螺旋式压射机构组成。颗粒状的 AZ91D 镁合金通过加料器加入到多段控温的圆筒中，加料器处通有氩气以防止氧化，圆筒内装有可前后移动、旋转的螺旋搅拌器，圆筒采用感应或电阻加热，转动的螺旋搅拌器在将加热至半固态的镁合金向前输送的同时，对半固态镁合金起到混合和剪切的作用，当一定数量的半固态镁合金进入螺旋搅拌器前方的储存室后，螺旋搅拌器以预定的速度将半固态镁合金浆料压射入模腔，压射完成时，螺旋搅拌器后退回复到原位。该设备的生产率为 123kg/h，可以生产的最大零部件质量为 1.5kg，镁合金 AZ91D 压射温度为 580℃，比普通压铸低 70~80℃，设备从启动到达到工作温度约需 90min，螺旋压铸时的速度为 250~380cm/min，半固态镁合金所受的压强为 31~55MPa，设备由计算机控制，运行 1h 的平均能耗为 29kW。

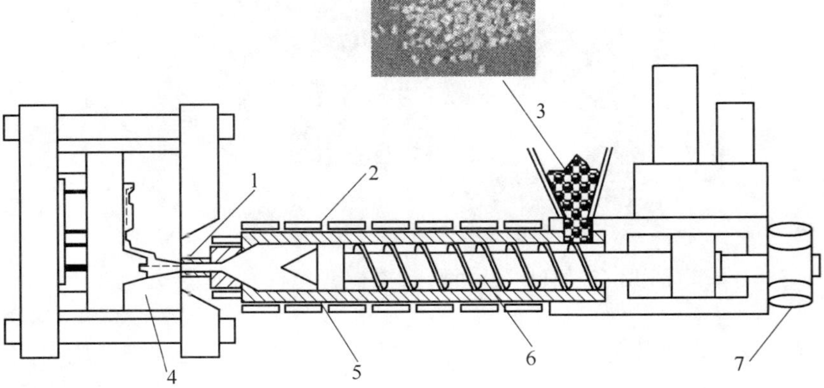


图 10-15　半固态镁合金的注射成型设备结构图和螺旋推进区分布

1—喷口；2—加热器；3—料斗-镁片（粒）；4—成型模具；5—注射筒；6—剪切螺旋；7—旋转驱动装置

# 11 镁合金材料的连接

镁及镁合金材料加工成零件后，一般要与其他零部件（同类材料或异种材料）连接组成部件或机器。连接的方法主要有焊接、胶（粘）接和机械连接。

镁及镁合金的焊接性能良好，绝大多数镁合金可以用气焊、氩弧焊、电阻焊、电子束焊、钎焊等方法进行焊接。目前使用最多的是氩弧焊。氩弧焊适用于一切镁合金的焊接，它能得到较高的焊缝强度系数，焊接变形比气焊小，焊接时可不用焊剂。而且铸件可用氩弧焊修补，并能获得满意的焊接质量。因无适用的焊剂，目前还不能使用埋弧焊。

对于异种材料，一般采用粘胶连接或机械连接。

## 11.1 镁及镁合金的焊接

### 11.1.1 镁及镁合金的焊接特性

#### 11.1.1.1 镁及镁合金焊接的特点

镁及镁合金焊接的特点如下：

（1）镁的熔点低，热导率高，焊接时应采用大功率的焊接热源，因而焊缝及近缝区金属易产生过热、晶粒长大、结晶偏析现象，从而降低接头性能。

（2）在焊接高温下，易形成氧化镁，其熔点高，密度大，在熔池中易形成细小片状的固态夹渣。它不仅严重阻碍焊缝形成，也降低焊缝性能。镁在焊接高温下还易与空气中的氮气生成氮化镁，氮化镁夹渣将导致焊缝金属的塑性下降。镁的沸点不高（1100℃），在电弧高温下镁很容易蒸发。

（3）在焊接薄件时，由于镁合金的熔点较低，而氧化镁薄膜的熔点很高，两者不易熔合，焊接操作时难以观察焊缝的熔化过程。温度升高，熔池的颜色没有显著变化，极易产生烧穿和塌陷现象。

（4）镁及镁合金热膨胀系数较大，约为钢的2倍，铝的1.2倍，所以在焊接过程中易产生较大的焊接应力，引起变形和焊接裂纹。

（5）镁易与一些合金元素（如Cu、Al、Ni等）形成低熔点共晶体（如Mg-Cu共晶温度为480℃，Mg-Al共晶温度为430℃，Mg-Ni共晶温度为508℃），所以脆性温度区间较宽，易形成热裂纹。

（6）焊镁时，易产生氢气孔，氢在镁中的溶解度随温度的降低而急剧减小。当氢的来源较多时，出现气孔的倾向较大。

（7）镁及其合金在没有隔绝氧的条件下焊接时，易燃烧，熔焊时需用惰性气体或焊剂保护。由于焊镁时要求用大功率的热源，当接头处温度过高时，母材将产生“过烧”现象。因此，焊镁时必须控制好接头温度。

#### 11.1.1.2　镁及镁合金的焊接性

表 11-1 和表 11-2 列出了我国和美国某些常用镁合金的焊接性。主要判据是对裂纹的敏感性，在某种程度上是依据接头有效系数。

表 11-1　我国常用镁合金的相对焊接性

| 铸造镁合金 | | 变形镁合金 | | | |
|---|---|---|---|---|---|
| 牌号 | 相对焊接性 | 牌号 | 相对焊接性 | 牌号 | 相对焊接性 |
| ZM1 | 差 | MB1 | 良 | MB6 | 差 |
| ZM2 | 一般 | MB2 | 良 | MB7 | 一般 |
| ZM3 | 良 | MB3 | 良 | MB8 | 良 |
| ZM5 | 良 | MB5 | 一般 | MB15 | 差 |

表 11-2　美国常用镁合金的相对焊接性

| 铸造镁合金 | | | | 变形镁合金 | |
|---|---|---|---|---|---|
| 牌号 | 相对焊接性 | 牌号 | 相对焊接性 | 牌号 | 相对焊接性 |
| AM100A | $B^+$ | HK31A | $B^+$ | AZ10A | A |
| AZ63A | C | HZ32A | C | AZ31B | A |
| AZ81A | $B^+$ | K1A | A | AZ61A | B |
| AZ91AC | $B^+$ | QE22A | B | AZ80A | B |
| AZ92A | B | ZE41A | C | HK31A | A |
| EK30A | B | ZH62A | $C^-$ | HM21A | A |
| EK41A | B | ZK51A | D | HM31A | A |
| EZ33A | A | ZK61A | D | ZE10A | A |
| | | | | ZK21A | B |

注：A—很好，B—良好，C——一般，D—较差。

镁铝锌系合金（如 MB3）在镁中加入 Al 和 Zn，可阻止焊接时晶粒长大。焊接 Mg-Al-Zn 合金时，如变形镁合金 MB2、MB5、MB6、MB7 和铸造镁合金 ZM5 等，随着铝和锌含量增高，结晶区显著增大，共晶体的量增多。锌加入合金后能提高屈服强度，降低伸长率，增大合金的热裂纹倾向。焊接时，有产生裂纹和过烧的倾向。含锌量高的镁合金（ZH62A 和 ZK51A）对裂纹很敏感，可焊性较差。

镁锰系二元合金（如 MB8）具有很窄的结晶范围（645～651℃），热裂纹倾向小，焊接性能好。为了改善合金的力学性能、热稳定性及细化晶粒，一般在 MB8 的合金中加入质量分数 0.15%～0.35%的稀土元素铈（Ce）。MB8 的金相组织由 $\alpha+\beta(Mn)+Mg_9Ce$ 组成，在经过二次或多次加热的近焊缝区常常析出条状的由金属间化合物 $Mg_9Ce$ 组成的低熔点共晶体。为了消除 Ce 的影响，有时采用在焊丝中加 4%～5% Al 来夺取 Ce，生成均匀分布在晶粒边界的 $Al_2Ce$。

焊接 MB8 合金时，不采用 MB8 合金焊丝，当 MB8 合金用 MB3 合金焊丝焊接时，其焊缝核心金属组织与 MB3 合金用 MB3 焊丝焊成的焊缝组织相同，晶粒均较细。但熔合线区晶粒长大的倾向较严重。MB8 用 MB3 焊丝焊合会使焊合线增宽，比用 MB8 焊丝焊接匹配要优越得多。

镁锌锆合金（如 MB15、ZM1、ZM2、ZM3）结晶范围大，焊接时热裂倾向大，焊接性不良。若采用含稀土的合金焊丝，并高温预热，热裂纹倾向可显著减小。

由于加入了稀土元素，使镁-锌-锆-稀土系合金热裂倾向减小（特别是横向裂纹和弧坑裂纹减小更为显著），焊接性能较好，可采用结晶范围宽和熔点低于母材的填充焊丝。

ZM5 合金的焊丝通常用于 ZM5 合金的铸件焊补。一般来讲，需焊补的 ZM5 合金铸件，都是经过淬火时效等热处理的，焊补后往往因为焊件较大或已经过精加工等原因而不便再进行热处理。对已淬火的 ZM5 铸件焊补时会造成过热区内的 $Mg_{17}Al_{12}$ 化合物在晶界上析出，在晶粒内部靠近晶界处将有粒状 $Mg_{17}Al_{12}$ 化合物出现。如果焊补后重新淬火，则 ZM5 合金基体金属上的 $Mg_{17}Al_{12}$ 化合物几乎全部溶入基体金属，焊缝金属晶界的 $Mg_{17}Al_{12}$ 化合物也基本溶入基体金属。因此，ZM5 合金铸件焊补后应重新淬火。焊补过程中焊接工艺参数选择正确与否对提高焊补接头的性能好坏有很大的影响。

含钍镁合金（HK31A、HM21A、HM31A）在氩弧焊时具有极好的可焊性。

镁合金焊缝具有细化晶粒的特点，晶粒尺寸平均小于 0.254mm，铝含量超过 1.5%的镁合金对应力腐蚀敏感，必须消除残余应力。

焊接镁合金时，线能量过大会使焊接接头的金属组织变坏，如 MB2 合金，当线能量为 5.363kJ/cm 时，从基体金属到焊缝熔合线区的组织是沿晶界均布有金属相化合物的细晶粒结构；当线能量增至 13.992kJ/cm 时，熔合线区的晶粒较 5.363kJ/cm 时粗大得多。而当线能量继续增至 14.07kJ/cm 时，晶间出现了粗大的金属间夹杂物。对焊接线能量起主导作用的参数是焊接电流及焊接速度。

MB3、MB8 镁合金经多次焊补后，焊接接头热影响区的宽度随焊补次数的增加而增加，接头热影响区金属晶粒明显增大。MB3 合金经多次焊补后对接头力学性能的影响不大。MB8 合金经焊补后接头性能的下降趋势较大。由于镁合金加热时有晶粒长大现象，对接头的力学性能及耐腐蚀性能不利，并使裂纹的形成倾向增大，因此接头的焊补次数不得超过 3 次。

焊后退火对消除焊接应力及改善接头组织是有利的，但退火温度的选择必须兼顾整个焊接构件的技术要求，尽量保持材料的原始状态（如冷作硬化、半冷作硬化、淬火时效状态等）。例如，MB3 合金用 MB3 焊丝焊接时，退火前后金属组织区别很大，未经退火的焊缝金属为均匀的等轴细晶粒，在晶粒边界尚存在一定数量的低熔点金属间化合物层，当经过 280℃、320℃、360℃等温度保温 5h，并在空气中冷却后，金属间化合物层组织相应减少，特别是在 360℃退火处理的焊缝金属中金属间化合物层几乎全部溶入固溶体。

## 11.1.2 焊接前的准备

### 11.1.2.1 焊接设备的选择

镁合金气焊、氩弧焊、电阻焊时一般采用焊接铝合金的设备，铝合金氩弧焊所用的铈钨电极、钍钨电极及纯氩电极均可满足镁合金氩弧焊的要求。

### 11.1.2.2 焊（丝）接材料的选择

一般可选用与母材化学成分相同的焊丝。有时为了防止在近缝区沿晶界析出低熔点共晶体，增大金属流动性，减少裂纹倾向，也可采用与母材不同的焊丝。如焊接 MB8 时，选用 MB3 焊丝。表 11-3 列出了国产常用镁合金的焊接材料。

**表 11-3　国产常用镁合金的焊接材料**

| 合金牌号 | MB1 | MB2 | MB3 | MB5 | MB6 | MB7 | MB8 | MB15 | ZM5 |
|---|---|---|---|---|---|---|---|---|---|
| 适用焊丝 | MB1 | MB2 | MB3 | MB5 | MB6 | MB7 | MB3 | MB15 | ZM5 |

熔化极氩弧焊焊丝和钨极氩弧焊焊丝填充金属的选择取决于母材的成分，最常用的四种成分见表 11-4。

**表 11-4　镁合金氩弧焊用焊丝和填充金属的成分**　　(%)

| 元素 | ER AZ61A | ER AZ101A | ER AZ92A | ER EZ33A |
|---|---|---|---|---|
| Al | 5.8~7.2 | 9.5~10.5 | 8.3~9.7 | — |
| Be | 0.0002~0.0008 | 0.0002~0.0008 | 0.0002~0.0008 | — |
| Mn | ≥0.15 | ≥0.13 | ≥0.15 | — |
| Zn | 0.40~1.5 | 0.75~1.25 | 1.7~2.3 | 2.0~3.1 |
| Zr | — | — | — | 0.45~1.0 |
| RE（稀土元素） | — | — | — | 2.5~4.0 |
| Cu | ≤0.05 | ≤0.05 | ≤0.05 | — |
| Fe | ≤0.005 | ≤0.005 | ≤0.005 | — |
| Ni | ≤0.005 | ≤0.005 | ≤0.005 | — |
| Si | ≤0.05 | ≤0.05 | ≤0.05 | — |
| 其余（总量） | ≤0.30 | ≤0.30 | ≤0.30 | ≤0.30 |
| Mg | 余量 | 余量 | 余量 | 余量 |

在小批量生产时可采用边角料作焊丝，但应将其表面加工均匀光洁。最好是采用热挤压成型的焊丝，铸件焊接和焊补时可采用铸造焊丝。

大批量生产时应选择挤压成型的焊丝。焊丝使用前要认真挑选、鉴定，其方法是将焊丝反复弯曲，有缺陷的（如疏松、夹渣、气孔）焊丝很容易被折断。

### 11.1.2.3　焊接坡口

不论是焊接还是补焊，坡口形式极为重要。表 11-5 列出了焊接时的坡口形式。图 11-1 所示为焊补时的坡口形式。

**表 11-5　镁合金焊接时的坡口形式**

| 接头名称 | 坡口形式 | 适用厚度 t/mm | 几何尺寸 | | | | | 焊接方法 |
|---|---|---|---|---|---|---|---|---|
| | | | a/mm | c/mm | b/mm | p/mm | α/(°) | |
| 不开坡口对接 | 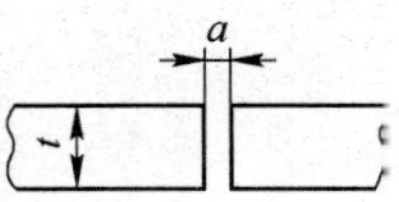 | ≤3.0 | 0~0.2t | — | — | — | — | 钨极手工或自动氩弧焊 |

续表 11-5

| 接头名称 | 坡口形式 | 适用厚度 $t$/mm | 几何尺寸 | | | | | 焊接方法 |
|---|---|---|---|---|---|---|---|---|
| | | | $a$/mm | $c$/mm | $b$/mm | $p$/mm | $\alpha$/(°) | |
| 外角接 | 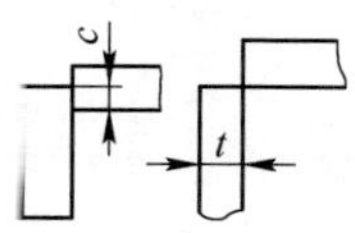 | >1.0 | | 0.2$t$ | 3~4$t$ | — | — | 钨极手工或自动氩弧焊（加填充焊丝） |
| 搭接 | 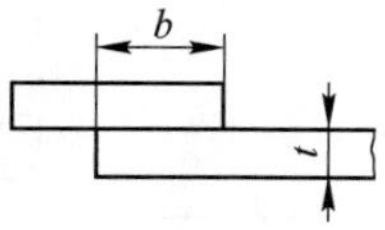 | >1.0 | — | — | — | — | — | 钨极手工或自动氩弧焊 |
| V 形坡口对接 | 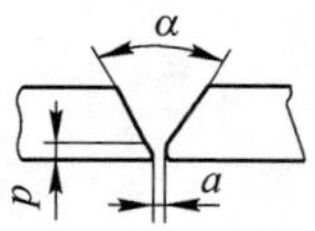 | 3~8 | 0.5~2.0 | — | — | 0.5~1.5 | 50~70 | 用可折垫板加填充焊丝的钨极手工或自动氩弧焊 |
| Y 形坡口对接 | 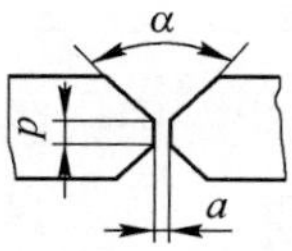 | ≥20 | 1.0~2.0 | — | — | 0.8~1.2 | 60 | 加填充焊丝的钨极手工或自动氩弧焊 |

注：1. 不开坡口的对接接头，如仅在一面施焊时，应在其背面加工坡口，以防止产生不熔合或夹渣缺陷，坡口尺寸见表中附图。
2. 表中附图中 $p=t/3$，$\alpha=10°\sim30°$。

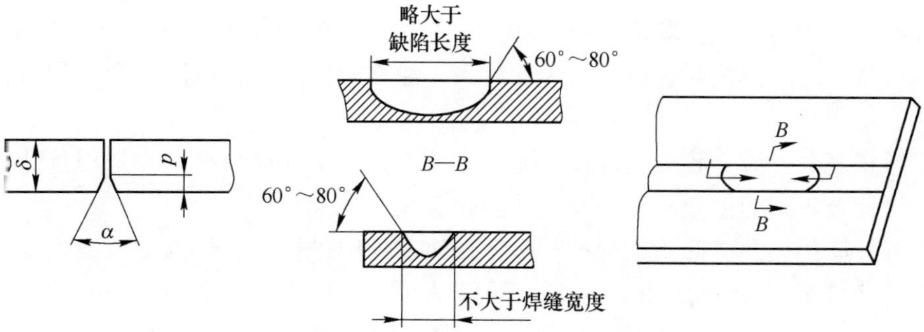


图 11-1 焊补时的坡口形式

### 11.1.2.4 焊接前的准备

A 焊前清理

焊丝使用前，必须仔细清理其表面，清理方法有机械法、化学法。机械清理是用刀具或刷子去除氧化皮。化学清理一般是将焊丝浸入质量分数 20%~25%硝酸溶液浸蚀 2min，然后在 50~90℃的热水中冲洗，再进行干燥。也可用表 11-6 所列的方法进行清理。清理后焊丝一般应在当天用完（天气干燥时，可存放 10 天）。

表 11-6　焊丝使用前化学法清理规范

| 序号 | 工作内容 | 槽液成分/$g \cdot L^{-1}$ | 工作温度/℃ | 处理时间/min |
|---|---|---|---|---|
| 1 | 除油 | NaOH，10~25<br>$Na_3PO_4$，40~60<br>$Na_2PO_3$，20~30 | 60~90 | 5~15，将零件在碱液中抖动 |
| 2 | 在流动热水中洗 | | 50~90 | 4~5 |
| 3 | 在流动冷水中洗 | | 室温 | 2~3 |
| 4 | 碱腐蚀 | NaOH，350~450 | 对 MB8　70~80<br>对 MB3　60~65 | 2~3<br>5~6 |
| 5 | 在流动热水中洗 | | 50~90 | 2~3 |
| 6 | 在流动冷水中洗 | | 室温 | 2~3 |
| 7 | 在铬酸中中和处理 | $CrO_3$，150~250<br>$SO_4^{2-}$，<0.4 | 室温 | 5~10 或将零件上的锈除尽为止 |
| 8 | 在流动冷水中洗 | | | 2~3 |
| 9 | 在流动热水中洗 | | 50~90 | 1~3 |
| 10 | 用干燥热风吹干 | | 50~70 | 吹干为止 |

为了防止腐蚀，镁合金材料通常都需要氧化处理，使其表面产生一层铬酸盐填充的氧化膜，这层氧化膜是焊接时的重大障碍，所以在焊前必须彻底清除这层氧化膜以及其他油污。机械法清理：可以用刮刀或直径 0.15~0.25mm 的不锈钢丝刷从正反面将焊缝区 25~30mm 内杂物及氧化层除掉。板厚小于 1mm 时，其背面的氧化膜可不必清除，它可以防止烧穿，避免发生焊缝塌陷现象。在这以前应先用溶剂将油质或尘污等除掉。

B　焊前预热

焊接前是否预热，主要取决于母材厚度和拘束度。对于厚板接头，如果拘束度较小，极少需要预热；对于薄板与拘束度较大的接头，经常需要预热，以防止产生裂纹，尤其是高锌合金。

对于形状复杂、应力较大的焊件，尤其是铸件，当用气焊焊补时，采用预热可减少基体金属与焊缝金属间的温差，从而有效地防止裂纹产生。

预热有整体预热及局部预热两种。整体预热在炉中进行，预热温度以不改变其原始热处理状态或冷作硬化状态为准，例如，经淬火时效的 ZM5 合金为 350~400℃ 或 300~350℃，一般在 2~2.5h 内升至所需温度，保温时间以壁厚 25mm 为 1h 计算，最好采用热空气循环的电炉，可防止焊件发生局部过热现象。

采用局部预热时应慎重，因为用气焊火焰、喷灯进行局部加热时，温度很难控制。目前，铸件的焊补都采用氩弧焊冷补焊法，效果良好。

### 11.1.3　镁及镁合金的焊接工艺

镁及镁合金的焊接方法很多，选择不同的焊接方法应该采取相适应的焊接工艺，下面分别进行介绍。

#### 11.1.3.1　氩弧焊接工艺

通常氩弧焊接有填丝和不填丝焊接之分。采用自动填丝 TIG 焊接工艺进行镁合金的对接焊接与不填丝 TIG 对接焊接的比较，可以看出，两种焊接接头表面成型良好，焊缝宽度差别不大。区别是：填丝焊接接头的表面有余高，而不填丝焊接接头的焊缝表面有轻微下凹；另外，由于焊丝熔敷的原因，填丝焊接接头表面的条纹较粗糙，如图 11-2 所示。

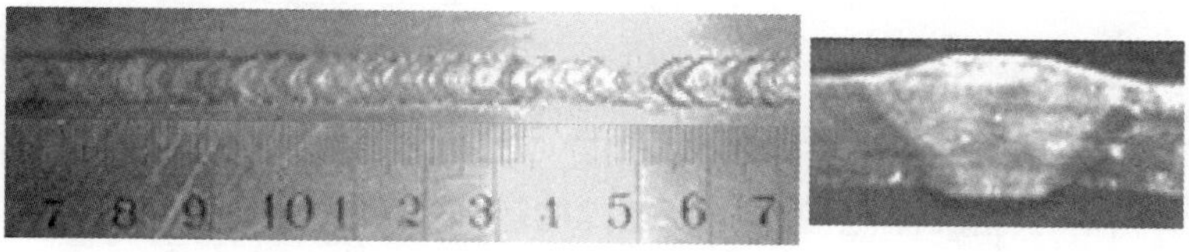

(a)

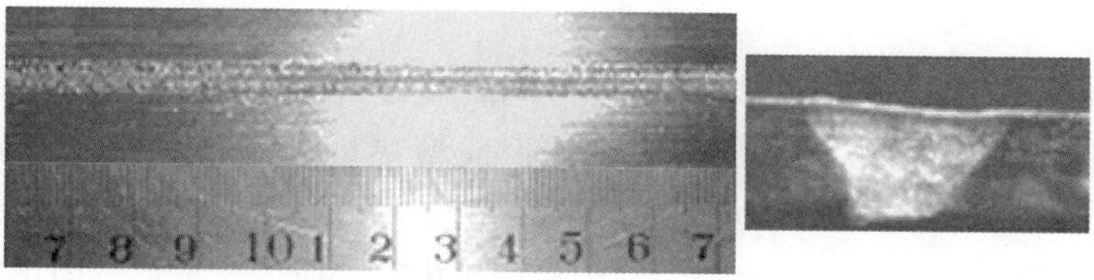

(b)

图 11-2　填丝和不填丝 TIG 焊的焊接接头成型对比

（a）填丝；（b）未填丝

填丝焊接接头的母材区由较粗大的等轴晶粒构成，焊缝区由于冷却速度快产生的晶粒较细小，而热影响区近缝区的晶粒则由于受热而有所长大。但是，填丝焊接的热影响区晶粒长大现象与不填丝焊接相比被有效抑制。拉伸性能测试表明，采用填丝 TIG 焊接方法可以获得高质量的焊缝，其强度可以达到母材的 93.5%左右，高于不填丝焊接接头。

A　氩弧焊接的主要工艺参数

目前，主要用手工钨极氩弧焊及自动钨极氩弧焊，其主要工艺参数见表 11-7 和表 11-8。

**表 11-7　变形镁合金的手工钨极氩弧焊的焊接工艺参数**

| 板材厚度 /mm | 接头形式 | 钨极直径 /mm | 焊丝直径 /mm | 焊接电流 /A | 喷嘴孔径 /mm | 氩气流量 /L·min$^{-1}$ | 焊接层数 |
|---|---|---|---|---|---|---|---|
| 1~1.5 | 不开坡口对接 | 2 | 2 | 60~80 | 10 | 10~12 | 1 |
| 1.5~3.0 | | 3 | 3 | 80~120 | 10 | 12~14 | 1 |
| 3~5 | | 3~4 | 3~4 | 120~160 | 12 | 16~18 | 2 |
| 6 | V 形坡口对接 | 4 | 4 | 140~180 | 14 | 16~18 | 2 |
| 18 | | 5 | 4 | 160~250 | 16 | 18~20 | 2 |
| 12 | | 5 | 5 | 220~260 | 18 | 20~22 | 3 |
| 20 | X 形坡口对接 | 5 | 5 | 240~280 | 18 | 20~22 | 4 |

表 11-8　变形镁合金的自动钨极氩弧焊的焊接工艺参数

| 板厚 /mm | 接头形式 | 焊丝直径 /mm | 氩气流量 /L·min$^{-1}$ | 焊接电流 /A | 送丝速度 /m·h$^{-1}$ | 焊接速度 /m·h$^{-1}$ | 备注 |
|---|---|---|---|---|---|---|---|
| 2 | 不开坡口对接 | 2 | 8~10 | 75~110 | 50~60 | 22~24 | 反面用热板，单面单层焊接 |
| 3 | | 3 | 12~14 | 150~180 | 45~55 | 19~21 | |
| 5 | | 3 | 16~18 | 220~250 | 80~90 | 18~20 | |
| 6 | | 4 | 18~20 | 250~280 | 70~80 | 13~15 | |
| 10 | V 形坡口对接 | 4 | 20~22 | 280~320 | 80~90 | 11~12 | |
| 12 | | 4 | 22~25 | 300~340 | 90~100 | 9~11 | |

镁合金氩弧焊一般用交流电源，焊接电源的选择主要决定于合金成分、板料厚度及反面有无热板等。如 MB8 比 MB3 具有较高的熔点，因而 MB8 要比 MB3 的焊接电流大 1/6~1/7。

为了减小过热，防止烧穿，焊接镁合金时，应尽可能实施快速焊接。如焊镁合金 MB8，当板厚 5mm，V 形坡口，反面用不锈钢成型垫板时，焊速可达 350~450mm/min 以上。

钨极直径取决于焊接电源的大小，在焊接中钨极头部应熔成球形，但不应滴落。

选择喷嘴直径的主要依据是钨极直径及焊缝宽度。钨极直径和焊枪喷嘴直径不同时，氩气流量不同。氩气纯度要求较高，一般应采用一级纯氩（99.99%以上）。

氩气压力一般为 0.3~0.7 相对大气压，以形成“软气流”。压力大时，焊缝表面不良；压力小时，焊缝保护不好。焊接速度加快时，氩气流量相应增大。

对接焊不同厚度的镁合金时，在厚板侧需削边，使接头两零件保持厚度相同。削边宽度等于 3~4 倍板厚。焊接工艺参数按板材的平均厚度选择，在操作时钨极端部应略指向厚板一侧。

表 11-9 和表 11-10 分别列出了填充丝手工钨极气体保护电弧焊的工艺条件和 AZ31B 合金手工钨极气体保护电弧焊的焊接条件和接头形式。

表 11-9　手工钨极气体保护电弧焊的条件

| 项目 | 条件 | 项目 | 条件 |
|---|---|---|---|
| 接头形式 | 搭接和角接接头 | 电极 | 直径 1mm 的 EWP |
| 焊缝形式 | 角焊和 V 形坡口 | 填充金属 | 直径 1.6mm 的 ER AZ61A① |
| 焊接位置 | 水平角焊和平焊 | 焊炬 | 350A，水冷② |
| 焊前清理 | 钢丝刷清理 | 电源 | 300A，变压器③ |
| 预热 | 不用 | 电流（角焊缝） | 25A，交流 |
| 夹具 | 工具板和套钳 | 电流（V 形坡口焊缝） | 40A，交流 |
| 保护气体 | 氦气，7742mm$^3$/h | 焊后热处理 | 177℃×3.5h |

①填充丝长 914mm；② 陶瓷喷嘴；③连续工作，高频振荡器。

**表 11-10 AZ31B 合金的手工钨极气体保护电弧焊①**

| 接头形式 | T 形 | 角接 | 对接 |
|---|---|---|---|
| 焊缝形式 | 单边角焊 | V 形坡口 | I 形坡口 |
| 焊接位置 | 横向角焊 | 向上立焊，平焊 | 平焊 |
| 保护气体和流量/$mm^3 \cdot h^{-1}$ | 氩气，5486 | 氩气，5486 | 氩气，5486 |
| 电极（EWP）直径/mm | 2.4 | 3 | 3 |
| 填充金属（ER AZ61A）直径/mm | 1.6 | 2.4 | 1.6 |
| 电流（交流，高频稳定）/A | 110 | 125 | 135 |
| 焊接速度/$mm \cdot min^{-1}$ | 254 | 5 件/h② | 254 |
| 焊后热处理 | 260℃×15min | 177℃×1.5h | 177℃×1.5h |

① 这三种接头形式中都采用连续高频的 300A 交/直流电源，备有轻型水冷焊炬。焊前所有焊件经铬酸-硫酸溶液清洗，不预热；② 包括焊件的装卸和焊接。

铸件补焊工艺参数见表 11-11。预热的焊件工艺参数选用表中的下限值，不预热的焊件选用上限值。

**表 11-11 镁合金铸件补焊工艺参数**

| 材料厚度/mm | 焊接电流/A | 钨极直径/mm | 喷嘴直径/mm | 焊丝直径/mm | 氩气流量/$L \cdot min^{-1}$ | 氩气压力/MPa | 缺陷深度/mm | 焊接层数 |
|---|---|---|---|---|---|---|---|---|
| <5 | 60~100 | 2~3 | 8~10 | 3~5 | 7~9 | 0.2~0.3 | ≤5 | 1 |
| >5~10 | 90~130 | 3~4 | 8~10 | 3~5 | 7~9 | 0.2~0.3 | ≤5<br>5.1~10 | 1<br>1~3 |
| >10~20 | 100~150 | 3~5 | 8~11 | 3~5 | 8~11 | 0.2~0.3 | ≤5<br>5.1~10<br>10.1~20 | 1<br>1~3<br>2~5 |
| >20~30 | 120~180 | 4~6 | 9~13 | 5~6 | 10~13 | 0.2~0.3 | ≤5<br>5.1~10<br>10.1~20<br>20.1~30 | 1<br>1~3<br>2~5<br>3~8 |
| >30 | 150~250 | 5~6 | 10~14 | 5~6 | 10~15 | 0.2~0.3 | ≤5<br>5.1~10<br>10.1~20<br>20.1~30<br>>30 | 1<br>1~3<br>2~5<br>3~8<br>6 以上 |

B 焊接操作技术

镁合金钨极氩弧焊时，板厚 5mm 以下，通常采用左焊法；板厚大于 5mm，通常采用右焊法。平焊时，焊炬轴线与已成型的焊缝成 70°~90°角。焊枪与焊丝轴线所在的平面应与焊件表面垂直。焊丝应贴近焊件表面送进，焊丝与焊件间的夹角为 5°~15°。焊丝端部不得浸入熔池，以防止在熔池内残留氧化膜。这样可借助于焊丝端头对熔池的搅拌作用，破坏熔池表面的氧化膜并便于控制焊缝余高。

焊接时应尽量取低电弧（弧长 2mm 左右），以充分发挥电弧的阴极破碎作用，并使熔池受到搅拌，便于气体逸出熔池。

### 11.1.3.2　气焊工艺

由于气焊火焰的热量散布范围大，焊件加热区域较宽，焊缝的收缩应力大，容易产生裂纹等缺陷，残留在对接、角接接头的焊剂和熔渣容易引起焊件的腐蚀。因此气焊法主要用于不太重要的镁合金薄板结构的焊接及铸件的焊补。

焊前先将焊件、焊丝进行清洗，并在焊件坡口处及焊丝表面涂一层调好的焊剂，涂层厚度一般不大于 0.15mm。

气焊镁合金时，应采用中性焰的外焰进行焊接，不可将焰心接触熔化金属，熔池应距离焰心 3~5mm，应尽量将焊缝置于水平位置。气焊工艺参数见表 11-12。

**表 11-12　镁合金的气焊工艺参数**

| 焊件厚度/mm | 焊炬型号 | 焊丝尺寸 | | 乙炔气消耗量 /L · h$^{-1}$ | 氧气压力 /MPa |
|---|---|---|---|---|---|
| | | 圆截面/mm | 方截面/mm×mm | | |
| 0.5~3.0 | HO1-6 | $\phi$3 | 3×3 | 100~200 | 0.15~0.2 |
| 3~5 | HO1-6 | $\phi$5 | 4×4 | 200~300 | 0.2~0.22 |
| 5~10 | HO1-12 | $\phi$5~6 | 6×6 | 300~600 | 0.22~0.3 |
| 10~20 | HO1-12 | $\phi$6~8 | 8×8 | 600~1200 | 0.3~0.34 |

补焊镁合金铸件时，始焊时焊炬与铸件间成 70°~80°角，以便迅速加热始焊部位，直至其表面熔化后再填加焊丝。熔池形成后，焊炬与焊件表面的倾角应减小到 30°~45°，焊丝倾角应为 40°~45°，以减小加热金属的热量，加速焊丝的熔化，增大焊接速度。焊丝端部和熔池应全部置于中性熔剂的保护气氛下。焊接过程中，焊丝应置于熔池中，并不断进行搅拌，以破坏熔池表面的氧化膜，将熔渣引出熔池外。焊接进行到末端或缺陷边缘时，应加大焊接速度，并减小焊炬的倾斜角度。焊接过程中，不要移开焊炬，要不间断地焊完整条焊缝。在非间断不可时，应缓慢地移去火焰，防止焊缝发生强烈冷却。当焊接过程中在焊缝末端偶然间断，并再次焊接时，可将已焊缝末端金属重熔 6~10mm 长。

若焊件坡口边缘发生过热，则应停止焊接或增大焊接速度和减小气焊炬的倾斜角度。

当铸件厚度大于 12mm 时，可采用多层焊，层间必须用金属刷（最好是细黄铜丝刷）清刷后，再焊下一层。薄壁件焊接时反面易产生裂纹，为消除裂纹，应保证反面焊透，并在反面形成一定的余高。正面焊缝高度应高于基体金属表面 2~3mm，如图 11-3 所示。

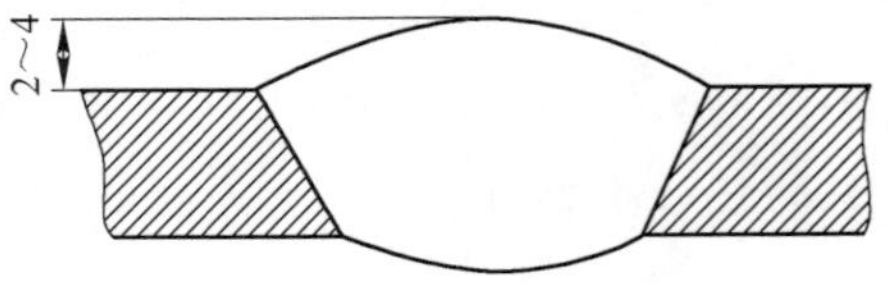

图 11-3　补焊后的焊缝截面示意图

在壁厚不同的焊接部位，焊接时火焰应指向厚壁零件，以使受热尽量均匀。为了消除应力，防止裂纹，补焊后应立即放入炉内进行退火处理，退火温度为 200~250℃，时间 2~4h。

### 11.1.3.3　电阻点焊工艺

某些镁合金框架、仪表舱、隔板等常采用电阻点焊。镁合金电阻点焊的特点有：

（1）镁合金具有良好的导电性和导热性，点焊时，须在较短的时间内通过大电流；

（2）镁的表面易氧化，零件间的接触电阻增大，当通过大的焊接电流时，往往产生飞溅；

（3）断电后，熔核开始冷却，由于导热性好及线膨胀系数大，熔核收缩快，易引起缩孔及裂纹等缺陷。

基于上述特点，点焊机应能保证瞬时快速加热。直流冲击波点焊机及一般的交流点焊机均可适用于镁合金的点焊。

点焊用的电极应选用高导电性的铜合金，电极端部需打磨光滑，打磨时应注意及时清理落下的铜屑。

在选择点焊参数时，先大概选择电极压力值，然后再调节焊接电流及通电时间。焊接电流及电极压力过大，会导致焊件变形。焊点凝固后电极压力需保持一定时间，若压力维持时间太短，焊点内容易出现气孔、裂纹等缺陷。厚度 0.4~3.0mm 镁材电阻点焊工艺参数见表 11-13。

**表 11-13 镁合金的电阻点焊工艺参数（选用单相交流电阻焊机）**

| 两板板厚/mm | 电极直径/mm | 电极端部半径/mm | 电极压力/N | 通电时间/s | 焊接电流/kA | 焊接直径/mm | 最小剪切力/N |
|---|---|---|---|---|---|---|---|
| 0.4+0.4 | 13.5 | 50 | 1372 | 0.05 | 16~17 | 2~2.5 | 314~617 |
| 0.5+0.5 | 10 | 75 | 1372~1568 | 0.05 | 18~20 | 3~3.5 | 421~784 |
| 0.65+0.65 | 10 | 75 | 1568~1764 | 0.05~0.07 | 22~24 | 3.5~4.0 | 578~960 |
| 0.8+0.8 | 10 | 75 | 1764~1960 | 0.07~0.09 | 24~26 | 4~4.5 | 784~1196 |
| 1.0+1.0 | 13 | 100 | 1960~2254 | 0.09~0.1 | 26~28 | 4.5~5.0 | 980~1519 |
| 1.3+1.3 | 13 | 100 | 2254~2450 | 0.09~0.12 | 29~30 | 5.3~5.8 | 1323~1911 |
| 1.6+1.6 | 13 | 100 | 2450~2646 | 0.1~0.14 | 31~32 | 6.1~6.9 | 1695~2401 |
| 2+2 | 16 | 125 | 2842~3136 | 0.14~0.17 | 33~35 | 7.1~7.8 | 2205~3038 |
| 2.6+2.6 | 19 | 150 | 3332~3528 | 0.17~0.2 | 36~38 | 8.0~8.6 | 2793~3822 |
| 3.0+3.0 | 19 | 150 | 4214~4410 | 0.2~0.24 | 42~45 | 8.9~9.6 | 3528~4802 |

为确认焊接工艺参数是否合适，需焊若干对试样。一般用两块镁合金板点焊成十字形搭接试样，然后作拉断试验，检查焊点气孔、裂纹等缺陷。如果没有任何缺陷，再焊接抗剪试样，检验抗剪强度值。检查焊点焊透深度的方法可用金相宏观检验法。

不同板厚镁合金点焊时，厚板一侧应采用直径较大的电极。多层板点焊时电流和电极压力可比两层板点焊时大。

#### 11.1.3.4 钎焊工艺

镁合金的钎焊可采用火焰钎焊、炉中钎焊及浸渍钎焊，以浸渍钎焊应用最为广泛。钎焊时所用钎料都是镁合金钎料，一般采用 Mg-Al-Zn 钎料（Al 12%、Zn 0.5%、Be 0.005%（质量分数）），钎剂用氯化物和氟化物混合粉末。

火焰钎焊时可使用氧-燃气或空气-燃气。使用天然气则更加适合，因为它的温度低，可避免过热。加热前，钎料应放在接头处，并涂上钎焊剂。因基体金属固相线温度与钎料流动温度十分接近，难以用手工方式加钎料。

炉中钎焊时，钎料预先放在接头上，接头间隙宜为 0.10~0.25mm，沿接头喷撒干粉钎焊剂。因用水或酒精调配的钎焊剂膏会妨碍钎料流布，不宜使用。

炉中钎焊时应严格控制钎焊温度，以保证基体金属的过烧能减至最低程度，并预防镁燃烧。钎焊时间应是钎料完全流布所需的最短时间，以防钎料过分扩散和镁燃烧。通常在钎焊温度下保温 1~2min，就能完成钎焊过程。有时随工件厚度及定位夹具的不同，时间可适当延长或缩短。钎焊后应将零件在空气中自然冷却，不要强迫通风，以免变形。

浸渍钎焊由于钎焊剂熔池体积大，加热比较均匀，因此浸渍钎焊质量优于其他钎焊方法，应用较多。

镁合金的浸渍钎剂起着加热和钎剂化双重作用。接头间隙应为 0.1~0.25mm，钎料预先放置好，用不锈钢夹具组装好部件，在炉中预热 450~480℃，以驱除湿气并防止热冲击。在钎剂浴中零件加热很快，1.6mm 厚的基体金属浸渍时间约为 30~45s。质量较大并带有夹具的大型组件，浸渍时间约需 1~3min。

目前，还没有找到合适的去除表面氧化膜和使钎料润湿待焊表面的软钎焊剂。因此，无电镀层的镁合金只能采用刮擦钎焊和超声波钎焊，它们可以机械地去除焊件表面氧化膜。刮擦（摩擦）钎焊时，焊锡棒、烙铁及其工具摩擦熔融钎料下的工件表面以击破氧化膜。在超声波钎焊中，熔融钎料与超声速振动的焊锡棒接触，振动产生空隙腐蚀，从而去除镁合金表面的氧化膜，然后可用烙铁、焊炬或热垫板进行连接。

一般情况下，钎料与镁合金母材接触易产生剧烈的电偶腐蚀。同时，母材与钎料之间易化合生成脆性相，从而降低接头强度和塑性。此外，在应力较高或有盐腐蚀环境中工作的镁合金焊接结构不宜采用软钎焊。因此，除特殊情况（如制造电子触点）外，通常很少采用软钎焊接镁合金。

表 11-14 列出了用于镁合金钎焊的 Cd 基和 Sn 基软钎焊料。在潮湿环境中 Pb 基钎焊料易与镁产生剧烈的电偶腐蚀，通常不予采用；Sn-Zn 钎焊料比 Sn-Zn-Cd 钎焊料具有更低的熔点和更好的润湿性，但焊后接头塑性较低；而高 Cd 钎焊料能形成强度和塑性极好的接头。

**表 11-14　用于镁合金钎焊的 Cd 基和 Sn 基软钎焊料**

| 成分（质量分数）/% | 温度/℃ | | 使用条件 |
|---|---|---|---|
| | 液相线 | 固相线 | |
| 60Cd-30Zn-10Sn | 157 | 288 | 低温，小于 149℃ |
| 90Cd-10Zn | 295 | 299 | 高温，大于 149℃ |
| 72Sn-28Cd | 177 | 244 | 中温，小于 149℃ |
| 91Sn-9Zn | 199 | 199 | 高温，大于 149℃ |
| 60Sn-40Zn | 199 | 341 | 高温，大于 149℃ |
| 70Sn-30Zn | 199 | 311 | 预敷钎料 |
| 50Sn-50Pb | 183 | 316 | 预敷钎料上用的填充钎料 |
| 80Sn-20Zn | 199 | 270 | 预敷钎料 |
| 40Sn-33Cd-27Zn | — | — | 填充钎料 |

进行软钎焊前，无电镀层的镁合金表面首先要采用溶剂除脂，然后在焊前瞬间用不锈钢丝刷、毛刷或氧化铝砂布进行机械清理。镁表面的电镀层是软钎焊的良好基础。镁电镀的第一道工序是形成浸锌膜，然后在浸锌膜上镀上 0.0025~0.005mm 的铜镀层，这样便形成了可钎焊表面。另外，还可采用表面电镀 Cu、Sn、Ag 或化学镀 Ni 的方法。对于易焊的电子产品，在镀 Cu 层表面再涂一层薄的 Sn（0.0067~0.0127mm），然后在高温油槽中浸泡使 Sn 层充分流动、表面气孔愈合，提高 Sn 的保护作用。因此，预置表面层效果较为理想，它将提高接头强度，减小界面电偶腐蚀。无镀层镁合金的无钎剂软钎焊仅限于焊接角接头和填补变形件及铸件喷漆前的非关键面上的表面缺陷，带有电镀表面的镁合金可采用常用的软钎焊接头形式。

#### 11.1.3.5 电子束焊接技术

一般来说，能采用电弧焊进行焊接的镁合金也可以采用电子束进行焊接，并且二者的焊前和焊后处理工艺相似。用电子束焊时，在电子束下立即产生镁蒸气，熔化的金属流入所产生的小孔中，由于镁合金蒸气压力高，因而所生成的小孔通常比其他金属大，易在焊缝根部产生气孔。因此，必须密切控制操作工艺以防止过热产生气孔。电子束的圆形摆动和采用稍微散焦的电子束，有利于获得优质焊缝。在接头部位加入适量的填充金属、采用同种金属的整体式或紧密贴合的衬垫会尽可能减少气孔。采用电子束焊接可获得较好效果的镁合金有 AZ91C-T6、AZ80A-T5 等。但是，含锌量小于 1%的变形镁合金和铸造镁合金，极少采用电子束焊接。

#### 11.1.3.6 激光焊接技术

激光焊接作为一种先进的连接技术，具有速度快、线能量低、焊后变形小、接头强度高等优点，得到了人们极大的关注。镁合金采用激光焊接，与铝合金相比，镁合金对激光束的吸收性能较好。激光束可将高密度能量集中在一个小点上，因而可使热量集中输入熔化区，热影响区减至最小。而镁合金线膨胀率大，因而激光这种特性对镁合金更为重要。激光束易于控制，因而容易进行复杂的三维零件焊接，易于实现自动化。变形镁合金激光焊接缝强度与母材强度相近，通过采用适宜的工艺参数，可减少气孔与咬边的产生。

采用 400W 的脉冲 YAG 激光对 AZ31B 变形镁合金进行对接焊，结果表明，镁合金激光焊焊缝变形小，成型美观，无裂纹等表面缺陷、背面熔透均匀，如图 11-4 所示。焊接接头热影响区不明显，无晶粒长大现象；焊缝区由细小的等轴晶组成，接头各区硬度变化不大。同时发现脉宽对焊接接头性能影响很大，在该试验条件下，当脉宽为 4.5ms 时，在一定的规范下，接头的抗拉强度可达母材的 95%，实现了镁合金的良好连接。

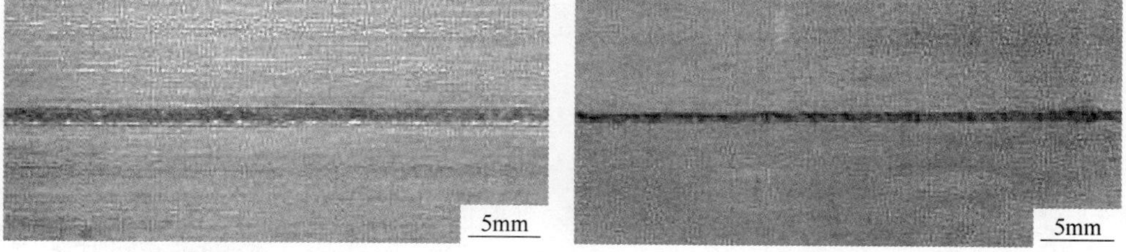


图 11-4 变形镁合金 AZ31B 焊缝表面形貌

#### 11.1.3.7　激光-氩弧复合热源焊接技术

自1978年Eboo等人首次提出激光-电弧复合热源焊接以来，一直受到国内外焊接界的关注。采用低功率YAG激光-氩弧复合热源焊接镁合金板材，焊接原理图如图11-5所示。试验发现，激光-TIG复合热源焊接变形镁合金焊缝成型良好，在合理的参数条件下，无气孔、裂纹等缺陷。

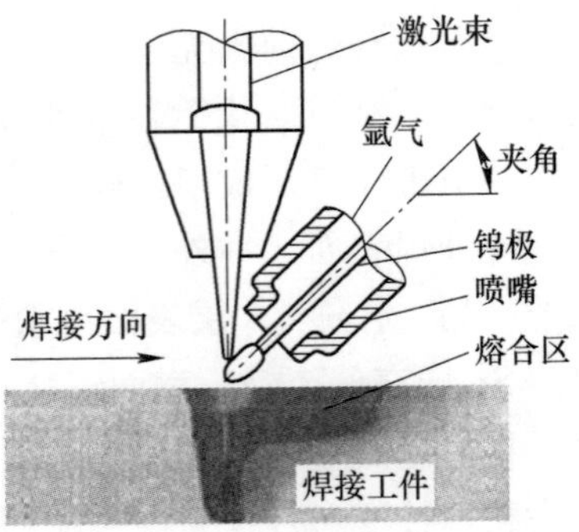

图11-5　激光-TIG复合热源示意图

在相同的焊接条件下，低功率激光-氩弧复合焊接新工艺的焊接熔深可达激光焊接的4倍，氩弧焊的2倍，如图11-6所示。焊接接头的拉伸强度达到母材的95%以上，冲击韧性达到母材的113%，抗疲劳强度与母材相当，并且焊接速度可达2000mm/min以上。低功率激光-氩弧复合热源焊接技术不仅克服了激光焊和氩弧焊的不足，而且显著增大了熔深、提高了焊接质量，可实现镁合金的高效、优质连接。

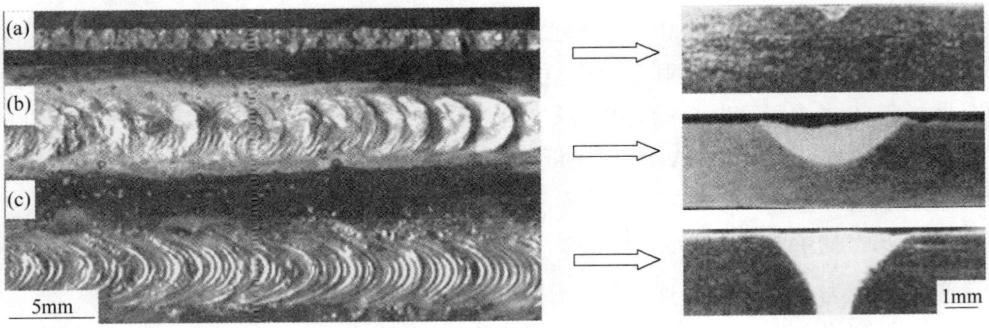

图11-6　焊缝形貌和熔深对比

（$I=100$A，$P=400$W，$h=1.5$mm，$f=-1.0$mm，$DLA=1$mm，$v=1100$mm/min）

（a）激光焊；（b）TIG焊；（c）复合焊接

目前，激光焊普遍采用2~10kW激光束，有时甚至20kW，大功率复合热源普遍采用2kW左右的激光束，由于镁合金对激光反射很严重，因此在焊接过程中存在严重的能量浪费问题。以上试验采用400W的YAG激光与氩弧复合实现了镁合金的优质焊接，节约了能源，降低了设备成本。

#### 11.1.3.8　搅拌摩擦焊接技术

搅拌摩擦焊（FSW）可用于镁合金与镁合金、镁合金与其他材料的焊接。摩擦焊的优点在于：温度低、效率高，可实现不同材料的焊接。目前研究的方向是摩擦焊工艺参数优化。焊接设备与操作方法与铝及铝合金的摩擦焊大致相同。

A　搅拌摩擦焊原理

借助于一种非耗损的特殊形状的搅拌头上的特形指棒，旋转着插入待焊板件的接缝，并沿其连接界面移动，搅拌头与板料的摩擦产生热量，使待焊处的局部温度升高，材料处于塑性状态（但不熔化），随着搅拌头的前移，塑性区的材料围绕特形指棒定向迁移，在热、机联合作用下，在搅拌头的后方，材料挤压、扩散，形成致密的固态焊接接头。

B　搅拌摩擦焊技术特点

搅拌摩擦焊技术特点有：

（1）有一个非损耗、形状特殊的搅拌头，如图 11-7 所示。其功能是：1）摩擦生热，使待焊处局部材料呈塑性状态；2）破碎镁合金表面氧化膜；3）完成材料围绕特形指棒由前向后及从其顶部向底部的迁移、挤压、扩散；4）成型焊缝——固态焊接接头。

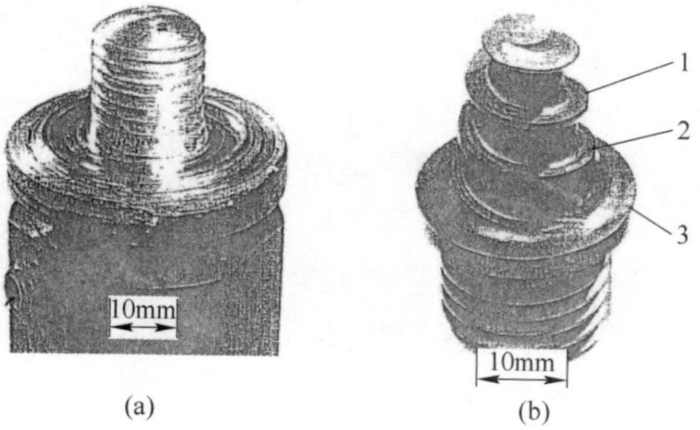


图 11-7　搅拌头的基本形状

1—用于大厚度板的焊接；2—特形指棒（其高度由待焊板厚确定）；3—定向流动挤压肩

（2）搅拌摩擦焊接头有多种形式，如图 11-8 所示。

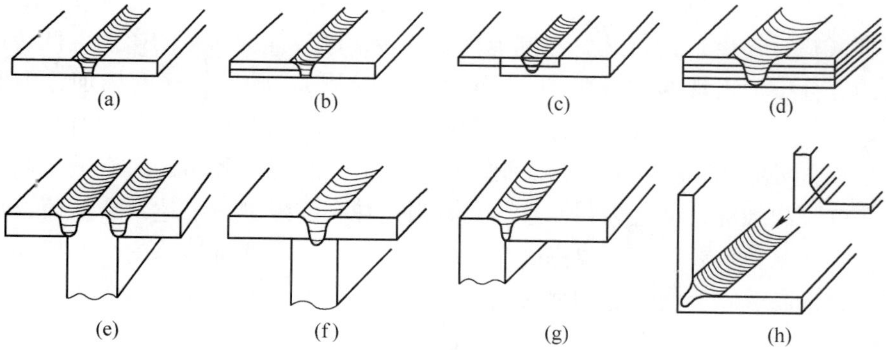


图 11-8　搅拌摩擦焊接头的形式

（a），（b）对接；（c），（d）搭接；（e），（f）丁字接头；（g），（h）角接

（3）搅拌摩擦焊接的关键焊接参数为：搅拌头的旋转速度、搅拌头的移动速度（焊接速度）、搅拌头插入深度（特形指棒高度，与焊件板厚有关）、搅拌头的倾角、搅拌头轴线方向压力（焊接压力），都与待焊材料及其板厚有关。

（4）搅拌摩擦焊接的焊接过程特点：为固态焊接过程，不出现熔焊易产生的气孔、裂纹等缺陷；焊接为机械化过程，有较大的轴向力和一定的径向力，不能手工焊接；需要将对接板材夹紧，防止在搅拌过程中工件的位移；不需要加填材料和特殊保护；焊接变形小；能进行全位置焊接；没有烟尘、飞溅、紫外线、电磁辐射等；高效、低能耗。

（5）搅拌摩擦焊是材料在热、机联合作用下形成塑性连接接头，它的接头具有明显的金属塑性流动形貌，如图 11-9 所示。

C　镁合金搅拌摩擦焊接工艺

a　镁合金搅拌摩擦焊焊前准备

(1) 焊前清理。搅拌摩擦焊前，不必作特殊清理，仅需除油、除尘。

(2) 焊前装配。零件的装配间隙和错边一般在不大于零件板厚的10%范围内即可，均比熔焊时的要求更宽些。

(3) 加工搅拌头插入的工艺孔。焊前在引入板（或工件）焊缝中心线上钻一个等于或略大于搅拌头特形指棒直径的工艺孔。

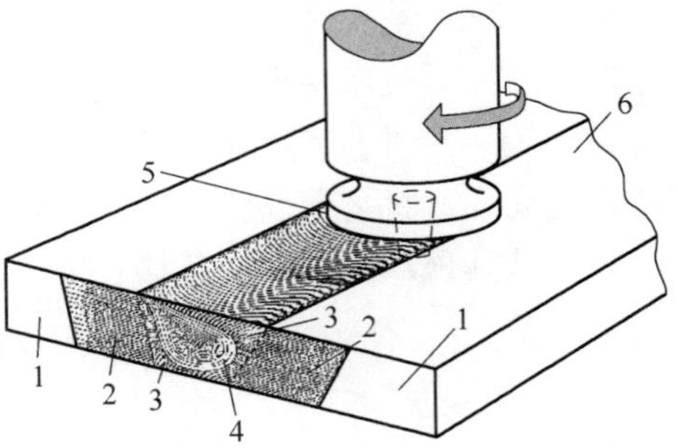

图 11-9　搅拌摩擦焊接形式的塑性连接接头
1—基体金属；2—热影响区；3—热机械影响区；4—搅拌核心区；5—挤压肩；6—零件

(4) 固定待焊接件。搅拌摩擦焊是在搅拌头高速旋转摩擦热和机械力的联合作用条件下施焊，待焊零件应安装，并压紧在专用夹具上。焊件承受着由材质及其板厚所确定的轴向压力和搅拌头运动的侧向力（对于镁合金，工件的压紧力应大于2MPa）。

b　搅拌摩擦焊焊接工艺参数

搅拌摩擦焊接头质量与搅拌头几何形状和尺寸以及工艺参数密切相关。工艺参数主要有：搅拌头几何形状、焊接高度、始端停留时间、搅拌头旋转速度、焊接速度（搅拌头一点速度）。

当搅拌头几何形状和尺寸一定时，对工艺参数的调整主要是搅拌头旋转速度和搅拌头的移动速度（焊接速度）的优选，不同搅拌头旋转速度对焊缝质量的影响。低转速时在搅拌头后面的焊缝中会出现沟槽（见图11-10（a）~（c）），随着转速的增加，沟槽由大到小，直至消失，如图11-10（d）所示，转速继续增加到最佳值时，可焊出合格的焊缝，如图11-10（e）所示。在图11-10（d）到图11-10（e）的转速区间，沟槽虽已消失，但仍未达到接头的理想强度，称之为弱连接。只有当搅拌头的限制速度达到最佳值，焊缝质量达到要求，焊接系数最高。进一步提高搅拌头的旋转速度，即旋转速度继续增加，摩擦搅拌区温度继续升高，将会给热处理强化的镁合金带来负面影响，但工艺余度较大。

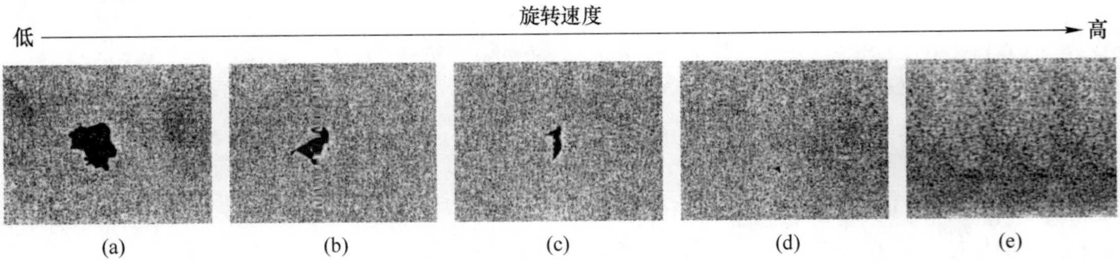

图 11-10　搅拌头转速对焊缝的影响

c　焊接参数对AZ31B镁合金接头成型的影响

用5mm厚度的AZ31B挤压态变形镁合金进行实验，接头形式为对接。为了保证在焊接过程中使摩擦头周围的温度达到金属发生塑性流动的要求，焊接时摩擦头旋转下压插入工件后在始端停留不同的时间，而在末端保持时间为3s。摩擦头轴肩压入工件表面深度

（压入量）为0.1mm左右。焊接工艺参数见表11-15。

**表11-15　AZ31B镁合金FSW焊接工艺参数及焊缝成型结果**

| 试样编号 | 搅拌旋转速度 $n$ /r · min$^{-1}$ | 焊接速度 $v$ /mm · min$^{-1}$ | 旋转速度 $n$ 与焊接速度 $v$ 的比值 | 始端停留时间 $t$ /s | 焊接表面成型结果 |
|---|---|---|---|---|---|
| 1 | 700 | 40 | 17.5 | 5 | 表面成型差 |
| 2 | 800 | 40 | 20 | 4 | 表面成型好 |
| 3 | 900 | 40 | 22.5 | 4 | 表面金属流动不好 |
| 4 | 1000 | 40 | 25 | 4 | 表面成型好 |
| 5 | 1100 | 40 | 27.5 | 3 | 表面过热氧化 |
| 6 | 700 | 50 | 14 | 5 | 表面成型差 |
| 7 | 800 | 50 | 16 | 5 | 表面成型好 |
| 8 | 900 | 50 | 18 | 4 | 表面成型好 |
| 9 | 1000 | 50 | 20 | 4 | 表面成型差 |
| 10 | 1100 | 50 | 22 | 4 | 表面有氧化 |

实验表明，在搅拌摩擦焊施焊厚5mm的AZ31B镁合金时，摩擦头的旋转速度 $n$ 不能超过1200r/min，过高的旋转速度导致过多的摩擦热量，使焊缝表面成型变差，旋转速度应控制在700~1100r/min。在这个旋转速度范围内相匹配的搅拌摩擦焊焊接速度 $v$ 应保持在40~50mm/min，过低或过高的焊接速度往往产生表面氧化严重、未焊合、飞边大、成型差、焊缝内隧道形缺陷等。此时摩擦头旋转速度与焊接速度比值 $n/v$ 在14~27变化，这样才能得到理想的焊接接头。由表11-15可见，在一定的焊接速度下，随着摩擦头的旋转速度 $n$ 的逐渐增大，焊缝表面成型表现为由差逐渐变好，再到过热表面氧化的过程，说明所选工艺参数比较恰当，摩擦头对接头的热输入量是一个由不足到合适，再到过剩的过程。

对所有参数下焊接得到的镁合金焊接接头进行截面观察分析，当超出表11-15所列的工艺参数范围时，接头主要存在的缺陷有孔洞、隧道形缺陷、焊缝表面有沟槽以及焊缝背面有熔化点和缩孔等。研究发现当焊接速度一定时，摩擦头转速较低时，焊缝表面出现沟槽形缺陷；随着转速的提高，表面沟槽消失，切开焊缝发现，焊缝中存在隧道形缺陷；继续增加转速，获得组织致密的焊缝。当摩擦头转速一定时，若焊接速度较慢，焊缝表面比较光滑，但在焊缝背面出现熔化后的缩孔；随着焊接速度的增加，缩孔消失，表面光滑程度降低，焊缝内部出现隧道形缺陷。保持一定的焊接速度和旋转速度，当压力较小时，表面会产生沟槽，焊缝中心会出现隧道形缺陷，增加压力会使焊缝成型比较好，但压力过大会出现飞边现象。

d　微观组织分析

选取外观成型好、力学性能最高的7号试件（表11-15）制作金相试样，试件搅拌摩擦焊工艺参数是旋转速度为800r/min，焊接速度为50mm/min。图11-11所示为试件接头焊缝外观图，图11-12所示为对应接头横剖面宏观形貌图。对镁合金搅拌摩擦焊接头金相腐蚀时发现焊核区较母材区难腐蚀，腐蚀时间比母材长得多。观察腐蚀后宏观横截面发现焊核比母材明亮得多，各区域能明显区分，热力影响区金属塑性变形和流动非常明显。图

11-12 中左侧为摩擦头返回侧，右侧为前进侧，从形貌图上可以看到焊核区偏向返回侧。从图 11-12 上可看出返回侧与前进侧相对于焊核区中心并不对称。前进侧分界线下方区域要比返回侧窄，这是由于搅拌针在旋转移动时，塑性金属绕搅拌针返回侧移动导致返回侧温度要稍高于前进侧。

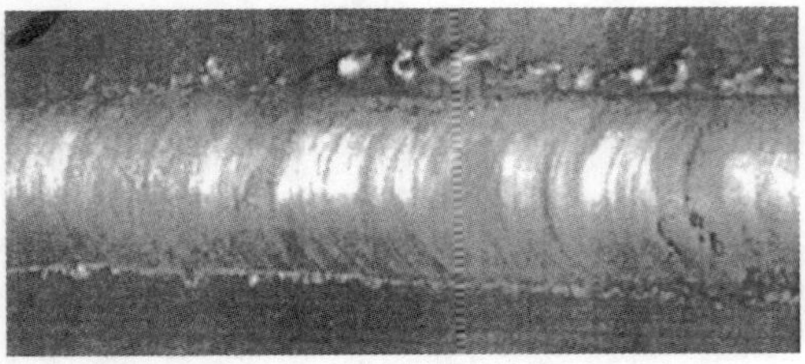
图 11-11　AZ31B 镁合金 FSW 焊接头焊缝外观图

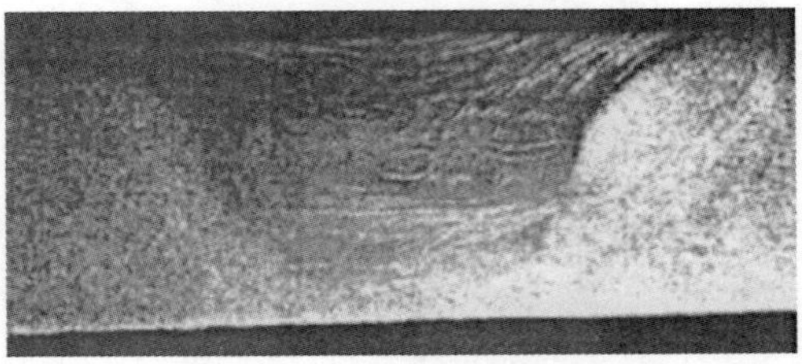
图 11-12　AZ31B 镁合金 FSW 接头横剖面宏观形貌图

e　搅拌摩擦焊的焊接接头力学性能

在镁合金搅拌摩擦焊中，施焊端面及轴肩覆盖区周围的清理对接头质量有很大的影响。当不采取措施直接焊接时，无论选择何种焊接参数，接头总出现表面未熔合等缺陷。分析认为这是由于一方面新加工出来的试件表面氧化严重；另一方面，试件在机械加工过程沾有油污。通过丙酮清洗、锉刀锉磨、砂纸打磨等方法，能有效去除施焊区周围的油污及氧化物等，消除其对焊接质量的影响。表 11-16 为与表 11-15 相对应的试件接头横向抗拉强度值。由表 11-16 可见，试样接头抗拉强度最高可达 221.6MPa，为母材标称抗拉强度的 92.4%。

**表 11-16　镁合金接头抗拉强度**

| 试样编号 | 1 | 2 | 3 | 4 | 5 | 6 | 7 | 8 | 9 | 10 |
|---|---|---|---|---|---|---|---|---|---|---|
| 抗拉强度/MPa | 158.6 | 185.4 | 201.3 | 194.5 | 182.3 | 195.4 | 221.8 | 211.6 | 187.8 | 175.0 |

图 11-13 所示为焊接旋转速度对镁合金搅拌摩擦焊接头抗拉强度的影响。由图 11-13可见，在一定的焊接速度下，接头抗拉强度随着摩擦头旋转速度 $n$ 的增加而增加，当增大到一定程度后，随着旋转速度的继续增大接头抗拉强度随之下降。

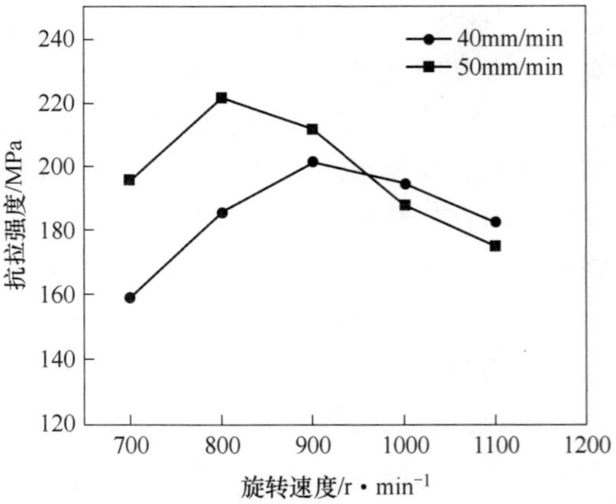

图 11-13　AZ31B 镁合金焊接旋转速度对接头性能的影响

## 11.1.4　镁及镁合金材料的补焊

生产实践证明：镁合金制件不论是铸件、锻件毛坯或焊接件，都可能存在着某些缺陷而需要焊补。往往一个大的工件由于一两个缺陷焊补不好而报废，造成不应有的损失。因此，焊补是镁合金焊接中的重要一环。因此，焊补时对焊工的操作技术及工艺参数选择比普通焊接要求更高。

焊补一般有两种情况：一是变形镁合金焊接件，经检查发现存在外观或内部缺陷需要焊补；二是铸件、锻件毛坯或在机械加工过程中出现的铸造、锻造缺陷需要焊补。

由于镁合金易过热，故焊补时应尽量选用小的焊接线能量，以缩短熔池在高温下的停留时间及减少热影响区宽度。这对于铸件焊补尤其重要，因为铸件一般是经淬火时效的，往往是经精加工后才发现缺陷而进行焊补的。铸件焊补后因体积较大，或因有变形要求而不便再进行热处理时，对于这种情况最好用氩弧焊冷焊焊补。

对于淬火时效的 ZM5 合金铸件，宜采用小电流、小直径的焊丝、小体积的熔敷金属进行焊补，并尽可能采用多层焊，焊接几层后停下来冷却一下，防止金属产生过热倾向。采取上述措施可获得较满意的结果，焊缝金属晶粒细小，接头硬度和抗拉强度均符合铸件本身的技术要求。

#### 11.1.4.1 铸件的焊补

经淬火时效的 ZM5 镁合金铸件的手工氩弧焊的焊补工艺参数见表 11-17，ZM5 铸件的氩弧焊冷焊焊补接头的力学性能见表 11-18。

**表 11-17 ZM5 镁合金铸件的手工氩弧焊的焊补工艺参数**

| 铸件板厚 /mm | 焊接电流 /A | 钨极直径 /mm | 喷嘴孔径 /mm | 焊丝直径 /mm | 氩气流量 /L·min$^{-1}$ | 缺陷深度 /mm | 焊接层数 |
|---|---|---|---|---|---|---|---|
| <5 | 60~100 | 2~3 | 10 | 2~3 | 8~10 | ≤5 | 1 |
| 5~10 | 90~130 | 3 | 12 | 4~5 | 10~12 | ≤5<br>5.1~10 | 1<br>1~3 |
| 10~20 | 150~260 | 4 | 14 | 5 | 16~18 | ≤5<br>5.1~10<br>10.1~20 | 1<br>1~3<br>2~5 |
| 20~30 | 220~300 | 4 | 16 | 5 | 18~20 | ≤5<br>5.1~10<br>10.1~20<br>20.1~30 | 1<br>1~3<br>2~5<br>3~8 |
| >30 | 250~350 | 4 | 20 | 5 | 22~25 | ≤5<br>5.1~10<br>10.1~20<br>20.1~30<br>>30 | 1<br>1~3<br>2~5<br>3~8<br>>6 |

**表 11-18 ZM5 镁合金铸件冷焊焊补接头的力学性能**

| 铸件状态 | 厚度/mm | 接头形式 | 焊丝 | 焊后热处理 | $\sigma_b$/MPa |
|---|---|---|---|---|---|
| 淬火时效 | ≥20 | 对接，单面 V 形坡口 | 从 ZM5 铸件上切取 5mm×6mm 的狭条 | 未处理 | 173.5~250.9① |
| | | 平面堆焊 | | | 163.7~225.4② |

①从铸件焊补部位取；

②在 22mm 厚的砂模铸板上堆焊 30~35mm 厚的一层，取样时铸板及堆焊层各占试样长度的一半。

图 11-14 所示为三种镁合金砂型铸件，用钨极气体保护电弧焊补焊实例的示意图。表 11-19 列出了手工钨极气体保护电弧焊补焊的工艺条件。

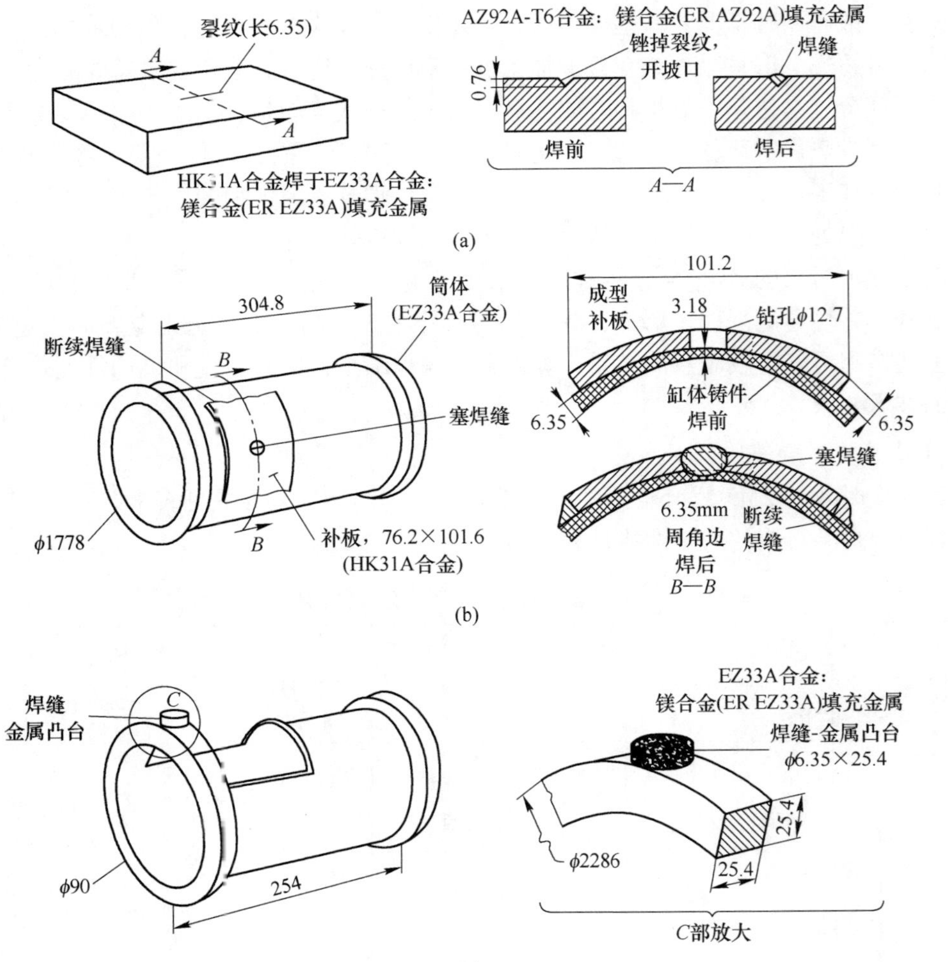


图 11-14　用手工钨极气体保护电弧焊补砂型铸件（单位：mm）

（a）板式铸件补焊；（b）铸管上补焊缺口；（c）铸管上补焊凸台

**表 11-19　手工钨极气体保护电弧焊工艺条件**

| 焊接条件① | 例 1 | 例 2 | 例 3 |
|---|---|---|---|
| 夹具 | 不用 | 金属板 | 不用 |
| 焊接位置 | 平焊 | 平焊 | 平焊 |
| 保护气体 | Ar，6396~7315mm$^3$/h | Ar，7315~8534mm$^3$/h② | Ar，7315~8534mm$^3$/h |
| 电极型号 | EWP | EWP | EWP |
| 填充金属（直径 1.6mm） | ER　ZA92A | ER　ZA33A | ER　ZA33A |
| 电流（交流，高频稳弧） | 80~140A | 160~180A | 160~180A |
| 预热和焊道间温度/℃ | 121 | 149 | 121~177 |
| 焊后热处理 | 149℃×3h | 204℃×2h | 149℃×4h |
| 每件总时间③/h | 0.5 | 2 | 0.5 |

① 在此 3 种焊接条件中，焊前均采用钢丝刷或回转锉清理，电源为高频（平衡波形）稳弧的 300A 变压器，以及 300A 水冷焊炬；② 焊缝背面采用流量 2438mm$^3$/h 的氮气保护；③ 不包括焊后热处理时间。

#### 11.1.4.2 变形镁合金的焊补

变形镁合金的焊补操作与普通焊接大体相似，焊补电流根据焊补处厚度及散热条件而定，通常要比同等厚度的焊件小 1/3～1/2。

### 11.1.5 镁合金焊后热处理

MB3、MB8、ZM5 镁合金焊后退火工艺参数见表 11-20。

**表 11-20 MB3、MB8、ZM5 镁合金焊件退火工艺参数**

| 合金 | MB3 | MB8 | ZM5 |
|---|---|---|---|
| 退火温度/℃ | 290±10 | 230±10 | 250～350 |
| 保温时间/h | 5 | 1. 5 | 72 |

注：加热、保温后将焊件放置在静止的空气中冷却，室温不低于 15℃。

经热处理的铸件，常常在焊后需要再次热处理。表 11-21 列出了镁合金铸件焊后热处理工艺参数。表 11-21 中工艺取决于焊前的状态和焊后的需要，热处理时间最短的(0. 5h)，完全固溶处理只有用于焊后的 AZ81A、AZ91C 和 AZ92A 铸件，以避免焊缝金属的晶粒长大。一些固溶处理需在二氧化硫或二氧化碳气氛中进行。

**表 11-21 镁合金铸件焊后热处理工艺**

| 合金 | 合金的状态① | | 最高预热温度②/℃ | 焊后热处理③ |
|---|---|---|---|---|
| | 焊前 | 后处理 | | |
| AZ63A | T4 | T4 | 382 | 388℃×0. 5h |
| | T4 或 T6 | T6 | 382 | 388℃×0. 5h+218℃×2h |
| | T5 | T5 | 260④ | 218℃×5h |
| AZ81A | T4 | T4 | 400 | 415℃×0. 5h |
| AZ91C | T4 | T4 | 400 | 415℃×0. 5h |
| | T4 或 T6 | T6 | 400 | 415℃×0. 5h+215℃×4h⑤ |
| AZ92A | T4 | T4 | 400 | 410℃×0. 5h |
| | T4 或 T6 | T6 | 400 | 410℃×0. 5h+260℃×4h |
| AM100A | T6 | T6 | 400 | 415℃×0. 5h+218℃×5h |
| EK30A | T6 | T6 | 260④ | 204℃×16h |
| EK41A | T4 或 T6 | T6 | 260④ | 204℃×16h |
| | T5 | T5 | 260④ | 204℃×16h |
| EZ33A | F 或 T5 | T5 | 260④ | 343℃×2h⑥+215℃×5h |
| HK31A | T4 或 T6 | T6 | 260 | 315℃×1h⑥+204℃×16h |
| HZ32A | F 或 T5 | T5 | 260 | 315℃×16h |
| K1A | F | F | 不用 | 不用 |
| QE22A | T4 或 T6 | T6 | 260 | 529℃×8h⑦+204℃×8h |
| ZE41A | F 或 T5 | T5 | 315 | 329℃×2h+177℃×16h |

续表 11-21

| 合金 | 合金的状态① | | 最高预热温度②/℃ | 焊后热处理③ |
|---|---|---|---|---|
| | 焊前 | 后处理 | | |
| ZH62A | F 或 T5 | T5 | 315 | 329℃×2h+177℃×16h |
| ZK51A | F 或 T5 | T5 | 315 | 329℃×2h+177℃×16h |
| ZK61A | F 或 T5 | T5 | 315 | 149℃×48h |
| | T4 或 T6 | T6 | 315 | 499℃×(2~5)h+129℃×48h |

①T4 为固溶热处理；T6 为固溶热处理和人工时效；F 为铸造状态；“后处理”即焊后热处理。

②厚板无拘束部件通常不预热；薄板有拘束的需要预热到表 11-21 中给出的最大温度，以防止焊接裂纹。当预热超过 370℃时，推荐在二氧化硫或二氧化碳气氛中预热。

③给出的温度是最大容许值；控制炉内温度不能超过给出的最大值。当预热温度超过 370℃时应采用二氧化硫或二氧化碳气氛。

④用于 1.5h，最大。

⑤可采用 168℃×16h 代替 215℃×4h。

⑥这种热处理状态最佳，可用于消除较大的应力。

⑦在二次热处理以前，在 60~104℃水中淬火。

如果产品不需要完全固溶处理，那么铝含量超过 1.5%的镁合金铸件必须消除应力，以防止使用中产生腐蚀裂纹，焊后消除应力的温度和时间见表 11-22。

**表 11-22　镁合金焊后消除应力热处理①**

| 薄　板 | | | 挤压件 | | | 铸　件 | | |
|---|---|---|---|---|---|---|---|---|
| 合金 | 温度/℃ | 时间/min | 合金 | 温度/℃ | 时间/min | 合金 | 温度/℃ | 时间/min |
| AZ31B-O② | 260 | 15 | AZ10A-F | 260 | 15 | AM100A | 260 | 60 |
| AZ31B-H24② | 149 | 60 | AZ31B-F② | 260 | 15 | AZ63A | 260 | 60 |
| HK31A-H24 | 315 | 30 | AZ61A-F② | 260 | 15 | AZ81A | 260 | 60 |
| HM21A-T8 | 371 | 30 | AZ80A-F② | 260 | 15 | AZ91C | 260 | 60 |
| HM21A-T81 | 399 | 30 | AZ80A-T5② | 204 | 60 | AZ92A | 260 | 60 |
| ZE10A-O | 232 | 30 | HM31A-T5 | 427 | 60 | | | |
| ZE10A-H24 | 135 | 60 | | | | | | |

①热处理，对所有合金将消除约 80%~95%的应力，而 HM31A-T5 只消除 70%。

②需要焊后热处理，以避免应力腐蚀裂纹。

### 11.1.6　镁合金焊接缺陷

镁合金焊接缺陷有：

（1）氧化物夹渣。氧化物夹渣分为线状和片状两种。当对缝间隙太大时，在电弧前端出现烧穿现象，为此需加入较多的焊丝来填补满，这时由于焊丝端部遮挡住了电弧的阴极破碎和搅拌作用，夹渣不易排出，以致在焊缝中产生线状的夹渣。焊前清理不彻底，送条方法不正确也会造成片状夹渣。

（2）夹钨。由于镁合金焊接时采用大电流、高焊接速度。因此，手工氩弧焊工必须集中精力进行操作，焊接过程中尽量不要沾污钨电极。根据焊接电流大小选择钨极直径。由于钨和其氧化物密度大，当焊接大于 3mm 的厚板时，钨夹杂多沉积于焊缝的反面，不易被排出，易造成夹钨现象。

（3）气孔。镁合金焊缝隙中常见的气孔有连续气孔及密集气孔。防止气孔的方法有：焊前对焊件、焊丝进行严格清理，焊接时使焊件和焊丝表面干燥，氩气的纯度应合格，焊前应注意去除焊炬、氩气管道内的湿气，增强氩气保护效果等。

（4）裂纹。镁合金焊缝中的裂纹有横向裂纹、弧坑裂纹及沿焊缝裂纹等。

（5）未焊透。由于接头形式不同，产生的未焊透形状各异。主要原因是坡口形状不合适，焊接速度过快以及焊炬角度不当等。

（6）咬边、烧穿和电弧灼伤零件。这类缺陷稍一疏忽就会出现。操作时应注意正确握持焊炬（指焊炬与焊件的角度），接地线紧固在焊件上，以免引起电弧灼伤零件。

### 11.1.7 镁合金焊接安全技术

镁合金焊接一般选用大电流、快速焊的工艺参数，故弧光特别强烈，易造成灼伤，应加强保护。焊接时飞溅出的小颗粒熔滴在空气中燃烧，且处于高温时间很长，往往对焊工的头部、颈部造成烫伤。在焊接时除佩戴焊工面罩外，最好再佩戴防尘帽，以免烫伤。

镁合金焊接时还会产生较多的黄绿色烟雾，所以应加强工作场地的通风措施。

镁合金燃烧时禁止用水灭火，一般可用烘干过的熔剂、干砂、干铸铁粉灭火。

在热处理时应避免材料与电阻丝直接接触，从而造成局部高温。

## 11.2 粘接

粘接适宜于任意形状与尺寸的镁合金材料，并且几乎能与任何其他材料连接。粘接的表面可以是光滑表面。大的表面可一次粘接而成，很适合于飞行器。连接材料间不导电，不会造成电化学腐蚀，因而适合于连接镁合金与其他异种金属。由于它使应力集中分散，而且黏结剂具有低的弹性模量，不会将应力像刚性连接点那样容易传递，从而是可应用于高疲劳强度场合的极好连接方法。

很多种类的黏结剂可用于连接镁合金，大多数黏结剂需加温固化。为了避免和降低被连接金属的力学性能，宜选用不需要加温固化的黏结剂。表 11-23 列出了一些镁合金黏结剂，并给出了固化条件及抗拉、抗剪切强度范围。粘接点的静抗剪切强度高达 20MPa，且随搭接宽度、试验温度、黏结剂种类的不同而变化，如图 11-15 和图 11-16 所示。已开发出来的一种改进丙烯酸双组分黏结剂，可在室温下粘接固化，在-54~93℃具有很高的粘接强度，该黏结剂在镁合金汽车铸件原型装配中有广阔的应用前景。

**表 11-23 镁合金黏结剂性能（在不超过 82℃场合下使用）**

| 成分类型 | 固化温度/℃ | 固化时间/min | 压强/MPa | 黏结剂厚度/mm | 剪切强度（20℃）/MPa |
|---|---|---|---|---|---|
| 酚醛+聚乙烯醇甲醛粉 | 130 | 32 | 0.3~3.4 | 0.08~0.15 | 11~18 |
| 酚醛橡胶基树脂 | 160 | 20 | 1.4 | 0.08~0.15 | 15~18 |
| 酚醛合成橡胶基 | 175 | 40 | 0.05~0.8 | 0.13~0.50 | 7~17 |
| 酚醛合成橡胶基+热固树脂 | 175 | 60 | 0.7 | 0.13~0.50 | 14~20 |

续表 11-23

| 成 分 类 型 | 固化温度/℃ | 固化时间/min | 压强/MPa | 黏结剂厚度/mm | 剪切强度（20℃）/MPa |
|---|---|---|---|---|---|
| 环氧树脂-液态、粉末、棒（类似于钎料） | 200 | 60 | 接触 | 0.03~0.15 | 10~15 |
| 环氧树脂-两种液体 | 20 | 24h | 接触 | 0.03~0.15 | 10~15 |
| 环氧树脂胶+液态活化剂 | 95 | 60 | 接触 | 0.08~0.13 | <20 |
| 橡胶基 | 200 | 8 | 1.4 | 0.25~0.38 | 12~16 |
| 乙烯酚醛 | 150 | 8（预热） | 变化 | 0.10~0.30 | 7~12 |
| 环氧树脂 | 95 | 45 | 接触 | 0.50~0.75 | 8~12 |
| 酚醛 | 150 | 15 | 0.2 | 0.50~1.00 | <16 |
| 环氧树脂 | 175 | 60 | 接触 | 0.06~0.13 | 19~30 |
| 改进型环氧树脂 | 115 | 15~30 | 0.02~0.2 | 0.30~0.75 | 5~16（68~260℃） |
| 环氧-酚醛（高温型） | 165 | 30 | 0.02~0.2 | 0.30~0.75 | 5~16（68~260℃） |

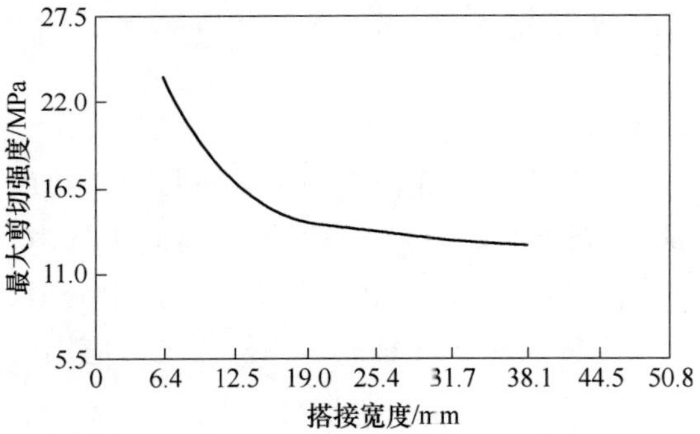


图 11-15　搭接宽度对粘接抗剪强度的影响
（镁合金板厚度 2.2mm，酚醛橡胶基树脂黏结剂）

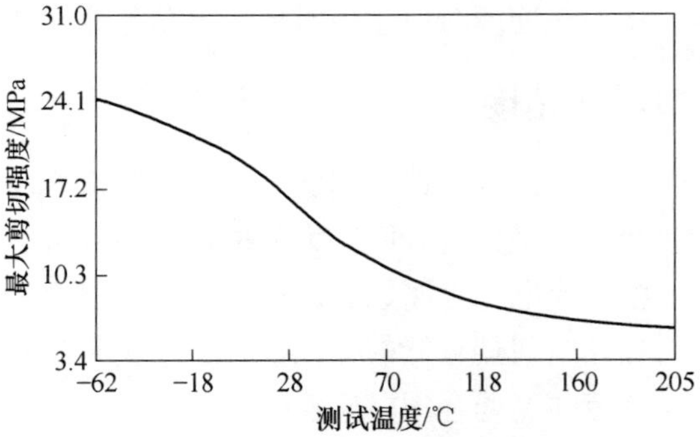


图 11-16　测试温度对粘接抗剪强度的影响
（镁合金板厚度 1.6mm，加载速度小于 3.2mm/min，试样温度不变保持 10min，酚醛橡胶基树脂）

粘接时，镁合金的表面前处理很重要。表面应清洁，无润滑脂、油、氧化物及其他任何脏物。尽管黏结剂可像油漆那样用在清洁的镁合金上，但化学处理的表面才能使粘接效果最好。为保证在严酷环境下有良好的防腐性能，一些军用标准要求在使用黏结剂前进行表面阳极氧化，并再加一层涂层。由于黏结剂抗剪强度通常大于膜层或涂层的抗剪强度，在表面准备中的任何涂层或膜层应该很薄，阳极氧化膜层大约为 3μm 或更小，漆约为 8μm 或更小。

化学膜或阳极氧化层应很薄，并仔细清除脏物，在实际粘接操作中，对温度、压力、湿度必须仔细控制才能保证最佳效果。在生产中应定期进行拉伸、剪切、剥落试验，以保证所有参数能得到合理控制。

## 11.3 机械连接

### 11.3.1 铆接

铆接是连接镁合金零部件的最为广泛的方法之一，其接头设计和工艺与铝合金材料类似。在恶劣环境中使用的镁合金工件应仔细考虑铆钉间距、材质、尺寸大小及封口胶的使用情况等因素，以防缝隙内产生腐蚀。

铆接中最常用的接头形式是搭接，当设计者允许在接头两侧使用衬板时也可以采用对接。根据接头强度要求来选择铆钉排列方式，可以是单排或多排。一般情况下，被连接金属与铆钉剪切强度应保证一致。如果接头出现破坏，应是铆钉先被剪断，而不是母材的拉伸或疲劳断裂。

铆钉中心线与连接板边缘间的距离至少为铆钉直径的 2.5 倍。对于剪切面粗糙、呈鳞状断口的材料建议取铆钉直径的 3 倍。增加边距对于在振动条件下工作的工件尤为必要。铆钉间在任何方向上的间距都不能小于其直径的 3 倍，而对最大值没有严格要求。只要能形成有效接头，任意大于 3 倍直径的铆钉间距都可采用。对于水密性接头，通常采用 4 倍直径的间距；非水密性接头则可采用 10 倍铆钉直径的间距。另外，在连接效果相同的前提下，通常建议采用大量的小铆钉，而不采用少量的大铆钉。

连接镁合金最好采用铝合金铆钉。5056-H32 与镁合金间几乎不发生电化学腐蚀，因此这种材料的铆钉最适用。其次是 6053-T61 和 6061-T6 材料。铝合金铆钉冷拔后直径可为 8mm，5056-H32 合金冷拔后效果类似于 H321 状态。

表 11-24 列出了连接镁合金用三种铝合金铆钉的单向剪切强度。冷拔前 5056-H32 和 6061-T6 铆钉的高温剪切强度见表 11-25。不同厚度的 AZ31B 合金板和不同大小铆钉孔的承载强度计算公式如下：

$$承载强度=板厚\times铆钉孔直径\times\sigma_T$$

其中，对于 AZ31B-O，$\sigma_T=414MPa$；对于 AZ31B-H24，$\sigma_T=469MPa$。

**表 11-24 铝合金铆钉的单向剪切强度**

| 铆钉直径/mm | 单向剪切载荷①/N | | |
|---|---|---|---|
| | 6053-T61 | 5056-H321 | 6061-T6 |
| 1.59 | 342 | 423 | 454 |
| 2.38 | 707 | 867 | 934 |
| 3.18 | 1268 | 1557 | 1672 |
| 3.97 | 1944 | 2384 | 2558 |
| 4.76 | 2802 | 3443 | 3692 |
| 6.35 | 5075 | 6227 | 6690 |
| 7.94 | 8015 | 9830 | 10542 |
| 9.52 | 11467 | 14056 | 15101 |

①铆钉剪切强度：6053-T61，152MPa；5056-H321，186MPa；6061-T6，200MPa。

**表 11-25　冷拔前铝合金铆钉的高温剪切强度**

| 温度/℃ | | 70 | 95 | 150 | 205 | 260 | 315 | 370 |
|---|---|---|---|---|---|---|---|---|
| 剪切强度/MPa | 5056-H32 | 221 | 214 | 193 | 159 | 117 | 83 | 48 |
| | 6061-T6 | 200 | 186 | 172 | 145 | 103 | 48 | 34 |

铆钉孔可以采用钻孔或锪孔进行加工，其中最常用的是钻孔。对于航空零件，当母材厚度大于 1mm 时，也要求采用钻孔。表 11-26 列出了镁合金板铆接用冷拔铝合金铆钉尺寸和需钻铆钉孔直径。镁合金板上冷拔铝合金铆钉的承载面积可以采用实际孔径与板厚的乘积进行计算。为了防止被连接板由于超负荷而发生破坏，铆接设备应采用挤压铆机，因为其推进力比气压铆锤更易控制。铆钉无螺纹部分长度通常为铆钉直径的 1~1.5 倍，这样可使铆钉头最小直径仅为铆钉直径的 1 倍，高度为 0.4 倍。

**表 11-26　推荐用于镁合金板铆接用冷拔铝合金铆钉尺寸和需钻铆钉孔直径**

| 常用铆钉尺寸/mm | 1.59 | 2.38 | 3.18 | 3.97 | 4.76 | 13.35 | 7.94 | 9.52 |
|---|---|---|---|---|---|---|---|---|
| 铆钉孔直径/mm | 1.70 | 2.44 | 3.26 | 4.04 | 4.85 | 13.53 | 8.20 | 9.80 |

闪光铆接可以用于镁合金的连接，其接头设计形式如图 11-17 所示，沉头孔孔深至少为 1.3mm，底部圆柱形台阶的最小高度为 0.38mm，与铆钉尺寸匹配。

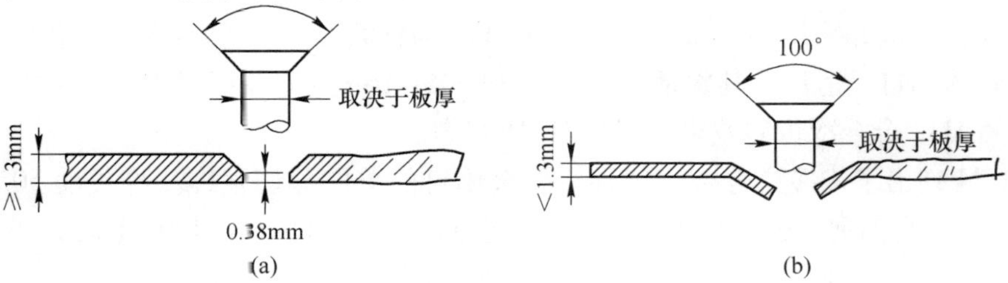


图 11-17　镁合金板闪光铆接接头设计形式

板厚 1.3mm 左右的材料可以采用上连接板攻丝的闪光铆接，螺纹孔和铆钉坡口标准张角为 100°。攻丝前，应先冲好或钻好铆钉孔，且孔径应略小于铆钉直径；攻丝时，扩孔到标准尺寸。倒角圆孔将会减小边缘应力集中和接头疲劳破坏。攻丝必须在热态下进行，使板局部加热，其范围刚好达到攻丝尺寸。如果板材处于 H24 状态，加热时间应有所限制，以避免局部淬火。例如，AZ31B-H24 板材在 150℃温度下加热 5s 不会发生淬火效应。

用顶部坡口张角为 100°的冷作 5056 铝合金铆钉堵口连接 AZ31B-H24 板，其接头强度见表 11-27 和表 11-28，其中接头强度为平均接头抗拉强度除以 1.5 后得到的理想值。如果条件稍有偏差会发生较大变化。屈服载荷定义为在下列永久变形条件下单个铆钉的载荷：直径不大于 4.76mm，永久变形为 0.13mm；直径大于 4.76mm 的铆钉，永久变形为铆钉直径的 2.5%。

**表 11-27　5056 铝合金堵口铆接 AZ31B-H24 板的接头容许强度**

| 板厚/mm | 单个铆钉强度/N | | | |
|---|---|---|---|---|
| | 铆钉直径 3.19mm | 铆钉直径 3.87mm | 铆钉直径 4.76mm | 铆钉直径 13.35mm |
| 0.51 | 636 | 787 | 934 | 1263 |
| 0.64 | 792 | 979 | 1174 | 1588 |

续表 11-27

| 板厚/mm | 单个铆钉强度/N | | | |
|---|---|---|---|---|
| | 铆钉直径 3.19mm | 铆钉直径 3.87mm | 铆钉直径 4.76mm | 铆钉直径 13.35mm |
| 0.81 | 970 | 1254 | 1495 | 2055 |
| 1.02 | 1139 | 1508 | 1868 | 2558 |
| 1.27 | 1290 | 1744 | 2233 | 3176 |
| 1.60 | 1468 | 1997 | 2598 | 3870 |
| 1.80 | 1566 | 2139 | 2789 | 4190 |
| 2.03 | 1615 | 2277 | 2967 | 4559 |
| 2.29 | 1615 | 2446 | 3176 | 4848 |
| 2.54 | 1615 | 2473 | 3367 | 5160 |
| 3.18 | 1615 | 2473 | 3567 | 5849 |
| 4.06 | — | 2473 | 3567 | 6450 |
| 4.83 | — | — | 3567 | 6450 |
| 6.35 | — | — | — | 6450 |

注：单个铆钉的屈服强度与断裂抗拉强度相等。

**表 11-28 顶部坡口张角 100°的 5056 铝合金铆接 AZ31B-H24 板的接头强度**

| 板厚/mm | 单个铆钉承受的屈服载荷/N | | | |
|---|---|---|---|---|
| | 铆钉直径 3.19mm | 铆钉直径 3.87mm | 铆钉直径 4.76mm | 铆钉直径 13.35mm |
| 0.51 | 325（360） | — | — | — |
| 0.64 | 418（436） | 534（560） | — | — |
| 0.81 | 547（547） | 685（685） | 814（898） | — |
| 1.02 | 681（681） | 881（881） | 1050（1112） | 1401（1116） |
| 1.27 | 850（858） | 1099（1099） | 1334（1334） | 1815（1890） |
| 1.60 | 1085（1130） | 1370（1370） | 1690（1690） | 2268（2268） |
| 1.80 | 1201（1285） | 1561（1601） | 1899（1899） | 2535（2535） |
| 2.03 | 1370（1450） | 1730（1815） | 2166（2166） | 2936（2636） |
| 2.29 | 1512（1561） | 1939（2073） | 2402（2482） | 3251（3251） |
| 2.54 | 1512（1615） | 2148（2300） | 2589（2591） | 3612（3612） |
| 3.18 | 1512（1615） | 2473（2473） | 3283（3283） | 4492（4666） |
| 4.06 | — | 2473（2473） | 3567（3567） | 5693（6116） |
| 4.83 | — | — | 3567（3567） | 6450（6450） |
| 6.35 | — | — | — | 6450（6450） |

注：1. 为了使强度在黑线以上，铆钉头的厚度应大于上连接板厚度。
2. 括号外数据为屈服载荷，括号内为强度载荷。

### 11.3.2 螺纹连接

螺栓、螺钉和其他螺纹连接都适用于可拆卸镁合金与同种或异种材料接头的连接。镁合金螺纹连接本质上和其他材料一样，可以拧入或直接铸在零件中。连接件材料优先选择5056铝合金，其次是6061铝合金。在腐蚀不严重的条件下，也可选用镀Sn、Ca或Zn的钢制紧固件。镀70%~80%Sn-20%~30%Zn和Zn+铬酸盐+硅酸盐的钢紧固件原则上可减小恶劣环境中的电偶腐蚀。这种钢紧固件比铝合金的强度要高，不会引起撕裂。同时，在腐蚀环境下适当的接头保护也可提高螺纹连接的可靠性。此外，粗螺纹的连接效果比细螺纹的连接效果要好。自锁螺母和其他类型的可拆卸紧固件也适用于镁合金的连接。在螺栓头或螺母下方使用直径合适的5052铝合金或6061铝合金垫圈可以防止电化学腐蚀，减小转矩而不使连接件变形。

螺纹紧固在镁合金压铸工艺中有着重要的应用，有试验对AZ91D和A380铝合金材质的传统攻丝螺纹和型芯孔自动成型螺纹紧固进行了比较研究，表明对于传统攻丝螺纹孔紧固的螺纹长度，SAE8级螺栓应比ADCI标准参考值增加15%；对于自动成型螺纹紧固，推荐孔啮合部分的尺寸比ADCI标准小13%，总长度比啮合部分长25%。

铝、镁合金工件中自动成型螺纹紧固件的二次装入，将引起夹紧载荷的变化，其中对铝合金的影响较大，而对于镁合金基本无影响。夹紧载荷卸载的结果表明，高温下镁合金的卸载速度大大高于铝合金，螺纹啮合长度和螺栓总长度是主要的影响因素。

锁紧螺栓具有良好的拉伸、剪切和疲劳强度，是一种优良的密封和紧固定位锁紧装置。在使用过程中，建议采用过盈配合，锁紧螺栓的紧固作用是在总间隙为4.76~6.35mm的刚性条件下产生的。由于攻丝速度高、无需过多的准备工作，从而可以实现高速生产。另外，螺栓经润滑获得好的钉入效果，但在工件喷漆前，润滑油必须清除。常用的类型有扁头、圆头和90°沉头螺栓。锁紧螺钉通常由6061-T6制成，直径为4.76mm、6.35mm、7.94mm和9.53mm。部分6061-T6锁紧螺栓的剪切和拉伸性能见表11-29。

**表11-29　部分6061-T6锁紧螺栓的剪切和拉伸性能**

| 直径/mm | 剪切强度/MPa | 单向剪切力/N | 抗拉强度/MPa |
|---|---|---|---|
| 4.76 | 207 | 4168 | 261 |
| 6.35 | 207 | 7295 | 567 |
| 7.94 | 207 | 11320 | 728 |
| 9.53 | 207 | 16591 | 1052 |

在镁合金件装配生产中自锁螺母大量应用，这种开槽斜垫圈在受力及受力面积较小时具有与标准垫圈相同的强度。此外，还具有定位准确、与被连接件接触面较大、设备简单、成本较低的优点。用于镁合金的自锁螺母表面一般镀有Zn和Cr。螺母塞入工件上的孔中，并用顶杆或虎钳压紧，直到螺母与镁合金的接触表面发亮，但不能采用捶击方式，以免产生应力集中。

螺丝垫圈可以压入或热装到镁合金工件上，但拧入式垫圈应用得较多。为了使螺纹孔与垫圈配合更好，可采用一次攻丝后再精攻。

拧入式垫圈有两种类型，如图11-18所示。其中一种为管状，螺纹在其外表面，它被拧入到工件的螺纹孔中，这种垫圈可以起到轴承和轴瓦的作用（见图11-18（a））。螺纹也可攻在里面，从而与螺杆、螺栓或其他螺纹紧固件连接（见图11-18（b））。大螺距可以有效地增加强度，倒角螺纹或类似系列的螺纹可以减小根部应力集中。垫圈与螺栓或螺杆的强度应保证在扭曲过程中后者先失效，而不是垫圈内部的螺纹先剥落。另一种类型是由弹簧线圈精确螺旋而成的螺纹衬套，它用于攻丝孔与螺栓、螺钉或螺杆的配合，螺纹与美国标准系列类似（见图 11-18（b））。采用热处理钢质螺栓时，垫圈塞入深度为螺栓直径的 2.5 倍效果最好。对于盲孔，垫圈厚度应为紧固件直径的 3 倍。

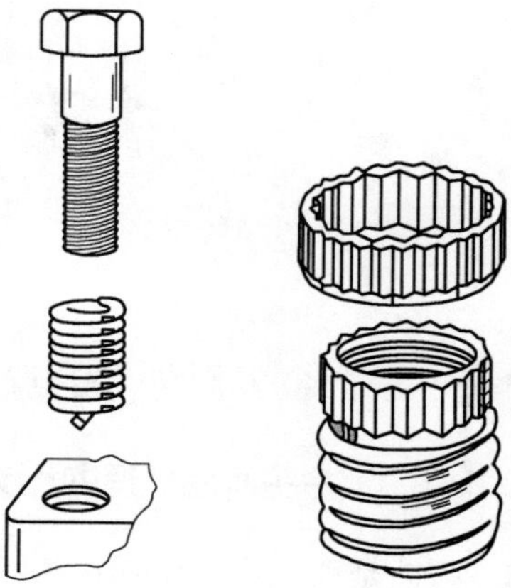

(a) (b)

图 11-18 用于镁合金工件的两种拧入式垫圈

压入式或热装式垫圈的室温过盈量不能大于垫圈紧固所需的量，一般 0.1% 的变形率便足够了。应变为 0.1%时产生的残余应力很小，一般情况下不会发生问题，其中 0.03%的应变已成功应用于生产。同时，应变为 0.3%的过盈配合也得到了应用，但此时产生的残余应力较大，可能导致应力腐蚀开裂，增大镁合金的疲劳破坏倾向。另外，镁合金的热膨胀系数一般比垫圈金属的大，所以在高温下装配可以增加室温过盈，从而使之在高温下保持足够的紧固力。

# 12 镁合金的表面处理

## 12.1 镁合金表面处理的意义及主要方法

### 12.1.1 镁合金表面处理的意义

腐蚀是镁及镁合金存在和影响进一步推广应用的主要问题，长期以来极大地限制了镁合金在工程领域的广泛应用，使镁合金的优良性能得不到充分发挥。

影响镁合金耐蚀性的因素很多，镁合金铸件或铸锭中的氯化物溶剂夹杂可导致镁合金制品的耐腐蚀性大幅度降低；合金中的夹杂元素铁、镍、钴、铜对镁合金的耐蚀性影响最大；镁合金在海洋气候环境下或酸雨环境中的抗蚀性也会大大降低。除此以外，影响镁合金腐蚀性的因素还有加工工艺、组织状态等。

为了提高镁合金的耐腐蚀性能，一方面要提高镁合金的纯净度，最大限度地降低镁合金中重金属杂质元素的含量，研究熔炼高纯镁合金和耐蚀镁合金；另一方面应当采用各种表面处理方式，对镁合金表面进行防护处理。当然，只有在合理设计和正确装配连接的情况下，镁合金件才能取得理想的防护效果。由于对镁合金的表面处理研究远不如铝合金材料，目前的表面处理技术还未能向镁提供长期保护或适用于户外。各种各样的转化膜，甚至第二道表面涂层也是只能给予镁合金短时间的保护，虽然含铬电镀工艺可赋予金属一层诱人的装饰表面，但在镁金属表面进行电镀却产生不出优良的表面效果。另一方面，与其他表面处理工艺相比，阳极氧化的耐蚀性更强，特别是低能耗微弧（无火花）阳极氧化工艺。

近年来，发展起来的各种新的表面改性处理，不仅可对镁合金材料的表面起到防护作用，而且能改善或强化镁合金材料的表面性能和功能，同时使镁合金材料的表面美观耐用，起到很好的装饰效果。

### 12.1.2 镁合金材料表面强化的主要方法

目前，采用表面防护处理、强化处理和装饰处理是使镁及镁合金材料获得广泛工程应用的有效方法。当前商业应用的镁合金表面强化处理方法主要为阳极氧化（包括微弧阳极氧化）、化学转化膜处理以及镀镍等，使镁合金表面形成一层新的保护膜。镁合金表面形成含 $MgO$、$MgAl_2O_4$、$MgF_2$、$Mg_{17}Al_{12}$等的保护膜均有利于提高镁合金表面的耐蚀性。

近年来，有机涂层、金属涂层及其他表面改性技术和强化技术也获得了发展。表 12-1 概括了镁及镁合金材料的部分表面强化改性处理方法及其推荐的应用场合。

镁合金在进行表面防护处理之前需要进行预处理，主要的预处理方法有：表面须彻底清洗，消除油、油膜或其他有机污染物，应用合适的溶剂或热碱液清洗；去除锈皮、氧化物、润滑剂燃烧残渣以及无机腐蚀产物，一般应用合适的酸洗液；模锻件应去毛刺，以防止形成的膜破裂而暴露基底；尖锐边缘和圆角应在氧化之前处理光滑。

**表 12-1 镁及镁合金材料的部分表面强化处理方法及推荐的应用范围**

| 零件类别 | 零件用途 | 材料类别 | 环境要求 | 预处理 | 强化处理方法 |
|---|---|---|---|---|---|
| 汽车零件 | 罩体零件（阀盖、燃料油箱） | 压铸 | 美观、耐用，有黏着性，耐盐喷、耐热、防油 | 湿研磨或碱清洗+铬酸或磷酸铁 | 环氧树脂或环氧聚酯粉涂层 |
| 汽车零件 | 动力系统零件（离合器罩、传轴箱） | 压铸 | 防盐喷 | 无 | 无 |
| 汽车零件 | 发动机托架 | 压铸 | 耐盐喷、耐热、耐油 | 温研磨或无 | 无 |
| 汽车零件 | 轮子 | 压铸 | 美观，耐盐喷，耐紫外线，挡尘，挡石片 | 铬酸或磷酸铁 | B-涂层，TGIC[①]聚酯粉和聚丙烯粉透明涂料 |
| 汽车零件 | 内部零件（非外观零件） | 压铸 | 有湿度要求 | 短铝丝喷砂，钢丝刷处理 | 无 |
| 汽车零件 | 外部零件（外观零件） | 压铸 | 美观，耐风雨、挡石、石片、耐盐喷、耐紫外线，挡尘 | 铬酸或磷酸铁 | E-涂层，液体聚丙烯彩色涂层和聚丙烯粉透明涂层 |
| 汽车零件 | 电子装置/计算机机壳 | 压铸 | 内侧柔软，耐用，有黏着性 | 铬酸或磷酸铁 | 喷以聚丙烯、聚酯或尿烷外层装饰涂料；有纹理的环氧树脂粉末涂层 |
| 汽车零件 | 盘式传动制动器臂 | 压铸、挤压 | 内侧柔软，限制温度及温度变化。不允许有颗粒释放 | 重铬酸盐或铬酸在机加工表面最后用重铬酸盐 | 压铸件表面为E-涂层，挤压材表面无涂层 |
| 航空航天零件 | 飞机辅助零件和直升飞机伞齿轮箱 | 砂铸 | 外部为苛刻的海洋和赤道气候 | 喷砂+酸洗，重铬酸盐 | 环氧树脂烤漆，聚氨酯外层装饰涂料或硅酸酯阳极化并用环氧树脂密封 |
| 航空航天零件 | 其他零件 | | 中等外部环境，成本低、有黏着性、耐用、防风雨，抗紫外线 | 湿研磨和碱洗+铬酸或磷酸铁 | 改良醇酸或烧固的醇酸液体，或者聚酯尿烷的静电粉末涂层 |
| 便携工具 | 便携工具外罩（例如，链锯） | 压铸 | 外部环境，有黏着性、耐用、防风雨，抗紫外线 | 铬酸或磷酸铁 | 聚酯或聚酯尿烷的静电粉末涂层 |
| 便携工具 | 复合弓架手柄 | 压铸 | 室内+温和的外部环境 | 硝酸铁酸洗 | 透明聚丙烯 |
| 便携工具 | 行李架 | 压铸、挤压 | 室内+温和的外部环境 | 酸洗或磷酸铁 | 聚酯粉末涂层 |
| 其他应用 | 草坪剪草机罩 | 压铸 | 中等外部环境 | 碱洗+磷酸铁 | 聚酯粉末涂层 |
| 其他应用 | 照相蚀刻板 | 轧制 | 室内环境，耐磨并且耐在罐料上长时运转打印时所用的水基层水的腐蚀 | 锌酸盐+钢击 | 硬铬电镀板 |

①异氰酸三环丙基酯。

每一种表面处理对零部件的预处理有所不同，但预处理一般由下列步骤组成：机械处理、脱脂、表面酸浸、水洗。

机械清理是除去因制造时附带的毛刺、氧化物、润滑剂、脱模剂、铸砂等。常用的机械清理主要有干砂喷丸清理、盘或棒磨、用钢丝刷清理、研磨和粗抛光等。干砂喷丸对耐蚀性有不利的影响，主要是铁的污染。

脱脂分为溶剂脱脂、碱脱脂和乳化脱脂三种。溶剂脱脂是利用溶剂去掉附着在金属表面的油、石蜡、润滑油等污物；碱脱脂是利用氢氧化钠、碳酸钠、磷酸钠等 pH 值在 11 左右的碱性溶液去除镁合金表面残留污垢；乳化脱脂是采用适当的乳化剂去除因高沸点碳化氢在加温状态下留下的大量有机污染物。实际操作时，可根据镁合金零部件的表面状况选择脱脂方法。

表面酸浸或酸洗的目的是清除表面不易清除的物质（如氧化膜腐蚀生成物，焙烧润滑剂，侵入的研磨剂等）。表面酸洗对后续表面处理有较大的影响，要求处理时格外小心。

## 12.2　镁合金的表面清理和预处理

附着在镁合金表面的氧化物、脱模用润滑剂、铸造剥离剂和切削油等污染会影响镁合金表面保护膜的完整性而导致腐蚀。镁的表面清洗与其他金属一样，是化学氧化处理或阳极氧化处理前必不可少的重要工序，影响随后保护涂层的质量。镁合金表面清洗方法很多，主要有碱清洗、铬酸清洗、氢氟酸清洗或氟化物清洗等。碱清洗的目的是去除表面油脂、氧化物等；铬酸清洗的目的是在镁合金表面形成 $Cr_2O_3$ 膜，并使表面活化，为电镀和化学镀 Ni、Ni-P 涂层提供基底；氢氟酸或氟化物清洗也能提高镁合金表面活性，同时形成 $MgF_2$ 保护膜。一般而言，先用碱液清洗，然后再进行铬酸或氢氟酸、氟化物清洗。镁合金的表面清洗方法见表 12-2。经喷丸处理过的表面需采用表面清洗的方法去除表面污物和硬化层。镁合金使用清洗液的特征见表 12-3，清洗液的化学成分和使用方法见表 12-4。

**表 12-2　镁合金的表面处理方法**

| 清洗的方法 | 方法/种类 | 作　用 |
|---|---|---|
| 机械法 | 研磨、喷丸、滚磨、钢丝刷、砂带磨、旋转磨等方法 | 去除表面顽固的氧化物、表面偏析和精整表面粗糙度 |
| 溶剂法 | 石油类：灯油、轻油、汽油 | 去除碱清洗前的一切油脂 |
|  | 芳香类：苯、甲苯、二甲苯 |  |
|  | 卤族：三氯乙烯、四氯乙烯和其他 |  |
| 碱洗法 | 加热碱浴、氢氧化钠、碳酸钠、焦磷酸盐 | 去除油脂、氧化皮 |
| 酸洗法 | 磷酸、硫酸、氢氟酸、硝酸、醋酸、硝酸铁、L-谷氨酸 | 去除喷丸处理的污物和铸件表面和偏析瘤、表面活化 |

**表 12-3　镁合金使用清洗液的特征**

| 清洗液类型 | 尺寸变化 | 目　的 |
|---|---|---|
| 醋酸-硝酸钠 | 0.01~0.02mm | 去除锻件的氧化皮 |
| 氢氟酸 | 没有 | 重铬酸盐处理前的活化 |
| 阴极脱脂 | 没有 | 缩短脱脂时间 |

续表 12-3

| 清洗液类型 | 尺寸变化 | 目　的 |
|---|---|---|
| 碱浸渍 | 没有 | 铬酸处理前去除油脂 |
| 铬酸 | 没有 | 化学处理前去除助焊剂、氧化物和腐蚀物 |
| 铬酸-硝酸钠 | 0.01mm | 去除拉伸材料的氧化皮、热处理氧化物 |
| 铬酸-硝酸-氢氟酸 | 0.01~0.02mm | 去除铸造件的表面偏析 |
| 铬酸-硝酸 | 0.002mm | 拉伸材料焊前清洗 |
| 氟化物阳极氧化 | 没有 | 清洗各类合金和形状的制品，特别适于去除铸造件表面的污物 |
| 强碱液 | 没有 | 铬酸处理前，去除油脂 |
| 氢氟酸液 | 没有 | 化学处理前的活化，去除铬酸浸渍后的粉状皮 |
| 氢氟酸-硫酸 | 0.002mm | 铸件的光亮处理 |
| 轻度腐蚀液 | 0.002~0.005mm/5min | 弱清洗 |
| 硫酸 | 0.05mm | 去除铸造件喷砂处理后的污物 |

**表 12-4　镁合金用清洗液的化学组成和使用方法**

| 清洗液类型 | 溶液的组成 | 使用方法 |
|---|---|---|
| 醋酸-硝酸钠 | 200g/L $CH_3COOH$，50g/L $NaNO_3$ | 20~30℃浸渍 0.5~1min |
| 氟化液 | 47g/L（$NaHF_2$、$KHF_2$、$NH_4HF_2$） | 20℃，浸渍 5min |
| 阴极脱脂 | 30g/L $Na_3PO_4$ | 浸渍 0.5~3min，阴极脱脂，1~4A/dm$^2$，4~6V |
| 碱液浸渍 | 100g/L NaOH | 90~100℃，浸渍 10~20min |
| 铬酸 | 180g/L $CrO_3$ | 20~100℃，浸渍 1~15min |
| 铬酸-硝酸钠 | 180g/L $CrO_3$，30g/L $NaNO_3$ | 冷水中全浸，20~30℃浸渍 3min 并搅拌 |
| 铬酸-硝酸-氢氟酸 | 280g/L $CrO_3$，25mL/L $HNO_3$（70%），8mL/L HF（60%） | 20~30℃，浸渍 0.5~2min |
| 铬酸-硝酸 | 180g/L $CrO_3$，0.5mL/L $HNO_3$（70%） | 仅用于焊接前清洗 |
| 氟化物阳极氧化 | 15%~25%$NH_4HF_2$ | 交流电，开始低电压，缓慢升至 125V，处理 10~15min，50A/dm$^2$ |
| 强碱液 | 15~60g/L NaOH，10g/L $Na_3PO_4 \cdot 12H_2O$，1g/L 润滑剂 | 90~100℃，浸渍 3~10min |
| 氢氟酸 | 11%HF | 20~30℃，浸渍 0.5~5min |
| 氢氟酸-硫酸 | 15%~20%HF，5%$H_2SO_4$ | 20℃，浸渍 2~5min |
| 轻度腐蚀液 | 30g/L $Na_4P_2O$，65g/L $Na_2B_4O_7 \cdot 10H_2O$，7g/L NaF | 75~80℃，浸渍 2~5min |
| 硫酸 | 30mL/L $H_2SO_4$ | 20~30℃，浸渍 10~15s |

### 12.2.1　机械清理

镁合金产品的机械清洗应用于表面只留有小量油脂和稀油等有机物杂质的零件，这类有机杂质应在机械清洗过程之前先用溶剂除掉。机械清理通过磨削和粗抛光、干式或湿式磨剂、喷丸清理、金属丝刷洗和湿性滚筒或转筒喷丸清理（振动抛光）等方法完成。

（1）磨削和粗抛光。使用砂带、砂轮和旋转锉刀进行的磨削，用于清理砂铸件：砂带磨削一般用作从压铸件上去除毛刺和表面瑕疵，或用于去除挤压材表面上的模具痕迹和划痕，使表面精整。清理时要注意健康与安全，特别要防止火灾。

（2）干磨剂喷丸清理。喷砂是镁合金最常用的干磨剂喷丸清理方法。许多铸造厂使用具有 25 或 35AFS 精度的硬质硅砂，但偶尔也会使用钢渣、玻璃球或是锌或铝的短丝。

通常铸件在振动落砂之后，要立即进行喷砂处理，以提示出任何大的表面缺陷。在锯掉浇口、注口、冒口等准备工作之后，在酸洗之前还要用砂或钢渣进行最后的磨剂喷砂处理。但是，由于钢渣会在镁的表面嵌入铁而容易造成表面腐蚀，应引起注意。

大多数形式的干磨剂喷砂对镁表面的抗腐蚀性有不利影响，见表 12-5。必须通过随后进行的酸洗或其他特殊处理消除这些负面影响，以保持合金原有的防腐性能，确保最终保护性涂层的性能。

**表 12-5　机械表面处理对压铸合金 AZ91B 盐喷腐蚀的影响**

| 表面清理方法 | 平均腐蚀率（72h 曝置）/$mm \cdot a^{-1}$ |
|---|---|
| 原始铸造表面 | 0.914 |
| 振动抛光 | 0.762 |
| 钢丝刷洗 | 1.71 |
| 玻璃球喷丸，0.7mm 的球体，415kPa | 4.064 |
| 玻璃球喷丸，0.11mm 的球体，415kPa | 16.002 |

干磨剂喷砂处理对耐腐蚀性的有害影响主要是铁的污染。这不仅是铁的机械转移，而且包括在高能冲击下与铁的氧化物发生化学反应。由于存在铁的氧化物杂质或从钢设备上带出的铁，这种现象也可能发生在非铁介质上，如矾土和玻璃球。就损害镁的防腐蚀性能而言，干式喷砂介质有钢球或钢渣、硅砂、高纯度矾土、玻璃球、锌短丝和铝短丝（按严酷程度降序排列）。

为了除去干磨剂喷砂带来的污物，需要通过酸洗将表面去掉 50μm。表 12-6 为常用于这一目的的两种酸洗处理，即硫酸水溶液及硫酸和硝酸的混合水溶液，并说明了它们的使用条件。然而，用其本身不会带来严重污染的机械方法清理金属表面具有与酸洗相同的效果。

**表 12-6　镁合金的酸洗处理**

| 处理方法 | | | 溶液 | | | | |
|---|---|---|---|---|---|---|---|
| 处理酸洗 | 主要用途 | 金属去除量/μm | 成分 | 含量/$g \cdot L^{-1}$ | 工作温度/℃ | 浸渍时间/min | 容器箱体材料或内衬 |
| 用于铸造或变形镁合金 | | | | | | | |
| 铬酸 | 去除氧化物、焊剂和锈蚀产物 | 无① | $CrO_3$ | 180 | 21~100② | 1~15 | 不锈钢、1100 铝、铅 |
| 硝酸铁③ | 光亮饰面，使裸金属表面产生最大的耐腐性；压铸件的精整 | 8 | $CrO_3$ | 180 | 16~38 | 1/4~3 | 316 型不锈钢、乙烯、聚乙烯 |
| | | | $Fe(NO_3)_3 \cdot H_2O$ | 40.0 | | | |
| | | | NaF | 3.5 | | | |

续表 12-6

| 处理方法 | | | 溶液 | | | | |
|---|---|---|---|---|---|---|---|
| 处理酸洗 | 主要用途 | 金属去除量/μm | 成分 | 含量/g·L$^{-1}$ | 工作温度/℃ | 浸渍时间/min | 容器箱体材料或内衬 |
| 用于铸造或变形镁合金 | | | | | | | |
| 氢氟酸 | 用于化学处理时活化表面 | 3 | 50% HF | 230 | 21~32 | 1/3~5 | 316 型不锈钢、铅、橡胶 |
| 硝酸 | 用于硝酸铁处理时的预酸洗④；使变形合金表面光亮 | 13~25 | 70% $HNO_3$ | 50 | 21~32 | 1/5~1/2 | 不锈钢 |
| 硝酸-氢氟酸⑤ | 化学处理时的预酸洗和活化 | 8 | 70% $HNO_3$ | 140 | 21~32 | 1 | 聚乙烯氢化物、聚乙烯 |
| | | | 50% HF | 60 | | | |
| 仅用于变形合金 | | | | | | | |
| 醋酸-硝酸钠 | 去除轧屑；改善金属的耐蚀性 | 13~25 | $CH_3COOH$ | 192 | 21~27 | 1/2~1 | 3003 铝合金、陶瓷、铅 |
| | | | $NaNO_3$ | 50.0 | | | |
| 乙醇-硝酸钠 | 去除轧屑或表面氧化物；改善耐腐蚀⑥ | 12~25 | 70% $CH_2OHCOOH$ | 230 | 16~49 | 1/2~1 | 橡胶 |
| | | | $NaNO_3$ | 40 | | | |
| 铬酸-硝酸钠 | 去除轧屑或残留的石墨；焊接前的预清洗 | 13 | $CrO_3$ | 180 | 21~32 | 3 | 不锈钢、铅橡胶、乙烯树脂 |
| | | | $NaNO_3$ | 30 | | | |
| 各酸-硫酸⑦ | 点焊前预清洗 | 8 | $CrO_3$ | 180 | 21~32 | 3 | 不锈钢、1100 铝、陶瓷、橡胶 |
| | | | 96% $H_2SO_4$ | 0.9 | | | |
| 仅用于铸造镁合金 | | | | | | | |
| 铬酸-硝酸-氢氟酸 | 去除压铸件上的表面偏析 | 6~25 | $CrO_3$ | 280 | 21~27 | 1/6~1/4 | 聚氯乙烯、聚乙烯 |
| | | | 70% $HNO_3$ | 35 | | | |
| | | | 50% HF | 12 | | | |
| 氢氟酸-硫酸 | 压铸件的预酸洗；喷丸效应 | 2.5 | 50% $HNO_3$ | 180~240 | 21~32 | 2~5 | 聚氯乙烯、聚乙烯 |
| | | | 96% $H_2SO_4$ | 90 | | | |
| 硝酸-硫酸⑧ | 消除砂型铸件上的喷丸效应 | 50 | 70% $HNO_3$ | 77.0 | 21~32 | 1/6~1/4 | 纤维增加型塑料、聚氯乙烯、聚乙烯、陶瓷、橡胶、玻璃 |
| | | | 96% $H_2SO_4$ | 20 | | | |
| 磷酸 步骤 1 | 消除压铸件的表面偏析 | 13~25 | 85% $H_3PO_4$ | 425~866 | 21~27 | 10~15s | 纤维增强型塑料、聚氯乙烯、聚乙烯 |
| 磷酸 步骤 2⑨ | | | NaOH | 80~120 | 21~27 | 30s | 碳钢 |
| 硫酸⑧ | 消除砂型铸件上的喷丸效应 | 50 | 96% $H_2SO_4$ | 30 | 21~32 | 1/6~1/4 | 纤维增加型塑料、聚氯乙烯、陶瓷、橡胶、铅、玻璃 |

①氯化物污染可引起腐蚀；②为了去除焊剂，溶剂必须为 88~100℃；③也为了对透明涂层做预处理。为了获得最均匀的外观，酸洗前必须对压铸件表面进行机械抛光，因为硝酸铁溶液会加重压铸件表面的流痕及压铸件的表面偏析；④采用硝酸预处理可增加溶剂的寿命并减少硝酸铁酸洗的处理时间；⑤金属去除量可控制。压铸件表面无污点；⑥与醋酸相比，非挥发性的乙醇酸可降低成本；⑦在使用这种酸浴之前，应先将零件浸入温度为 21~32℃、含量为 18g/L 的 $H_2SO_4$ 的溶液中 1/4min，接着用冷水冲洗干净；⑧用称重试样监测金属的去除量；⑨步骤间不用冲洗。

## 12.2.2　化学清洗

### 12.2.2.1　溶剂清洗和蒸汽脱脂

用于去除稀油、成型的润滑脂、蜡、淬火油、防腐油、抛光及磨光膏（剂）和其他溶性污物及杂质。如机加工粉末或碎片之类的固体颗粒可利用溶剂的冲洗去除，因为溶剂能溶解将金属细粒粘到零件上的稀油或油脂。在碱洗、涂漆、电镀和化学处理之前，以及在机加工和成型加工之前后都必须进行这些过程。在其他情况下可根据要去除的残留油量选择溶剂清洗。

镁合金所使用的方法、设备和溶剂都与其他金属相同。三氯乙烯和全氯乙烯是最常用的溶剂。二氯甲烷能有效清除铸件表面过量的有机树脂浸渍剂。这些溶剂对镁没有害处，但含甲醇的混合物溶剂决不能用于镁。

### 12.2.2.2　乳剂清洗

利用弥散在液体介质中的有机溶剂可用来清除稀油和磨光剂。这种乳状清洗剂必须是重型或碱性的，pH 值为 7.0 或更高（最好在 9.0 以上），以便不侵蚀镁的表面。乳状清洁剂在清除大面积的杂质时也会留下一薄层残油，这些残油必须在随后进行的碱洗过程中去除。使用水溶性乳状清洁剂之前必须对其进行试验，以避免对金属可能造成的浸蚀和点蚀。

最近研制出的以添加了表面活性剂和去污剂的天然柠檬酸基为基础的环保型清洗剂成功地用在了镁零件上。在使用之前要对使用于镁的专利清洁剂的安全性和有效性进行试验。

### 12.2.2.3　碱洗

碱洗是对准备进行涂漆、化学处理或电镀的镁合金材料进行清洗时最常用的方法。碱洗还用于去除镁上面的铬酸盐。

与清洗铝合金不同的是，镁合金（ZK60A 除外）不受普通碱类的腐蚀，甚至 pH 值在 12.0 以上的碱类也不能明显腐蚀镁合金。几乎任何适用于低碳钢的强力碱性清洗剂或苛性浸渍液在浸渍和阴极化方式下都能对镁合金起到令人满意的作用。用于镁合金的碱性清洗剂的 pH 值应为 11.0 或更高。

浸渍类清洗剂通常以氢氧化物碱类、碳酸盐、磷酸盐和硅酸盐为基础，最好是两种或两种以上的清洗剂结合起来使用，也包含作为乳化剂的天然树脂酸盐和合成的表面活化剂。浸渍类清洗剂的温度为 71~100℃，浓度为 30~75g/L。用于喷洗的碱性清洁剂不能含表面活化润湿剂，因为会引起起泡。喷溅产生的机械力有助于去除污物。

阴极法清洗是将工件置于清洗溶液中并作为阴极施加约为 6V 的直流电压。不推荐阳极法清洗，因为它会形成有害的氧化物以及氢氧化物膜。长时间的阳极清洗还导致镁的表面产生点蚀。

表 12-7 所示为用于镁合金浸渍和电解清洗的简单水溶液以及电镀前使用的浸渍或电解清洗剂配方和使用条件。

**表 12-7 两种不同用途的镁合金清洗剂配方和使用条件**

| 浸渍和电解清洗的简单水溶液制备和使用条件 | | 电镀前使用的浸渍或电解清洗剂制备和使用条件 | |
|---|---|---|---|
| 三磷酸钠（$Na_2CO_3 \cdot 12H_2O$）/$g \cdot L^{-1}$ | 30 | 碳酸钠（$Na_2CO_3 \cdot 10H_2O$）/$g \cdot L^{-1}$ | 22.5 |
| 碳酸钠（$Na_2CO_3 \cdot 10H_2O$）/$g \cdot L^{-1}$ | 30 | 氢氧化钠（NaOH）/$g \cdot L^{-1}$ | 15 |
| 润湿剂/$g \cdot L^{-1}$ | 0.7 | 润湿剂/$g \cdot L^{-1}$ | 0.7 |
| 工作温度/℃ | 82~100 | 工作温度/℃ | 82~100 |
| 浸泡时间/min | 3~10 | 浸泡时间/min | 3~10 |

这些溶液中的任何一种用作电解清洗剂时，在 6V 直流电压作用下，作为阴极的工件的电流密度为 1~5A/$dm^2$。氢氧化钠含量超过 2%的清洁剂会腐蚀 ZK60A。

碱洗后的彻底冲洗可预防对酸洗和处理溶液的污染。例如，带入到酸溶液中的黏性皂会形成一层油性表面，它将污染随后要在该溶液中进行处理的部件。某些类型的表面污染不能用碱洗方法清除。这些污染物需要在一种适用的酸洗槽液中进行跟踪处理。

#### 12.2.2.4 酸洗

酸洗用于消除紧紧黏附在表面或不能溶解于溶剂和碱类的那些污物。这些污物包括氧化锈蚀、嵌入的砂粒和铁屑、铬酸黏附层、焊接残留物和烧焦的润滑剂。压铸件的原始铸造表面常有富铝偏析区，它会阻碍与转换涂层溶液的反应。选用合理的酸性液对镁材表面处理有重要作用。

（1）清除先前的加工及处理过程中造成的易使表面腐蚀的污物。已证明酸洗能进一步降低高纯度压铸合金 AZ90D 的盐喷腐蚀率。在砂型铸件 AZ91E-T6 上，去除约 0.05mm 表面厚度的酸洗能有效消除喷砂造成的有害影响，但它往往会轻度增加对砂磨和机加工表面的腐蚀，这多半是由于暴露新阴极粒子造成的，见表 12-8。

**表 12-8 酸洗、湿喷砂及砂带磨削对砂模铸造镁 AZ91E-T6（原始喷砂表面）的盐喷腐蚀影响**

| 处理类型 | 表面去除量/μm | 平均腐蚀量 250h 盐喷/$\mu m \cdot a^{-1}$ | 处理类型 | 表面去除量/μm | 平均腐蚀量 250h 盐喷/$\mu m \cdot a^{-1}$ |
|---|---|---|---|---|---|
| 湿喷砂② | 10.2 | 1651 | 无（原始喷砂表面）酸洗① | 0 | 7823 |
| | 15.2 | 1270 | | 13.7 | 3454 |
| | 17.8 | 965 | | 27.9 | 990 |
| | 22.8 | 2082 | | 65.5 | 584 |
| | 27.9 | 813 | 干砂带研磨③ | 198.1 | 305 |
| | 48.2 | 760 | | | |

① 5%~10%的硫酸；②湿喷砂，氧化铝；③中等（50）氧化铝粒。

（2）去除氧化膜和提供存放期间的保护。

（3）提供化学转化涂层工艺所需要的清洁表面。这对 pH 值为 4~5 的弱酸处理尤为重要，例如铬酸盐或硝酸铁。这些处理本身不会造成大的腐蚀或金属损失。

在选择一种酸洗处理方法时，要考虑被清除表面污物种类、被处理的镁合金类型、容许的尺寸损失以及理想的表面外观。

对于无表面涂层或具有透明涂层的镁合金产品，所希望的是不仅有一个漂亮的外观，而且能改善金属表面的耐腐蚀性。这可以通过用硝酸铁、乙酰-硝酸盐和磷酸酸洗来实现。硝酸铁酸洗会沉积一层肉眼看不见的氧化铬膜，此膜可钝化表面，从而改善耐腐蚀性能。乙酰-硝酸盐和磷酸酸洗起多价复合剂的作用，它们能有效去除镁表面甚至看不见的其他微量金属，从而可防止局部腐蚀。虽然所有这些方法都能有效改善耐蚀性能，但以硝酸铁和磷酸酸洗效果最佳。表面准备及酸洗对模铸及砂铸 AZ91 合金的盐喷腐蚀速度的影响，见表 12-9。

**表 12-9　表面准备及酸洗对模铸及砂铸 AZ91 合金的盐喷腐蚀速度的影响（曝置 168h 之后）**

| 表面处理类型 | 平均腐蚀速度/$\mu m \cdot a^{-1}$ | |
|---|---|---|
| | 压铸件 AZ91D-F | 砂型铸件 AZ91E-T6 |
| 原铸造态 | 229 | — |
| 酸洗① | 25.4 | — |
| 喷砂 | — | 9144 |
| 喷砂及酸洗 | — | 635 |
| 砂带研磨② | 102 | 356 |
| 砂带研磨及酸洗 | 51 | 686 |
| 砂磨及锉光 | 203 | 380 |
| 砂磨、锉光和酸洗 | 51 | 533 |

① 5% $H_2SO_4$，表面去除 38~51μm；② 中等氧化铝粒，去除 127μm 表面厚度。

#### 12.2.2.5　氟化物阳极化处理

氟化物阳极化处理能清除镁合金铸件表面污物，同时又不大量溶解金属表面的替代方法。在这种处理中，零件浸在 16~30℃ 的 15%~25%的氟化氢铵（$NH_4HF_2$）溶液里并施以交流电流，液槽内衬橡胶；聚氯乙烯或聚乙烯。处理时，零件呈对排放，浸在浴液表面以下至少 230mm，通过镁合金的夹具施加电流。不得插入或连接非同类金属或将其屏蔽。氟化镁膜形成时，电流下降而电压升高，从低电位逐渐升高至 90~120V。电流持续 10~15min，或直到电流密度降到 $50A/m^2$ 时为止。这种氟化涂层不适合用作底漆，应在热铬酸中除去，并在后续的表面处理之前施以一合适的转化涂层。

### 12.2.3　机械抛光

机械抛光主要用于为镁的后续化学处理或涂层表面做准备，而不用作最终的表面处理，因为新暴露的表面在大多数环境下很快就会生成氧化/锈蚀膜。根据不同的外观要求，通常用的机械抛光方法有滚筒抛光、一般抛光、皮革擦光、振动抛光、纤维刷光、带式砂磨以及湿法或干法喷砂。用 0.10~0.25mm 玻璃球进行喷丸处理产生一种亚光表面。有时也使用塑料和切断的铝丝作喷砂介质。为了达到理想的机械抛光效果，应避免使用喷砂或钢球喷丸。因为使用了这些介质，需要强酸洗（去除 0.0254~0.0508mm 金属）来恢复其耐蚀性，而这种酸洗能严重改变机械抛光的效果。用塑料、切断的锌、铝或玻璃球作介质机械抛光的表面污染损害较小，而且通过后续的轻度浸蚀处理，如硝酸铁酸洗就能够很容易地消除其影响。用玻璃球或氧化铝做湿法喷丸造成的污染比任何干法喷丸工艺都小。下面简单介绍几种抛光方法。

#### 12.2.3.1 整体（滚筒）抛光

使用干式研磨滚筒抛光，通常仅限于用在较小和较薄的镁合金表面做最终精整，金属去除量必须控制在最小范围。湿式研磨筒子抛光用于去毛刺、磨光、一般抛光、辊光和镜面加工。

#### 12.2.3.2 振动抛光

振动抛光是将光滑和光亮处理与去除灰尘、氧化物、薄毛边和铸皮的清理作业结合起来。使用陶瓷和塑料作介质，介质的选择取决于部件的表面条件和所要求的光洁度。为了控制抛光作用而加入水里的化合物必须与镁合金相容。酸性添加剂会浸蚀镁的表面，决不能使用。因振动抛光和后续表面处理之间有一定的时间间隔，为保护表面，进行适当的冲洗和干燥是非常重要的。

#### 12.2.3.3 抛光与磨光

抛光与磨光都不能用于最终抛光处理，但可用于进行其他涂层的镁合金材料表面准备，如电镀和透明涂层。如表 12-10 所示，镁合金表面的高级抛光或磨光所需的程序与铝基合金相似。然而，由于大多数镁合金被擦伤和撕拽的程度都比较小，因此不必像处理铝合金那样使用那么多润滑剂。在抛光压铸件时，金属去除量要保持到最小程度，以保护压铸件的相对较薄的外部致密层。

**表 12-10 镁合金的抛光或磨光程序**

| 抛光类型 | 磨料粒度/目 | 抛光轮 | | |
|---|---|---|---|---|
| | | 类型 | 直径/mm | 速度/$m \cdot s^{-1}$ |
| 粗抛光① | 60~100② | 帆布、毛毡、羊皮 | 150~360 | 15.3~25.5 |
| 中度抛光③ | 100~320② | 合成织物 | 150~360 | 20.4~30.6 |
| 细抛光 | 240~400 | 布或羊皮 | 250~360 | 22.9~38.2 |
| 毛面抛光④ | 50~320⑤ | 圆盘抛光轮⑥ | 150~300 | 15.3~25.5 |
| 打磨光⑤ | ⑦⑧ | 棉布抛光轮 | 150~410 | 20.4~40.8 |

①仅用于粗糙表面，如砂型铸件；②氧化铝或碳化硅，可能要用油脂修整棒；③用于表面缺陷不太严重的表面或棉布打光之前；④用于最终抛光或电镀之前；⑤无油脂抛光剂；⑥松散或褶皱的棉布；⑦为产生一个具有中等光洁度的光滑表面而进行的一种剥皮工艺；⑧硅藻土或氧化铝合成抛光剂。

标准的抛光轮和研磨带用于消除镁合金部件上的粗糙表面、砂箱分界线和其他表面缺陷，根据表面粗糙度和所希望的最终抛光度选用粒度为 0.046~0.30mm（60~320 目）的氧化铝或碳化硅磨料。

游离铁或其他重金属粒子不得用作抛光镁合金的磨料，因为这些金属嵌入表面后可在零件存放期间引发局部腐蚀，或在化学处理或电镀前的酸洗过程中造成点蚀。

大型铸件在磨光之前需要对重要表面进行抛光。细抛光砂带用于外形尺寸较小的零件。外形较复杂的零件要使用无油脂研磨剂在研磨轮或布轮上抛光。磨光前的抛光操作中最常用的磨料粒度为 0.046~0.068mm（220~320 目）。

毛面精整或挠性轮抛光也可用于镁合金。这种表面效果是通过布轮可缓慢转动将无油脂的化合物施加在其表面上产生的，并且不需要任何润滑剂。

在低支纱织物缝就的磨轮上使用氧化铝或硅藻土研磨膏可将镁合金打磨出一个平滑、光亮的面层。对于镜面的抛光，可使用一种干石灰研磨剂。不应使用含游离铁或其他重金属磨料的磨光研磨膏。

## 12.3　镁合金材料的表面强化改性处理

### 12.3.1　镁合金材料的化学氧化处理

#### 12.3.1.1　化学表面处理的目的及工艺流程

为了有效提高镁合金的耐蚀性能，可以对镁合金的表面进行改性强化以提高抗蚀能力。实际应用中，为了降低生产成本，普遍采用化学或电化学的方法，在镁合金表面形成致密完整的化学或电化学保护膜，再进行涂装，以达到防护和精饰的目的。化学氧化可获得 0.5 ~ 3μm 的薄膜层，电化学氧化可获得 10~40μm 的厚膜层。

无论是化学还是电化学方法，在进行表面改性强化之前，都要对镁合金进行一定的前处理，以获得均匀、活泼的表面，保证表面处理的质量。同时，经过处理液处理后，为了提高其抗蚀性，也要进行一定的后续处理。常用的镁及镁合金材料化学表面处理工艺流程如图 12-1 所示。

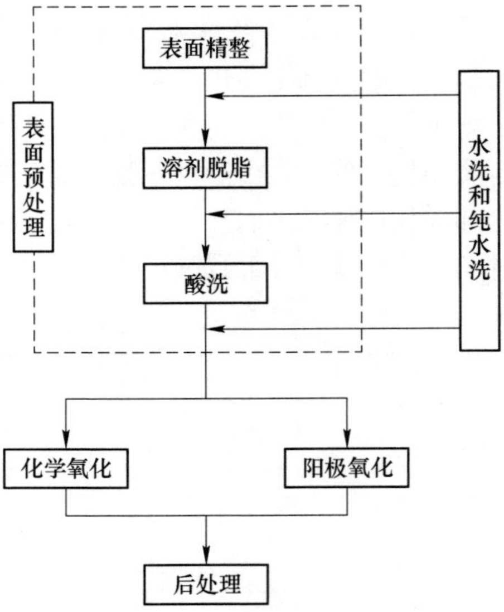

图 12-1　镁及镁合金材料化学表面处理工艺流程

为了除去金属表面油脂，常用 NaOH 等碱性溶液，加入表面活性剂对镁合金进行溶剂脱脂。之后，对镁合金表面自然生成的氧化膜，用硫酸、硝酸、磷酸、柠檬酸、醋酸和氢氟酸等进行酸洗，除去氧化物，以获得活泼的表面。对于酸洗工艺中存在酸洗残渣附着的问题，可在工艺流程中添加除酸洗泥，从而获得更为活泼均一的表面，提高表面氧化的效果。经过表面预处理后的镁合金进行表面氧化，可以获得具有一定耐蚀性的氧化膜。之后，再进行干燥、封孔等后处理，最后进行涂装。

化学氧化又称化学转化膜处理。通过浸渍、喷淋或涂刷，使金属工件与化学处理液相接触，通过金属与处理液发生化学反应，在金属表面形成由氧化物或金属盐构成的钝化膜。镁合金化学转化膜的防腐蚀效果优于自然氧化膜的，但这层化学转化膜只能减缓腐蚀速度，并不能有效地防止腐蚀。所以一般只用于装饰、装运储存时的临时保护及涂装底层。

目前，镁合金的化学处理主要分为两大类：铬酸盐处理和非铬酸盐处理。表 12-11 所示为目前常用的化学氧化（转化膜）处理常用的方法及特点，表 12-12 所示为镁及镁合金材料化学氧化处理常用槽液和工艺条件。

**表 12-11 常用镁及镁合金化学转化处理方法的特点**

| 化学处理名称 | 化学处理号 | 目 的 | 腐蚀率 /mm · $a^{-1}$ | 应用合金 |
|---|---|---|---|---|
| 铬酸浸蚀 | 1 | 涂装底层，运输和室内储存保护 | 12~15 | 所有镁及镁合金锻件和铸件① |
| 稀铬酸刷涂② | 19 | 涂装底层，其他化学转化膜的修复，最好用于室内和适中的环境 | 忽略 | 所有镁及镁合金锻件和铸件 |
| 改进铬酸浸蚀③ | 20 | 涂装底层，室内储存保护 | 12 | 所有镁及镁合金锻件和铸件（主要为压铸件设计） |
| 稀铬酸浸蚀 | NH35 | 降低废水处理费用 | 2 | 所有镁及镁合金锻件和铸件 |
| 重铬酸④ | 7 | 涂装底层，加工表面在适中环境中可独立保护 | 3 | 所有镁及镁合金锻件和铸件 |
| 铬锰（MEL） | — | 除了在温室到沸点温度操作外，其余同 7 号 | 3 | 含铝、锌的镁合金 |
| 铬酸浸蚀 | 专利 | 涂装底层 | 6 | 所有镁及镁合金锻件和铸件 |
| 铬酸锰⑤ | Cr-22 | 低成本底层 | 忽略 | 所有镁及镁合金锻件和铸件 |
| 伽伐尼阳极氧化⑥ | 9 | 涂装底层，在加工面呈深棕色膜或黑色膜 | 忽略 | 所有镁及镁合金锻件和铸件 |
| 硝酸光亮浸蚀⑦ | 21 | 室内储存或适中环境保护 6 个月，透明膜打底或其他处理前适当预浸蚀 | 4 | 所有镁及镁合金锻件和铸件 |
| 硝酸铵⑧ | 18 | 涂装打底 | 忽略 | 所有镁及镁合金锻件和铸件 |
| 硝酸铁⑨ | — | 涂装打底 | 忽略 | 所有镁及镁合金锻件和铸件 |
| 锡酸盐浸蚀⑩ | 23 | 涂装打底，在任何铁工件上沉积锡，如果铝工件存在时不适用，适用 RF 研磨 | 忽略 | 所有镁及镁合金锻件和铸件 |

①用 1 号处理时，必须浸蚀活化，涂装打底效果优于 20 号改进型处理；②避免热水浸；③用于压铸件时，可产生比传统处理更均匀的效果；④比 1 号有更好的保护和涂装打底效果，处理前需要氟盐活化；⑤涂装打底和保护性均不如 1 号处理，但便宜；⑥处理前需要氟盐活化；⑦处理前机械研磨有利于外观；⑧保护不如铬酸盐处理，但毒性小；⑨有效膜形成时需要预浸蚀活化，不同的磷酸盐需要检验；⑩形成伽伐尼装配时处理。

**表 12-12 镁及镁合金化学氧化处理常用槽液和工艺条件**

| 槽液编号 | 槽液成分/g · $L^{-1}$ | | 温度/℃ | 时间/min | 应用范围 | 氧化膜颜色 |
|---|---|---|---|---|---|---|
| 1 | 重铬酸钾 | 15~20 | 70~80 | 0.5~2.0 | 各种镁合金，但对镁基体溶解较大 | 视合金成分而定，一般为黄色 |
| | 硝酸 | 15~25 | | | | |
| | 氯化铵或氯化钠 | 0.75~1.25 | | | | |
| 2 | 重铬酸钾 | 80~100 | 60~70 | 0.5~2.0 | 对 MB1、MB8 质量好，对 MB2 质量差，对 MB15 不适用 | 金黄或深棕色 |
| | 铬酸酐 | 3~4 | | | | |
| | 硫酸铵 | 3~4 | | | | |
| | 60%醋酸 | 8~15mL/L | | | | |
| 3 | 重铬酸钾 | 30~50 | 室温 | 1~15(MB2) | 对 MB15 质量好，其他合金也适用 | MB15 为黑色，其他合金为黄色 |
| | 铝钾矾 [$K_2Al_2(SO_4)\cdot 24H_2O$] | 8~12 | | 10~15(MB8) | | |
| | 60%醋酸 | 5~8mL/L | | 7~12(MB15) | | |
| 4 | 氟化钠 | 50~100 | 室温 | 5~15 | 铸件膜较耐蚀，其他半成品镁材也可用 | 灰褐色或黑色 |
| | 重铬酸钾 | 35~40 | 95~100 | 40~50 | | |

按照 ASTM 31 标准，将有机酸系、高锰酸钾系、铬系 Dow7、磷酸盐系转化膜、压铸 AZ91D 合金基体，在室温下分别浸入 3.5% NaCl 水溶液中进行 48h 全浸实验，结果见表 12-13。由表 12-13 可见，通过磷酸盐系处理的腐蚀率要比其他几种方式处理的低。

**表 12-13　不同转化处理的腐蚀率**　(mm/a)

| AZ91D | 有机酸系 | 高锰酸钾系 | Dow7 | 磷酸盐系 |
|---|---|---|---|---|
| 3.34 | 3.69 | 1.31 | 1.06 | 0.59 |

### 12.3.1.2　以铬酸盐为主的化学氧化处理技术

铬化处理工艺是较成熟的化学转化膜处理方法，它是使用铬酸酐和重铬酸盐为主要成分的氧化液对镁合金表面进行化学处理而获得保护膜。目前已形成了相关的行业标准，如 JIS H 8651 标准、ASTM D137-32 标准和 QJ/Z 134—85 标准。Sharma 研究了 Mg-Li 合金的铬酸盐化学转化膜，得到了厚度为 8~11μm 的铬酸盐膜，美国 Dow 公司开发了一系列镁合金铬化转化膜处理工艺。

含铬转化膜具有较好的防腐效果，与涂层相结合后，可在较高温度的环境中使用。但铬酸盐处理工艺中含有六价铬离子，具有毒性，污染环境，且废液的处理成本高。因此，开发新型的化学转化液已成为镁合金化学转化处理研究的当务之急。

铬化反应机理是金属表面的原子溶于溶液，引起金属表面与溶液界面的 pH 值上升，从而在金属表面沉积薄层铬酸盐，形成金属胶状物的混合物，这种胶状物包括六价与三价的铬酸盐和基体金属。这层胶状物非常软，但膜干燥后变硬。经过不高于 80℃ 的热处理，可以提高膜的硬度和耐磨性。干燥后膜的厚度只有湿状时的 1/4。并且膜形貌具有显微网状裂纹，这种显微裂纹是晶界破裂或化学转化膜干燥后尺寸收缩时形成的。这种显微裂纹有助于膜层与基体的结合。

铬酸盐混合层在潮湿的空气中起惰性屏障作用，阻止了腐蚀。铬酸转化膜在未失去结晶水时有很好的防锈效果。如果在高于 80℃ 的环境中使用，铬酸转化膜由于失去结晶水破裂和自修复性丧失，防锈作用大大降低。但如果转化膜上涂耐高温涂层，由于涂层锁住了结晶水的挥发，因此铬酸转化膜与涂层相结合可使用于较高的温度中。以重铬酸钾为主的化学氧化工艺见表 12-14。

**表 12-14　重铬酸钾为主的化学氧化工艺**

| 溶液配方 | | 工艺条件 | | 膜层外观 | 适合范围 |
|---|---|---|---|---|---|
| 成分 | 含量/g · $L^{-1}$ | 温度/℃ | 时间/min | | |
| 重铬酸钾（$K_2Cr_2O_7$）<br>硝酸（$HNO_3$）<br>氯化铵（$NH_4Cl$）或氯化钠（NaCl） | 40~55<br>90~120mL/L<br>0.75~1.25 | 70~80 | 0.5~2 | 草黄色至棕色 | 氧化膜的防护性不太好，在氧化过程中零件尺寸明显减少，所以仅适用于铸、锻件的毛坯件 |

续表 12-14

| 溶液配方 | | 工艺条件 | | 膜层外观 | 适合范围 |
|---|---|---|---|---|---|
| 成分 | 含量/g·L$^{-1}$ | 温度/℃ | 时间/min | | |
| 重铬酸钾（$K_2Cr_2O_7$）<br>铝钾矾（$K_2Al_2(SO_4)\cdot 24H_2O$）<br>醋酸（60% $CH_3COOH$） | 30~50<br>8~12<br>5~8mL/L | 15~30 | 5~15 | 金黄色至棕色 | 溶液稳定，操作方便，膜层质量好，氧化后尺寸变化小，适合于铸件、锻件、变形镁合金成品或半成品保护 |
| 重铬酸钾（$K_2Cr_2O_7$）<br>硫酸铵（$(NH_4)_2SO_4$）<br>铬酐（$CrO_2$）<br>醋酸（60% $CH_3COOH$） | 145~160<br>2~4<br>1~3<br>10~40mL/L | 65~80 | 0.5~1.5 | 金黄色至棕色 | 氧化膜防护性好，不影响公差，适合于容差小或具有抛光表面的镁合金成品或半成品保护 |
| 重铬酸钾（$K_2Cr_2O_7$）<br>硫酸铵（$(NH_4)_2SO_4$）<br>苯二甲酸氢钾 | 30~35<br>30~35<br>15~20 | 85~沸腾 | 15~21（MB2）<br>5~25（ZM5）<br>20~40（MB8） | MB2 军绿色<br>MB8 金黄色<br>ZM5 黑色 | 氧化膜防护性较好，适合于铸件（ZM5）发黑处理，也适合于成品或半成品组合件的保护 |
| 重铬酸钾（$K_2Cr_2O_7$）<br>重铬酸铵（$(NH_4)_2Cr_2O_7$）<br>硫酸铵（$(NH_4)_2SO_4$）<br>硫酸锰（$MnSO_4$） | 15<br>15<br>30<br>10 | 90~100 | 10~20 | 深棕色至黑色 | 氧化膜防护性好，适合于各种零件的保护 |
| 重铬酸钾（$K_2Cr_2O_7$）<br>硫酸镁（$MgSO_4$）<br>硫酸锰（$MnSO_4$） | 120~170<br>40~75<br>40~75 | 80~100 | 10~20 | 深棕色至黑色 | 氧化膜色泽深，外观美，防护性能较好，适合于各种成品和半成品 |
| 重铬酸钾（$K_2Cr_2O_7$）<br>硫酸锰（$MnSO_4$）<br>硫酸镁（$MgSO_4$） | 100<br>50<br>50 | 90~沸腾 | 5~10 | 深棕色至黑色 | 氧化膜防护性好，对零件尺寸无明显影响，适合于成品和半成品保护 |
| 重铬酸钾（$K_2Cr_2O_7$）<br>硫酸锰（$MnSO_4$）<br>铬矾（$KCr(SO_4)_2$）<br>pH 值 | 100<br>50<br>20<br>2.2~2.6 | 85~95 | 10~20 | 黑色 | 氧化后不影响表面粗糙度和尺寸，适合于含锰、铝等各种牌号和其他镁合金零件的发黑处理 |
| 氟化钠（NaF） | 35~40 | 15~35 | 10~15 | 深灰色至深棕色 | 氧化膜防护性较好，有较高的电阻，适合于成品、半成品、铸件和组合件的保护 |

重铬酸盐处理法本身不会大量地去除金属，因此可以用于精密加工零件。一般情况下，用重铬酸盐标准处理法形成的涂层大体上比铬酸处理形成的涂层厚（最高达 2μm），在温度较高的空气中具有更好的独立保护作用，可用作计算机磁盘驱动器敏感性元件、机加工表面上的最终涂层。除了含稀土或钍的合金以外，重铬酸盐处理法适用于所有镁合金产品。

虽然重铬酸盐化学转化膜有较好的防腐性，但必须注意六价铬对人体健康非常有害，它是一种致癌物质，还会引起溃疡。各国对六价铬的含量及相应排放有严格的标准。涂层中的六价铬在酸雨中还会释放，将导致全球的环境污染。因此逐渐地由磷酸盐、多聚磷酸盐、高锰酸钾、氟锆酸盐等替代铬酸盐进行化学转化膜处理。

#### 12.3.1.3　以磷酸盐为主的化学氧化处理技术

镁合金与钢铁一样可以进行磷化处理，但磷化膜层有很大的差异。以磷酸盐系处理时，一般温度为 40～100℃，时间 0.5～30min，得到的转化膜为磷酸锰，呈非晶态结构，表面较为平整，但存在网状微裂纹。用压铸 AZ91D 镁合金进行化学转化试验，转化膜在 3.5%NaCl 溶液中的阳极极化曲线呈现明显的钝化特征，膜层耐腐蚀能力大为增强。

以磷酸铁处理法作为镁压铸件的底漆，在严酷的环境下具有令人满意的性能。使用重金属化合物（如铜或镍盐）作催化剂的磷酸盐处理法不能用于镁。镁合金的磷酸盐处理工艺流程为：蒸汽脱脂→碱洗→酸洗→冷水冲洗→磷酸盐浸浴→冷水冲洗→苛性钠中和→冷水冲洗→热水冲洗→磷酸盐喷射或浸渍→冷水冲洗→后处理→干燥。为了更好地清洗材料的表面，在水洗后可增加一道超声波除锈和超声波清洗。

表 12-15 列出了镁及镁合金材料磷化处理溶液配方及工艺。Mg-Al 铸造合金在第一种溶液中得到的是细晶的绿色膜层，而对 Mg-Zn 变形镁合金，在同样的溶液中得到的则是灰色的粗晶膜层。镁合金的化学组成对磷酸盐膜的组成、颜色、晶粒粗细以及对基底的结合力都有明显的影响。

**表 12-15　镁及镁合金材料磷化处理溶液配方及工艺**

| 溶液组成/$g \cdot L^{-1}$ | 温度/℃ | 处理时间/min | 溶液组成/$g \cdot L^{-1}$ | 温度/℃ | 处理时间/min |
|---|---|---|---|---|---|
| 锰、铁（Ⅱ）的磷酸二氢盐 27～30<br>氟化钠　0.3 | 96～98 | 30～40 | 磷酸锌　15<br>硝酸锌　22<br>氟硼酸锌　15 | 75～85 | 0.5 |

镁及镁合金材料磷酸盐处理的最大缺点是溶液消耗快，每升溶液在处理 0.8$m^2$ 的表面后就需要校正其组成和酸度。近年来，研发出的 ZM5 合金铸件非铬酸盐化学表面处理新工艺，有明显的改良效果，新工艺的配方和工作条件参见表 12-16。

**表 12-16　ZM5 铸件化学氧化表面处理工艺溶液配方及其工作条件**

| 工序名称 | 溶液配方 | 工作条件 |
|---|---|---|
| 脱脂 | $w(NaOH) = 5\% \sim 10\%$；表面活性物质少许 | 88～94℃；20～30min |
| 水洗 | 超声波作用 | 室温 30～50s |
| 表面调整 1 | $\rho(HF) = 40g/L$；$\rho(HOCH_2CH_2OH) = 30g/L$ | 室温超声波作用 1～2min |
| 水洗 | 超声波作用 | 室温 30～50s |

续表 12-16

| 工序名称 | 溶液配方 | 工作条件 |
|---|---|---|
| 表面调整 2 | $w(NaOH)=20\%\sim30\%$ | 室温 25~30min |
| 水洗 | 超声波作用 | 室温 30~50s |
| 化学转化膜的生成 | 配方 1：$\rho(H_3PO_4)=4\sim6mL/L$<br>$\rho(Ba(H_2PO_4)_2)=45\sim70g/L$<br>$\rho(NaF)=0.5\sim4g/L$ | 88~97℃；10~30min |
| | 配方 2：$\rho(HNO_3)=5g/L$<br>$\rho(KMnO_4)=30g/L$<br>氟化氨 $\rho(NH_4F)=5g/L$ | 40~60℃；0.5~1.5min |
| | 配方 3：$\rho(NH_4H_2PO_4)=120g/L$<br>$\rho((NH_4)_2SO_3)=30g/L$<br>$\rho(NH_3)=6mL/L$ | 室温 1.5~2.5min |
| 水洗 | 超声波作用 | 室温 30~50s |
| 干燥 | 环氧树脂 | 吹风机吹干 |
| 涂层 | 丙酮环氧树脂 10%；乙二氨环氧树脂 8% | 室温浸涂法 |
| 硬化 | | 160~200℃；6~8h |

#### 12.3.1.4 以高锰酸钾为主的化学转化处理技术

镁及镁合金在纯粹的高锰酸钾水溶液中不易反应，但当加入 HF 或 $HNO_3$ 后与高锰酸钾组成盐溶，对镁合金表面进行处理可以得到耐腐蚀性能的转化膜。在 $1\sim200g/m^3$ 的高锰酸钾中分别加入 $HNO_3$（体积分数为 66%），HF（体积分数为 46%）进行试验，发现在试验开始镁合金体积增大和质量增加，同时也伴随着镁、铝的溶解。加硝酸后的增重要比加氢氟酸的增重高一些。在 HF 中形成的转化膜具有非晶态结构，膜层非常薄，膜层主要成分为氟化镁（$MgF_2$）、氢氧化镁和氧化锰。在硝酸中形成的转化膜层比在 HF 中的厚，主要成分是氧化锰。经这种方式得到的化学转化膜的防腐蚀性能与铬酸中形成的相当。

无论是哪一种溶液为主的溶液转化处理，都有其优缺点，即使同一种溶液，在不同温度和处理时间，由于操作人员的人为因素等原因都会引起膜层质量差异。

### 12.3.2 镁合金材料的电化学处理技术

#### 12.3.2.1 概述

电化学氧化主要是指阳极氧化技术。它是在外加电压和电流的作用下，将镁合金试件作为阳极，用不锈钢、石墨或金属电解槽器壁作为阴极，在一定温度的电解液中，通过试件与处理液之间的电化学反应，在试件表面形成保护性膜层的表面处理技术。

20 世纪 50 年代 HAE 和 Dow17 工艺的相继出现，使阳极氧化技术在镁合金防护处理中的实际应用成为可能。后来开发了 Anomag 工艺、Magoxid-coat 工艺和 Tagnite 工艺等。传统的阳极氧化方法得到的镁合金阳极氧化膜不透明，但应用 Anomag 工艺可以得到透明的氧化膜，且其耐蚀、耐磨性能也优于传统的阳极氧化膜，从而开拓了镁合金的应用领域。Magoxid-coat 工艺在试件的边缘及深凹处也可产生均匀的膜层，耐磨、抗蚀性能优良，具有高的耐折强度。Tagnite 工艺在碱性溶液中生成白色硬质氧化陶瓷层，该方法所得到的氧化膜与基体结合牢固。

Barton 等研究了氢氧化钠、偏铝酸钠、氟化钠、柠檬酸钠、四硼酸钠、磷酸氢二钠组成的电解液对于镁阳极氧化膜的影响。认为电解液中 $F^-$ 和 $PO_4^{3-}$ 的作用是调整膜的光泽度，四硼酸盐是调节颜色和厚度，并降低起弧电压，柠檬酸根离子提供游动的可控的弧光，并防止孔蚀的形成。

在 $NaAlO_2$ 溶液中对镁合金进行电化学氧化处理，得到了致密的氧化膜层，其组成为立方结构的 MgO 和 $Na_2Al_2O_4$。近年研发的一种环保型阳极氧化工艺，所得膜层的平均腐蚀速率、耐点蚀能力和击穿电压等性能优于传统的 Dow17 工艺，阳极氧化膜的主要成分是 MgO 和 $Mg_3B_2O_6$，具有多孔结构，孔径均匀。

对镁合金材料进行表面化学氧化和阳极氧化处理各有优缺点，见表 12-17。

**表 12-17　镁合金氧化工艺技术优缺点比较**

| 氧化工艺 | 优　　点 | 缺　　点 |
|---|---|---|
| 化学氧化 | 设备简单，投资少，容易操作，成本低 | 耐蚀性较差，含有的重金属离子影响镁合金的回收 |
| 阳极氧化 | 耐蚀性、耐磨性好 | 氧化电压高，电流密度大，弧光放电明显，处理成本较高，且安全性差 |

阳极氧化是利用电化学方法在金属及其合金表面产生一层厚且相对稳定的氧化物膜层，生成的氧化膜可进一步进行涂漆、染色、封孔或钝化处理。与铝合金相比，镁合金阳极氧化的电压、电流密度更高，电解液组成更为复杂。在大多数电解质溶液中，只有在较高电压和电流密度下才可能成膜。因此，镁阳极氧化时常伴有火花放电现象。镁合金阳极氧化技术可分为普通阳极氧化技术与微弧氧化技术。微弧氧化又称等离子体氧化或阳极火花沉积，是近几年来兴起的一种表面强化处理技术，它突破传统阳极氧化技术工作电压的限制，将工作区域引入到高压放电区，利用微弧区瞬间高温烧结作用，直接在金属表面原位生长陶瓷膜。

根据电解条件，镁阳极上可能发生下列各个不同的过程：镁的阳极溶解，阳极表面形成极薄的钝化膜同时也伴随着膜的化学溶解。阳极氧化是目前镁及镁合金常用的表面防护处理技术，通过阳极氧化处理，可以得到具有防护、装饰和提供优良的涂装基底等多种功能的膜层，该膜层的耐蚀性和耐磨性，其硬度一般均比化学方法制备的膜层高。缺点是复杂制件难以得到均匀膜层，膜的脆性也较大，膜层多孔。与铝合金阳极氧化膜层相比，镁合金的氧化膜与基体的结合力要差些。

早期的阳极氧化处理是使用含铬的有毒化合物，废液的处理成本提高，并且污染环境。后来开发了以高锰酸盐、硼酸盐、硫酸盐、磷酸盐、可溶性硅酸盐、氢氧化物和氟化物为主的无毒阳极氧化处理液。阳极氧化选用的电解液，应符合以下三点要求。

（1）保证氧化膜的生成速度高于溶解速度。

（2）所制得的氧化膜应具有良好力学性能和理化性能，如强度、弹性、耐磨性、抗蚀性和吸附性等。

（3）成分简单、来源丰富、经久耐用、耗电少、安全无毒和使用方便。

电解液的成分对镁合金阳极氧化膜的成分和结构有很大的影响，调整电解液的成分可以得到不同性能的阳极氧化膜。镁合金阳极氧化工艺用电解液分为酸性电解液和碱性电解液两种类型。A. K. Sharma 等人研究发现，ZM21 镁合金的阳极氧化过程中膜沉积速度随着电极温度的升高和电流密度的增大而增加，所得到的氧化膜在恶劣环境中具有高的稳定性，能很好地吸收太阳光，发射红外光，并且能耐高温，因此可应用于热控装置。

采用直流电阳极氧化时，阳极上挂氧化件，阴极上挂铅板或不锈钢板。采用交流电时，两极上均可以挂氧化件。镁及镁合金阳极氧化槽液成分和工艺条件见表 12-18。

**表 12-18 镁及镁合金阳极氧化槽液成分和工艺条件**

| 槽液编号 | 槽液成分/$g \cdot L^{-1}$ | | 温度/℃ | 电流密度/$A \cdot dm^{-2}$ | 交流电压/V | 时间/min |
|---|---|---|---|---|---|---|
| 1 | 氟化铵<br>铬酐<br>氢氧化钠<br>磷酸 | 200~250<br>35~45<br>8~12<br>55~95 | 60~88 | 1~3 | 90~100 | 30~45 |
| 2 | 氟化铵<br>重铬酸盐<br>磷酸 | 200~250<br>90~100<br>85~100 | 60~80 | 30 | 100 | 30~45 |
| 3 | 高锰酸钾<br>磷酸三钠（$Na_3PO_4 \cdot 12H_2O$）<br>氟化钾<br>氢氧化钾<br>氢氧化铝 | 19<br>35<br>35<br>130<br>35 | 30±2 | 1~3 | 65~70 | 30~40 |
| 4 | 氢氧化钾<br>硼酸钠（$Na_2B_4O_7 \cdot 10H_2O$）<br>氢氧化铝<br>氟化钾<br>磷酸三钠（$Na_3PO_4 \cdot 12H_2O$）<br>苯酚（$C_4H_5OH$） | 120<br>60<br>35<br>35<br>35<br>5 | 30±2 | 2.0 | 110~120 | 30~40 |

最常用的镁及镁合金阳极氧化工艺列于表 12-19 中。

**表 12-19 镁及镁合金的阳极氧化工艺**

| 工艺 | 电解液组成 | 电流密度/$A \cdot dm^{-2}$ | 电流类型 | 电解液温度/℃ | 膜层颜色 |
|---|---|---|---|---|---|
| Dow17 | 二氧化铵、重铬酸钠、O-磷酸 | 0.5~5.0 | DC | 70~80 | 绿色 |
| HAE | 氟化钾、磷酸钠、氢氧化钾、氢氧化铝、高锰酸钾 | 1.5~2.5 | AC 或 DC | 27 | 褐色 |
| AHC Magoxid-Coat | 无机酸（氢氟酸、磷酸、硼酸）、有机物 | 1.0~5.0 | 带等离子体化学反应的特种类型 | 15~20 | 白色 |

HAE 和 Dow17 分别是使用碱性和酸性电解液的有代表性的阳极氧化方法。在碱性溶

液中，苛性碱是溶液的基本组分，镁合金在只含苛性碱的溶液中十分容易阳极化成膜，膜的主要组成为氢氧化镁，该膜层孔隙率高。在阳极化过程中，膜层厚度几乎随时间线性增长，直到到达相当高的厚度，在碱性介质中不溶解。但该膜层结构疏松，同基底的结合力和防护性能十分差，所以在所有阳极氧化的电解液中都添加了其他组分，以改善膜的结构及其相应的性能。表 12-20 列出了几种镁合金在碱性溶液中阳极化的方法。从表 12-20 中可以看出添加组分有硅酸盐、磷酸盐、硼酸盐、碳酸盐和氟化物以及某些有机物。所得的阳极氧化膜含有这些盐的酸根，其对应的镁盐在酸性介质中均相当稳定。

**表 12-20 镁合金在碱性溶液中阳极化的方法**

| 方法序号 | 电解液组成/$g \cdot L^{-1}$ | | 电流密度/$A \cdot dm^{-2}$ | 电压/V | 温度/℃ | 时间/min | 厚度/μm |
|---|---|---|---|---|---|---|---|
| 1<br>(Dow17) | 氢氧化钠<br>乙二醇<br>草酸 | 240<br>70<br>25 | 1.1~2.2<br>(交流或直流) | 4~6 | 70~80 | 15~25 | 3~8 |
| 2① | 氢氧化钠<br>水玻璃（$d$=1.397）<br>苯酚 | 140~169<br>15~18mL/L<br>3~5 | 1.5~1<br>(直流) | 4~6 | 60~70 | 30 | 7~15 |
| 3②<br>(HAE) | 氢氧化钾<br>氟化钾<br>氢氧化铝<br>磷酸三钠<br>锰酸 | 160<br>34<br>30<br>34<br>19 | 1.6<br>(交流) | 30 | 24~29 | 60 | 35 |

① 后处理溶液：$Na_2HPO_4$ 含量为 0.3~0.5g/L，$K_2Ce_2O_7$ 含量为 0.3~1g/L。
② 后处理溶液：HF 含量为 200g/L。

在酸性溶液中进行阳极氧化的方法比在碱性溶液中进行要少得多，但目前获得最广泛应用的却是利用酸性类电解液。例如，美国陶氏公司的 Dow17 方法。Dow17 方法可应用于所有形式和系列的镁合金上。经过 Dow17 处理后，合金表面产生两相双层膜，在低压下形成厚约 5.0μm 的浅绿色或绿黄褐色膜，这种膜主要用于涂装打底。有时这层薄膜被厚约 30.4μm 而透明的深绿色的第二相膜所覆盖。第二相膜脆性很强且有极好的耐磨性，在高压时形成，其耐腐蚀性和作为涂装底层的性能都很优异，尤其用树脂或漆封闭后效果更佳。

镁合金阳极氧化既可以使用直流电，也可以使用交流电。后者设备简单，使用较为普遍，但阳极氧化所需时间约为使用直流电时的两倍。电流密度为 0.5~5A/$dm^2$，终电压视所需膜的类型，根据表 12-21 和合金的种类而定。当阳极氧化开始时，要使电压升至 30V，此后则以保持恒电流密度来逐渐提升电压。溶液的工作温度为 70~80℃。

镁合金在酸性溶液中阳极氧化得到的膜层，组成比较复杂，大致为含镁的磷酸盐和氟化物，此外还有铬。膜的耐热性十分好，在 400℃的高温下受热 100h，其性能和与基底金属的结合力均不受影响。当用 Dow17 方法对镁合金进行阳极氧化时，与上述 HAE 方法相似，随终电压的不同可以得到三种性能各异的膜层，见表 12-21。阳极氧化膜具有不同程度的孔隙率，所以在苛刻的盐腐蚀中必须进行封孔处理。

表 12-21 HAE 和 Dow17 两种方法取得的膜层类型及其性能

| 膜的类型 | 方法 | 终电压/V | 电流密度/A · $dm^{-2}$ | 时间/min | 外观 | 性 能 |
|---|---|---|---|---|---|---|
| 软膜 | HAE | 9 | 4（交流） | 15~20 | 米黄色 | 膜薄，硬度低，韧性好，同基材结合好，耐蚀性差 |
| | Dow17 | 40 | （交流） | 1~2 | 无色 | |
| 轻膜 | HAE | 60 | 1.8~2.0（交流） | 40~50 | 黄褐色 | 同基材结合尚好，耐蚀性较高，可做油漆底层 |
| | Dow17 | 60~75 | （交流） | 2.5~5 | 草绿色 | |
| 硬膜 | HAE | 85 | 1.8~2.0 | 60~75 | 棕黑色 | 硬度高，耐磨性和耐蚀性好，脆性大 |

#### 12.3.2.2 镁及镁合金材料阳极氧化成膜机理

在阳极氧化过程中，随着电压的不断升高，根据所得到的膜层及阳极氧化现象的不同，将阳极氧化的电流电压曲线划分为法拉第区、火花放电区、弧放电区。镁合金的氧化多采用高压，多数情况会发生火花放电现象。又由于镁合金的化学、电化学反应活性较高，阳极氧化时产生的激发态物质很多，发生一系列的物理与化学变化，使得镁合金的阳极氧化过程相当复杂。目前对于镁合金的研究主要集中在氧化工艺上，为进一步扩大镁合金的实际应用，提高镁合金氧化膜的性能，有必要对镁合金阳极氧化成膜机理进行深入研究，对于阳极氧化的成膜机理，目前主要有以下几种提法。

Zozulin 认为当电压高于已有膜层的击穿电压时会产生火花放电现象，火花放电使得阳极氧化膜发生部分溶解，产生金属离子，同时溶液中产生等离子氧，同金属离子相结合产生熔融状态的氧化物膜层，由于火花放电时产生大量的热被溶液所吸收，熔融状态的金属氧化物被冷却，导致氧化物膜层的收缩，使得阳极氧化膜多孔。

Khaselev 等人认为火花放电是电子雪崩的结果。认为火花放电前，偶发的电子放电导致电极表面已生成的薄而致密的无定型氧化膜局部受热，引起小范围晶化，当膜达到某一临界值时，小范围的电子放电发展为大范围的持续电子雪崩，阳极膜发生剧烈的破坏出现火花放电现象。在电极上形成的氧化膜虽然连续，但在时间上并不是同时增长，同时阳极氧化时伴随着气体的蒸发，导致了氧化膜多孔。Vijh 等认为火花放电时析氧是由于电子雪崩的结果，雪崩后产生的电子被注射到氧化膜/电解液的界面，引起膜击穿，产生等离子体放电。

Young 等提出了热作用引起电击穿，认为界面膜层存在一临界温度 $T_m$，当膜层局部温度 $T>T_m$时便产生电击穿。Yahhlom 和 Zahavi 提出了由机械作用引起电击穿，认为电击穿主要取决于氧化膜/电解液界面的性质。Albella 认为阳极氧化时，电解液进入氧化膜的孔洞之中，形成放电中心，产生等离子体放电，使氧负离子、电解液中的阴离子同基体金属溶解所产生的阳离子迅速结合，同时放出大量的热，使得形成的氧化膜在基体表面熔融、烧结形成具有陶瓷结构的膜层。

#### 12.3.2.3 镁及镁合金材料阳极氧化的主要工艺方法及特点

A Dow17 工艺

Dow17 阳极氧化工艺由 Dow 化学公司开发，适用于镁及各种镁合金。阳极氧化溶液组成为 240~300g/L $NH_4HF_2$、100g/L $Na_2Cr_2O_7 \cdot 2H_2O$、86g/L $H_3PO_4$（85%）；温度为 70~

80℃、电压为 60~90V、电流密度为 0.5~5A/dm$^2$。

镁合金在上述溶液中的阳极氧化既可以使用直流电，也可以使用交流电，后者设备简单使用较为普遍，但阳极氧化所需时间约为使用直流电的两倍。当阳极化开始时，要使电压迅速升至 30V，此后则以保持恒电流密度来逐渐提升电压，当达到终止电压时，阳极氧化过程即完成，终止电压视所需膜的类型和合金的种类而定。阳极氧化膜如果不需要涂漆，还需在温度为 98~100℃、质量浓度为 53g/L 的水玻璃中进行 15min 的封闭处理。

在较低的终止电压下，得到的膜厚度约为 5μm、草绿色、膜层薄、硬度低、韧性好、同基体结合好，但耐蚀性较差，可做油漆底层；在较高的终止电压下得到的膜厚度约为 30μm、深绿色、耐磨性、耐蚀性较好、脆性较大。

经阳极氧化技术处理的纯镁及 AZ91D 镁合金，与化学转化膜相比腐蚀电阻大大提高。对于纯镁，在基体与氧化膜的界面上为一层很薄的阻挡层，外层为多孔层，膜的形成是由于基体/溶液交界处形成 $MgF_2$ 及 $Mg(OH)_2$，同时在孔隙处氧化膜不断溶解，产生 $MgF_2$ 和 $NaMgF_3$ 晶粒；在 AZ91D 镁合金上形成的膜不均匀，可能是由于在合金晶界处存在 Mg-Al 晶间化合物或表面缺陷所引起的，成膜机理与纯镁相似，外层也为多孔结构，存在 $MgF_2$ 和 $NaMgF_3$ 晶粒。

Dow17 工艺常用的槽液见表 12-19 和表 12-20。常用的 Dow17 电化学处理工艺见表 12-22。

**表 12-22　Dow17 电化学氧化处理溶液组成和操作条件**

| 操作条件 | 交流电操作 | 直流电操作 |
|---|---|---|
| 对两种颜色与厚度的膜阳极氧化 | | |
| 氟化氢铵（$NH_4HF_2$）/g·L$^{-1}$ | 240 | 360 |
| 重铬酸钠（$Na_2Cr_2O_7·2H_2O$）/g·L$^{-1}$ | 100 | 100 |
| 磷酸（855$H_3PO_4$）/g·L$^{-1}$ | 90 | 90 |
| 操作温度①/℃ | 71~82 | 71~82 |
| 电流密度/A·dm$^{-2}$ | 0.5~5 | 0.5~5 |
| 对薄亮绿色膜② | | |
| 电流消耗③/A·s | 860~1075 | 540~645 |
| 终电压③/V | 75 | 75 |
| 处理时间③/min | 4~5 | 2.5~3 |
| 对黑绿色厚膜④ | | |
| 电流消耗③/A·s | 4950（460） | 3230（300） |
| 终电压③/V | 100 | 100 |
| 处理时间③/min | 23⑤ | 15h |
| 封闭后处理⑥ | | |
| 硅酸钠水溶液（$Na_2Si_4O_9$）/g·L$^{-1}$ | 53 | |
| 温度/℃ | 93~100 | |
| 浸蚀时间/min | 15 | |

①溶液温度不能低于 60℃，在直到沸腾温度下操作而无负面影响。②在处理第一阶段形成，厚度为 5.0μm。③终电压和处理时间可变化，但对所有合金单位面积安培分钟数应保持恒定。④在处理第二阶段形成，厚度为 23~38.1μm。⑤保持电压，使电流减小 20min（交流）或 15min（直流），直到指示的最小单位平方米安培数，可产生厚膜。⑥可选。为了增加耐腐蚀性，应用于无有机涂装的工件，对苛刻环境如盐雾实验下无效。这时，阳极氧化需要树脂封闭或涂漆封闭，以获得足够的保护。浸入溶液，用冷水洗、热水洗、空气吹干。

B HAE 工艺

HAE 工艺是镁合金在碱性体系中阳极氧化获得实际应用的最有价值的一种方法，电解液由 120g/L KOH、34g/L KF、30g/L $Al(OH)_3$、34g/L $Na_3PO_4$、19g/L $KMnO_4$ 组成；温度为 15~30℃；电流密度为 2~2.5A/$dm^2$。

同 Dow17 工艺一样，当用 HAE 方法进行阳极氧化时，随过程所采取终电压的不同，所得膜层的性能有较大差异。在低电压下得到的是 5μm 厚、浅棕色软膜；在高电压下得到的则是与铝的硬质阳极氧化相当的 30μm 厚、深棕色膜。封孔后两种膜均具有优良的耐腐蚀性能。高压下得到的氧化膜硬度高、耐磨性好，但会严重影响基体的抗疲劳强度，在膜较薄时影响更为严重。阳极氧化膜在冷水中充分冲洗后，用重铬酸盐来进行封闭处理，溶液组成为 100g/L $NH_4HF$ 和 20g/L $Na_2Cr_2O_7 \cdot 2H_2O$，在室温下封孔 1~2min，防护性能明显提高。

在氧化液中，KF 和 $Al(OH)_3$ 的作用是促使镁合金能够在阳极氧化一开始就迅速成膜，以保证反应活性很高的镁基材不受溶液腐蚀。成膜的正常操作标志是，在阳极氧化开始阶段必须依靠电压的迅速增大才能维持规定的电流密度；反之若电压不能提升，或提升后电流大幅度增加或降不下来，则表示电极（镁合金）表面并未成膜，而是发生局部的电化学溶解。这一现象的出现，同时也是溶液中上述两组分含量不足的表现。高锰酸钾是提高膜硬度以及使膜层结构致密的主要组分，增大它在溶液中的含量还可以降低过程的终电压。

HAE 法它可用于所有镁合金牌号，只要其不接触或嵌入其他金属，在 HAE 方法中，基体镁合金将被消耗掉一部分，膜厚的增长部分有一半将弥补被消耗掉的基体，工件尺寸的增厚实际只有产生膜厚的一半。HAE 阳极氧化处理工艺流程如下，HAE 处理的操作条件及溶液配方如表 12-23 所示。

蒸汽脱脂（a）→碱洗→冷清洗（b）→阳极氧化（c）→冷清洗（b）→重铬酸盐→双氟盐侵蚀→空气吹干→加热湿气时效（d）。

这里：（a）如果有必要。（b）完全浸入并充分搅拌。（c）阳极氧化前不需要酸洗。使用交流电，膜层沉积分为两个阶段：第一阶段是亮的黄色膜，厚度约为 5.0μm，然后形成厚度一般为 30.4μm 的深棕色膜。（d）对不涂装的工件提高耐蚀性，在苛刻环境如盐雾实验下无效。这时，阳极氧化膜需要树脂封闭或涂漆封闭以获得足够的保护。

**表 12-23 HAE 处理溶液组成和操作条件**

| | | |
|---|---|---|
| 阳极氧化溶液组成/$g \cdot L^{-1}$ | 氢氧化钾 | 165 |
| | 氢氧化铝 | 34① |
| | 氟化钾 | 34 |
| | 磷酸三钠 | 34 |
| | 锰酸钾 | 19② |
| | 水 | 余量到 3.7L |
| 操作温度/℃ | | 室温到 32 |
| 电流密度/$A \cdot dm^{-2}$ | | 1.5~2.5 |

续表 12-23

| | | |
|---|---|---|
| 终电压/V | 第一阶段膜 | 65～70 |
| | 第二阶段膜 | 80～90 |
| 处理时间③/min | 第一阶段膜 | 7～10 |
| | 第二阶段膜 | 60 |
| 重铬酸盐—双氟盐溶液成分/g·L$^{-1}$ | 重铬酸钠 | 20 |
| | 氟化氢氨 | 100 |
| | 水 | 余量到 3.7L |
| 操作温度/℃ | | 21～32 |
| 浸蚀时间/min | | 1 |
| 加热—湿气时效 | 温度/℃ | 77～85 |
| | 相对湿度/% | 85 |
| | 时间/h | 7～15 |

① 对特别硬和耐磨的深棕色膜，每升溶液使用 45～53g 的氢氧化铝；② 等质量的高锰酸钾可用来代替锰酸钾。加入锰酸钾时，应先溶于水中再加入，还需加入 43g 的氢氧化钾；③ 处理时间与电流密度有关。电流密度增加，处理时间可缩短。对常规氧化膜，电流密度推荐使用 2A/dm$^2$。

HAE 阳极氧化处理溶液需要冷却，保持温度在 32℃以下，将待阳极氧化处理表面的工件成对挂起，施加恒电流，并随电压升高保持不变。处理时必须将嵌入的任何一种不同的金属屏蔽起来，同时须保持工件之间良好的电接触。阳极氧化处理溶液的配制方法：先用水溶解无水氟化钾和磷酸三钠，再加入溶解了氢氧化铝的氢氧化钾水溶液（将氢氧化铝溶解于沸腾的氢氧化钾），最后加入锰酸钾或高锰酸钾，它们在碱溶液里都不稳定，会转化成锰酸盐；将各种配料倒入溶液中时，必须不停地搅动使溶液均匀。HAE 溶液的使用寿命很长，锰和铝消耗很慢，锰化合物的消耗可从深棕色厚膜的光泽上反映出来。为了使涂层保持深棕色，经过处理大约 0.4m$^2$/L 的工件后，必须对电解槽中的溶液进行调整补充。补充溶液时，需不停地搅拌，每升溶液加入 3.7～7.5g 的锰酸钾或高锰酸钾，同时加入原始量铝的 15%～20%或 11g/L 氢氧化铝。氟化物和磷酸盐成分失效很慢，如果溶液是以原始量铝的 15%～20%连续使用，可每隔 6 个月添加一次。阳极氧化之后，要用水对零件彻底冲洗。如果将工件在 79℃时效 7～15h，保持 85%相对湿度，可以进一步增加膜的耐蚀性。HAE 法的设备需采取双层焊接结构，冷却板或线圈用低碳钢制成，挂具用镁合金，在液面下用合适的乙烯树脂带保护，可用钢夹将挂具夹到母线上。可形成电偶的铁、黄铜、青铜、锡、锌以及橡胶不能用作与溶液相接触的设备。

HAE 方法得到的阳极化膜，在冷水中经充分冲洗后，需在由 100g/L $NH_4HF_2$ 和 20g/L $Na_2Cr_2O_7 \cdot 2H_2O$ 所组成的溶液中，在室温下进行 1～2min 的封闭处理。后者可以中和膜层中残留的碱液，使它能与漆膜结合良好，还可以提高膜的防护性能。Mg-2%Mn 合金在碱性溶液中得到的阳极化膜，其主要组成为 $Mg(OH)_2$，具有六方晶格的晶体结构（$a$=0.313nm，$c$=0.475nm）。视合金组成的不同，除 $Mg(OH)_2$ 外，阳极化膜中可能还含有少量各合金元素的氢氧化物。当镁合金用 HAE 方法进行阳极化时，随过程所取终电压的不同，所得膜层的性能有较大的差异。在低电压下得到的是软膜；在高的终结电压下得到的则是同铝的硬质阳极化相当的硬膜。

C　Anomag 工艺

传统的阳极氧化方法得到的镁合金阳极氧化膜不透明，而应用 Anomag 工艺可以得到透明的氧化膜，在外观上可以与铝合金的氧化膜直接相匹配，耐蚀、耐磨性也远优于传统的阳极氧化膜，从而开拓镁合金的应用领域。

电解液的主要成分为氨水，以磷酸盐、铝酸盐、过氧化物、氟化物为添加剂。同时也可向溶液中加入硅酸盐、硼酸盐、柠檬酸盐、碳酸盐等。电解液中氨水的主要作用是抑制火花的产生，减少阳极氧化时产生的热量，使得该方法区别于传统的阳极氧化方法，无需冷却设备。当氨水的含量过低时，会产生火花放电现象，形成的氧化膜与传统的阳极氧化膜相似。

磷酸盐的加入是为了得到透明的阳极氧化膜，浓度越低，膜层的透明度越好；磷酸盐的浓度过高，得到的氧化膜不透明，同时在高压下会产生火花放电现象。过氧化钠的加入是为了降低成膜电压，但浓度较低时，对成膜不会有明显的影响；浓度过高时，会产生破坏性的火花，工件表面不会成膜。如果对阳极氧化膜颜色有特别的要求，还可以向溶液中添加染色剂，以产生不同颜色的膜层，对氧化膜的性能并无影响。另外该氧化过程采用氨水为电解液，温度应低于 40℃，同时应具有良好的通风设备。

同其他处理方法所得到的氧化膜一样，该氧化膜层也具有多孔微观结构。膜层组成主要为 MgO、$Mg(OH)_2$ 的混合物，以磷酸盐为添加剂时，膜层中存在 $Mg_3(PO_4)_2$。以铝酸盐或氟化物为添加剂时，膜层中会存在氟化镁、铝酸镁。膜层颜色是半透明或珍珠色，取决于电解液中添加剂的种类和浓度。

一般的阳极氧化技术，由于产生火花放电现象，得到的氧化膜粗糙多孔且部分烧结，电流效率低。而 Anomag 工艺得到的氧化膜孔隙分布比较均匀，电流效率较高。具有较好的耐蚀性、抗磨性，操作简单，槽液基本无害，膜生长速度快（达 1μm/min）。氧化膜层可单独使用，也可以进行着色、封孔、涂覆有机聚合物。

D　Magoxid-coat 工艺

Magoxid-coat 工艺是一种硬质阳极氧化技术，电解液包含磷酸根、硼酸根、氟离子，每种阴离子的浓度大于 0.1mol/L，总量小于 2mol/L。阳离子的选择以电解质的浓度与黏度最大化为原则，通常选用碱金属、碱土金属、铝离子以及铵根离子，总量为 1mol/L 左右；同时以尿素、乙二醇、丙三醇等有机物为稳定剂，总量约为 1.5mol/L；恒温、恒电流操作，电解液的温度为 -30～15℃；可采用直流电、交流电、三相交流电以及脉冲电压，当频率达到 500Hz 以上时，电压制度对成膜过程几乎没有任何影响；电流密度不大于 $1A/dm^2$，当达到预设终止电压时，氧化过程完成，该方法几乎适用于所有的镁合金。

由于该阳极氧化液为水溶液与有机物的混合物，同时电解质的浓度较高，增加了电解液的黏度，具有高的比热容，使得形成的氧化膜得以稳定，最终形成的氧化膜较均匀。

该工艺的成膜过程类似铝的微弧氧化，刚开始时，形成一薄层阻挡层，当电压逐渐升高，阻挡层逐渐增加，随后产生火花放电，在气、液、固三相界面形成熔融的金属氧化物，等离子体氧是火花放电时来自溶液，金属离子来自金属阳极的溶解，由于等离子放电区的温度高达 6500℃以上，因此金属氧化物的陶瓷层开始时是液态的，金属陶瓷氧化物被电解液迅速冷却，产生的气体溢出，尤其是氧、水蒸气，留下多孔、毛细管状的陶瓷层，孔的直径为 0.1~30μm。

该膜层为三层结构：底层为阻挡层，厚度约为 100nm，同基体结合良好；中间层为烧结的紧密层，基本无孔；外层为耐磨的多孔氧化物陶瓷层，可作为良好的涂覆底层。膜层的组成为 $MgAl_2O_4$。该处理方法在试件的边缘及深凹处也可产生均匀的膜层，耐磨抗蚀性能优良，具有高的耐蚀强度。同时该膜层可以和含氟高聚物 PTFE、PVDF 等进行共沉积。总厚度为 50~120μm，处理前后尺寸变化很小。膜的介电破裂电压达 600V，8500h 盐雾腐蚀试验后未见腐蚀，膜层抗磨性能也接近铝氧化膜。

E　Tagnite 工艺

Tagnite 工艺为 Technology Application Group 发明的一种阳极氧化处理方法，包含前处理步骤。首先将镁合金浸入含有 0.5~1.2mol/L 的 $NH_4F$ 溶液中进行前处理，水洗后进行电化学处理，电解液的组成为 5~7g/L 氢氧化物、8~10g/L 氟化物、15~20g/L 硅酸盐。

氟化铵的作用是为了去除镁合金表面的杂质，形成氟化铵底层以利于阳极氧化陶瓷层的沉积，增加氧化物陶瓷层与基体的结合力。如果处理时间太短，则不能完全除去杂质，在镁基体上也不能形成足够的氟化铵底层，会影响阳极氧化膜的耐腐蚀性能以及与基体的结合力；如果处理时间过长就会造成经济上的浪费。随着处理时间的延长对阳极氧化所形成的氧化膜的性能并没有明显的影响，一般情况下所形成的氟化铵层厚度为 1~2μm。该层对基体有一定的防腐蚀性能，但耐磨性能和硬度较低。

前处理后再进行阳极氧化，如果电解液的温度过高或酸性太强，阳极氧化反应会过快，对基体造成局部腐蚀，不利于氧化成膜；如果溶液的碱性太强或温度太低，阳极氧化成膜反应速度又太慢，所以进行阳极氧化时应严格控制电解液的温度和酸碱度。

Tagnite 工艺在碱性溶液中生成的白色硬质氧化陶瓷层，膜层含有 $SiO_2$，厚度为 10~30μm，由于该方法采用前处理步骤，所得到的氧化膜与基体的结合力是目前最强的，盐雾腐蚀试验 700h 可达 9 级（按 ASTM B117 标准试验）。载荷 1kg 的 CS-17 耐磨试验（141C）可达 4000 周期。表面的 $SiO_2$ 膜层多孔，阳极氧化后可进行有机或无机封孔及涂覆处理，提高耐腐蚀性能及增强表面装饰性。

F　其他阳极氧化工艺

Cr-22 工艺在包含铬酸盐、钒酸盐、磷酸盐和氟化物的水溶液中进行阳极氧化，得到硬质氧化膜，封孔后具有良好的防护性能，该工艺通过改变溶液的组成、温度及电流密度可适用于各种形式的镁合金表面处理。但由于采用较高的电压，目前没能得到广泛的应用，主要作为涂料底层。

Khaselev 等人研究了镁及镁-铝合金的火花阳极氧化，得到的氧化膜主要由 MgO、$MgAl_2O_4$ 组成。尖晶石 $MgAl_2O_4$ 的存在有利于提高膜的耐腐蚀性，增加电解液中铝的含量、提高电流密度，都会使膜层中 $MgAl_2O_4$ 的含量增加，加快成膜速度。$Mg_{17}Al_{12}$ 的存在会增大膜的击穿电压。

Ostrovsky 等人发明的专利采用的电解液包含羟铵、非离子表面活性剂、磷酸盐及氢氧化物，通过控制电流密度及溶液的组成可以进行火花放电，也可避免火花的产生。磷酸盐含量的增加可以加快成膜速度，提高膜的硬度，但膜层的外观不好，温度会对成膜有较大的影响。降低磷酸盐的含量，得到的膜层较薄，较光滑、外观好，温度对成膜过程影响不大。进行阳极氧化后镍盐处理可以使阳极氧化膜具有导电性。

国内有人采用 10g/L $NaAlO_2$ 对 MB15 镁合金进行了微弧氧化处理，得到了致密的氧化膜层，同基体结合良好，膜层的主要组成为立方结构的 MgO 和 $MgAl_2O_4$，微弧氧化初始一段时间内，氧化膜向外生长速度大于向内生长速度，氧化膜达到一定厚度后，样品外部尺寸不再增加，而氧化膜完全转向基体内部增长，氧化膜分为表面疏松层和致密层两层结构，致密层是膜的主体。热扩散和电迁移对膜生长起较大作用。

采用碱性电解液，以硅酸盐、硼酸盐、碳酸盐等为添加剂对 AZ91D 镁合金进行了阳极氧化处理。得到的氧化膜呈银灰色，均匀光滑，可以进行着色、封孔及涂覆有机物。动电位极化曲线表明氧化膜的腐蚀速度（0.1836$\mu A/cm^2$）明显低于空白试样的（38.36$\mu A/cm^2$）。

研究表明，采用以硅酸钠为主的电解液体系对 MB8 镁合金进行了微弧氧化处理，利用 SEM、XRD 等分析手段，研究了微弧氧化陶瓷层的生长规律，分析了微弧氧化条件下氧化镁膜层致密性和相结构与处理时间的关系。结果表明，在微弧氧化初期，膜层致密，几乎观察不到疏松层，随着处理时间的延长及膜厚的增加，其外侧开始出现疏松层，膜层主要由 MgO、$MgSiO_3$、$MgAl_2O_4$ 和无定型相组成。随着膜厚的增加，层内缺陷增多，无定型相减少，对提高耐蚀性无益。

此外，关于镁合金的阳极氧化方法还有很多，如 Dow14、GEC、MX5、MX6、Fluo-Anod、Flussal 工艺等。

### 12.3.3 镁合金材料的微弧氧化技术

微弧阳极氧化又称微弧等离子体氧化或阳极火花沉积，简称微弧氧化。它是在铝合金微弧阳极氧化和普通阳极氧化的基础上开发的一种新技术。20 世纪 80 年代中后期，微弧氧化技术已成为国际研究热点，并开始进入实际应用。我国在该领域的研究起步于 20 世纪 90 年代。该技术利用高压高电流的作用在阳极区产生等离子微弧放电，使阳极区表面局部温度达到 2000℃左右，使原来氧化物熔化，生成一层氧化镁陶瓷涂层熔覆在金属表面，形成陶瓷质阳极氧化膜，其硬度、致密度、耐磨和耐蚀性都比普通阳极氧化膜高。

微弧氧化的工艺流程：除油→去离子漂洗→微弧氧化→自来水漂洗。

一般认为微弧氧化过程包括以下四个阶段。第一阶段，合金表面生成氧化膜；第二阶段，氧化膜被击穿并发生等离子微弧放电；第三阶段，深层进一步被氧化；第四阶段，为氧化、熔融、凝固平衡阶段。微弧氧化的最高电压不超过 650V。650V 以下时，生成的氧化膜随氧化时间的延长和电压值的增高而逐渐增厚。该工艺的膜层由致密层和疏松层两层构成，与普通的阳极氧化膜相比，微弧氧化膜的空隙小，空隙率低，膜层与基体结合紧密，质地坚硬，分布均匀，从而具有更高的耐蚀性和耐磨性能。电压超过 650V 时，微弧氧化膜会大块脱落，并在膜表面形成一些小坑，从而大大降低氧化膜的性能。

微弧氧化装置包括：专用高压电源、氧化槽、冷却系统和搅拌系统。氧化液大多采用碱性溶液，对环境污染小。溶液温度以室温为宜，温度变化较宽。溶液温度对微弧氧化的影响比阳极氧化的小得多，因为微弧区烧结温度高达几千度，远高于槽温；而阳极氧化要求溶液温度较低，特别是硬质阳极氧化对溶液温度限制更为严格。微弧氧化工件的形状可以较复杂，部分内表面也可处理。此外，微弧氧化工艺流程比阳极氧化简单得多。两种工艺特点比较见表 12-24。

**表 12-24　微弧氧化和普通阳极氧化技术比较**

| 项　目 | 微弧氧化 | 阳极氧化 | 硬质阳极氧化 |
|---|---|---|---|
| 电压、电流 | 高压、强流 | 低压、电流密度小 | 低压、电流密度小 |
| 工艺流程 | 去油→微弧氧化 | 碱蚀→酸洗→机械性清理→阳极氧化→封孔 | 去油→去氧化膜→化学封闭 |
| 溶液性质 | 碱性溶液 | 酸性溶液 | 酸性溶液 |
| 工作温度和处理时间 | <45℃，10~30min | 13~26℃，30~60min | 8~10℃，60~120min |
| 氧化类型 | 化学氧化、电化学氧化、等离子体氧化 | 化学氧化、电化学氧化 | 化学氧化、电化学氧化 |
| 氧化膜相结构 | 晶态氧化物 | 无定型相 | 无定型相 |

微弧氧化之后得到乳白色或咖啡色的完整膜层。膜层厚度可根据需求通过工艺调整控制在 5~70μm，中性盐雾试验可达 500h，显微硬度 HV 在 400 左右，漆膜附着力为 0 级。微弧氧化后需要进一步实施涂装保护。

### 12. 3. 3. 1　微弧氧化原理

在微弧氧化中，阴极为不锈钢，阳极为镁合金工件，电解质溶液呈碱性，其中含有添加剂。阴极发生了析氢反应，反应式如下，即

$$2H^+ + 2e \longrightarrow H_2 \uparrow$$

根据生产过程中电流和电压的变化关系，可以将微弧氧化过程大致分为四个部分，微弧氧化钝化曲线如图 12-2 所示：活性溶解区 AB；活化钝化过渡区 BC；钝化区 CD；过钝化区 DE。

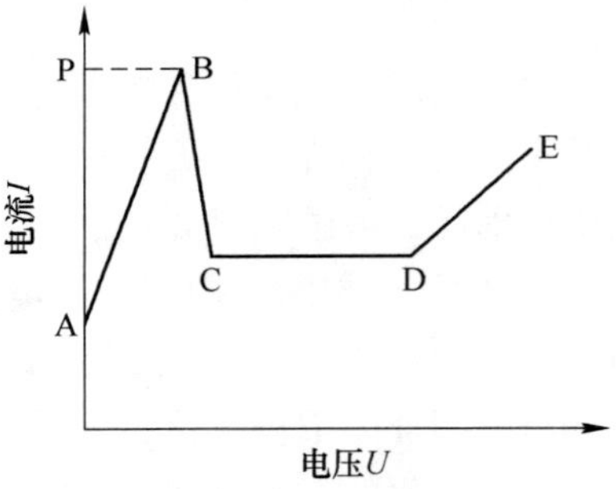


图 12-2　微弧氧化钝化曲线

在 AB 区，通电时，镁合金工件作为阳极将吸附溶液中阴离子，如氟离子、氢离子、碳酸根离子、磷酸根离子等。当电压升高，电流密度也呈直线增大，金属腐蚀溶解速度逐渐增大。由于镁的化学活性大，当达到镁的溶解电位时，镁开始溶解，即：

$$Mg - 2e \longrightarrow Mg^{2+}$$

在 BC 区，随镁合金的溶解，生成的镁离子与工件表面吸附的氟离子、氢氧根离子、碳酸根离子、磷酸根离子等发生反应：

$$Mg^{2+} + 2F \longrightarrow MgF_2$$

$$Mg^{2+} + 2OH^- \longrightarrow Mg(OH)_2$$

$$Mg^{2+} + CO_3^{2-} \longrightarrow MgCO_3$$

反应生成物质在微弧氧化电解质溶液的溶解度很小，这些物质附着在工件表面上，直至这些不溶物完全覆盖工件表面（由于镁合金的溶解不均匀，完全覆盖是一个渐进的过程）。在活性溶解区，电流逐渐升高，当电流密度达到一定值如 P 点时，见图 12-2，镁合金开始钝化，此时的电流密度为致钝电流密度 IP。同时，吸附在镁合金表面的氢氧根离

子，在电流的作用下，将发生如下反应，即

$$2OH^- + 2e \longrightarrow H_2O + O^{2-}$$

反应生成的新生氧原子具有很高的活性，极易与镁结合生成氧化镁。这些物质共同形成一层疏松的化学转化膜。

在活化钝化过渡区，氧化反应和离子反应同时进行，通过离子反应生成的化学转化膜疏松多孔，这些物质的生成阻碍了离子反应的顺利进行，使得反应速率大大降低。氢氧根离子在电场的作用下，穿过这些多孔的物质优先放电，释放出氧原子，生成的新生氧具有很高的活性，它与镁结合生成氧化镁。氧化镁逐渐填满空隙，膜的电阻逐渐增大，电流逐渐下降，电压却逐渐升高。这层膜的生成使得在工件表面起弧成为了可能。

在 CD 区，随着氧化膜的增厚及微孔的减少，膜的电阻升高很快，并且膜阻碍了工件和溶液的热量交换，使得工件表面的温度升高，镁的活性增加。即使电流保持恒定电压时，温度升高也较快，氧化膜增长也相应增加。一般情况下，在实际生产中要求电压平稳升高，所以要适当降低电流，使电流密度逐渐降低。由于工件的形状、与阴极距离的远近、工件自身组成的不同以及工件表面状况差异等原因，造成电流密度的分布不均匀，使得氧化膜厚薄不均，各部分电阻各异。当电压升高到一定程度，氧化膜电阻较小的地方优先达到临界电压被击穿，产生电弧，形成瞬间通路。此时，在电场的作用下，经过加速的阴离子特别是氢氧根离子瞬间穿过微孔在镁合金表面放电并释放出氧原子，氧原子与镁结合生成氧化镁，使氧化膜增厚的同时电阻也随之增大。电压继续升高，当电压升高一定程度后相对薄弱的地方又被击穿……这种过程重复进行，氧化膜在增厚的同时厚薄悬殊减少，膜的击穿需要更高的电压，当电压足够时，膜比较薄弱的某个小区域中绝大部分点同时被高压击穿，从而形成火斑。这种火斑现象不但破坏氧化膜，并且可能烧蚀工件。在实际生产中，工件起弧后要降低电流以限制最高电压在一定范围之内。此过程中虽然也有离子反应进行，但以氧化反应为主。

为了得到质量较好的氧化膜，必须采取措施（如降低电流等），以限制电压的升高。虽然可能因膜层中有微裂纹、杂质离子的掺入或基体本身的微量合金元素导致局部击穿，但击穿面大大减少。膜层致密均匀导热性能差。在微弧氧化过程中，由于氧化反应放出热量以及部分电能转化成热能，导致工件表面局部瞬间温度可达2000℃以上。这样的高温使氧化物烧结并被急速冷却时，相结构发生改变，可使四方晶系的 MgO 转变为结构更为紧密的立方晶系的 MgO；普通 $Al_2O_3$ 可转变为 $\alpha$-$Al_2O_3$、$\gamma$-$Al_2O_3$。在钝化膜的构成中除了立方晶系的 MgO，还有具有尖晶石结构的 $\alpha$-$Al_2O_3$、$\gamma$-$Al_2O_3$ 及复合氧化物 $MgO \cdot Al_2O_3$ 和 $MgO \cdot SiO_2$ 以及少量的 $MgF_2$ 等。

#### 12.3.3.2 微弧氧化膜的形成与结构特点

研究发现在微弧氧化初始阶段，氧化膜的向外生长速度大于向内生长速度，达到一定厚度后，氧化膜完全转向基体内部生长。在整个过程中，热扩散和电迁移对膜生长起较大作用。

如前所述，微弧氧化过程一般经过 4 个阶段：表面生成氧化膜；氧化膜被击穿，并发生等离子微弧放电；氧化进一步向深层渗透；氧化、熔融、凝固平稳阶段。在微弧氧化过程中，当电压增大至某一值时，镁合金表面微孔中产生火花放电，使表面局部温度高达1000℃以上，从而使金属表面生成一层陶瓷质的氧化膜。其显微硬度在 HV1000 以上，最高可达 HV2500～3000。在微弧氧化过程中，氧化时间越长，电压值越大，生成的氧化膜越厚。但电压最高不应超过 650V，否则，氧化过程中会发出尖锐的爆鸣声，使氧化膜大块脱落，并在膜表面形成一些小坑，从而大大降低氧化膜的性能。

微弧氧化形成的膜与一般的阳极氧化膜一样，具有两层结构，致密层和疏松层，如图 12-3 所示。与普通的阳极氧化膜相比，微弧氧化膜的空隙小，空隙率低，生成的膜与基体结合紧密、质地坚硬、分布均匀，从而具有更高的耐蚀、耐磨性能。

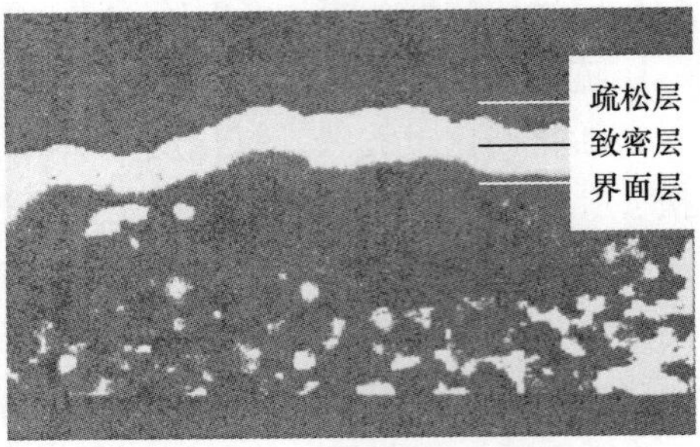


图 12-3　镁合金微弧氧化膜的结构

微弧氧化膜表面由直径几十微米大颗粒及大量几微米小颗粒组成，颗粒熔化后加在一起，每个大颗粒中间残留一个几微米大小的放电气孔，颗粒上能观察到膜熔化痕迹，表面还有许多更小的气孔。微等离子体氧化膜是多孔的，在强电场的作用下，孔底气泡首先被击穿，进而引起膜的介电击穿，发生微区放电。试验过程中，浸在溶液里的样品表面能观察到无数流动的火花，由于击穿总是发生在膜相对薄弱的部位，因此最终生成膜是较均匀的。图 12-4 所示为不同微弧氧化时间的 AZ91D 镁合金氧化膜表面形貌。

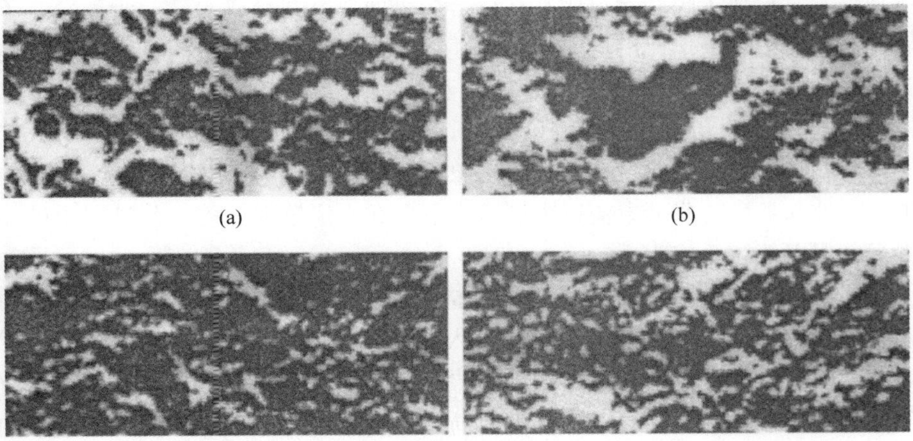

图 12-4　AZ91D 镁合金在不同微弧氧化时间下的氧化膜形貌
（a）30min；（b）60min；（c）90min；（d）120min

微弧氧化的氧化液对氧化膜的组成起决定性的作用，常见的有硅酸盐、铝酸盐等。氧化液中含有硅酸盐的，通过 X 射线衍射分析可知，其陶瓷层主要由 $SiO_2 \cdot MgO$ 组成；氧化液中含有铝酸盐的，陶瓷层中含有 $Al_2O_3$ 成分。正是这两种氧化物的存在，提高了陶瓷层的耐磨性。

微弧氧化和阳极氧化处理镁合金耐蚀性的对比表明，镁合金表面经微弧氧化处理后电化学阻抗大幅升高，镁合金经微弧氧化后，在 5%NaCl 溶液中的腐蚀电流比经过阳极氧化处理的小近 3 个数量级，微弧氧化陶瓷层特有的微观组织结构，使它的耐蚀性比阳极氧化陶瓷层的耐蚀性显著提高。

12.3.3.3 微弧氧化工艺特点

微弧氧化质量的好坏主要取决于氧化工艺，以及氧化前的表面预处理和氧化后的及时封闭处理。

镁合金工件微弧氧化工艺因工件形状及工件数量、膜厚、成膜速度、设备功率等不同，工艺条件有所不同。一般情况，需要根据设备及电解液配方进行工艺试验，确定最佳工艺参数，表12-25所示为镁合金微弧氧化的一般工艺条件。

表12-25 镁合金微弧氧化的一般工艺条件

| 参数 | 电解液pH值 | 电流密度/$A \cdot dm^{-2}$ | 最高电压/V | 溶液温度/℃ | 时间/min |
|---|---|---|---|---|---|
| 范围 | 12~14 | 1.2~4.0 | 550 | 30~65 | 10~30 |

经微弧氧化后，需用清水反复清洗，除去镁合金工件微孔内残留的电解质溶液，然后进行封闭处理。在热水中，水分子通过钝化膜的微孔与氧化镁反应，生成$Mg(OH)_2$，体积膨胀后将钝化膜的微孔封闭，提高了钝化膜的防护性能。反应式如下：

$$MgO + H_2O \longrightarrow Mg(OH)_2$$

美国的Zozulin等人1994年报道了ZE41和AZ91D镁合金上进行微弧阳极氧化处理的工艺。将清洗干净的试样浸入到含有氟化物的加热溶液中，使试样表面首先生成一层含有氟化镁和氧化镁的混合层。然后将此试样作为阳极放入电解槽中，不锈钢作为阴极。电解过程包括基体金属的阳极氧化，以及从含硅酸盐电解质中的无机粒子沉积。在起始1~2min内，电压增加到150~190V（对于AZ91D合金），这里火花放电沉积很明显，局部温度可高达1000℃，使得硅酸盐和氧化物粒子熔化沉积在金属表面上，最终在镁合金表面生成坚硬耐磨耐蚀的防护涂层。

## 12.3.4 镁合金材料的电镀技术

所有的工业电镀系统在适当的预电镀之后都可用于镁合金，但是，只有锌和镍这两种金属能直接电镀到镁上，在工业生产中，其镀层不被用作最终表面镀层，而是用作基底镀层，在其上面再镀以其他常用的电镀金属。这种获取有效镀层所需要的特殊工艺过程是由镁基体的两个基本特性决定的：高电化学活性（氧化倾向）和易受大多数酸洗液的快速化学腐蚀。

镁的电镀准备工作原则上与许多其他金属相似。首先，必须对镁进行清洗，除去所有的表面杂质。然后，根据所期望的表面光洁度对其进行抛光。可以用以下一种或多种抛光方法达到这一目的；玻璃或塑料喷砂、酸洗、滚筒清理或抛光和去毛刺。由这些处理带来的表面杂质必须通过另外的清洗方法清除。根据污物的类型，适用的清洗方法有蒸汽脱脂、乳剂清洗和碱洗。最后，在其能接受镍或锌基础镀层之前，必须对镁的表面进行化学活化。

12.3.4.1 镀镍

镁合金化学镀镍有两种方法：一种是传统的陶氏（Dow）浸镍；另一种是直接化学镀。前者工艺稳定，镀层效果较好，过去使用比较多，但由于含有铬离子，有一定的毒性，使用受到了限制；后一种方法由于工艺简单，毒性小，废水处理简单，镀层结合好，成为近年来的发展方向。

镁镀镍之前必须先进行两道酸洗处理，一道是用铬酸硝酸溶液酸洗，另一道是用氢氟酸溶液酸洗。这些预处理一般称为镁的化学蚀洗工艺。典型的直接化学镀镍工艺流程为：

碱性除油→电解除油→铬酸硝酸浸蚀→氢氟酸浸蚀→化学镀镍→烘烤

图12-5示出了镁及镁合金材料直接镀镍的工艺过程，表12-26所示为图12-5中溶液的成分和工作条件。表12-27列出了酸性化学镀镍和电镀镍法的工作条件。

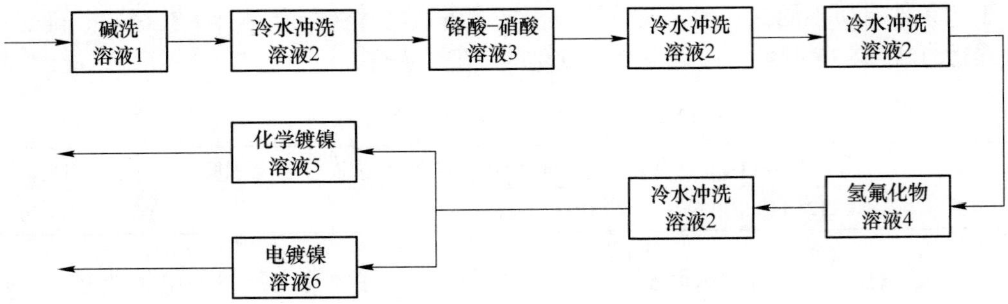


图12-5　镁及镁合金材料直接镀镍工艺过程和溶液成分

**表12-26　图12-5中的溶液成分和工作条件**

| 溶液序号 | 溶液类型 | 成分 | 含量/g·L$^{-1}$ | 工作温度/℃ | 周期时间/min | 槽体材料 |
|---|---|---|---|---|---|---|
| 1 | 碱洗液① | ② | ② | 82~100 | 3~10 | 低碳钢 |
| 2 | 冷水冲洗③ | 水 | — | 室温 | 1/2~1 | 低碳钢 |
| 3 | 铬硝酸酸洗液④ | $CrO_3$<br>$HNO_3$(70%) | 120⑤<br>150 | 21~32 | 1/3~1 | 低碳钢⑥ |
| 4 | 氢氟酸活化剂 | HF(50%) | 360⑦ | 21~32 | 10 | 加衬低碳钢⑧ |
| 5 | 化学镀镍⑨ | 碱性碳酸镍<br>HF（50%）<br>柠檬酸<br>氟化氢铵<br>次磷酸钠<br>氢氧化铵<br>水<br>pH值（比色）⑫ | 9.7<br>10<br>5.2<br>10<br>20.3<br>28<br>余量<br>4.5~6.8 | 77~82 | ⑩ | 加衬低碳钢⑪ |
| 6 | 电镀镍⑬ | 碱性碳酸镍<br>HF(100%)<br>柠檬酸<br>润滑剂⑭<br>pH值（比色） | 120<br>43<br>40<br>0.7⑮<br>3.0 | 49~60 | ⑩ | 带衬的低碳钢⑯ |

①在碱洗之前可以有蒸汽脱脂、乳剂清洗或机械清理，其后可以用冷水冲洗，然后可在冷水冲洗和硝酸酸洗之前用铬酸盐、硝酸铁或磷酸酸洗。这三种酸中究竟选择哪一种取决于所允许的金属去量；②溶液的类型和浓度取决于表面的脏污程度；③用足量的新水彻底清洗，搅动；④溶液必须通风；⑤针对含铝的合金，对不含铝的合金，浓度为60g/L $CrO_3$ 和120g/L70% $HNO_3$；⑥或者用衬有乙烯的低碳钢；⑦用于含5%以上的铝的合金。对所有其他的合金，溶液含90g/L HF（50%），加水达3.8L（1gal）的体积；⑧衬以聚乙烯、合成橡胶或乙烯基材料；⑨建议搅动工件；⑩时间取决于所要求镍层厚度；⑪衬以聚乙烯、萨纶树脂或人造荧光树脂；⑫最好是6.5；⑬要求直流电；需要摆动阴极棒；⑭例如十二烷基硫酸钠表面；⑮1g/L；⑯衬以合成橡胶或乙烯基材料。

**表 12-27 镁及镁合金材料酸性化学镀镍与电镀镍法的工作条件**

| 酸性化学镀镍 | | 电镀镍 | |
|---|---|---|---|
| 成分和条件 | 数值范围 | 成分和条件 | 数值范围 |
| 碱性碳酸镍/g·L$^{-1}$ | 10 | 碱性碳酸镍/g·L$^{-1}$ | 120 |
| 50%HF 的氢氟酸/g·L$^{-1}$ | 6.4 | 100% HF 的氢氟酸/g·L$^{-1}$ | 43 |
| 柠檬酸/g·L$^{-1}$ | 5.2 | 柠檬酸/g·L$^{-1}$ | 40 |
| 氟化氢铵/g·L$^{-1}$ | 10 | 湿润剂②/g·L$^{-1}$ | 0.7③ |
| 次磷酸钠/g·L$^{-1}$ | 20 | pH（比色分析） | 3.0 |
| 氢氧化铵/g·L$^{-1}$ | 28 | 工作温度/℃ | 48~60 |
| 水 | 余量 | 电流密度/A·dm$^{-2}$ | 3~10 |
| pH（比色分析） | 4.5~6.8① | 阴极棒搅动/m·s$^{-1}$ | 0.06~0.08 |
| 工作温度/℃ | 76~82 | | |
| 需要搅动 | 轻微的机械搅动 | | |
| 镀镍速度/μm·h$^{-1}$（大约） | 20~25 | | |

① 优选值为 6.5；② 示例，月桂基硫酸钠；③ 1g/L。

从某种程度上讲，两道化学蚀洗处理可产生表面点蚀，从而为镀层沉积提供了机械锚固作用。当在这种粗糙表面镀以镍基低镀层以后，镀层表面不如锌浸镀工艺所获得的表面那么明亮或光滑。但与锌镀层相同的是镍镀层可接受任何标准的电镀，包括镉、锌、铜、黄铜、镍、黑镍、铬、金、银和铑。化学镀层，如金或银也可施加到这种最初的镀镍层上。

虽然，这种酸性化学镀镍的镀层能够满足一般环境下的可焊接性、硬度和抗腐蚀性，但对于黏附性和耐蚀性要求高的场合，将其作为最终镀层是不能令人满意的。如在盐喷这样的苛刻环境下，这种镀层所特有的多孔性和镍与镁之间剧烈的电化反应可迅速渗透至镁基体。由于这一原因，大多数应用于工业生产的镁的化学镀镍工艺，均采用浸镀锌加电镀铜取代其中的铬酸酸洗准备工序。锌浸镀处理是极为严格的，因为它决定着后步镀铜的均匀性及完整性。在此阶段产生的任何镀层缺陷均会使以后的处理失效。这种浸锌工艺必须满足特定合金及新产品形态的要求。

为了能有效工作，必须按下列方式制备酸性化学镀镍浴液：

（1）在室温下将碱性碳酸镍缓慢加入氢氟酸内并搅动，在该槽液中加入总用水量的大约 1/10；

（2）当上述反应完成后，加进其余量的水；

（3）顺序加进柠檬酸、氟化铵和次磷酸钠；

（4）加氢氧化铵，使溶液的初始 pH 值达到 6.5，并在工作过程中还要定期添加，以提高 pH 值，保持 pH 值为 6.5；

（5）使用不锈钢或其他适当的过滤器将溶液彻底地过滤。只能使用塑料类助过滤剂，因氟化物会侵蚀普通的硅酸盐类材料；

（6）将槽液加热到正常工作温度范围内。建议采用经过蒸汽或燃气加热的热水套进行均匀的外部加热。溶液的局部过热或较长时间的过热都会造成槽液变质和非正常的减少。为了使镍不至于黏附在槽壁上，使用衬有 0.5mm 厚的喷烤型乙烯基塑料的低碳钢或不锈钢代替。

浸蚀可在腐蚀性较强（体积分数为90%磷酸）或对镁不腐蚀（$CrO_3$ 180g/L）溶液中进行，目的是去除镁表面的氧化膜，若金属在铬酸和硝酸的混合酸中进行，时间为20～60s，直接化学镀镍需要采用HF酸（体积分数为5.5%）浸蚀活化，以在镁合金表面产生氟化物薄膜，抑制镍在镁上的起始沉积速率。从而获得均匀、致密、结合力良好的转化膜层，为自催化沉积提供很好的底镀层，减少镁的氧化以及化学镀液对镁的腐蚀，后处理是在铬酸酐（$CrO_3$ 2.5g/L）或重铬酸钠（$Na_2Cr_2O_7 \cdot 2H_2O$ 120g/L）溶液中于88～100℃浸泡10min，以改善耐蚀性。在200℃下烘烤1h，以提高结合力。

12.3.4.2　**镀锌**

在脱脂和机械清理（如果需要）、碱洗、酸洗和表面活化之后，将镁零件浸泡在一种非电解化学槽液中，直接给基体金属镀上一薄层锌，从而为以后的电镀作好准备。浸锌工艺所要求的基本工艺步骤、工作条件和工作槽的材质归纳于图12-6和表12-28中。这一浸渍处理之后，在进一步进行任何其他标准电镀之前，必须采用触击电镀铜的方法对此2.5μm厚的特薄镀锌层进行保护。

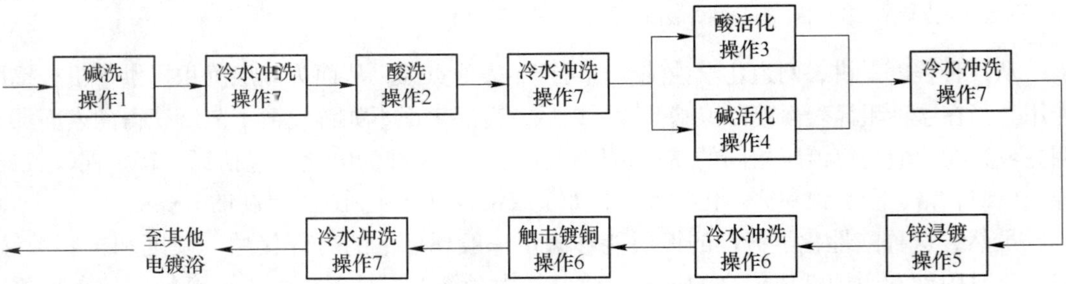


图12-6　镁合金表面的触击电镀的基本工艺步骤

**表12-28　图12-6中的各槽溶液配方和工作条件**

| 序号 | 操作工艺 | 周期时间/min | 溶液温度/℃ | 槽体材料 |
|---|---|---|---|---|
| 1 | 碱洗① | 3～10 | 87～100 | 低碳钢 |
| 2 | 酸洗 | 1/2～1 | 21～32 | 陶瓷或不锈钢② |
| 3 | 酸活化 | 1～5 | 21～32 | 橡胶、聚乙烯或乙烯基塑料 |
| 4 | 碱活化 | 2～3 | 76 | 不锈钢 |
| 5 | 锌浸镀 | 1～3 | 79～85③ | 不锈钢 |
| 6 | 触击电镀铜④ | 6～10 | 65～71 | 低碳钢、橡胶 |
| 7 | 冷水冲洗 | 1/2～1 | 室温 | 低碳钢 |

① 在此之前也许需要溶剂清洗、机械清理，或二者兼有；② 含有氟化物的混合溶液要求采用聚乙烯、乙烯基或合成橡胶衬层；③ 最好有自动温控；④ 最好用阴极棒搅动，连续过滤和自动温控。

浸锌的工艺过程和使用的溶液分析如下。

A　碱洗

当用在镁的电镀过程中时，可采用浸渍清洗或阴极电清洗，或者二者的结合使用。强碱性溶液用于去除油性固体物质和其他表面杂质。钢铁用的商业化碱性清洗剂效果良好。

这种处理之后应当用酸浸的方法去除氢氧化物厚膜或其他耐碱性清洗剂的固体杂质。

B 酸洗

根据镁合金的成分和产品的形态，可在电镀之前使用表 12-29 所列溶液酸洗。所有镁的标准合金和产品都可以使用下面的硝酸铁进行酸洗及化学增亮。

**表 12-29 电镀之前可使用的酸洗溶液成分**

| 镁合金产品通用的酸洗溶液 | | 板材、挤压材和锻件的酸洗溶液 | |
|---|---|---|---|
| 铬酸（$CrO_3$）/$g \cdot L^{-1}$ | 180 | 冰醋酸（$CH_3COOH$）/$mL \cdot L^{-1}$ | 280 |
| 硝酸铁（$Fe(NO_3) \cdot 9H_2O$）/$g \cdot L^{-1}$ | 40 | 硝酸钠/$g \cdot L^{-1}$ | 80 |
| 氟酸钾 KF/$g \cdot L^{-1}$ | 3.5~7 | 温度/℃ | 21~32 |
| 温度/℃ | 21~32 | 时间/min | 1/2~2 |
| 时间/min | 1/2~2 | | |

在不允许或仅允许很小尺寸变化的场合，可使用三氧化铬含量为 180g/L 的铬酸水溶液；并在其沸点以下的任何温度对零件进行酸洗。只要不存在氯化物杂质，这种酸浸将能去除氧化物、腐蚀物和其他污物，并且没有明显的金属去除。

C 表面活化

为了能在镁的表面获得一种黏附性强、均匀的镀锌层，必须将零件浸泡在一种特殊的酸或碱溶液中，使镁的表面活化。酸性活化槽液可以除去由以前的酸洗或清洗操作留下的氧化物或铬酸盐薄膜，对基体金属仅有最小的侵蚀。它还会产生一个等势面，可使其上的镀锌层均匀分布。普通使用的酸性活化水溶液的成分和工作条件见表 12-30。

**表 12-30 普通使用的酸性活化水溶液的成分和工作条件**

| 磷酸（85%$H_3PO_4$）/$g \cdot L^{-1}$ | 氟化氢铵（$NH_4HF_2$）/$g \cdot L^{-1}$ | 温度/℃ | 时间/min |
|---|---|---|---|
| 340 | 100 | 21~32 | 0.5~2 |

明显低于 21℃的酸性活化槽液可造成电镀层的黏附性低下。这种槽液所用的低碳钢槽须加聚乙烯、合成橡胶或乙烯基材料的衬层。

碱性焦磷酸盐活化溶液也可去除氧化物和其他的薄膜。由于其碱性特点，它不会溶解挂架触点金属。因此，在挂架触点相邻区域浸渍时，很少甚至没有铁和铜等金属的沉积。这种分散镀层会妨碍后续的浸锌镀层的正常沉积。这种溶液的配方和工作条件见表 12-31。

**表 12-31 碱性焦磷酸盐活化溶液成分及工作条件**

| 焦磷酸四钠（$Na_4P_4O_7$）/$g \cdot L^{-1}$ | 四硼酸钠（$Na_2B_4O_7$）/$g \cdot L^{-1}$ | 氟化钠（NaF）/$g \cdot L^{-1}$ | 温度/℃ | 时间/min |
|---|---|---|---|---|
| 40 | 70 | 20 | 76 | 2~5 |

这种槽液不得在高出 76℃很多的温度下操作，因为碱溶液有在冲洗之前使零件表面干燥的趋势。因此，从热活化剂向热水冲洗的转移要尽可能地快。而且，在碱性活化处理时，还必须完全除去先前在零件上产生的铬酸盐膜。必须用不锈钢槽盛放这种碱液。

也可以使用另外的供选择的活化槽液为浸锌槽制备表面。表 12-32 列出了其中的三种。应当注意的是不得允许使用玻璃或陶瓷元件接触任何一种活化液，少量的硅酸盐即可毒化它们。

表 12-32　用于浸锌处理的替换性活性槽液

| 活化剂 | 成分 | 浓　度 | |
|---|---|---|---|
| | | 公称值/g · $L^{-1}$ | 范围/g · $L^{-1}$ |
| 酸性 | 草酸（$(CO_2H)_2$） | 5 | 2~10 |
| 碱性 | 焦磷酸钾（$K_4P_2O_7$） | 60 | 50~150 |
| 碱性 | 碳酸钠（$Na_2CO_3$） | 15 | 10~20 |

D　浸锌涂层

标准的浸锌槽液是以焦磷酸盐、锌盐、氟化盐的水溶液为基础的，如果需要，还可以用少量碳酸将碱性调整到适当的范围。焦磷酸盐可溶解氧化物和氢氧化物膜并形成水溶性络合物。在特定的 pH 值、温度和槽液浓度下有效地去除杂质薄膜的同时，可镀上一层很薄的金属锌层。加氟化物是为了控制锌的淀积速率。在很大程度上，锌镀层的质量和黏附性取决于淀积的速度，逗度太快，通常会产生黏附性较小的涂层。常用的浸锌溶液的成分和工作条件见表 12-33。

表 12-33　常用的浸锌溶液的成分和工作条件

| 成　分 | 含量/g · $L^{-1}$ | 工作条件 |
|---|---|---|
| 一水硫酸锌（$ZnSO_4 \cdot H_2O$） | 30 | pH 值为 10.0~10.6（最优为 10.2）；<br>温度为 79~85℃ |
| 焦磷酸四钠（$Na_4P_4O_7$） | 120 | |
| 氟化钠（NaF）<br>或氟化锂（LiF） | 5<br>3 | |
| 碳酸钠（$Na_2CO_3$） | 5 | |

如果焦磷酸盐与锌之比保持在适当的范围内，并且氟化物的浓度也保持在所指定的水平时，表 12-33 中的槽液成分可在一定范围内变化。制备这种槽液所用的水应不含铁和其他重金属盐类。可以用普通的自来水，但最好用去离子水。

制备这种槽液的第一步是将一水硫酸锌在室温下溶解在水中，然后将溶液加热到 60~82℃，并慢慢加进焦磷酸四钠，同时搅动。在进一步搅动 5~10min 或更长时间（取决于搅动的程度和温度）之后，首先形成的白色松软的沉淀物（焦磷酸锌钠）产生溶解。接下来加进氟化物，然后是碳酸盐。受溶解度限制，可用氟化锂自动调节溶液的氟化物含量。氟化锂可放在悬置于槽液中的一个布袋里。

所加入的碳酸盐量是产生适当的 pH 值所需要的平均值，应根据该溶液实际的 pH 值确定。必要时，可以加巯酸或磷酸来降低 pH 值。

该槽液工作温度为 79~85℃。为了防止分层现象，要轻轻搅动，尤其是在加水补充蒸发损失时。浸渍时间取决于合金成分、槽液温度、表面预处理和其他工艺参数，一般为 1~3min，但对含铝的合金可达 10min。锌镀层的最佳厚度为 2.5~3.8μm。

浴槽必须用不锈钢制造。除了厚镀镍层外，低碳钢将造成溶液中有过量的铁杂质。

正如活化槽液一样，不允许玻璃或陶瓷元件接触浸锌液，很小量的硅酸盐便可将溶液毒化。这种浸锌槽液工作寿命相当长，并可通过分析和定期添加来保持。最终，由于溶解的量的增多和其他杂质的污染而必须废弃。

在镀锌涂层之后必须立即在氰化物槽液中进行触击电镀铜。在浸入电镀槽液之前必须使工件与阴极棒之间有电接触。如果接着要在碱浴或改进型的无腐蚀氟化镍浴中进行电镀，3μm 或更薄的铜镀层便可胜任。但是，如果随后要用酸浴电镀，电镀后要对工件进行彻底中和及清洗。

在某些应用中，由于零件的复杂性或基金属的疏松性，可能必须增加触击电镀铜的最大厚度。压铸件，由于疏松多孔，如果接下来的电镀浴是酸性的话，一般需要稍厚的最小镀层厚度。

触击电镀铜时，首先施以电流密度高达 3~4A/$dm^2$ 的电流，持续 0.5~1min，然后再降至 1.5~2.5A/$dm^2$。在高电流密度下延长触击电镀时间会造成黏附性低劣并产生气泡。这种快速镀铜完成之后，可进行通常采用的其他金属电镀。

为了不至于引起浸锌层破裂，在触击电镀铜期间必须防止气体产生。为了防止铜在其上的浸镀，当零件进入铜浴液时，必须施加 0.5~1V 的电压。然后，在零件就位时，再将电压提升到要求的密度。

#### 12.3.4.3 金属涂层及其他特殊涂层

镁合金可以采用金属涂层来保护，喷涂方法包括电镀、离子镀或化学镀等。由于镁合金易燃烧，一般不采用热浸镀和热喷镀。镁合金的金属镀层一般采用电镀方法，主要涂层有 Cu、Ni-Cr-Cu 涂层。化学镀膜层通常为 Ni-P 涂层。

通常在镁合金表面进行电镀或化学镀是很困难的。一般情况下。由于镀层标准电位远高于镁合金基体，从而必须保证镀层无孔，否则任何一处通孔都会增大腐蚀电流引起严重的电化学腐蚀，这可能比涂覆前效果更差。因此，一般采用化学转化膜法先镀锌，然后镀铜。其工艺流程为：脱脂→酸洗→活化→浸 Zn→预镀 Cu→电镀。当镁合金表面镀上一层铜后，即按普通电镀方法在铜镀层上镀需要的金属。因此，通常先镀铜，再化学镀镍，然后镀所需的金属，这样镀层的结合力较好。

目前，镁合金表面电镀或化学镀方法有 ASTM 统一标准，标准的有陶氏公司的浸锌法，主要为 Ni、Ni-P 合金涂层，陶氏公司镁合金电镀或化学镀工艺见表 12-34。浸锌法存在工艺复杂、结合不牢固等一系列缺点。针对这些缺点，特别是对酸洗和活化处理改进，Oslen 提出了 Norsk Hydro 工艺，其酸洗配方为：$C_2H_2O_4$ 10g/L，润湿剂 0.5g/L。活化液为碱性溶液，其配方为：$K_4P_2O_7$ 65g/L，$Na_2CO_3$ 15g/L。Dennis 在此基础上提出了以 $K_4P_2O_7$/氟化物溶液代替 $K_4P_2O_7/Na_2CO_3$ 溶液作为活化液的 WCM 工艺。

表 12-34 Dow 公司镁合金电镀或化学镀工艺

| 序号 | 工 序 名 称 | 工艺条件 |
|---|---|---|
| 1 | 丙酮或三氯乙烯脱脂 | — |
| 2 | 水洗 | — |
| 3 | 阴极清洗 | — |
| 4 | 水洗 | — |

续表 12-34

| 序号 | 工　序　名　称 | 工艺条件 |
|---|---|---|
| 5 | 酸洗配方 1　$CrO_3$ 180g/L，$Fe(NO_3)_2 \cdot 9H_2O$ 40g/L，KF 3.5g/L<br>酸洗配方 2　$CrO_3$ 180g/L | 腐蚀速率　约 3μm/min<br>室温　2min<br>时间　2~10min<br>腐蚀速率慢 |
| 6 | 水洗 | — |
| 7 | 活化<br>配方　$NH_4HF_2$ 105g/L，$H_3PO_4$ 200g/L | 室温　2min |
| 8 | 水洗 | — |
| 9 | 浸锌<br>$ZnSO_4 \cdot H_2O$ 30g/L，$Na_4P_2O_7$120g/L，LiF 3g/L，$Na_2CO_3$5g/L，pH = 10.2~10.4 | 温度 80℃，时间 8min |
| 10 | 水洗 | — |
| 11 | 氰化物预镀铜工艺 1<br>CuCN 38~42g/L，KCN 64.5~71.5g/L，KF 28.5~31.5g/L，pH=9.6~10.4<br>氰化物预镀铜工艺 2<br>CuCN 38~42g/L，NaCN 50~55g/L，$Na_2CO_3$ 30g/L，$KNaC_4H_4O_6 \cdot 4H_2O$ 40~48g/L，pH=9.6~10.4 | 起始电流密度 5~10A/$dm^2$<br>工作电流密度 1~2.5A/$dm^2$<br>时间　6min<br>温度　45~60℃ |
| 12 | 水洗 | — |
| 13 | 电镀或化学镀 | — |

## 12.3.5　镁合金材料含氟协合涂层

### 12.3.5.1　概述

金属表面协合涂层的基本原理是在镁材工件表面的多孔硬质基底层中通过物理或化学（电化学）方法引入所需的功能物质，再通过精密处理对其进行改性，最终得到一种精密整体涂层，其综合性能远远超过一般意义上的复合涂层。它还是一种“可设计”的复合改性涂层，通过引入不同的功能物质，可得到不同的表面功能特性，使其具有极大的应用价值。美国 General Magnaplate 公司研究开发的镁及镁合金“Magnadize”氟聚合物协合涂层工艺、日本的高木等人开发的镁合金氟聚合物协合涂层工艺均获得了实际应用。我国也开发出了均匀致密的镁合金含氟协合涂层，其表面形貌如图 12-7 所示，涂层厚度为 15~25μm，其横截面形貌如图 12-8 所示，涂层由氟、镁、铝、镍、磷和锌等几种元素构成。

镁合金进行协合涂层处理时，首先用电化学方法使其表面转化为多孔性水合氧化镁（$MgO \cdot H_2O$）晶态膜或类似的硬质复合膜，随后通过一个控制时间及温度的精密工艺过程将润滑剂（氟聚合物或 $MoS_2$）或封闭剂材料注入水合氧化镁膜层中，氟聚合物与氧化镁基层相结合并形成坚硬、平滑的晶形陶瓷涂层。具体工艺过程为：

镁及镁合金→有机溶剂除油→化学除油→水洗→活化准备→水洗→基底层制备→水洗→引入润滑剂氟聚合物→精密热处理→协合涂层。

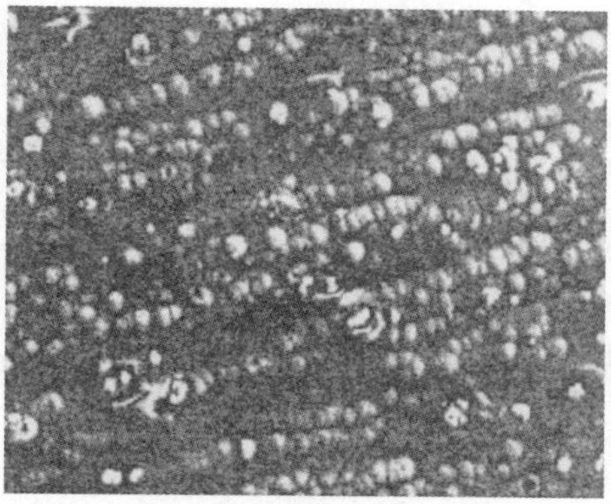

图 12-7 镁合金含氟协合涂层表面形貌

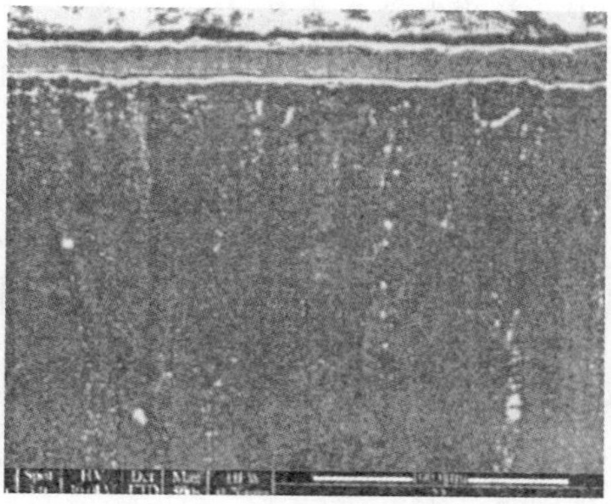

图 12-8 镁合金含氟协合涂层横截面形貌

#### 12.3.5.2 基底层的制备工艺

多孔的硬质基底层是金属材料制备含氟聚合物协合涂层的基础。对镁合金而言微弧阳极氧化是制备协合涂层的最好基底层，因为它不但具有高硬度，同时微弧氧化膜也具有一定的孔隙率和较大的孔径有利于氟聚合物渗入。微弧氧化电解液主体成分有：氢氧化物、氟化物、硅化合物、添加剂等，电解工艺参数有电压、电流密度、温度、氧化时间，各参数的范围大致为：电压 100~500V、电流密度 1~20A/dm$^2$、温度 10~65℃、氧化时间 10~90min；可通过特制的添加剂、适当的工艺参数，并采用空气搅拌等方式改善散热条件，制得了性能较好的镁合金微弧氧化膜。电解液基础配方及电解工艺条件是：

（1）电解液配方：氢氧化物 2~20g/L、氟化物 2~15g/L、硅酸盐 5~40g/L、WJ-Mg01 添加剂 10g/L；

（2）电解工艺条件：pH 值为 12~14、电流密度 1~5A/dm$^2$、电压 150~500V、温度 10~60℃、时间 10~60min。

该工艺体系氧化膜的厚度可控制在 10~30μm、硬度 HV 达 500~700，微弧氧化膜的色泽为灰色，经精密热处理后膜层产生部分相变，孔隙率加大，且涂装性能良好。

#### 12.3.5.3 氟聚合物的引入工艺方法

氟聚合物的引入是协合涂层研究的关键技术之一，因氟聚合物微粒进入氧化膜孔越多越深，最终协合涂层的综合性能就越好，引入方式主要有热浸、二次电解、喷涂及辊涂等方法。引入的均匀性是技术瓶颈。由于零部件加工方法不相同，表面状况有异，且对协合涂层性能的侧重面也有所不同。因此，允许使用不同的氟聚合物引入工艺方法。下面仅介绍几种典型的引入工艺。

A 热浸法

控制氟聚合物微粒的浓度、热浸温度和时间，可以获得较佳的结果。典型的热浸工艺如下：

（1）浸渗液：氟聚合物微粒 10~50g/L、WJ-J01 添加剂适量；

（2）浸渗条件：温度 30~100℃、时间 5~60min。

热浸法的最大优点是简单易行，适合于复杂零件、小零件及规模化生产；但热浸时浸渗液中氟聚合物的热聚合损失较大。

B　热浸与喷涂结合法

热浸与喷涂结合法对容易喷涂施工的零部件尤其适用。利用热浸法首先在基底层表面吸附一层聚合物，然后再喷涂同类聚合物。这样既可增加涂层厚度，也有利于均匀性涂层的形成。典型的工艺如下：

（1）浸渗液：氟聚合物微粒 10～50g/L、WJ-J01 添加剂适量；

（2）浸渗条件：温度 30～100℃、时间 5～60min。

浸渗后，对表面进行干燥处理，然后喷涂同类聚合物，并进行协合改性处理，即可制备希望厚度和性能的协合涂层。

C　二次电解引入法

二次电解引入法尤其适合于表面光洁度高、外形简单的零部件。控制电解条件可对膜层厚度进行适当控制，该工艺过程可在室温进行，吸附均匀性好。经试验研究，确定的二次电解工艺如下：

（1）电解液：氟聚合物微粒 5～50g/L、WJ-D01 添加剂适量；

（2）电解条件：电流密度 5～50mA/dm$^2$、温度 25～80℃、时间 0.5～30min、阳极电解；利用电解工艺引入氟聚合物时，基体表面局部尖端放电将引起氟聚合物的聚集，造成不利结果。

#### 12.3.5.4　涂层整体熔合改性工艺

涂层最终的整体改性也是制备协合涂层的关键技术之一。在基底层引入氟聚合物后，采用真空精密热处理进行涂层的整体熔合改性是一个有效的和可靠的工艺方法，其基本工艺条件是：温度为 280～360℃；时间为 5～90min。

#### 12.3.5.5　协合涂层的性能测试与结果分析

（1）宏观形貌。微弧氧化产品表面为白色；协合涂层产品表面为灰色至棕色。

（2）表面粗糙度。微弧氧化和协合涂层样品表面粗糙度分别为 $R_a = 0.548\mu m$，$R_z = 3.072\mu m$，$R_y = 4.51\mu m$ 和 $R'_a = 0.293\mu m$，$R'_z = 1.399\mu m$，$R'_y = 2.398\mu m$。微弧氧化膜表面存在一些很深的孔洞，经过协合涂层处理后，主要孔洞基本被封住，表面比较平滑。

（3）表面硬度。按上述工艺获得的涂层，其表面维氏硬度见表 12-35。

**表 12-35　表面硬度 HV（载荷 50g）**

| 样品 | Ⅰ | Ⅱ | Ⅲ | 平均值 |
|---|---|---|---|---|
| 微弧氧化 | 490 | 672 | 618 | 593 |
| 微弧氧化+协合涂层 | 313 | 399 | 298 | 337 |

## 12.4　镁合金表面处理层性能检测方法

镁合金的表面层可以大致分为两类，一类是薄膜层，如化学转化膜、阳极氧化膜、气相沉积膜层等，这类膜层厚度一般低于 30μm；另一类是镁合金喷涂层，可以在 100μm 以上，属于厚涂层。镁合金的表面涂层或膜层性能检测方法将根据涂层或膜层的厚薄不同有所差异，与涂镀方式也有一定关系。但总的内容包括以下几方面：外观检测、厚度测定、耐蚀性能评价、硬度测定、表面处理层与基体结合力以及耐磨性的测定等。

### 12.4.1　外观检测

对于一般的镁合金件经表面处理后，借助天然散射光或在日光下目测检验，观察涂镀层的均匀性。对于阳极氧化或微弧氧化，要观察氧化层的孔隙大小，色泽均匀程度，有无斑点、脱皮等。若是通过气相沉积得到膜层，则需检测有无波纹、色差、表面覆盖情况等。

### 12.4.2　表面层厚度测定方法

测定表面层厚度有无损法和破坏法两大类。无损法包括质量法、磁性法、涡流法、β射线反射法、X射线荧光法、双光束显微镜法、机械量具法等。破坏法包括金相显微镜法、溶解法、液流法、点滴法、库仑法、轮廓仪法、干涉显微镜法、辉光放电光谱法、俄歇电子能谱法等。由于各种测量方法基于不同的机理和数学模式，因此就会得到不一致的检测结果。为了明确膜厚测量的结果所代表的意义，通常必须注明测定方法。目前最常用的方法有厚度仪测定法、金相观测法和辉光放电光谱法。

### 12.4.3　膜层硬度的测量

显微硬度计是通过金刚石压头在一定的载荷下在几十秒之内缓慢加载到表面，使表面产生一个菱形的压痕，通过测定压痕的对角线长，经公式计算得到维氏硬度值。测定时要根据镁合金表面层的厚薄以及估计硬度值选择载荷大小。载荷大，测试的误差相对要小些，但大载荷可能会穿透表面层，有时还会使膜层破裂。当表面层较厚且需要了解表面层硬度沿层深方向分布时，可以先制备沿界面的金相样，然后以图12-9的方式进行显微硬度测试。

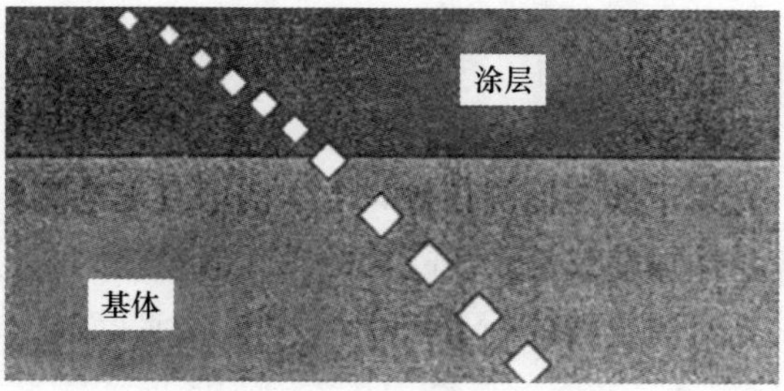


图12-9　显微硬度测试方式

当表面通过气相沉积或产生化学转化膜层后，普通的显微硬度计就无法准确测定膜层的厚度，但可以通过纳米硬度计进行测试。纳米硬度计所加载荷在毫牛顿范围，可以测定纳米级膜层的纳米硬度，弥补了显微硬度的不足。

### 12.4.4　涂层结合力或结合强度测试法

结合强度也称为附着力，是指将单位面积上涂、镀层，氧化层或其他表面处理层从基体上分离开来所需的力。由于实际检测困难，虽然有一些定量和半定量的方法，但多数使用的是定性测量。如划格法、拉力法、摩擦法、剥离法、形变法、加热法等。具体选择时，应综合考虑表面处理层的厚度、特性以及基材状态等因素。

镁合金的微弧氧化膜层质硬，可以采用划痕法。划痕法是以硬度大于表面膜的材料制成压头（通常为金刚石压头），令其在膜面以一定速度划过，同时作用在压头上的垂直压力不断增加（步进式或连续式），直至膜层与基体脱离。此时的载荷为临界载荷，再通过计算求出膜的结合强度。判断膜与基体是否脱离，可以采用声发射技术或测摩擦力的方法。

其他涂镀层可以采用压痕法。其操作简便，生产上容易实施，但精确度不够。拉伸法的实施也较为容易，但需准备专门的试样。激光剥离法测量精确，且不破坏膜面，但设备昂贵，操作复杂，对于镁合金表面的厚涂层，还可以采用反复加热冷却法（也称为热振法）进行相对比较。

### 12.4.5　腐蚀试验方法

镁合金经表面处理之后的耐腐蚀性能更是评定涂镀层性能优异的一个依据。常用的方法有盐雾腐蚀试验、浸渍试验，也有通过测定其极化曲线从另一个角度判定耐腐蚀性能。以下介绍几种最常用的腐蚀试验方法。

（1）中性盐雾腐蚀试验。模拟海洋性气候条件，盐水（NaCl）浓度为5%±1%，相对湿度大于95%，温度为35℃±1℃，pH值为5.5~7，喷嘴空气压力为98kPa±10kPa，连续喷雾或盐雾沉降量为1~2mL/80cm$^2$·h，评定面向上，与垂直线呈15°角，盐雾不得直接喷射至试样表面上。评价标准可以按出现锈蚀的时间，也可以按在规定时间内锈蚀面积占总面积的百分数计。

（2）浸渍试验。模拟相应的腐蚀介质，浸渍液有以下几种：

1）水。如蒸馏水、去离子水、沸水等。

2）盐水。如3% NaCl（质量分数）等。

3）酸液。如10% $H_2SO_4$、10% HCl、有机酸等。

4）碱液。如10% NaOH等。

浸渍温度根据试验环境确定，如25℃、40℃、50℃、100℃等。浸渍方式可以全浸、半浸入或3/4浸入。浸渍时间以小时或循环次数计。评价标准可以按出现锈蚀的时间，也可以按在规定时间内锈蚀面积占总面积的百分数计，也有通过外观观察表面有无起皮、粉化、孔蚀等，还可通过检查在规定时间内的失重来判定腐蚀的严重程度。

# 13 镁及镁合金材料的安全与防护措施

镁具有非常活泼的化学性质，镁粉、镁屑又极具易燃、易爆性，这是安全生产和防范的关键。在镁合金生产经营中不重视安全生产，将酿成毁灭性的灾难。例如1964年，我国某厂的镁炉发生爆炸，不仅整个生产线化为灰烬，而且当场烧死4人、烧伤多人，造成重大的人身和财产损失。又如2001年3月20日西班牙 Dalphi Metal 公司（生产镁合金汽车配件）在清理收集镁屑时不慎产生火花，引燃镁屑，并导致火灾发生。火灾造成25t镁锭、600t镁成品、4台全自动压铸机生产线和厂房被彻底烧毁。2003年12月某压铸配套厂，在打磨工段由于没有做好镁粉的清扫工作，抛光轮产生火花引起存积在地面上的镁粉燃烧，并酿成火灾。2003年12月29日美国 Garfield 公司（镁回收厂储藏库）发生燃烧和爆炸。因此安全生产必须引起高度重视，安全生产刻不容缓。

## 13.1 镁及镁合金发生燃烧的化学反应机理

### 13.1.1 镁合金发生燃烧的化学反应形式

（1）镁与水中的氧发生作用，产生氢气并放热，热量的积聚和释放出来的易燃氢气，易引起燃烧和爆炸。化学反应如下：

$$Mg + 2H_2O = Mg(OH)_2 + H_2\uparrow$$

（2）镁与空气中的氧发生作用，产生剧烈的燃烧，释放出高热，发出耀眼的白光。化学反应如下：

$$2Mg + O_2 = 2MgO$$

（3）在潮湿状态下，镁与三氧化二铁中的氧发生作用，剧烈燃烧，释放出高热，发出耀眼的白光。化学反应如下：

$$3Mg + Fe_2O_3 = 3MgO + 2Fe$$

因此，传统观念认为镁合金具有危险性，是一种不安全的材料。

### 13.1.2 不同形态的镁合金产生燃烧的特点

近年来，通过大量的生产实践，人们已经逐步走出传统的误区。其实理论上存在的危险性在实践中并不能一概而论，事实上镁的块状固体相当安全，不会发生燃烧和爆炸。甚至，将镁块直接对着火焰加热，也难以引起镁的燃烧。即使镁块被引燃，一旦将火焰撤离，镁块也会因为热量迅速散失，温度降至燃点以下，火焰也会自动熄灭。

镁块具有热容量大、热量散失快、燃点高的特性。镁块的燃烧必须是先将固体镁块加热到650℃（熔点），固体镁块熔化后再对着液态的镁继续加热到1100℃（沸点），这里才会有镁蒸气逸出，气态的镁才具有极强的燃烧和爆炸危害性。

但是镁的粉尘、碎屑、轻薄料的确也存在一定的燃烧、爆炸危害性。一般认为，当空气中镁粉尘浓度达到20mg/L时就可能引起爆炸；直接对镁粉尘加热到450～560℃也可能引起镁粉尘的燃烧。

镁合金生产在压铸行业中发生的燃烧、爆炸事故也往往都是镁的粉尘、碎屑、轻薄料引起的。镁的粉尘、碎屑、轻薄料由于导热好、热积聚快、彼此间又不能充分散热，以及它们的表面积大、与氧接触充分（有利于镁与氧发生反应），一旦镁粉尘遇上火星、火花、火焰也会导致迅猛的燃烧和爆炸。因此镁合金的安全生产取决于对镁的粉尘、碎屑、轻薄料的有效管理和控制。

## 13.2　镁及镁合金安全生产的条件与要求

### 13.2.1　对管理工作的要求

（1）要正确树立安全责任为天、生命至高无上、安全第一观念；并逐步养成安全是企业效益的保障，安全是企业最大效益的正确认识。

（2）建立具体组织机构（公司、部门、班组），本着谁主管、谁负责的原则，落实安全生产责任制。

（3）企业的安全生产和管理最终表现为不折不扣地贯彻执行《安全生产法》，并结合企业自身安全生产特点，制订各种安全生产的制度和操作规范，同时加以严格执行。

### 13.2.2　镁合金安全生产对场地的要求

（1）生产场地要求空间高、自然通风好、场地宽敞、有充足的避险逃生通道。

（2）建筑设施必须是预制混凝土或砖混结构，门窗和室内设施应具有阻燃或防火功能。

（3）生产场地应该划分为若干个相互独立、保持有相对安全距离的独立建筑物，并应该便于与各个作业区相互配套。

（4）生产现场及四周不允许存放易燃易爆物品，并应该设置明显的安全警示标志和安装有遇险报警装置。

（5）作业区和管理区配置的消防器材必须采用镁合金专用的“D级灭火器”，配置的其他消防器材只能是干沙、覆盖剂（其他消防器材不得用于镁合金火灾）。

（6）消防器材的配置地点应该标志明显，取用方便，并实行专人维护和保养、不得挪作他用。

（7）作业区必须实行严格的禁火、禁水管制，并防止火星、火花的产生。

（8）电源线路、电器设备的安装必须符合国家安全规范的规定，并安装有合适的过电流断电装置。

（9）电线排列和接头必须符合规范要求，不得乱接乱搭，并有可靠的防雷、防静电措施。

（10）生产现场应该按照规定配置足够的吸尘设备、排风扇，照明灯具必须是防爆型的照明灯具。

### 13.2.3　对操作人员的要求

（1）作业者的个人防护是从事镁合金压铸的基本条件。一般情况下，镁合金压铸人员的基本保护用品是：工作服、安全帽、防护面罩、隔热石棉手套、防火衣裤（耐热700℃以上）、安全鞋。操作工人上岗前必须进行相应的安全培训，并考试合格方能上岗。

（2）操作人员在进行作业以前，必须按规定正确穿戴劳动保护用品（穿无铁制鞋垫的劳保鞋，穿戴棉质口罩、平滑手套、平滑帽子、无口袋无袖口的工作服），未穿戴防护用品的人员不要靠近作业区域，不能进行操作。

（3）不准带病上岗或酒后上岗。

（4）作业区内严禁吸烟，并不得将火种、水及违禁物品带入作业区内。

（5）生产现场必须保持清洁卫生，不得留下油污水渍。

（6）镁屑、镁渣、飞边、轻薄料必须2h清理一次，并装入专用中转容器内运走和进行无害处理。

（7）操作工在镁合金熔炼炉前加料、打渣时，必须穿好工作服、戴上头盔，防止汗液滴入镁液中，引起爆炸和飞溅，导致灼伤皮肤。

### 13.2.4 对熔炼设备安全操作的要求

镁合金熔炼铸造过程中的安全涉及个人防护、熔炼安全和铸造安全。镁合金的熔炼是生产中的重要环节，也是镁合金生产安全的关键环节。通常应该注意如下：

（1）炉体最好为双层结构设计，当内层坩埚破裂时，镁液可流到内外层之间的夹层中，同时报警停止加热，使熔化的镁液不致流到炉外造成危险。

（2）要经常检查炉子有无锈蚀，如有锈蚀应及时清理，坩埚使用前必须经过煤油渗透及X射线检验，证明没有缺陷才能使用。

（3）坩埚每半年至少要吊出炉外全面检查一次，当壁厚减薄到原来厚度一半时，必须停止使用。出现小的孔洞或局部锈蚀，可以清理后补焊使用，不过一定要经过检查，确保安全。

（4）镁压铸时，熔炉镁液面随加料周期少量升降，液面与坩埚壁面的交界上方受到高温镁液和$SF_6$保护气体的轮番侵蚀腐蚀，易发生腐蚀斑坑，应注意定期检查并及时清理补焊。操作中还要注意控制好$SF_6$的浓度，浓度过高会使坩埚迅速腐蚀。

（5）镁锭在投入熔炉前，一定要预热到150℃以上。熔炉旁要备一有盖的装渣箱，从熔炉里面取出来的料渣，必须及时放到容器内，并马上盖密封。

（6）熔化现场必须始终保持有一瓶混合保护气，以备突然停电或其他突发事件时急用。

### 13.2.5 镁合金压铸生产现场的要求

（1）压铸现场必须清洁，不允许有任何积水、油污存在，并要有良好的通风、排气条件，保持现场的干燥、干净。

（2）镁合金压铸车间除和普通压铸车间一样要求通风良好外，还对防火、防水有更严格的要求。车间建筑要用不可燃材料建成，地板的材料也要不吸水、耐热。屋顶抽风机不要设置在熔化炉的上方附近，以防漏雨。

（3）镁合金压铸冲头速度也比铝合金压铸的高，为避免飞料伤人，有时在模具上分型面部位加装飞料挡板。压铸时前后安全门一定要关闭，严禁操作者站在分型面上。

（4）生产现场的废料必须及时清理，应装在干燥的不燃容器内。飞料及粉尘也要及时清理。从各国镁压铸工厂以往实际所发生的起火事故来看，50%以上均由镁粉尘、废料的处理（如清理和存放问题）所导致，部分发生在加工环节，在熔炼环节产生的事故约占10%。

（5）镁合金锭要存放在阴凉、干燥、通风的库房中，熔炼现场不宜存放过多的镁锭。

（6）镁合金的水口料、废料也应放在不燃容器内，并单独存放。

（7）压铸机主机及熔炉的电力、燃料、冷却水、气体等供给应有远端控制，以备意外发生时可以关掉。

（8）如果打磨区设置在车间内，一般要配置湿式吸尘器。车间应划出紧急通道并随时保证畅通。

（9）压铸车间配置灭火器材，用于镁合金的灭火剂有干沙、覆盖剂、D级灭火器，这些灭火器材应放置在醒目的地方且便于现场紧急使用，干沙及覆盖剂要存放在容器内预防潮湿，并要经常检查。

### 13.2.6　镁合金压铸对设备的要求

由于镁合金的性质活泼，易燃易爆，镁合金压铸对设备的要求也较高，劣质的设备存在着潜在的危险。因此，对镁合金压铸对设备的要求是：

（1）压铸设备及成套装备的性能要求可靠性、安全性极高。禁止使用劣质的设备，因为劣质的设备极易造成灾害事故。

（2）严格控制压铸过程的跑冒滴漏，出现问题应该及时处理。一般情况下，镁液初始的小面积起火还能采取一些措施扑救，一旦引起大火或蔓延、爆炸，则无法控制扑救，将会造成巨大的人员、财产伤亡损失。

（3）压铸机四周严禁堆放杂物，特别是含水分材料和钢铁等。因压铸作业需将熔化的镁液以70~100m/s的速度（浇口处）射入模腔成形。由于熔化的镁液易燃易爆，遇氧气剧烈燃烧，遇水爆炸，遇铁锈、有水分的混凝土、含硅的耐火材料等均会剧烈反应，且发生火灾时难以扑灭。

为了保证安全生产与长期生产使用及恶劣使用条件下的可靠性，对镁合金压铸设备的质量要求极高。国内外均发生过很多设备问题造成的重大安全事故，表明了压铸设备与普通机械设备不同，不具备强大综合能力的厂家生产的劣质设备，极易造成重大的灾害事故，列举如下。

（1）劣质坩埚在650℃以上（外层在700℃以上）高温条件下长期生产，外层易迅速氧化，内层因镁液的腐蚀和$SF_6$保护气体的腐蚀也会迅速浸蚀深入，穿孔后熔化的镁液流出起火爆炸将造成重大灾害事故。用传统方法的覆盖剂保护更会加剧腐蚀进程。优质设备的坩埚采用特殊研制的复合材料制成，内层耐腐蚀，外层耐热、耐高温氧化，可避免严重的穿孔事故。

（2）优质压铸设备的保护气体控制精确、稳定，气体成分、流量稳定均有足够保障，并具有在突发停电、突发事故等情况下的特殊自动保护装置，安全性极高。劣质设备气体成分、流量控制不准确，极易因浓度、流量过低造成熔炉起火或因浓度、流量过高造成熔炉迅速腐蚀、镁液泄漏起火爆炸，并缺少特别情况下的可靠自动保护装置。

（3）优质设备采用特殊研制的耐火材料，不与镁液反应，劣质材料采用普通耐火材料，在发生镁液泄漏时易与之发生剧烈反应起火爆炸。

（4）优质设备采用特殊研制的热作钢材，能耐高温镁合金的腐蚀，并能在650~700℃高温下保持良好的高温性能，如硬度、抗拉强度、屈服强度、韧性、抗蠕变性能和回火稳定性。劣质设备采用普通热作钢材，不能耐高温镁合金液的腐蚀，并难以保持良好的高温性能，变形、破裂或泄漏后极易造成在高压（40~80MPa）、高速（70~100m/s）下高温镁合金液的飞溅伤人或爆炸起火事故。

（5）优质设备对压射系统的控制精确、可靠，劣质设备设计不成熟，采用元件、材料质量低、不可靠，易于发生安全及压铸产品质量事故。优质设备采用优质国际名牌液压件，工作极为可靠且不漏油。劣质设备采用劣质液压元件，工作不可靠且绝大部分漏油，泄漏的油污与脱模剂喷洒的水分混合形成油水积聚在机器周边，一旦与高温镁液接触即易发生爆炸。

在设备的综合性能、质量方面，二者更是有着显著的差距。坩埚材质不良、保护气体成分不稳定均会影响合金的成分和性能，造成压铸件的内在质量下降。例如冷、热裂倾向的迅速增加，综合力学性能下降，耐蚀性达不到要求等。压射系统的性能不稳定也会造成铸件内部组织疏松、压铸产品力学性能不稳定及其他各种压铸缺陷。

## 13.3 镁及镁合金生产的安全与防护措施

### 13.3.1 镁及镁合金熔炼工序的安全与防护措施

镁合金熔炼时的常规保护措施比其他金属更加严格，要求生产人员使用面罩和防水衣。对镁而言，水汽不论其来源如何，都会增加熔体发生爆炸和着火的危险，尤其是当水汽与镁熔体接触时，会产生潜在的爆炸源 $H_2$。因此，镁合金熔炼过程中必需的安全与防护要求与措施如下。

#### 13.3.1.1 铸造场地要求

（1）操作场地应以阻燃材料建造，地面不能有积水或潮湿的地方。必须将场地整理成无任何积水并且是完全干燥的状态。铸造的操作现场绝对不可以放置可燃物体。

（2）工作场地应保持干燥、整洁、通风良好和道路畅通。

（3）熔炼场地应常备下列灭火剂，如滑石粉、RJ-1 和 RJ-3 熔剂、干石墨粉、氧化镁粉等。镁合金燃烧时，严禁用水、二氧化碳或泡沫灭火剂灭火，这些物质会加速镁的燃烧并引起爆炸。严禁用砂子灭火，因为火势相当大时，$SiO_2$与 Mg 反应，放出大量的热并促使镁剧烈燃烧。

#### 13.3.1.2 人身防护措施

（1）操作工人为防止溶液溅到身上，应备用有棉制的工作服、手套、帽子及防护面具。

（2）在极危险的时刻应身着防火服，但在一般情况下也不必过于防护以免妨碍操作。

#### 13.3.1.3 安全操作规程

（1）所有碎屑必须是干净的，并保持干燥，腐蚀产物应该预先清理干净。

（2）任何熔剂都必须密封保存，并保持干燥。

（3）避免镁熔体与铁锈接触。

（4）炉料和锭模必须预热，熔炼和浇铸工具使用前应在洗涤熔剂中洗涤，并预热后方可使用。

（5）炉料不得超过坩埚实际容量的90%。

（6）为防止溶液与砂型接触时因反应而产生燃烧，要向砂型撒一些硫黄、硼酸等防燃剂。

（7）砂型中的水分一多就容易起火，所以一般在合模前要用喷灯或焊枪将铸型表面烤干。即使有很少的水分，也容易与镁反应而发生溶液从浇口或冒口喷出的危险，对此必须高度警觉。

（8）人工浇铸时，要用完全干燥的勺子从静置的坩埚中舀出溶液进行浇铸。用勺子从静止的坩埚中舀出溶液和向铸型里浇铸时是危险性最高的时候。当勺子干燥得不充分，而残存有水分或在寒冷状态下勺子是潮湿的，勺子舀取溶液的瞬间会由于水分的影响，而引发溶液的飞溅。即使勺子已经很干燥了，也时常有残存的微量水分。所以，在开始时不要急于舀取溶液，要先将勺子慢慢浸入溶液，以确保安全。在这种作业中最常发生的事故就是溶液飞溅。

（9）浇铸时溶液与空气接触容易产生氧化燃烧，所以一定要撒硫黄粉或者用保护气体（$SO_2$气体或$SF_6+CO_2$混合气体）将溶液包覆起来以防止燃烧。

（10）坩埚使用前必须严格检查以防穿孔，其底部应备有安全装置以防渗漏。

（11）由于使用钢坩埚生成的铁锈积存在炉底，若坩埚泄漏，使镁溶液与铁锈接触发生剧烈的炽热反应。为了使与铁锈的反应控制到最小限度，须定期清除炉底铁锈和定期检查坩埚泄漏情况并及时处理。通常坩埚的维护如下：

1）坩埚的检查。月水冲洗坩埚，去除铁锈，目检龟裂孔、坑等。这些缺陷，通常是漏液的地方，使用中应经常检查。作为定期检查项目，须测定坩埚厚度，用卡钳、超声波测厚仪进行全面的测定。如果有比规定厚度薄的地方，整个坩埚就要报废。

2）溶液从坩埚漏出的情况。溶液从坩埚漏出时会发生剧烈的白烟，若大量漏出，接近火焰是很危险的。因此一发现白烟，立刻将坩埚吊出炉外，使溶液凝固不再漏出，放置到安全地方。在有火焰的情况下，因有爆炸危险，应立刻停止供给燃料，采用铁板围住等紧急措施，操作人员撤离，决不可接近操作。

（12）铸造时最容易发生的事故就是溶液从铸造模的接合面泄出流到地面上；此时，如果地面是湿的就会引起溶液的飞溅，危及操作人员的安全。为此，不但要保持地面的干燥，还应在铸型的周围铺设一些干燥的沙子。

（13）浇铸完后，浇口向大气敞开着容易引起燃烧，因此铸造完后应该用沙子将其掩盖。

（14）坩埚中残存的溶液应铸成锭，同时要特别注意铸锭模的清洁和干燥，防止由水蒸气引起的溶液飞溅。

### 13.3.2　镁及镁合金压铸工序的安全与防护措施

镁的压力铸造有冷室压铸和热室压铸。在冷室压铸中，只要操作程序正确，模具的精度没有问题就不会突然起火或者出现爆发式的燃烧。在热室压铸中，有时会有意想不到的火焰喷出。特别是一旦有错位就会在模具的结合处发生喷火，尽管喷火是在防护罩内发生，不会对人体造成直接伤害，但是会给新操作工人带来极大的恐怖感。

13.3.2.1 **压铸工序可能出现的事故形式**

（1）腔体内残存的水分与镁反应出现爆发式燃烧。

（2）热室压铸机铸造时，由于错位造成未能很好地合模，造成溶液喷出，引发火灾。

（3）操作前没有对喷射管进行充分预热，喷射管内的露水与镁溶液反应发生爆炸。

（4）溶液从坩埚中泄露。

（5）未经充分预热的工具进入溶液引发溶液飞溅。

（6）在压铸机防护板壁面上残存的镁燃烧起来。

13.3.2.2 **安全操作规程**

（1）镁合金压铸机上必须安装防护板或安全罩，以防止溶液的飞溅，因为安全罩能有效保护人体免受伤害。

（2）打开镁合金熔炉前应检查各项电器、仪表是否工作正常，气管是否连接完好，防止 $N_2$ 和 $SF_6$ 的泄漏。

（3）加料前应检查各开口是否密闭，料嘴、料桶是否配合恰当。加料后要迅速盖上加料口、防止空气过多进入熔炉引起氧化燃烧。

（4）熔化镁合金时，必须有气体保护，并且不得将有杂质的镁锭、镁粉、镁渣加入。

（5）进入熔炉前的镁锭和清渣工具必须是干燥、无油，至少要预热到150℃。

（6）每次开机前应将模具预热到150℃以上，不要喷涂过多的涂料，以免型腔内有积水，引起危险。另外冲头及模具的冷却，尽量不要用水冷。冲头的冷却可用风冷，模具的加热及冷却一般用耐高温油。

（7）镁合金由于在燃烧时有耀眼的白光以及有烟雾产生，看似可怕，其实镁合金的燃烧热只有汽油的一半。如果是现场有少量的镁燃烧，可迅速铲起，放入集渣箱内盖起，或者转移至空旷地方。如果镁液流散或无法铲起，则迅速撒干沙或覆盖剂覆盖，要均匀地撒在燃烧的镁上。当发现镁合金炉内有白烟时，可加大保护气体 $SF_6$ 的流量，清理液面的氧化渣。如果仍不能制止，可投入几个预热过的镁锭，以迅速降低镁液的温度。

（8）当发现镁液面燃烧时，要迅速关闭加热系统，同时加大保护气体 $SF_6$ 的流量，并在镁液表面撒入覆盖剂。D级灭火器在非必要时尽量不用，因为其价格昂贵且加压的气体容易把火吹散。炉外的镁合金灭火，大多采用干沙覆盖扑灭较好。

（9）镁压铸时熔炉坩埚的腐蚀锈蚀是难以完全避免的，万一发生坩埚破裂泄漏时的处理方法如下：当发现坩埚泄漏时，首先要迅速切断电源，然后穿戴防护用具，由泄液口的流量判断泄漏程度，做出不同的处理。如果泄液口没有镁液流出，可立即将覆盖剂大量丢入炉中及盛液皿中，然后用干燥的勺子从炉中舀出一些镁液，接着放入几锭预热过的镁锭，使坩埚内镁液尽快凝固；如果流出的镁液不多，则立即将覆盖剂大量丢入炉中及盛液皿中，在盛液皿尚未满之前，尽快用勺子将炉内的镁液舀出一部分，然后连续丢入大量覆盖剂及镁锭，同时盛液皿中也要放入大量覆盖剂。接着离开现场，从远处观察动静。不过像这样的事故很少发生，关键是要平时按规定做好熔炉的定期检查及维护，确保防患于未然。

镁合金压铸比锌、铝合金潜在的危险大，但只要按照正确的操作规程作业，安全问题就不是影响镁合金压铸发展的关键。镁合金压铸生产中的安全要点是保持现场的干燥、干净，严格按照正确的操作规范作业，并妥善处理压铸及后加工产生的粉尘、切屑、废料等。使现场作业人员受到良好安全作业训练，并切记不可用水及普通灭火器来扑灭镁合金的起火。

### 13.3.3　镁及镁合金热处理的安全与防护措施

不正确的热处理操作不但会损坏镁合金铸件，而且可能引起火灾，因此必须十分重视热处理时的安全技术。热处理的安全操作规程如下：

（1）加热前要准确地校正仪表，检查电气设备。

（2）温度控制要严格。

（3）装炉前必须把镁合金工件表面的毛刺、碎屑、油污或其他污染物及水汽等清理干净，并保证工件和炉膛内部的干净、干燥。

（4）制品表面不可附着铝或锌。因这些污物会使局部发生熔化，成为着火的原因。

（5）镁合金工件不宜带有尖锐棱角，而且绝对禁止在硝盐浴中加热，以免发生爆炸。

（6）处理温度在350℃以上时，必须用浓度1%以上的$SO_2$气体保护。

（7）生产车间必须配备防火器具。炉膛内只允许装入同种合金的铸件，并且必须严格遵守该合金的热处理工艺规范。

（8）若着火时，可加助熔剂，尽可能将着火的物料移出炉外，放到安全场所。在无法移开的危急情况下，通入$BF_3$ 0.04%气体，可消灭火灾。

（9）由于设备故障、控制仪表失灵或操作错误导致炉内工件燃烧时，应当立即切断电源，关闭风扇并停止保护气体的供应。如果热处理炉的热量输入没有增加，但炉温迅速上升从炉中冒出白烟，则说明炉内的镁合金工件已发生剧烈燃烧，应立即采取措施。

（10）绝对禁止用水灭火。镁合金发生燃烧后，应该立刻切断所有电源、燃料和保护气体的输送，使得密封的炉膛内因缺氧而扑灭小火焰。如果火焰继续燃烧，那么根据火焰特点可以采取以下几种灭火方法：

1）如果火势不大，而且燃烧的工件容易安全地从炉中移出时，应该将工件转移到钢制容器中，并且覆盖上专用的镁合金灭火剂。

2）燃烧的工件既不容易接近又不能安全地转移，则可用泵把灭火剂喷洒到炉中，覆盖在燃烧的工件上面。

3）如果以上几种方法都不能安全地灭火，则可以使用瓶装的$BF_3$或$BCl_3$气体。$BF_3$气体通过炉门或炉壁中的聚四氟乙烯软管将高压的$BF_3$气体从气瓶通入炉内，最低含量为0.04%（体积分数）。持续通入$BF_3$，直到火被扑灭而且炉温降至370℃以下再打开炉门。$BCl_3$气体也通过炉门或炉壁中的管道导入炉内，体积分数约为0.4%。为了保证足够的气体供应，最好给气瓶加热。$BCl_3$可与燃烧的镁反应生成浓雾，包围在工件四周，达到灭火目的。持续通入$BCl_3$，直到火被扑灭而且炉温降至370℃为止。在完全密封的炉子内，可以使用炉内风扇使得$BF_3$或$BCl_3$气体在工件周围充分循环。$BCl_3$是首选的镁合金灭火剂，但是$BCl_3$的蒸气具有刺激性，与盐酸烟雾一样，对人体健康有害。$BF_3$在较低浓度下就能发挥作用，不需要给气瓶加热就能保证 $BF_3$气体的充足供应，而且其反应产物的危害性比 $BCl_3$的小。

4）如果镁合金已燃烧了较长时间，并且炉底上已有很多液态金属，则上述两种气体也不能完全扑灭火焰，但仍有抑制和减慢燃烧的作用，可与其他灭火剂配合使用达到灭火目的。可供选择的灭火剂还有：干燥的石墨粉、重碳氢化合物和熔炼镁合金用熔剂等。这些物质可以隔绝 $O_2$，从而闷熄火焰，扑灭火灾。

（11）扑灭镁合金火灾时，除了要配备常规的人身安全保护设施外，还应该佩戴有色眼镜，以免镁合金燃烧时发出的强烈白光伤害眼睛。

## 13.3.4　镁及镁合金机械加工的安全与防护措施

### 13.3.4.1　切削加工工序的安全与防护措施

镁呈细微粉状，在熔点以下是不会燃烧的。但切削粉或粉尘经局部受热而着火的危险性很大。切屑着火是由于刀具与材料的摩擦热过大，使得细粉尘的温度达到熔点以上而造成的。

对镁合金进行机加工时，必须考虑切屑着火的问题。切屑被加热到接近熔点以后会引燃。粗加工或中等精加工所产生的切屑大，机加工时不易引燃，然而火花可以引燃精加工产生的切屑。因此在镁合金机械加工时所应注意的事项安全与防护措施如下：

（1）加工机械附近的机床应保持干燥，操作现场不要摆放容易引发火灾的物品。

（2）烟、火不允许靠近加工区。

（3）以防万一，要在各机械设备周边常备灭火器材，要备有金属火灾专用的灭火器材以及干燥砂、不锈的干燥铸铁屑粉等。

（4）要保持加工件表面的清洁，若有砂等坚硬的异物附着在加工件的表面，在加工时会发生打出火花及损伤刀具的危险。

（5）机械加工前，应清除铸件黏附的砂或其他硬物，对于嵌入有钢等硬质物的加工件，在切削加工时要特别注意。

（6）保持刀具锋利，前、后角大小合适，避免使用钝、卷边或有缺口的刀具。

（7）采用大进刀量的强力切削以形成厚切屑，避免小进刀量；如必须进行轻微的切削加工或精加工时，由于产生出的微粉或毛发状的细粉是高度易燃物，要充分注意。当进刀量小时，采用矿物油冷却以减少热量产生。

（8）在产生细切屑的高速切削场合，可吹压缩空气或二氧化碳气。

（9）切屑被引燃后，除非受到拨动，否则燃烧不起火苗；一旦切屑发生燃烧，应当采用合适的方法灭火。

（10）切削完毕，应该立即使工具脱离被加工件，工具与被加工件持续接触会产生微粉，并因摩擦热而使温度上升，从而引发起火的危险性很高。

（11）尽量不使用切削液，最好在干燥状态下进行机械加工，必须使用切削油时也要使用非水溶性的切削油。

（12）每隔一定时间要对切粉进行清扫收集，工作台面和器皿中不要存留过多的切粉，这样一旦发生火情时，易于控制和灭火。

（13）每日工作完毕后，必须对切粉进行干净彻底的清扫。

（14）对切粉要根据是否有切削油，种类以及合金的成分进行分类，然后放入特定的钢质容器妥善保管。

（15）要将盛有切粉的钢质容器放到离开作业场所的专用容器仓库存放。

（16）清扫切粉时严禁使用电动扫除机等电器设备。

（17）注意不要在衣服口袋、手套里存留切粉、微粉。

（18）在操作者能达到的地方，保证有充足的灭火设施。

#### 13.3.4.2　研磨工序的安全与防护措施

粉状物质同空气混合，其爆炸的可能性较大，镁也同样。在研磨加工过程中，为了防止爆炸，操作时应注意以下几点：

（1）操作应在干燥的状态下进行，必须用研磨液时，多使用不含酸的油使粉末立刻消除。

（2）铬酸盐处理的表面不要研磨；化学处理的表面膜应去除。

（3）在研磨镁的研磨机上，不要研磨铁制品等易发生火花的材料，即应采用专用研磨机，研磨镁合金材料。

（4）工作场地要清洁干燥且通风。粉尘应集装在除钢质以外的材料或镀锌钢板制的容器内，至少一周倒一次，粉尘和至少五倍的砂子混合埋入地下。也可烧掉或放入氯化铁水溶液中生成稳定的氧化镁之后埋掉。

（5）加工机床要平稳。

（6）操作场地严禁烟火。

（7）要用特殊的湿式集尘机。

#### 13.3.4.3　打磨、抛光、烤漆工序的安全与防护措施

用于镁合金打磨、抛光、烤漆工序的建筑物及生产操作安全与防护措施应具备以下条件：

（1）阻燃性结构，不漏雨，不漏水。

（2）通风、换气性良好，能保持室内的干燥状态。

（3）室温无异常上升现象。

（4）建筑物远离易燃物品，为确保邻接物发生火灾时不被引燃，要留有足够的空间通道。

（5）电器设备不会因静电而产生火花。

（6）配线等结构应做到不使切屑、微粉以及水分进入。

（7）地面不能是可燃物质，应是混凝土或防滑铁板做成，并要考虑到便于清扫粉末。

（8）悬挂标语、禁止明火、禁止洒水。

（9）应注重消除因撞击、静电和电源接头处产生的火花；生产现场不得穿有铁鞋垫的皮鞋，不得使用铁制工具（可以使用木制、铜制工具）和进行击打，严格禁止将火源、火种及水的带入，吸尘、排风、照明设备必须是防爆的。

（10）在作业岗位上，必须按规定正确穿戴劳动保护用品（戴棉质口罩、平滑手套、平滑帽子、无口袋无袖口的工作服），并作到勤更换。

（11）设置的湿式吸尘器应安装在户外，让镁粉尘浸泡在水容器中（溶液中含 3%的

NaCl 和 5%的 $FeCl_2$）。并留有排气孔，有利于氢气的逸出。

（12）油漆和稀释剂是含苯有毒的易燃品，应避免过多的皮肤接触和吸入，并小心防火。场地勤打扫，2h 清洁一次、保持环境清洁卫生，防止镁粉、镁屑积聚。

（13）烤漆工序必须做到无尘化施工，涂层宜使用耐高温、耐腐蚀的氟碳树脂漆类。

### 13.3.5 镁及镁合金的存储管理安全与防护措施

#### 13.3.5.1 镁材料（产品）的存储管理安全与防护措施

（1）镁材料（产品）仓库适宜小型化、分隔化、分散化，镁锭堆垛不能超过 5.5m，防止过量存储引起镁合金火灾而造成重大损失。

（2）镁的废料应实行专库存储，堆垛一般不超过 1.4$m^3$，并适宜贮存于加盖阻燃的容器里。

（3）氧化剂、还原剂及易燃物质不能与镁材料（产品）混存混放，并留足通道（大于堆垛高度的 50%）。

（4）严禁火源、火种及水进入仓库，防止镁材料（产品）被雨淋、水浸、受潮，并做好通风散热工作。

#### 13.3.5.2 镁粉末的存储管理安全与防护措施

（1）在研磨加工中产生的粉末一般用湿式集尘器加以回收。被回收的粉末成泥状，里面含有少量的研磨材料。

（2）在切削加工中，根据不同的条件也会产生出一些近似粉末状的屑，通常也当作粉末来处理。

（3）应用湿式集尘器回收来的粉末。由于含有水分，在保存时与水发生反应产生氢气，当没有在水中沉降的时候，由反应热而引发自燃的危险性较高。要尽快作废弃处理，必须补充足够的水分。

（4）处于干燥状态或含有微量水分的镁粉末，遇到明火容易被引燃并产生猛烈燃烧。因此，在保管和做废弃处理时要格外小心，特别要注意防止由吸烟和焊接火花引发的事故。

（5）镁粉末比切屑更容易自燃，具有更大的危险性，特别是湿态的粉末危险性较高。因此，对镁粉末，一定不能长期保管，要尽快做废弃处理。镁粉末的废弃处理，用化学方法进行比较安全。

（6）干燥状态下的镁粉末放在带有清洁盖子的钢制容器中保存虽然比较安全，但仍具有危险性。对于含有水分的镁粉末，原则上不要保存；不得已必须保存时，一定要对下述事情有充分了解。即，粉末比切屑的表面积大，与水分的反应性强，具有更大的危险性。

（7）从湿式集尘器收集到的镁粉末，每天或者尽可能高频率地取出后立即进行废弃处理。不得已必须保管时，要尽可能缩短保管时间，并且要在不间断的监视状态下进行保管。

（8）通常应迅速将切屑做废弃物处理，不得已必须保存时，千万不要将镁粉末放置在密闭的容器中保管，被水溶性切削油以及含 0.2%以上脂肪酸的水或油浸湿的切屑产生氢气，为便于所产生氢气的释放，要在盖子上设置小孔，并将容器放在通风性良好的地方。

（9）保管中要充分注意明火和自燃。

（10）粉末状的镁发生自燃的危险性很高，特别被动植物油浸湿的镁切屑有更大的自燃危险性，要将切屑及其他易燃物品分开放置，并应尽快做废弃物处理。

（11）建筑物应是阻燃结构的，要完全与可燃物品隔绝。

（12）保管场地绝对不能漏雨。

（13）湿式加工所用的切削油中，有不溶于水的矿物油和溶于水的软化油，都含有水或油，不可与干燥状态下加工产生的粉末相混合。

（14）使用不溶于水的切削油和溶于水的切削油产生的切屑也不宜混合，要分别装入容器中并加以标注。

### 13.3.6　熔渣（淤渣、浮渣）管理的安全与防护措施

#### 13.3.6.1　熔渣

在熔铸场和压铸厂会产生许多熔渣，这些熔渣主要是在使用熔剂进行精炼时产生的，其具体的组成成分各工厂不尽相同。熔剂一般是由氯化镁、氯化钾、以氯化钙为主要成分的氯化钡、氯化钙、氧化镁等组成。所谓淤渣是在使用溶解剂进行精炼时分离并沉降下去的非金属物、氧化物、氮化物及含有一定量极为粒状金属镁的老化溶剂为主题的溶解渣。所谓浮渣是指在溶液表面产生的并且也附着在熔剂上的氧化皮膜、氮化物，含有非金属物比镁的密度轻，因而上浮。淤渣、浮渣基本上没有再生及回收的价值，一般作为废弃物处理。

#### 13.3.6.2　熔渣的处理

淤渣、浮渣中含有大量的氮化镁、微粒状镁以及作为溶解剂成分的氯化镁、氯化钙等，如果不加处理的丢弃，它们吸收水分后发热，会产生氢气、沼气、氨气等。在一定条件下会发生自燃现象，因此必须对产生的废弃物进行安全处理。另外，淤渣冷凝后，形成岩石一般是硬的块状物，破碎、粉碎非常困难。为此，在对熔渣进行处理时有必要做尽可能的细小化处理。

#### 13.3.6.3　熔渣的保管和废弃

所产生的淤渣，由于是以氯化镁、氯化钙为主，因此有较强的吸湿性。另外，在淤渣中，含有与水分反应产生氢气的微粒状的镁、产生氨气的氮化镁以及产生乙炔气体的碳化镁。

因此，有时候上述物质吸湿后，由反应热引发气体燃烧，从而出现自燃现象。为此，对于产生的淤渣，原则上每天处理，不要保管。不得已非要保管时，即使是短时间的保管，也要保持干燥状态，隔断与湿气的接触，置于带盖的钢制容器中。对于简单的掩埋废弃处理，基于上述理由，有自燃的可能性，因而是危险的。

## 13.4　消防安全防范管理措施

### 13.4.1　镁合金安全生产的中心任务

安全生产的中心任务是：防止镁尘、镁粉、镁屑及镁的轻薄料发生燃烧和爆炸。

### 13.4.2 消防安全管理的主要内容

（1）重视消防安全宣传，要求人人了解和认识到：安全第一；三懂四会。

1）安全第一。注重安全隐患的排出；防消结合；注重有效地扑灭初期火灾。

2）三懂四会。三懂：懂得如何报警；懂得镁及镁合金的消防知识以及镁合金燃烧、爆炸的危害性；懂得如何查找安全隐患。四会：会设置和维护消防器材；会报警；会正确使用消防器材；会扑灭初期火灾。

（2）镁火灾防护的三用、三防和四危害：

1）三用，即会用“D 灭”（D 级灭火器）、干沙、覆盖剂；

2）三防，防火、防水、防高温；

3）四危害，强光、高热、迅猛燃烧、遇水爆炸。

（3）镁火灾防护八措施：

1）尽早使用 D 级灭火器、干沙、覆盖剂来扑灭初期火灾；

2）报警；

3）断电；

4）降温；

5）禁水；

6）隔绝空气；

7）遇险逃生；

8）防止火源扩大。

### 13.4.3 安全管理的相关内容

（1）管理的模式。安全生产管理的职能结构为：“安全生产委员会”并实行公司、部门、班组三级管理模式。

（2）安全管理的核心内容。安全生产实行谁主管、谁负责的原则。

（3）安全生产检查制度。“安委会”每月月末实施安全生产检查和考核。

日常管理实行安全督察员巡查制度，并代表“安委会”深入基层巡视实施“一日四查”工作：查安全产生制度和安全生产作业规范的制订与落实；查有无违章操作的现象；查是否存在不安全的隐患；查对不安全的隐患是否得到及时有效的整改。同时，以确保安全生产得到实施。

# 14 镁材与环境

## 14.1 镁的回收

### 14.1.1 镁压铸厂的废料回收历史

目前，镁合金结构材料需求多是以压铸方法生产的产品，如汽车零部件、通信、手机等信息产品的相关零部件很多都是压铸成型产品，一部分触变成型法。有的电脑框架也采用压延材料。但是，用于构造材料的镁合金主要需求是汽车零部件，达到80%~90%。为了扩大镁合金的需求，进一步降低回收成本和稳定品质，环保且有效的回收也是十分重要的。最近，汽车厂家自身的压铸工厂，比如宝马的 Landshut 工厂内部回收再生及热能回收系统，而且“VW”社 Kassel 工厂，也在公司内部开始使用再生镁锭。

通常，在成型过程中产生的废料，多数是由专业的再生企业采用熔解提炼法回收。特别是，生产规模比较小的场合，回料材形状小或者伴随涂装，由于材料质量、环境等问题，因此都得依靠专业的再生企业回收。

但是，德国的压铸厂 Mahre 公司和 Stihl 公司，既对公司回料回收，也对市场废料进行回收，进行熔炼、精炼、再生，作为热原料或者铸块来利用。美国的 Spartan 等公司实施了公司内再生。此后，压铸厂的公司内再生，向无熔剂再生法进行着过渡，最大规模的压铸厂 Meridian 公司也采用无溶剂再生法。

### 14.1.2 废料源

在压铸成型中，根据压铸方法、零部件形状等，注塑量的25%~50%成为废料。小型产品、薄壁型产品的成品率较低，回炉材料（废料）的产生量也增加了，最高可达产品质量的10倍。因此，在压铸产业，废料量的降低和回收十分重要。国内外的清洁废料（产生在特定场所的清洁废料）的产生量，与压铸零部件的需求的扩大是同步增加的，主要由再生企业回收。同时，在压铸工厂内的再生化也被推进。考虑到矿泥浮渣或者切削剂附着粉末等环境保护问题，适当地对再生和废弃料进行处理是十分必要的。

为了回收料的质量稳定，在压铸厂就需要对再生废料进行分类。影响镁合金腐蚀性的杂质 Fe、Cu、Ni 等成分的含量被严格限制。图 14-1 所示为杂质含量与腐蚀速度的关系。MEL、Norsk Hydro 等公司的镁合金废料分类见表 14-1。关于附着有涂装的再生材料，需要经过剥离后，再生加工，也有着工业化的实例。

### 14.1.3 再生法

目前，具有实用化的镁材熔炼再生法见表 14-2。图 14-2 所示为废料炼制法的基本工艺流程，即坩埚熔炼流程图。

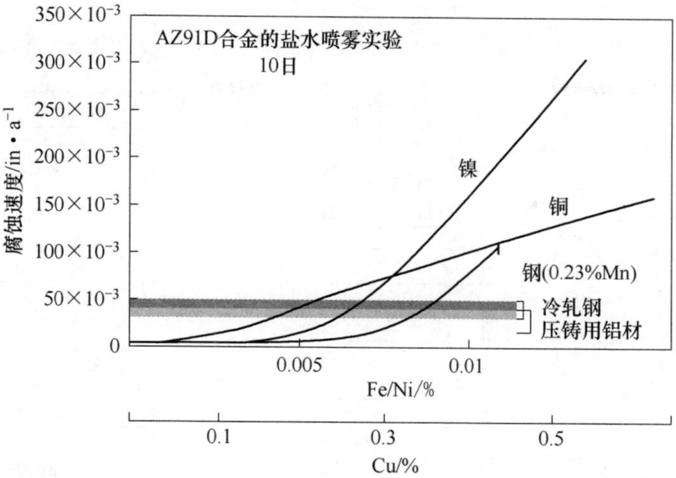


图 14-1 几种杂质含量对 AZ91D 镁合金、冷轧钢、压铸用铝材的腐蚀速度的影响（1in=25.4mm）

**表 14-1 镁合金废料的分类**

| 清洁废料 | | 低级废料 | |
|---|---|---|---|
| 类别 | 举例 | 类别 | 举例 |
| 1A 型 | 高级清洁废料，如废料铸件等 | 4 型 | 有污渍的金属废料，如被油、水污染；<br>不含有下列物质：Si 污染，如砂子等；<br>被 Al、Cu 污染的合金；<br>不是 Mg 的垃圾 |
| 1B 型 | 表面积大的清洁废料，如薄型铸件 | | |
| 2 型 | 含有铜/铝添加物的清洁废料；<br>没有铜和锌的污染 | 5A 型 | 薄片、切屑：清洁/干燥/没被污染 |
| | | 5B 型 | 薄片、切屑：被水或油污染 |
| 3 型 | 涂装过的废料铸件；<br>Fe/Al 的添加未知；<br>没有铜和锌的污染 | 6A 型 | 不含熔渣的残留物；<br>坩埚淤泥、浮渣等干燥后，不含硅酸盐，如不含砂子 |
| | | 6B 型 | 含熔渣的残留物，如坩埚淤泥、浮渣等干燥后，不含硅酸盐 |

**表 14-2 镁材的主要再生方法和采用的公司**

| 再生法名称 | 有无使用助熔剂 | 生产体制 | 生产容量/t | 主要用途 | 备注（使用公司例） |
|---|---|---|---|---|---|
| 坩埚炉法（熔解精炼） | 使用 | 批量 | 0.5~5 | 生产铸锭 | 单坩埚法：国内再生公司、MEL、Stihl |
| | （使用+不使用）相结合 | — | | | 双坩埚法：MagReTech、Magontec-Botrop、MENA、Unitec |
| Norsk Hydro 法 | 使用 | 连续 | 20 | 生产铸锭 | Norsk Hydro |
| Dow 法 | 使用 | 批量 | 1~2 | 生产铸锭 | Spartan |
| 双罐炉 | 无 | 连续 | 0.5~2 | 压铸 | Husqwarna、Gjutar |
| | 无 | 半连续 | 0.5~2 | 生产铸锭 | Meridian、VW（Kassel） |
| Rauf 炉 | 无 | 连续 | 0.5~2 | 压铸 | Unitec、BMW（landshut） |
| | — | — | — | 生产铸锭 | MEL-Czech |

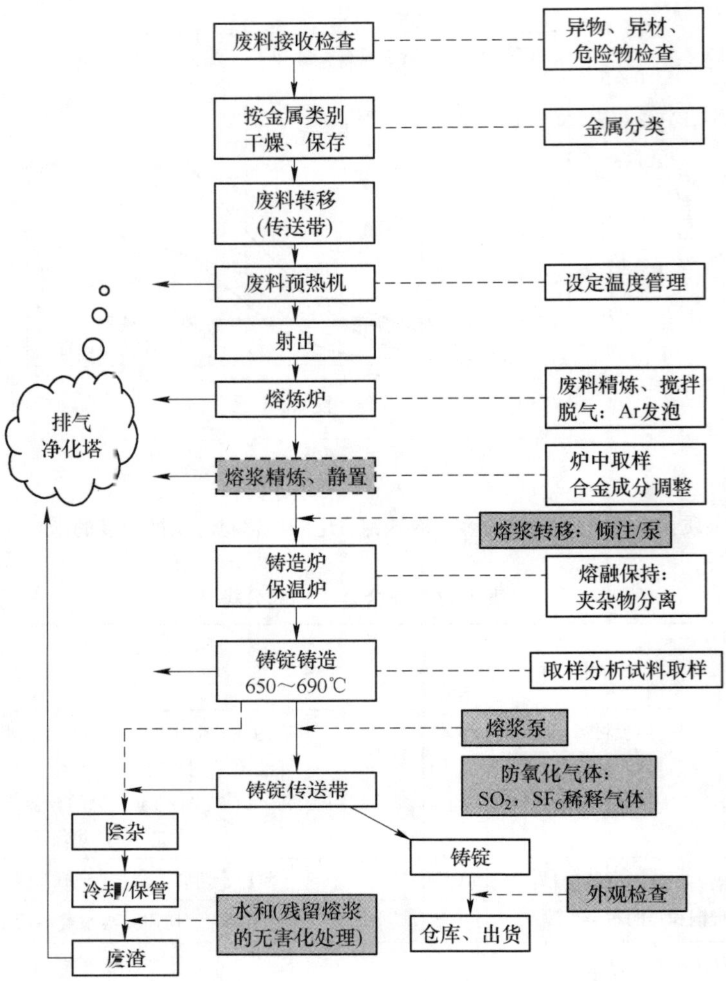


图 14-2　使用助熔剂的坩埚炉熔化流程图

#### 14.1.3.1　使用助熔剂的方法

使用助熔剂的方法有：

（1）坩埚炉。使用助熔剂的坩埚溶解炉如图 14-3 所示。通过热还原法，在镁结晶的溶解精炼厂中被用于铸锭制造的熔化炉。生产方式为批次生产，多数为使用助熔剂的熔炼法，从小批量到较大批量的熔炼，在全世界被回收厂广泛采用，也被许多国内外合金制造厂家、再生企业、压铸厂等使用。

（2）连续式长方形熔炼炉。图 14-4 所示为 Norsk Hydro 公司面向原料精炼厂的大型设备，具有连续的自动控制、大量生产方式等优势。因大量使用废料，所以氯化物的再生设备十分必要，是面向电解精炼厂的再生方法。

#### 14.1.3.2　不使用助熔剂的方法

不使用助熔剂的方法有：

（1）Dow 法。与坩埚炉类似，但是不使用助熔剂，搅拌和氩气发泡，氧化物，经过浮现沉降让其分离的。主要被利用于坯锭的制造，熔浆直接供给铸造炉的情况也有。

（2）Norsk Hydro 的双坩埚系统。Norsk Hydro 公司无助熔剂的双坩埚式熔炼与铸造炉

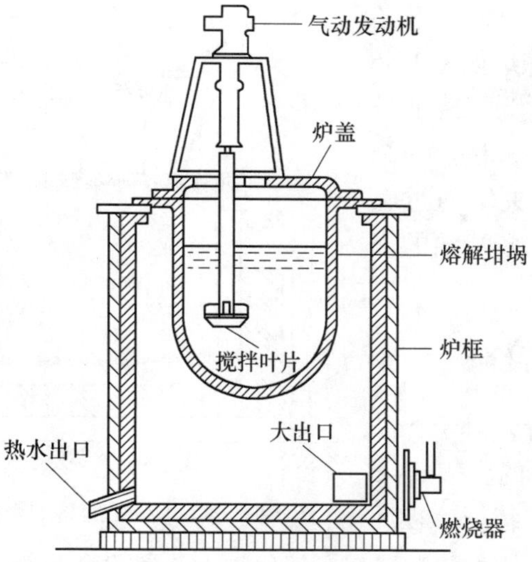


图 14-3 使用助熔剂的坩埚溶解炉

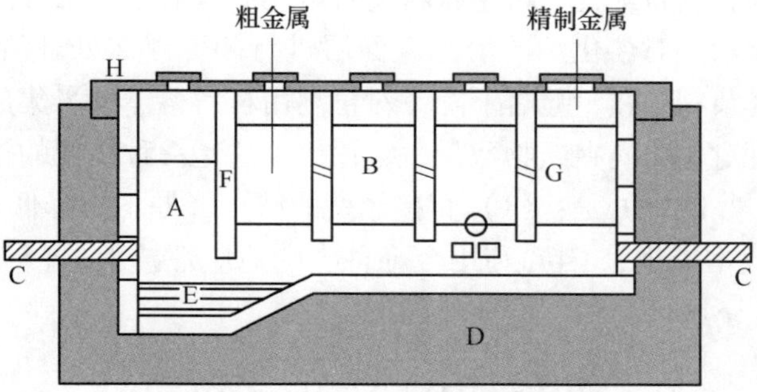


图 14-4 Norsk Hydro 公司的带隔板的助熔剂槽的精炼炉

A—盐浴；B—金属镁；C—电极；D—耐火材料；E—废渣；F—隔板；G—贯穿孔；H—耐火物盖

如图 14-5 所示。为了降低过程成本，不使用助熔剂的再生方法。上浮的氧化物主体铁渣定期去除，把比较清净的金属由移送管，通过虹吸原理向铸造炉移动的方法。作为清洁废料的公司内再生法被广泛应用，在国内也有同样的方法被实用化。

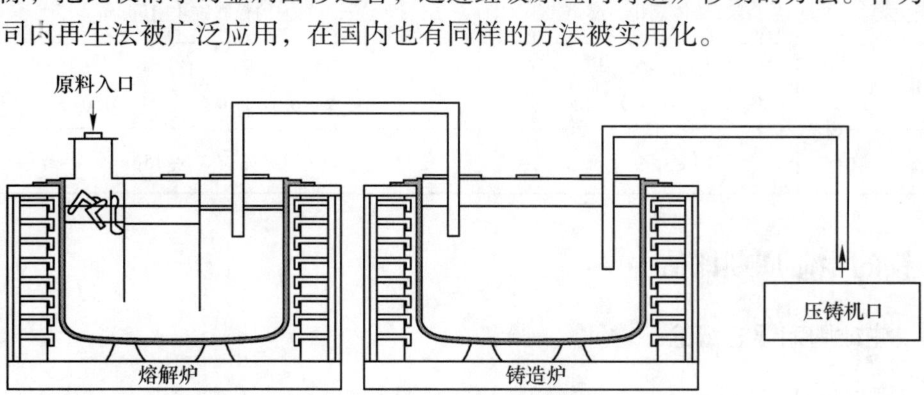


图 14-5 Norsk Hydro 公司无助熔剂的双坩埚式熔炼与铸造炉

14.1.3.3　Rauf 法

Rauf 法无助熔剂精炼炉如图 14-6 所示。在压铸厂中使用，为了降低过程成本而不使用助熔剂的方法。一个锅分成 2 ~ 3 个隔间，中央室通过氩气发泡让铁渣沉降，把比较清洁的金属导入进铸造室的结构。

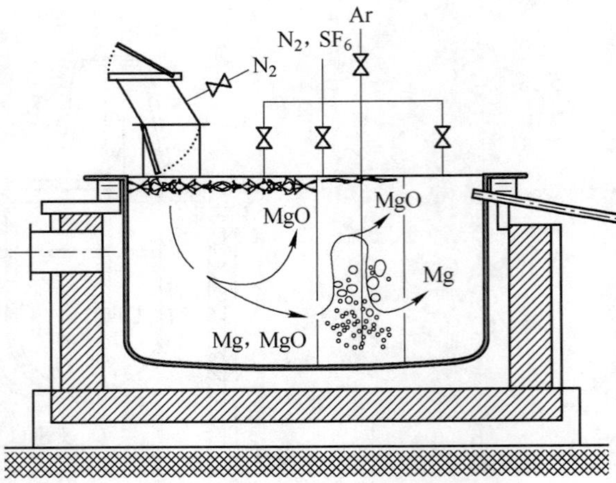


图 14-6　Rauf 法无助熔剂精炼炉（氩排气隔壁附着）

### 14.1.4　夹杂物和品质评价

再生铸锭的品质评价，对于产品质量的稳定是十分重要的。表 14-3 列出了夹杂物的发生源和持征。在助熔剂溶解的情况下，镁熔体中的助熔剂、氧化物、金属化合物等夹杂物，在合理控制温度的基础上能够减少。

对不使用助熔剂，重新配置的再生材料进行熔化处理后，对熔体中夹杂物量的变化进行调查研究。结果显示，对熔化炉的熔体表面层进行撇取浮沫处理后，熔体表面下 10cm 的位置，氧化物等夹杂物的数量显著下降。对再利用材料熔体中采集的试样进行光反射率的调查分析，从而可对非金属夹杂物数量进行评价，这是一种简便的检测方法。

在压铸工厂内回收的好处是：（1）直接经费的减少（原料费降低）；（2）原材料库存的压缩；（3）物流成本减少；（4）利用合金种类的适应性扩大；（5）通过热废料的直接回收，达到过程成本下降的目的，即能量的减少。

**表 14-3　镁合金废料的主要夹杂物**

| 污染物 | 发生源 | 特　征 |
| --- | --- | --- |
| 盐 | 精炼用废料 | NaCl，$CaCl_2$，$MgCl_2$，KCl 等盐（常附着氧化物） |
| 氧化物 | 熔体氧化、燃烧 | 大的粒状物 1 ~ 100μm |
| 氧化皮膜 | 与空气和保护气体（空气/$CO_2$/$SF_6$($SO_2$)）的反应皮膜 | 薄状的长皮膜（厚：0.1 ~ 1μm，长：10 ~ 150μm） |
| 金属化合物粒子 | 因温度变化析出 | 结晶粒 0.5 ~ 15μm |

## 14.2　镁的生命周期评估

### 14.2.1　生命周期评估概论

生命周期评估（life cycle assessment，LCA）是特定材料制作的产品的一生，也就是某一产品的冶炼、加工、制造、使用、废弃与再利用，可以说是“从摇篮到墓地”加上再次重生的期间中有怎样程度的环境负荷和潜在环境影响，进行详细调查。

什么样的原材料使用多少，怎样加工成为产品，期间必要的能源和伴随的 $CO_2$、$NO_x$、$SO_x$ 等对环境带来坏影响的物质排出（global climate impact，简称 GCI），对这些项目进行实测或者理论值计算等来得到明确数值。这样的一系列数据也称作 life cycle inventory（简称 LCI）。即使使用相同的材料或制作相同的产品，使用原材料的差异，制造过程的差异也会导致结果有很大的变化，根据比较这些情况，为降低环境负荷提供对策。

LCA 中应该注意如下几个方面：

首先，LCA 的目的是调查环境负荷，由详细的相关制造数据组成。所以与制造生产率和概算成本等数据有关。同时，制造过程的差异、结果优劣的公布对特定的企业和团体、业界的商务也有巨大的影响。根据这些原因，正确的数据收集、披露也十分困难。

另外，对其他材料和镁的 LCA 进行比较的场合，根据材料的不同，有把回收利用加入 LCA 的场合。因此，要注意调整条件等。

考虑 LCA 时，应该从对产品的整个循环流程进行仔细地定义开始，下一步为计算各工程的收支。图 14-7 显示了用还原法精制的镁合金作为压铸成型加工产品来使用，不需要的东西作为回收再生材料再利用的流程图。严格来说，原材料的采掘、运输和能源来源的原油采掘、冶炼、搬运、各工程间的搬运等也被计算在内，根据情况也会被省略。

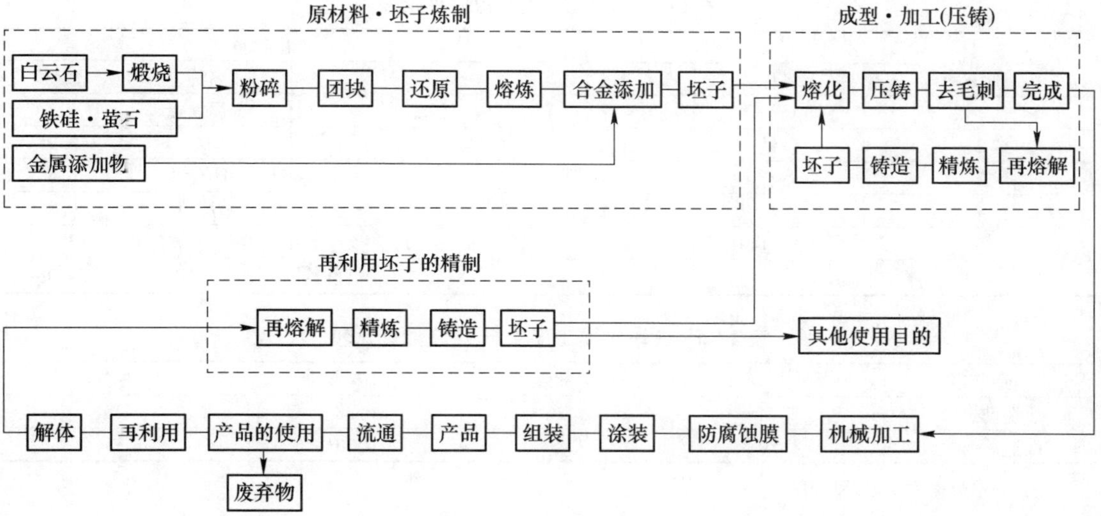


图 14-7 镁材料流程图

## 14.2.2 不同制备方法镁材的生命周期评估

### 14.2.2.1 热还原法

以皮江法（Pidgeon）为代表的热还原法冶炼，该方法是大量的使用煤炭和重油等石化燃料作为热源，而且原矿石为白云石（镁、钙的碳酸盐）。分解产生的二氧化碳对环境负荷非常大，很难说是对环境好的生产方法。但是皮江法制造成本十分低廉，而另一种代表性的电解法的成本一直居高不下。

A 不同时期的皮江法炼镁各项技术经济指标

皮江法炼镁的各项技术经济指标明显进步，表 14-4 列出了 1988 年、1998 年、2008 年和 2011 年的硅热法炼镁生产 1t 镁的技术经济指标。

**表 14-4 1988 年、1998 年、2008 年和 2011 年的硅热法炼镁生产 1t 镁的技术经济指标**

| 分类 | 白云石消耗/t | 硅铁消耗/t | 煤耗/t | 电耗/kW · h |
|---|---|---|---|---|
| 1988 年 | 14~18 | 1.4~2.0 | 16~18 | 2900~3600 |
| 1998 年 | 12~14 | 1.2~1.3 | 11~13.4 | 1200~1900 |
| 2008 年 | 10.5~11.0 | 1.08~1.1 | 5.6~6.2 | 1000~1500 |
| 2011 年 | 10.4~10.8 | 1.04~1.06 | 4.5~5.0 | 1000~1350 |

B 我国皮江法生产的基本情况

目前，热还原法生产主要在我国。工厂规模在逐步的大型化，热利用率也在不断提高，废热的利用也在不断推进。但是，不同生产企业、采用的不同设备，LCA 数据有较大的变化。

表 14-5 中显示了目前我国采用皮江法炼镁的物料平衡，即产出 1t 金属镁为基础计算出的物料平衡。表 14-6 所示为炼镁三段（煅烧、还原、精炼）工序的标煤能耗，炼镁的三段工序吨镁能耗降到 5t 标煤左右，节能近 50%，减排近 50%。

**表 14-5 生产 1t 镁的物料平衡表**

| 投入物料/t | | | 产出物料/t | | |
|---|---|---|---|---|---|
| 序号 | 名称 | 数量 | 序号 | 名称 | 数量 |
| 1 | 白云石 | 12 | 1 | 金属镁锭 | 1 |
| 2 | 硅铁 | 1.25 | 2 | $CO_2$ | 13.95 |
| 3 | 萤石 | 0.11 | 3 | $2CaO \cdot SiO_2$ | 6.5 |
| 4 | 煤 | 11 | 4 | 精炼渣 | 0.2 |
| 5 | 熔剂、卤盐 | 0.13 | 5 | 煤渣（灰） | 3.3 |
| 合　计 | | 24.49 | 合　计 | | 24.95 |

**表 14-6 三段主要工序生产 1t 镁能耗比较**

| 改造前后 | 煅烧标煤/t | 还原标煤/t | 精炼标煤/t | 合计标煤/t |
|---|---|---|---|---|
| 改造前燃煤 | 2.24 | 5.36 | 0.38 | 7.98 |
| 改造后燃气 | 1.50 | 2.5 | 0.33 | 4.33 |

注：表中数据为全国平均值。

### 14.2.2.2 电解法

以富含氯化镁的矿石（光卤石）的冶炼碳酸盐矿石（菱镁矿）和石棉提取的残存氯化或海水中所含镁浓缩等得到的氯化镁为原料，通过电解制备镁的方法总称电解法。这几种方法，基本原理类似，根据制造公司，原材料，电极，电解液的组成、温度、电流等工程条件的不同，所以 LCA 也不同。

在电解法中所使用的能量大部分是电能，发电的方法对环境负荷有很大影响。按煤（$CO_2$ 943g/(kW · h) 的耗电量）、重油（$CO_2$ 886g/(kW · h) 的耗电量）、天然气（$CO_2$ 494g/(kW · h) 的耗电量）、水力和风力（没有 $CO_2$ 排出）发电的顺序，所产生环境负荷依次降低。电解法的 LCA 和皮江法相比，能源使用是皮江法的 29%，$CO_2$ 排出量在柴油发电的情况下是皮江法的 50%。因此，考虑环境的话，利用电解法比较好。

利用电解法的制备金属镁，现在有俄罗斯、美国、以色列、哈萨克斯坦、加拿大、挪威等国。虽然这几年被中国廉价的皮江法压制了，但是最近随着对环境的关心和皮江法材料价格的暴涨，电解法竞争力得到复苏，有复活的迹象。

14.2.2.3 研究开发中的冶炼法

浓缩海水得到的氯化镁，通过太阳光激发的激光直接照射的高温还原的方法正在被研究，还处于实验阶段。如果这个方法实用化，环境负荷非常低的镁制造方法成为可能。

### 14.2.3 回收镁的生命周期评估

被回收的镁经过再熔化、精炼（不纯物除去）、调整合金成分后，可以作为金属镁来使用。这被称为再生原料（再生块），按照合金规格的要求，目前和新坯子（新块，纯净材料）完全没有区别，若经过正确的杂质管理和金属组织管理，可以看作拥有同等品质。但是，社区回收品（被称作回收再循环或消费回收，post consumer recycle）中的一部分有显著的污垢和厚的表面处理，这些东西熔化后，在精炼中不能充分地去除，作为杂质残留在材料中，使金属组织受到影响。因此，再生料抗腐蚀性等性质也会恶化，因此以再利用为目的再生料，应根据其污垢程度、表面处理等方面的情况来利用。另外，产品设计时应考虑和选择在将来再利用的时候容易去除的表面处理方法。与塑料、高分子材料等材料的再利用不同，再生镁合金材料不会因分子结构的变化而劣化。因此，可多次循环再利用。

与皮江法制备的新坯子 LCA 相比，再生坯能源的使用仅为其 3.7%，$CO_2$排放是其 2.4%（见表 14-7）。总之，再生镁合金作为材料在环保方面非常出色，应积极地利用再生原料。

**表 14-7 回收再生 1kg AZ91D 镁合金消耗及与生产新坯的比较**

| | 消耗物品 | （熔炼+精炼）需要量 | 与新坯的对比/% |
|---|---|---|---|
| 类别 | Al+Be/kg | 0.00055 | — |
| | 助熔剂/kg | 0.043 | — |
| 能源 | 重油/kcal | 1430 | 3.7 |
| | LPG/kcal | 55.1 | 0 |
| | 电力/kW · h | 0.1 | 0.8 |
| 排放 | $CO_2$/g | 484 | 2.4 |
| | $SO_x$/g | 0.85 | 0.4 |
| | $NO_x$/g | 120 | 3.3 |
| | 卤化物/g | 11.8 | 34.7 |
| | 粉尘/g | 0 | 0 |

注：1. 原材料的运输相关的能源、不包含排放。
2. 能源（重油等）的采掘，提纯，运输相关的能源，排泄。
3. 排出量的 $CO_2$ 是理论计算值，其以外是实测值。数据原是某公司连续 5 天的实测数据。
4. 1kcal = 4.186kJ。

为了制作环保的产品，材料 100%使用再生原料的话，技术性，质量方面虽然没有问题，不过材料供给方面会变得困难，因为回收的基础设施并不完善。被回收镁的再利用方法，是作为铝合金组成的调整物被使用，或者是在炼铁的过程中作为脱硫材料来使用。这样处理，在劳力、制作成本方面要比作为制备高质量的镁料来再利用，要简便得多。因此，被再利用的回收镁比较少。

### 14.2.4　产品的成型加工工序的生命周期评估

从镁材料到消费者手中使用的产品，需要经过成型、加工等工序。在此过程中也有能量消耗、$CO_2$排出等。成型、加工方法有连续铸造（压铸等）和塑性加工（轧制、挤出、锻造及冲压等）两类。

因金属镁的组织特性，其塑性加工应在热态环境（250～350℃）中进行。铸造中对材料加热熔化。加工过程中能源消耗的大部分用于材料的加热或熔化。

以最有代表性的压铸为例。压铸是让材料在坩埚中加热到630～650℃熔化后，是施加压力将材料压进模具成型的方法。向压铸机的模具中供给熔融状态的材料需要使用能源以外，还需要特别提到的是，投入的材料的一半（在热室式压铸法制作笔记本电脑框体时是47%，冷室式时是55%～60%）被切掉，这些部分材料是经过再熔化、精炼过程在工程内循环（industrial recycle，in-process recycle）中被反复使用，在此过程中也消耗能源。这种情况下，因为回收材料几乎没有污垢，也容易得到高纯度的再生原料。表14-8是在工业生产中，压铸1kg AZ91D镁合金的零件的LCA（数据是从压铸生产到产品表面处理前）。因这种情况普遍存在工业生产中，下列LCA中分析数据可以应用于工程内循环压铸工程的计算参考值。

**表14-8　压铸1kg AZ91D镁合金的零件的LCA**

| 工　程 | | 压铸 | 修整 | 完成 | 再熔解/精炼<br>＊3 工程内再生坯子 0.874kg | 合计 |
|---|---|---|---|---|---|---|
| 原材料/kg | | 坯子（板材/再生材）<br>1.115 | 粗铸<br>1.679 | 修整完成<br>1.009 | 熔渣等<br>0.92 | |
| | | 工程内再生坯＊3<br>0.874 | | | Al-Be<br>0.00048 | |
| | | $SF_6$<br>0.00048 | | | 助熔剂<br>0.038 | |
| | | | | | | |
| 能源 | 重油/kcal | 7300 | | | 1250 | 1250 |
| | LPG/kcal | 1.8 | | | 48.2 | 7348 |
| | 电力/kW·h | 1887 | | | 0.09 | 1.96 |
| 排出 | $CO_2$/g | | | 0.07 | 423 | 2310 |
| | $SO_x$/g | | | | 0.74 | 0.74 |
| | $NO_x$/g | 0.00048 | | | 1.05 | 1.05 |
| | $SF_6$/g | 0.48 | | | | 0.00048 |
| | 卤化物/g | | | | 10.3 | 10.78 |
| | 粉尘/g | | | | | 0 |
| | 废渣/kg | | | | 90 | 90 |

注：1. 表中的灰色部分的项目是原材料。灰色部分以外的原材料是二次生成物。
2. 原材料的采掘，运输相关的能源，不包含排放。
3. 能源（重油等）的采掘，提纯，运输相关的能源，不包含排放。
4. 排出量的$CO_2$是理论计算值，其以外是实测值。
5. 数据原是某公司1993年内的连续5天的实测数据。
6. 压铸机是600t热室试验机。
7. 修整是人力用手动泵机械来切断的。
8. 完成加工是用锉刀进行的手加工。
9. 1kcal = 4.186kJ。

### 14.2.5 使用镁产品的生命周期评估

如果考虑使用镁产品（或零部件）的原材料和制造工序都包括在内的LCA，镁制法的不同和回收材料的使用比例不同，会使结果受到很大影响。被称作新原材料，即不含有回收材料的镁材的LCA数据并不好，适度地与回收原料混合使用能使LCA数据被大幅度改善。以笔记本电脑为例子（联想ThinkPad X系列，T系列等电脑的框体），新原料40%和再生原料60%的配合比例的LCA与100%新原料的情况相比较，能源消耗减少55%，二氧化碳排放减少53%（见表14-9）。

如果50%的材料都使用再生原料，在技术上，或是供给方面都可以毫无问题地持续生产的，所以计划使用镁材料的产品的情况下能以此作参考。

**表14-9 采用混合不同比率压铸镁合金零件（材料和加工工程的合计）LCA**

| 项目 | | 坯子混合比率 | | | | |
|---|---|---|---|---|---|---|
| | | 新坯子100%，再生坯子0% | 新坯子40%，再生坯子60% | | 新坯子0%，再生坯子100% | |
| | | 消耗量 | 消耗量 | 与新坯子比 | 消耗量 | 与新坯子比 |
| 能量 | 重油/kcal | 43821 | 19235 | 44% | 2845 | 6% |
| | LFG/kcal | 7348 | 7410 | 101% | 7410 | 101% |
| | 电力/kW · h | 16.57 | 7.87 | 48% | 2.07 | 13% |
| 排出 | $CO_2$/g | 24636 | 11564 | 47% | 2850 | 12% |
| | $SO_x$/g | 259.75 | 104.91 | 40% | 1.68 | 1% |
| | $NO_x$/g | 41.08 | 17.87 | 43% | 2.39 | 6% |
| | $SF_6$/g | 0.00048 | 0.00048 | 100% | 0.00048 | 100% |
| | 卤化物/g | 48.69 | 33.83 | 69% | 23.92 | 49% |
| | 粉尘/g | 776.37 | 310.55 | 40% | 0.00 | 0% |
| | 废渣/kg | 96.38 | 161.44 | 168% | 204.82 | 213% |

注：1. 到表面处理前，完成品1kg AZ91D镁合金的数据。
2. 压铸工程的LCA的坯子1.115kg的部分，新坯子的LCA和再生坯子的LCA的混合比率参见上述表格中数据来计算的。
3. 1kcal = 4.186kJ。

## 14.3 镁产业的环境措施

### 14.3.1 $SF_6$覆盖气体的替代措施

在镁熔化过程中，防燃气体的使用不可避免。因此，原本使用二氧化硫气体（$SO_2$）和硫黄（S）作为燃烧防止材料，导致镁制品的品质降低和作业环境的恶化。从20世纪70年代开始以$SF_6$作为防燃气体来使用，提高了工作环境与品质，并迅速被普及了。在镁合金生产中，也使用$SF_6$作为防燃气体。但是，在京都议定书中，因$SF_6$气体会在大气中长期稳定地存在，是$CO_2$对地球变暖系数（global warming potential，GWP）的23900倍，是极强的温室效应化合物，被指定为减少排放的对象。因此，为了削减$SF_6$气体的使用，寻找代替物质及装备的开发是十分重要，防燃气体的种类和性质见表14-10。

**表 14-10　防燃气体的种类和性质**

| 种　　类 | 在大气中存在的时间/a | 温室效应系数（GWP） |
| --- | --- | --- |
| $SF_6$ | 3200 | 23900 |
| FK（NOVEC612） | 0.014 | 约为 1 |
| HFC-134a（AM-caver） | 14.6 | 1300 |
| 稀释 $SO_2$ | 数日 | 约为 0 |
| HFC-245fa | 8.4 | 950 |
| OHFC-1234ze | — | <10 |
| HFE-254pc | 2.4 | 30 |

全球的镁产业界都在开展 $SF_6$ 气体使用量削减计划和行动。因此，各国都制定了 $SF_6$ 气体的替代方案及限制排放量计划。

制定替代气开发措施，采用新型覆盖气体（FK，HFC134a）等实用化实验。制定削减排放量的具体措施：熔化炉盖的密闭性的提高，单位熔化量的使用量的削减。

为落实镁业界的环保对策，实现削减目标，各国开展了各种鼓励政策，如应用补助，使替代 $SF_6$ 气体的目标获得了很好的进展。如，日本 2001 年，熔炼 1t 镁合金，$SF_6$ 气体排出量为 3.3kg；到 2008 年，熔炼 1t 镁合金，$SF_6$ 气体排出量为 1.2kg。

关于替代气体的采用情况。在欧洲 EU 从 2008 年开始，压铸制造商的 $SF_6$ 气体的排放被禁止，开始向 $SO_2$ 气体和 HFC-134a 气体的转换；在美国，根据环境保护局（Environmental Protection Agency，EPA）的指示，有 14 家镁企业 2010 年终止了 $SF_6$ 气体的排放，持续进行着替代气体导入的实验，EPA 一边对 $SF_6$ 气体削减对策进行关注，一边推进着排放量削减对策。在日本，FK（氟化酮）气体作为替代主要成分的有 MG shield（大阳日酸公司）、使用 HFC-134a 在防燃气体系统的有 ZEM-SCREEN（中央硝子公司）等。这些替代气体都能取得较好的效果。

在我国，主要采用 $SO_2$ 气体进行替代，因该气体价格低廉。同时，也采用了一些其他的替代气体。替代气体的使用对生产成本有一定影响，但是对环境和政策是必要的，也是安全生产的基础。现在镁产业界一致合作减少 $CO_2$ 的排放，促进实现全球对环保变暖对策。

### 14.3.2　镁金属冶炼与环境

镁产业的环境问题，特别是 $CO_2$ 的排泄量，最引人注目的是冶炼时。现在，世界镁生产量的 80%以上是在我国。我国主要是以热还原皮江法进行镁冶炼。皮江法以白云石为原料，会产生大量的 $CO_2$。冶炼时 $CO_2$ 的产生，是 LCA 的一大问题。

在中国以外的各个国家利用盐水的电解法进行冶炼，挪威等国开始了利用太阳光的新制造技术的研究。当然，我国也开始了从热还原法向其他冶炼法转换的讨论。这些利用海水和利用太阳光的冶炼方法的开发和研究，确实渐渐地使用对地球环境的影响较少的原料冶炼。同时，人们对再利用性高的镁材的关注，以及镁废料回收和镁合金新产品的开发也逐年在增加。

### 14.3.3 镁产业的前景

环境对策，特别是地球温暖化对策，$CO_2$排泄量削减是重大的课题。汽车、电车、飞机的轻量化是 $CO_2$排泄量课题中特别重要一个。镁在实用金属中具有最轻量特性，是轻量化对策中不可缺少的材料。虽然镁合金在成本和加工方面的问题对使用数量的影响很小，但汽车零部件的轻量化的研发仍在不断进行，今后汽车零部件有可能会更多地采用镁合金制造。

因此，镁产业的发展对环保政策的推进十分重要。现在，世界各国的镁产业在 $SF_6$气体的替代以及利用取之不尽的海水和太阳能冶炼镁金属的方法等方面，新技术的开发正被推进。这些技术开发的进步，让作为产镁大国——中国的镁产业环境发生巨大变化，对世界镁产业环境状况的改善和发展作出贡献。关于 $CO_2$排放量削减的各种各样的措施正在推进，因环境问题的改善、缓和，镁能以最轻量且环保的金属被广泛利用和推广。

## 参考文献


[1] 刘静安，谢水生，马志新. 简明镁合金材料手册 [M]. 北京：冶金工业出版社，2016.
[2] 日本マグネシウム協会，金属材料丛书-グネシマウム [M]. 2011.
[3] 日本マグネシウム協会，マグネシウム技術便覧 [M]. カロス出版，2000.
[4] 刘静安. 镁及镁合金的特性与挤压工艺特点 [J]. 轻合金加工技术，2011 (5)：22~27.
[5] 孟树昆. 中国镁工业进展 [M]. 北京：冶金工业出版社，2012.
[6] 徐晋湘. 中国镁工业发展报告 [J]. 中国镁业，2013 (6)：12~16.
[7] 徐日瑶. 硅热法炼镁生产工艺学 [M]. 长沙：中南大学出版社，2003.
[8] 徐河，刘静安，谢水生. 镁合金制备与加工技术 [M]. 北京：冶金工业出版社，2007.
[9] 丁文江，付彭怀，彭立明，等. 先进镁合金材料及其在航空航天领域中的应用 [J]. 航天器环境工程，2011，28 (2)：103~109.
[10] 刘胜利. 镁合金自行车的特色及其产品创新 [C]. 镁分会第十二届年会论文集，2009：270~280.
[11] 李华伦. 镁合金板在电池行业上的应用 [C]. 镁分会第十二届年会论文集，2009：259~263.
[12] 常毅传. 镁合金材料深加工及其市场 [J]. 中国镁业，2011 (5).
[13] 王祝堂. 镁合金薄带材轧制新进展 [J]. 中国镁业，2014 (1)：11~16.
[14] 曹建勇. 镁合金在汽车上的应用现状及未来发展趋势 [C]. 镁分会第十四届年会文集，2011：37~51.
[15] 孟健，等. 稀土镁合金的研发与进展 [J]. 中国镁业，2012 (12).
[16] 孙伯原. 镁在汽车行业应用 [J]. 镁分会第十六届年会暨 2013 年全国镁行业大会. 2013：151~165.
[17] 史代芬，等. 新型储氢镁合金材料 [J]. 中国镁业，2013 (10)：4~6.
[18] 刘金平，等. 镁合金压铸废料绿色回收过程质量控制及应用综述 [J]. 中国镁业，2013 (3)：4~7.
[19] 张文毓. 镁合金的应用与市场分析 [J]. 中国镁业，2013 (3)：8~12.
[20] 王永昌，国内外镁合金板材生产与展望 [J]. 中国镁业，2013 (7)：4~8.
[21] 丁文江，曾小勤. 中国镁材料研发的应用 [J]. 中国镁业，2013 (9)：9~17.
[22] 尚轻时代金属信息咨询（北京）有限公司. 2012 年中国镁产品出口评述 [J]. 尚镁，2013 (8).
[23] 权高峰，周鹤龄. 镁合金蜂窝板研制与工业应用前景 [J]. 中国镁业，2014 (1)：17~28.
[24] 权高峰，周鹤龄. 镁合金蜂窝板及其生产工艺：中国，CN101269553 [P]. 2008.
[25] 刘金平，等. 镁合金压铸废料绿色回收过程质量控制及应用 [R]//深圳嘉瑞集团. 2011.
[26] 王洪福，走低碳循环经济之路，推进节能减排综合利用 [R]//宁夏惠冶镁业集团有限公司. 2011.
[27] 吴秀铭，"十二五"镁行业发展战略——创新 [C]. 镁业分会第十四届年会论文集，2011.
[28] 曾小勤. 稀土镁合金研究与应用进展 [J]. 稀土信息，2016 (2)：26~29.
[29] 崔建忠. 镁合金电磁连铸新技术 [D]. 沈阳：东北大学，2011.
[30] 孟健，唐定骧，鲁化一. 稀土镁合金的研发与进展 [R]//长春应化所. 2011.
[31] 刘正. 镁合金在汽车上的应用 [D]. 沈阳：沈阳工业大学，2011.
[32] 许月旺. 银光镁业新进展 [R]//山西银光华盛镁业股份公司. 2011.
[33] 龙思远. 重庆硕龙镁合金熔铸循环经济技术装备简介 [R]//重庆硕龙公司. 2011.
[34] 姜永正. 嘉瑞集团在镁深加工产品应用方面的新进展 [R]//嘉瑞集团. 2011.
[35] 韩薇，孟树昆. 镁冶炼科技发展报告 [R]//有色金属工业协会，有色金属学会，2011.
[36] 吴秀铭，2011 我国镁行业新态势 [C]. 镁业分会第十四届年会论文集，2011.
[37] 孟树昆，吴秀铭，等. 2010 年中国镁工业发展报告 [C]. IMA 68 届世界镁业大会年会论文集，2011.

[38] 孟树昆，徐晋湘 . 2011 年中国镁工业发展报告 [C]. IMA 69 届世界镁业大会年会论文集，2012.
[39] 孟树昆 . 调结构是转变镁工业发展方式的重要内容 [C]. 镁业分会第十三届年会论文集，2010.
[40] 孟树昆，2012 年镁工业发展报告 [J]. 中国镁业，2013 (2)：4~18.
[41] 张莹，耿茂鹏，饶磊，等 . 镁合金半固态双辊板带流变成形试验研究 [J]. 热加工工艺，2005 (10)：10~12.
[42] 张莹，耿茂鹏，王艳春，等 . 镁合金的双辊板带连续铸轧技术 [J]. 铸造技术，2005，26 (1)：79~81.
[43] Xie Shuisheng，He Youfeng，Mi Xujun. Study on Semi-Solid Magnesium Alloys Slurry Preparation and Continuous Roll-Casting Process [M] // Magnesium Alloys-Design，Processing and Properties. InTech，2011.
[44] Zhang Ying，Xie Shuisheng，Geng Maopeng，et al. Coupled Numerical Simulation of Process in Rheocasting-Rolling for Semi-Solid Magnesium Alloy Used By Slope [J]. Advanced Materials Research，2010，89-91：681~686.
[45] 李强，谢水生，等 . 镁合金半固态成形研究进展 [J] . 金属铸锻焊技术，2009，38 (6)：140~143.
[46] 张莹，赵海波，谢水生，等 . AZ91D 镁合金流变铸轧板材微观组织分析 [J]. 兵器材料科学与工程，2009，32 (4)：12~15.
[47] 贺睿，李雷，等 . 镁合金手机外壳的半固态压铸成形模拟及工艺参数优化研究 [J] . 河南理工大学学报，2009，28 (4)：514~517.
[48] 谢水生 . 金属半固态加工技术 [M]. 北京：冶金工业出版社，2012.
[49] 高自省 . 镁及镁合金防腐与表面强化生产技术 [M]. 北京：冶金工业出版社，2012.
[50] 高自省 . 镁合金压铸生产技术 [M]. 北京：冶金工业出版社，2012.
[51] 许并社，李明照 . 镁冶炼与镁合金熔炼工艺 [M]. 北京：化学工业出版社，2006.
[52] 刘好增，罗大金 . 镁合金压铸工艺与模具 [M]. 北京：化学工业出版社，2011.
[53] 白素琴 . 金属学及热处理 [M]. 北京：冶金工业出版社，2009.
[54] 刘静安 . 镁及镁合金挤压模具的设计特点 [J]. 轻合金加工技术，2011，39 (11)：43~47.
[55] 刘静安 . 镁及镁合金的特性与挤压工艺特点 [J]. 铝加工，2011 (1)：22~27.
[56] 马志新，李德富，张奎 . WE54 镁合金中析出相的特点 [J]. 特种铸造及有色合金，2006，26 (9)：539~541.
[57] 马志新，张家振，李德富，等 . 铸态 Mg-Gd-Y-Zr 镁合金均匀化工艺研究 [J]. 特种铸造及有色合金，2007，27 (9)：659~662.
[58] 马志新，李德富，李彦利 . Mg-Y-Nd-Zr 合金加工工艺与组织演化的研究 [J]. 稀有金属，2006，30 (6)：719~723.
[59] 马志新，张家振，李德富，等 . Mg-Gd-Y-Zr 镁合金热压缩流变应力的研究 [J]. 热加工工艺，2007，36 (22)：26~29.
[60] 张家振，马志新，李德富 . 热处理对 Mg-Gd-Y-Zr 合金组织和力学性能的影响 [J]. 热加工工艺，2007，36 (18)：73~75.
[61] 张家振，马志新，李德富 . 预变形对 Mg-Gd-Y-Zr 合金力学性能的影响 [J]. 稀有金属，2008，32 (4)：522~525.
[62] 王智文，李德富，马志新，等 . AZ31 镁合金变形与强韧化研究 [J]. 热加工工艺，2006，35 (12)：20~22.
[63] 刘静安，徐河 . 镁合金材料的应用及其加工技术的发展 (1) [J]. 轻合金加工技术，2007 (8)：1~5，54.

[64] 郭学峰. 细晶镁合金制备方法及组织与性能 [M]. 北京：冶金工业出版社，2010.
[65] 刘煜，刘静安，刘志国. 镁合金加工工业及技术的发展特点与趋势 [J]. 有色金属加工，2013，42 (1)：1~3.
[66] 刘静安. 镁及镁合金挤压工业及技术发展概况与趋势 [J]. 中国镁业，2012 (8).
[67] 王静，巨建辉，黄张洪，等. 镁合金板材制备技术研究进展 [J]. 热加工工艺，2014 (11)：6~9.
[68] 潘复生，韩恩厚. 高性能变形镁合金及加工技术 [M]. 北京：科学出版社，2007：168~169.
[69] 韩晨，孙付涛. 镁合金板带生产应用现状与发展前景 [J]. 世界有色金属，2015 (3)：85~89.
[70] 陈锦修. 镁合金在3C领域应用新进展 [C]. 镁业分会第十八届年会论文集，2015：160~172.

# 作者简介

**常毅传** 毕业于清华大学机械制造系锻压工艺及设备专业，1982年在北京有色金属研究总院获工学硕士学位。曾就职于北京有色金属研究总院合金加工研究室，并获得冶金部科技进步二等奖；1985年任中国有色金属学会合金加工学术委员会秘书，1986~1988年在日本大型铝工业公司做访问学者。曾任日本大型商社亚太总部技术顾问，多家中国镁工业企业顾问、技术总监等。指导培训中国镁企业，使其产品达到国际先进水平，并出口国外；协助中国镁协与日本镁协建立合作关系，担任中国有色金属工业协会镁业分会特聘专家。

**李骏骋** 毕业于北京联合大学机械工程及自动化专业，获工学学士学位；日本早稻田大学综合机械工学研究科，获工学硕士学位，主要从事机器人方面的研究，开发了蛇形天然气管道检测机器人。现就职于日本资生堂集团全球创新中心，从事研究开发工作，主要从事皮肤检测仪的研究开发。

**谢伟滨** 毕业于北京有色金属研究总院有色金属材料制备加工国家重点实验室，获工学博士学位。现为江西理工大学讲师。主要从事有色金属塑性加工、新型高强、高导铜合金材料的研究。共主持或参与各类课题5项，其中，国家“十三五”重点专项1项，国家自然科学基金3项，江西省教育厅课题1项。在国内外期刊上发表论文10余篇。